W0252077

Erfolgreiches Management der Sicherheit und Gesundheit bei der Arbeit – DIN ISO 45001, SCC, Safety Culture Ladder

Jetzt diesen Titel zusätzlich als E-Book downloaden und 70 % sparen!

Als Käufer dieses Buchtitels haben Sie Anspruch auf ein besonderes Kombi-Angebot: Sie können den Titel zusätzlich zum Ihnen vorliegenden gedruckten Exemplar für nur 30 % des Normalpreises als E-Book beziehen.

Der BESONDERE VORTEIL: Im E-Book recherchieren Sie in Sekundenschnelle die gewünschten Themen und Textpassagen. Denn die E-Book-Variante ist mit einer komfortablen Volltextsuche ausgestattet!

Deshalb: Zögern Sie nicht. Laden Sie sich am besten gleich Ihre persönliche E-Book-Ausgabe dieses Titels herunter.

In 3 einfachen Schritten zum E-Book:

❶ Rufen Sie die Website www.beuth.de/e-book auf.

❷ Geben Sie hier Ihren persönlichen, nur einmal verwendbaren E-Book-Code ein:

296499D1DFA441K

❸ Klicken Sie das „Download-Feld“ an und gehen dann weiter zum Warenkorb. Führen Sie den normalen Bestellprozess aus.

Hinweis: Der E-Book-Code wurde individuell für Sie als Erwerber dieses Buches erzeugt und darf nicht an Dritte weitergegeben werden. Mit Zurückziehung dieses Buches wird auch der damit verbundene E-Book-Code für den Download ungültig.

Erfolgreiches Management der Sicherheit und Gesundheit bei der Arbeit – DIN ISO 45001, SCC, Safety Culture Ladder

Mehr zu diesem Titel

... finden Sie in der Beuth-Mediathek

Zu vielen neuen Publikationen bietet der Beuth Verlag nützliches Zusatzmaterial im Internet an, das Ihnen kostenlos bereitgestellt wird.
Art und Umfang des Zusatzmaterials – seien es Checklisten, Excel-Hilfen, Audiodateien etc. – sind jeweils abgestimmt auf die individuellen Besonderheiten der Primär-Publikationen.

Für den erstmaligen Zugriff auf die Beuth-Mediathek müssen Sie sich einmalig kostenlos registrieren. Zum Freischalten des Zusatzmaterials für diese Publikation gehen Sie bitte ins Internet unter

www.beuth-mediathek.de

und geben Sie den folgenden Media-Code in das Feld „Media-Code eingeben und registrieren" ein:

M296497776

Sie erhalten Ihren Nutzernamen und das Passwort per E-Mail und können damit nach dem Log-in über „Meine Inhalte" auf alle für Sie freigeschalteten Zusatzmaterialien zugreifen.

Der Media-Code muss nur bei der ersten Freischaltung der Publikation eingegeben werden. Jeder weitere Zugriff erfolgt über das Log-In.

Wir freuen uns auf Ihren Besuch in der Beuth-Mediathek.

Ihr Beuth Verlag

Hinweis: Der Media-Code wurde individuell für Sie als Erwerber dieser Publikation erzeugt und darf nicht an Dritte weitergegeben werden. Mit Zurückziehung dieses Buches wird auch der damit verbundene Media-Code ungültig.

Erfolgreiches Management der Sicherheit und Gesundheit bei der Arbeit

DIN

Dr. Grit Reimann
Gjergj Dojani

Erfolgreiches Management der Sicherheit und Gesundheit bei der Arbeit – DIN ISO 45001, SCC, Safety Culture Ladder

Lösungen zur praktischen Umsetzung –
Textbeispiele, Musterformulare, Checklisten

2., erweiterte Auflage 2020

Herausgeber:
DIN Deutsches Institut für Normung e. V.

Beuth Verlag GmbH · Berlin · Wien · Zürich

Herausgeber: DIN Deutsches Institut für Normung e. V.

Berlin · Wien · Zürich
Saatwinkler Damm 42–43
13627 Berlin

Telefon: +49 30 2601-0
Telefax: +49 30 2601-1260
Internet: www.beuth.de
E-Mail: kundenservice@beuth.de

Titelbild: © af_istocker, Nutzung unter Lizenz von istockphoto.com
Satz: B & B Fachübersetzergesellschaft mbH, Berlin
Druck: Medienhaus Plump GmbH, Rheinbreitbach

Gedruckt auf säurefreiem, alterungsbeständigem Papier nach DIN EN ISO 9706

ISBN 978-3-410-29649-2
ISBN (E-Book) 978-3-410-29650-8

Autorenporträts

Frau **Dr. Grit Reimann** arbeitet seit mehreren Jahren als Unternehmensberaterin und Auditorin für verschiedene Zertifizierungsgesellschaften.

Seit 1991 leitet sie eine Unternehmensberatung für den Aufbau von integrierten Managementsystemen in der betrieblichen Praxis. Sie verbindet Arbeits- und Gesundheitsmanagement mit Qualitäts-, Umwelt- und Energie-Managementsystemen auf verschiedenen Niveaustufen und in unterschiedlichsten Branchen. Ihre Erfahrungen mit dem methodischen Ansatz in integrierten Managementsystemen nutzt sie bei der effizienten Einbindung und Umsetzung des Energiemanagements in Unternehmen.

Seit mehr als 20 Jahren bringt Frau Dr. Reimann ihre methodischen Kenntnisse in der praktischen Umsetzung als Certified Management Consultant, als Mediatorin, als Fachkraft für Arbeitssicherheit und Datenschutzbeauftragte sowie als Trainerin in Fachhochschulen und Unternehmen ein.

Herr **Gjergj Dojani** ist seit über zehn Jahren als Leitender Auditor für Qualitäts-, Umwelt-, Energie- und Arbeitsschutz-Managementsysteme tätig.

Er auditierte mehrere weltweit operierende Kunden aus unterschiedlichen Branchen. Von 2007 bis 2019 war er Fachleiter für Arbeitssicherheits-Managementsysteme bei renommierten Prüfgesellschaften und hatte die Funktion des SCC-Koordinators inne. Er war mehrere Jahre als Fachkraft für Arbeitssicherheit und Umweltmanagementbeauftragter in der Automobilzulieferindustrie tätig. Seit 2020 ist Herr Dojani selbstständig tätig. Darüber hinaus engagiert er sich in verschiedenen Gremien zum Thema Arbeitsschutz.

Vorwort

Arbeitssicherheit und Gesundheitsschutz sind nach herrschender Meinung in jedem Land anders geregelt. Bei näherer Betrachtung ist die Herangehensweise der Gesetzgeber unterschiedlich, verfolgt jedoch die gleichen Ziele. Die Unterschiede spiegeln sich in Zuständigkeiten von Behörden bzw. staatlichen Organisationen sowie akkreditierten Stellen, aber auch in Grenzwerten, Kennzeichnungen und Regelungstiefe wider.

Nachdem die ISO 45001:2018 die OHSAS 18001:2007 erfolgreich abgelöst hat, sehen wir neue Initiativen im Arbeitsschutz, die einen Mehrwert bieten und in diesem Buch betrachtet werden. Safety Culture Ladder wurde schon seit einigen Jahren in den Niederlanden umgesetzt. Auch das SCC-Regelwerk nahm seinen Ursprung in den Niederlanden und hat in rund 20 Jahren einen hohen Beitrag zu mehr Gesundheit und Sicherheit bei der Arbeit geleistet. Keine Norm, kein Regelwerk und auch keine Checkliste können für sich die Sicherheit und die Gesundheit bei der Arbeit verbessern. Genau hier setzt Safety Culture Ladder an. Schlüssel zum Erfolg sind eine Änderung des Bewusstseins und der Unternehmenskultur mit dem Ziel, das tägliche Miteinander engagierter Mitarbeiter und Führungskräfte für mehr Sicherheit und Gesundheit bei der Arbeit zu gewährleisten. Bevor man mit der Safety Culture Ladder beginnt, müssen zunächst die Grundlagen geschaffen werden.

Je arbeitsteiliger und je höher der Automatisierungsgrad der Arbeitswelt wird, desto komplexer werden die Wechselwirkungen zwischen Menschen und Arbeitsmitteln. Um diese Arbeitswelt so sicher wie möglich zu gestalten, hat man sich auf Mindeststandards verständigt. Diese Vorgaben werden auf nationaler Ebene in Form von Gesetzen, Verordnungen, Richtlinien und technischen Regeln erstellt und verabschiedet. Es finden auch regionale Abstimmungen statt, dann gelten die Regeln auch innerhalb eines Binnenmarkts (z. B. Europäische Union) oder einer Branche (z. B. chemische Industrie).

Die Verabschiedung von Mindeststandards folgt einer einfachen Regel:

Wird dem Gesetzgeber ein Risiko offenkundig, so wird er dieses mithilfe von Gesetzen regeln und die Einhaltung entsprechend mit Strafen belegen. Im Klartext bedeutet dies: Gibt es viele Ereignisse (Unfälle, Gesundheitsschäden), werden entsprechende Gegenmaßnahmen getroffen. Dabei orientieren sich die Länder an internationalen Ereignissen, nicht nur am nationalen Geschehen, an Forschungsergebnissen, Erfahrungsberichten u. a. m.

In der Umsetzung gibt es Gestaltungsmöglichkeiten der Regionen (EU, GUS) und Länder (USA, China, Indien, Russland usw.). Die Grenzwerte einer Exposition können daher unterschiedlich ausfallen, widersprechen sich jedoch prinzipiell nicht.

Ein Managementsystem für Sicherheit und Gesundheit bei der Arbeit kann sich als hilfreich erweisen, um Aufgaben, Vorhaben, Forderungen, Gesetze, Risiken, Pflichten und Verantwortlichkeiten zu adressieren und die gesetzlichen Anforderungen zu erfüllen. Da auch Arbeitsschutz-Managementsysteme einem fortlaufenden Verbesserungsprozess unterliegen, kann von einer dauerhaft positiven Veränderung der Leistungen im Arbeits- und Gesundheitsschutz ausgegangen werden. In einer sicheren und gesunden Arbeitsumgebung sind die Mitarbeiter motivierter und engagierter, was sich in der Qualität der Leistungen und Produkte widerspiegelt. Es wird eine höhere Rechtssicherheit für Vorgesetzte und Mitarbeiter erreicht; damit erhöht sich auch der Schutz des Unternehmens, der Marke und des Images.

Ein Managementsystem für Arbeits- und Gesundheitsschutz kann sich als hilfreich erweisen, um Aufgaben, Vorhaben, Forderungen, Gesetze, Risiken, Pflichten und Verantwortlichkeiten zu adressieren und die gesetzlichen Anforderungen zu erfüllen. Da auch Arbeitsschutz-Managementsysteme einem fortlaufenden Verbesserungsprozess unterliegen, kann von einer dauerhaft positiven Veränderung der Leistungen im Arbeits- und Gesundheitsschutz ausgegangen werden. In einer sicheren und gesunden Arbeitsumgebung sind die Mitarbeiter motivierter und engagierter, was sich in der Qualität der Leistungen und Produkte widerspiegelt. Es wird eine höhere Rechtssicherheit für Vorgesetzte und Mitarbeiter erreicht; damit erhöht sich auch der Schutz des Unternehmens, der Marke und des Images.

Das Verstehen des Kontextes der Organisation und die Festlegung des Anwendungsbereiches stellen für die Einführung eines solchen Managementsystems einen weitreichenden Schritt dar. Alle am Leistungsprozess beteiligten Mitarbeiter oder Parteien müssen einbezogen werden.

So kann ein folgenschwerer Arbeitsunfall einer kleinen lokal ansässigen Unternehmung auf dem Werksgelände eines Chemiekonzerns die Marke und das Image des Konzerns so weit beschädigen, dass erhebliche wirtschaftliche Einbußen oder gar der Existenzverlust auf die Betriebssicherheit des Unterlieferanten zurückzuführen sind. Die Forderung des Auftraggebers nach einem einheitlichen Sicherheitsstandard vor Ort, der alle beteiligten Unternehmen einbezieht, erscheint damit legitim.

Im produzierenden Gewerbe wird oftmals DIN ISO 45001:2018 gefordert, in der chemischen und petrochemischen Industrie SCC, wobei sich die internationale Norm künftig auch in diesem Arbeitsumfeld stärker durchsetzen wird.

Nicht selten stellt die Forderung des Auftraggebers nach einem zertifizierten Arbeits- und Gesundheitsschutz-Managementsystem eine personelle, strukturelle und finanzielle Herausforderung dar, denen sich die Subunternehmer selten gewachsen fühlen.

Darüber hinaus stellt die sogenannte „Awareness“ in vielen Unternehmen ein Problem dar. Genau hier setzt auch die Philosophie der Safety Culture Ladder an und möchte mit entsprechenden Anforderungen die Sicherheitskultur in Unternehmen verbessern.

Das Ihnen vorliegende Buch soll helfen, das richtige A&G-Managementsystem zu finden. Es soll Sie bei der Umsetzung der Forderungen unterstützen. Die Autoren dieses Buches haben dazu die jeweiligen Forderungen der DIN ISO 45001:2018 und des Regelwerks SCC in einer Tabelle mit den jeweiligen Forderungen gegenübergestellt und die Fragen der Safety Culture Ladder den Kapiteln zugeordnet. Dabei wird Arbeits- und Gesundheitsschutzmanagement federführend aus der Sichtweise der DIN ISO 45001 im Vergleich mit SCC bewertet. Wo sinnvoll und anwendbar wird zusätzlich auf die Forderungen der Safety Culture Ladder eingegangen.

Mit vielfältigen Beispielen und Vorlagen aus der Praxis unterlegt, nehmen die Autoren dieses Buches die Interpretation beider Standards parallel vor, sodass dem Leser eine ausreichende Basis für die Wahl seines A&G-Managementsystems gegeben wird.

Februar 2020

Dr. Grit Reimann
Gjergj Dojani

Abkürzungsverzeichnis

A&G-Dokumentation	Arbeits- und Gesundheitsschutz-Dokumentation
A&G-Jahresplan	Arbeits- und Gesundheitsschutz-Jahresplan
A&G-Managementbeauftragter	Arbeits- und Gesundheitsschutz-Managementbeauftragter
AG	Arbeitgeber
AMB	Arbeitsschutz-Managementbeauftragter
ASA	Arbeitsschutzausschuss
BG	Berufsgenossenschaft
FASI	Fachkraft für Arbeitssicherheit
IMS	Integriertes Managementsystem
GBU	Gefährdungsbeurteilung
GF	Geschäftsführer
KVP	kontinuierlicher Verbesserungsprozess
LMRA	Last Minute Risk Analysis
LVA	Landesverwaltungsamt
MA	Mitarbeiter
MGU	mitgeltende Unterlagen
MS	Managementsystem
MT	Manntage
OHSAS	Occupational Health and Safety Assessment Series
PSA	persönliche Schutzausrüstung
QM	Qualitätsmanagement
SCC	Sicherheits Certifikat Contraktoren
SCL	Safety Culture Ladder
SCP	Sicherheits Certifikat für Personaldienstleister
SGA	Sicherheits-, Gesundheits- und Arbeitsschutz
SGU	Sicherheits-, Gesundheits- und Umweltschutz
SIFA	Sicherheitsfachkraft
UM	Umweltmanagement

Inhalt

Einführung

Das vorliegende Buch zum Thema Sicherheit und Gesundheit bei der Arbeit (Managementsystem nach DIN ISO 45001:2018, dem SCC-Regelwerk und Safety Culture Ladder) verfolgt einen sehr pragmatischen Ansatz und ist aus der Praxis zweier Unternehmensberater und Auditoren für die Praxis geschrieben. Entgegen vieler Publikationen stehen nicht die vielen Philosophien hinter den Standards im Vordergrund, sondern vielmehr deren Überführung in den Arbeitsalltag und deren betriebliche praktische Umsetzung. Beide Autoren verfügen über mehr als 15 Jahre Erfahrung als Sicherheitsfachkräfte im Arbeits- und Gesundheitsschutz.

In vielen Beispielen werden die Anforderungen der Standards anschaulich erklärt. Dabei wird das Buch sowohl dem Anwender der DIN ISO 45001 als auch dem Anwender des SCC-Regelwerks in seinen einzelnen Spielarten sowie Safety Culture Ladder gerecht. Der Aufbau des Buches folgt den Forderungen der DIN ISO 45001 gemäß der High Level Structure. Zu Beginn jedes Kapitels werden in einer Übersichtsmatrix die Entsprechungen der DIN ISO 45001 mit OHSAS 18001, dem SCC-Standard und Safety Culture Ladder gegenübergestellt. Dahinter werden die Anforderungen der DIN ISO 45001, der einzelnen SCC-Standards SCC*, SCC**, SCC^P und SCP sowie zusätzliche Anforderungen der Safety Culture Ladder im Detail wiedergegeben. Somit wird klar, an welcher Stelle welcher Standard mehr oder weniger Forderungen stellt. Auf die Darstellung der Anforderungen von OHSAS 18001 wird an dieser Stelle weitestgehend verzichtet, da die meisten Anwender den Prozess der Umstellung von OHSAS 18001 auf DIN ISO 45001 abgeschlossen haben dürften.

Die Übersicht am Beginn des Kapitels dient als einfaches Navigationssystem zur Beantwortung der folgenden Fragen:

- Wo ist welche Forderung des SCC-Regelwerks und der Safety Culture Ladder vergleichbar mit der Forderung von DIN ISO 45001?
- Welche Forderungen sind allen SCC-Standards gemein?
- Welche Forderungen stellen Pflichtfragen dar?
- Welche Forderungen sind optional zu betrachten?

In der Rubrik „Interpretation und betriebliche Umsetzung“ werden die Forderungen interpretiert und mithilfe von Beispielen, Übersichten und grafischen Darstellungen Erläuterungen zum Verständnis der Standards gegeben. Dabei fließt der praktische Erfahrungsschatz der Autoren ein. Aus Best-Practice-Beispielen werden Empfehlungen für die Anwendung in der eigenen betrieblichen Praxis gegeben. Zum anderen geben die Autoren Hinweise, welche Fehlinterpretationen zu vermeiden sind.

Unter der Rubrik „Praxistipps und Vorlagen“ und im Anhang werden Handbuchtexte, Verfahrens- oder Sicherheitsanweisungen, Tabellen, Kataster, Listen u. a. m. zur praktischen Umsetzung in der betrieblichen Praxis zur Verfügung gestellt. Alle Vorlagen zu diesem Buch sind in der Beuth-Mediathek (www.beuth-mediathek.de) als Download für Sie eingestellt. Es handelt sich um einfache Word-Vorlagen, die schnell und unkompliziert adaptierbar sind.

Vorstellung der einzelnen Arbeitsschutz-Managementsysteme

DIN ISO 45001:2018

Die DIN ISO 45001:2018-06 und der dazugehörige Leitfaden im Anhang stellen eine Norm für den Aufbau und die Aufrechterhaltung eines anerkannten Managementsystems für Sicherheit und Gesundheit bei der Arbeit dar. Für die Managementsysteme der ISO-Reihe wurde die sogenannte High Level Structure entwickelt. Die High Level Structure hat festgelegte Normabschnitte und Kerntexte, die für die Konzipierung von Managementsystemen verbindlich festgelegt wurden. Daher ist die DIN ISO 45001 kompatibel zu den bereits international etablierten Managementsystemen für Qualität (DIN EN ISO 9001) und Umweltschutz (DIN EN ISO 14001). Eine Integration in bestehende Managementsysteme ist somit gegeben. Davon abweichend existieren jedoch Managementsysteme, die auch perspektivisch kaum diesem einheitlichen Ansatz folgen werden; man denke hier beispielsweise an die Arbeitsschutz-Managementsysteme SCC und SCP oder auch an die vielfältigen Managementsysteme der Lebens- und Futtermittelindustrie wie BRC, IFS, GMP und andere.

DIN ISO 45001 legt Anforderungen an ein Managementsystem für Sicherheit und Gesundheit bei der Arbeit fest. Diese gliedern sich in zehn Normabschnitte, die teilweise mit Unterpunkten versehen sind:

1. Zweck
2. Normativer Verweis
3. Definitionen
4. Kontext der Organisation
5. Führung und Konsultation
6. Planung
7. Unterstützung
8. Betrieb
9. Analyse
10. Verbesserung

Die Einbindung anderer Arbeitsschutz-Managementsysteme, z. B. SCC und SCP, stellt hingegen eine Herausforderung für viele Organisationen hinsichtlich einer integrierten Dokumentation dar.

Änderungen der DIN ISO 45001 im Vergleich zu OHSAS 18001

Die DIN ISO 45001 stellt mit der Orientierung an der High Level Structure neue Anforderungen in den Fokus. Sie betreffen insbesondere die Sondierung des Kontexts der Unternehmung in Verbindung mit der Identifizierung der interessierten Parteien, deren Erwartungen und den mit ihnen verbundenen Chancen und Risiken. Die folgende Übersicht soll eine Hilfestellung bei der Umsetzung der geänderten Normanforderungen geben. Die Übersicht kann auch als Checkliste genutzt werden (vgl. Anhang B in diesem Buch).

Kapitel	Normforderung	Maßnahme
4	**Kontext der Organisation**	
4.1	Bestimmung der internen und externen Themen	Kontext mit den externen und internen Themen bestimmen
4.2	Erfordernisse und Erwartungen der Beschäftigten und interessierten Parteien	Erwartungen der Beschäftigten listen interessierte Parteien identifizieren Erwartungen der interessierten Parteien bestimmen
4.3	Anwendungsbereich des MS	Anwendungsbereich festlegen unter Berücksichtigung von 4.1, 4.2, Tätigkeiten Rechnung tragen Anwendungsbereich mit den zu beeinflussenden Tätigkeiten, Produkten und Dienstleistungen definieren oder mit Auswirkung auf die Organisation
4.4	Managementsystem	Aufbau, Verwirklichung, Aufrechterhaltung und fortlaufende Verbesserung des A&G-MS mit Prozessen und deren Wechselwirkungen
5	**Führung und Beteiligung der Beschäftigten**	
5.1	Verantwortlichkeit des obersten Managements und Rechenschaftspflicht für Bereitstellung sicherer Arbeitsplätze, Vermeidung von arbeitsbezogenen Verletzungen und Erkrankungen	A&G-MS aufstellen, welches die Forderungen von 5.1 berücksichtigt
	Sicherstellung der Übereinstimmung von A&G-Politik mit den Zielen	
	Integration von A&G-MS in die Geschäftsprozesse	A&G wird Bestandteil der Geschäftsbesprechungen
	erforderliche Ressourcen bereitstellen	in Investitionsplänen und Personalplänen berücksichtigen, Weiterbildung sicherstellen
	Bedeutsamkeit dieses Vorgehens an Beschäftigte vermitteln	Politik aufstellen zielgerichtete Kommunikation betreiben, z. B. über Schutzfibeln, Broschüren, Statements der obersten Leitung
	Sicherstellung des Erfolgs des A&G-MS	
	Unterstützung der beteiligten Personen und Führungskräfte	A&G-Management wird zur Führungsaufgabe, Teil der Zielvereinbarungen
	fortlaufende Verbesserung des A&G-MS	Messung der A&G-Leistung
	Entwicklung einer A&G-Kultur	Vorbildrolle der obersten Leitung
	Schutz der Unabhängigkeit in der Berichterstattung beteiligter Verantwortungsträger im Arbeits- und Gesundheitsschutz	offene Kommunikation pflegen, direktes Berichten an die oberste Leitung ermöglichen
	Prozesse der Beteiligung von Mitarbeitern fördern	z. B. ASA-Sitzungen durchführen

Kapitel	Normforderung	Maßnahme
	Notwendigkeit eines ASA erwägen	womöglich freiwilliges Gremium benennen auch unter 20 Beschäftigten
5.2	A&G-Politik mit neuen Forderungen nach Verpflichtung zur Konsultation und Beteiligung der Beschäftigten	Politik erweitern
5.3	Rollen, Verantwortlichkeiten und Befugnisse: Übernahme von Verantwortung für den Arbeitsschutz auf allen Ebenen der Organisation	Organigramm für A&G-Verantwortungen aufstellen Zusammenstellung, wer an wen wie berichtet
5.4	Konsultation und Beteiligung der Beschäftigten: Prozessfestlegung, Zugang zu Informationen sicherstellen, Hindernisse und Barrieren identifizieren	Prozess festlegen und dokumentieren Identifikation der Hindernisse und Barrieren Berücksichtigen von Kompensationen der Hindernisse
	unter 5.4. d, e benannte Schwerpunkte berücksichtigen bei Beschäftigten, die nicht der Leitungsebene angehören	Schwerpunkte in den Prozess integrieren
	Untersuchung von Vorfällen und Nichtkonformitäten	im Prozess Umgang mit Vorfällen und Nichtkonformitäten berücksichtigen
6	**Planung**	
6.1	Maßnahmen zum Umgang mit Risiken und Chancen: 6.1.1 Sicherstellung der Ergebniserzielung Verhinderung oder Verminderung unerwünschter Auswirkungen fortlaufende Verbesserung 6.1.2.1 Identifizierung von Gefährdungen	Planungsprozess beschreiben, installieren und kontrollieren bzw. verbessern
		Gefährdungsermittlung durchführen:
		Vorkommnisse der Vergangenheit berücksichtigen (z. B. in der Eintrittswahrscheinlichkeit oder Prävention)
		Eingehen auf soziale Faktoren (Mobbing, Arbeitszeiten, Arbeitsbelastung ...)
		routinemäßige und nicht routinemäßige Tätigkeiten berücksichtigen
		Notfälle inkludieren
		Auswirkungen auf Dritte berücksichtigen (Fremdfirmen, Nachbarn, Besucher ...)
		andere Themen berücksichtigen, z. B. Auswirkung auf Umgebung
		Prognostizieren der Veränderung von Gefährdungen bei Veränderungsprozessen

Kapitel	Normforderung	Maßnahme
		einschließlich der Betrachtung geänderter Erkenntnisse über Gefährdungen
	6.1.2.2 Bewertung der A&G-Risiken	Risikobewertung bzgl. der Gefährdungen, Methodik dazu beschreiben Risikobewertung der Risiken in Verbindung mit dem Aufbau des A&G-Systems
	6.1.2.3 Bewertung von Chancen	Beschreibung der Chancen zur Anpassung von Arbeitsplätzen, der Arbeitsorganisation oder Umgebungsbedingungen Beschreibung der Chancen zur Beseitigung oder Verringerung von Gefährdungen Chancen in Verbindung mit geplanten Veränderungen
		Darstellung von Möglichkeiten zur Verbesserung des A&G-MS
	6.1.3 Bestimmung rechtlicher Anforderungen	rechtliche und sonstige Anforderungen identifizieren, aktuell halten Verfahren beschreiben
	6.1.4 Planung von Maßnahmen	Planungsprozess darstellen zum Umgang mit Risiken und Chancen, zum Umgang mit rechtlichen und sonstigen Anforderungen, für die Vorbereitung und Reaktion auf Notfallsituationen
6.2	Ziele und Planung der Zielerreichung	Ziele mit Maßnahmen, Methode der Überwachung, Kennzahlen der Überwachung, Verantwortlichkeiten, Terminen darstellen Frage beantworten, wie die Maßnahmen in die Geschäftsprozesse integriert werden sollen
7	**Unterstützung**	
7.1	Ressourcen benennen, sicherstellen	
7.2	Kompetenz entwickeln	wie zuvor in der OHSAS auch die Kompetenz zur Identifizierung von Gefährdungen entwickeln
7.3	Bewusstsein	Bewusstsein entwickeln für mögliche Auswirkungen einer Nichterfüllung des A&G MS, für die spezifischen Gefährdungen an deren Arbeitsplätzen, Vereinbarungen ermöglichen zum Ausscheiden aus Arbeitssituationen, die unmittelbar gefährdend für die Beschäftigten sind

Kapitel	Normforderung	Maßnahme
7.4	Kommunikation	Kommunikationsprozess darstellen (auch bei eingeschränkter Schreibfähigkeit): worüber, wann, mit wem, zwischen den Ebenen, mit Dritten (Fremdfirmen, Besuchern), interessierten Parteien Aufbewahrung dokumentierter Informationen
	externe Kommunikation	Organisation muss relevante Informationen extern kommunizieren (gesetzlich erforderlich oder durch andere Anforderungen oder notwendig)
7.5	dokumentierte Information	Prozess beschreiben Zugriff sicherstellen
8	**Betrieb**	
8.1	betriebliche Planung und Steuerung	Festlegung der Kriterien für die Prozesse Halten dokumentierter Informationen Koordination der Aspekte des A&G-MS, wenn mehrere Organisationen am Arbeitsort tätig sind
	Gefährdungen beseitigen, verringern	Anforderungen aus der Gefährdungsermittlung umsetzen
	Änderungsmanagement	Prozess des Umgangs mit Veränderungen beschreiben, die Auswirkungen auf das MS haben könnten
	Ausgliedern	Steuerungsprozess für ausgegliederten Prozess beschreiben
	Beschaffung	Prozessbeschreibung wie bei OHSAS
	Auftragnehmer	Umgang mit Fremdfirmen beschreiben (Einweisung, Kontrolle, Überwachung der Befähigungen, Koordination)
8.2	Notfallplanung	Notfallsituationen beschreiben, Prävention und Korrekturmaßnahmen Notfallübungen durchführen Schulungen nachweisen Berücksichtigung der Bedürfnisse interessierter Parteien im Fall von Notfallsituationen
9	**Bewertung der Leistung**	
9.1	Überwachung, Messung, Analyse, Leistungsbewertung	Messung des Leistungsfortschritts anhand formulierter Kriterien Complianceermittlung

Kapitel	Normforderung	Maßnahme
9.2	internes Audit	Auditplanungsprozess beschreiben Auditdurchführung dokumentieren Auswahl der internen Auditoren begründen Wie erfolgt die Berichterstattung über Auditfeststellungen an das obere Management? Nachverfolgung getroffener Maßnahmen beschreiben
9.3	Managementbewertung	geänderte Inputs beachten Prozessbeschreibung aktualisieren und Formblatt adaptieren
10	**Verbesserung**	
10.2	Vorfall, Nichtkonformität und Korrekturmaßnahme	Interpretation, Ursachenanalyse bei Vorfällen und Nichtkonformitäten Umgang damit beschreiben vergleichbare Vorfälle einbeziehen in die Auswertungen Bewertung der ergriffenen Korrekturen hinsichtlich der Wirksamkeit Auswirkungen auf A&G-MS berücksichtigen dokumentierte Informationen bereithalten
10.3	fortlaufende Verbesserung	Kommunikation der Ergebnisse
		Fördern der Kultur des A&G Fördern der Beteiligung der Beschäftigten

DIN ISO 45001 – Spiegelbild des PDCA-Zyklus

Die Struktur der OHSAS 18001 ist denen der DIN EN ISO 9001 und DIN EN ISO 14001 vergleichbar und folgt dem Prinzip

Plan → Do → Check → Act (PDCA).

Den Zusammenhang der Normforderungen vor dem Hintergrund des PDCA-Zyklus lässt auch die in der internationalen Norm abgebildete Darstellung erkennen:

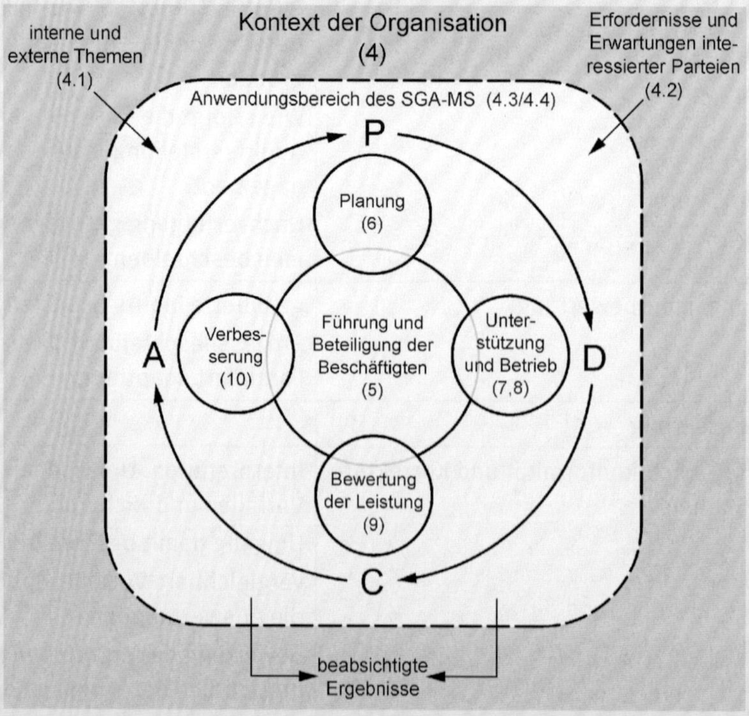

ANMERKUNG Die in Klammern stehenden Zahlen beziehen sich auf Abschnittsnummern in diesem Dokument.

Bild 1 — Beziehung zwischen PDCA und dem Rahmen in diesem Dokument

Alle Abschnitte dieser internationalen Norm lassen sich in diese vier Schritte einbinden:

Planen (Plan)

Normabschnitte

4.1 Verstehen der Organisation und ihres Kontexts

4.2 Verstehen der Erfordernisse und Erwartungen von Beschäftigten und anderen interessierten Parteien

4.3 Festlegen des Anwendungsbereichs des SGA-Managementsystems

4.4 SGA-Managementsystem

5.1 Führung und Verpflichtung

5.2 SGA-Politik

6 Planung

mit den Normforderungen:

- Identifizierung der externen und internen Themen
- Sondierung des Kontexts über die Ermittlung der interessierten Parteien und ihrer Erwartungen an die Organisation
- Ermittlung der Risiken und Chancen
- Definition der Grenzen des SGA-Managementsystems und des Anwendungsbereichs
- Demonstration von Führung und Verpflichtung
- Veröffentlichung einer SGA-Politik
- Aufstellung von Zielen und Planung der Umsetzung

- Treffen von Maßnahmen zur Umsetzung von Chancen und Risiken
- Identifizierung von Gefährdungen, Risikoeinschätzung und Festlegung von Maßnahmen
- SGA-Managementsystem und Lenkungsmaßnahmen planen
- Eruieren rechtlicher Verpflichtungen und anderer Forderungen an die Organisation

Handeln (Do)

Normabschnitte

5.3 Rollen, Verantwortlichkeiten und Befugnisse in der Organisation

5.4 Konsultation und Beteiligung von Beschäftigten

7 Unterstützung

8 Betrieb

mit den Normforderungen:

- Festlegung von Verantwortlichkeiten und Befugnissen für den Arbeits- und Gesundheitsschutz
- Unterweisung und Qualifizierung der Beschäftigten zu Themen des Arbeits- und Gesundheitsschutzes, insbesondere zu Gefährdungen
- Verwirklichung der Mitbestimmung der Beschäftigten, insbesondere bei der Gefährdungserkennung und Risikoeinschätzung
- interne Kommunikation zu Fragen des Arbeits- und Gesundheitsschutzes
- Aufstellen einer angemessenen Dokumentation
- Lenkung der dokumentierten Informationen
- Umsetzung der Festlegungen im Arbeits- und Gesundheitsschutz in der Praxis unter Berücksichtigung der externen und internen Themen und der daraus resultierenden Risiken und Chancen
- Installation der benannten Unterstützungsprozesse
- Realisierung einer geeigneten Notfallvorsorge und Gefahrenabwehr

Prüfen (Check)

Normabschnitte

9 Bewertung der Leistung

10.2 Vorfall, Nichtkonformität und Korrekturmaßnahme

mit den Normforderungen:

- regelmäßiges Überwachen und Messen der A&G-Leistungen
- Überprüfen der Einhaltung von Rechtsvorschriften
- Etablieren eines Verfahrens zur Untersuchung von Vorfällen
- Behandeln von aktuellen und potenziellen Nichtkonformitäten
- Einleiten von Korrekturmaßnahmen
- Durchführen von Präventionsmaßnahmen
- Lenkung dazugehöriger Aufzeichnungen
- Überprüfen des A&G-Managementsystems durch interne Auditierungen

(Re-)Agieren (Act)

Normabschnitte

9.3 Managementbewertung

10.1 Allgemeines

10.3 Fortlaufende Verbesserung

mit den Normforderungen:

- Durchführen von Managementbewertungen und Ableiten von konkreten Beschlüssen zur A&G-Leistungsverbesserung
- Ableiten von Verbesserungspotenzialen

Die Zuordnung der einzelnen Normabschnitte ist nicht einwandfrei möglich. Beispielsweise kann der Normabschnitt 10.2 auch unter „Agieren“ gesehen werden. Wie auch immer die Abgrenzung vorgenommen wird, die Normabschnitte spiegeln den PDCA-Zyklus in ihrer Gesamtheit wider.

Normatives Regelwerk SCC

Auch SCC (Sicherheits Certifikat Contraktoren) hat die fortlaufende Verbesserung der Leistungen einer Organisation im Arbeits-, Gesundheits- und Umweltschutz zum Ziel. SCC wurde ehemals für Unternehmen entwickelt, die als Kontraktoren in der Petrochemie tätig werden. Hintergrund ist der Wille der Raffinerien, chemischen Werke, Kraftwerke und der Stahlindustrie, einen einheitlichen Sicherheitsstandard sowohl für die eigenen Beschäftigten als auch für die im Werk- oder Dienstvertrag tätigen Kontraktoren zu schaffen. SCC ist ein zertifizierungsfähiges Arbeitsschutz-Managementsystem, welches Aspekte des Arbeits-, Gesundheits- und Umweltschutzes miteinander verbindet. Das Normative SCC-Regelwerk wurde letztmals im Jahr 2011 revidiert. Im Unterschied zur OHSAS 18001 handelt es sich um eine sogenannte SCC-Checkliste zur Beurteilung des SGU-Managementsystems (Sicherheits-, Gesundheits- und Umweltschutz-Managementsystem) von Kontraktoren und Unternehmen des produzierenden Gewerbes, die aus Fragen zu ausgewählten Themen des Arbeits-, Gesundheits- und Umweltschutzes besteht (Dokument 003). Im Weiteren wurde speziell für Personaldienstleister eine SCP-Checkliste zur Beurteilung des SGU-Managementsystems von Personaldienstleistern (Dokument 023) entwickelt. Einige Fragen in den Checklisten werden durch weitere Dokumente unterlegt, z. B. zu folgenden Themen:

- Unfallstatistik und Unfallhäufigkeit (Dokument 006)
- gefährliche Arbeiten und Tätigkeiten in besonders gefährlichen Arbeitsbereichen (Dokument 009)
- Beurteilung von Subunternehmen und Personaldienstleistern (Dokument 010)
- SGU-Schulung und Prüfung der operativ tätigen Mitarbeiter von Kontraktoren (Dokument 016)
- externe SGU-Prüfung der operativ tätigen Führungskräfte von Kontraktoren (Dokument 017)
- fakultative externe SGU-Prüfung der operativ tätigen Mitarbeiter von Kontraktoren (Dokument 018)

Im Zertifizierungssystem nach SCC werden zwei wesentliche Industriebereiche (Scopes) unterschieden:

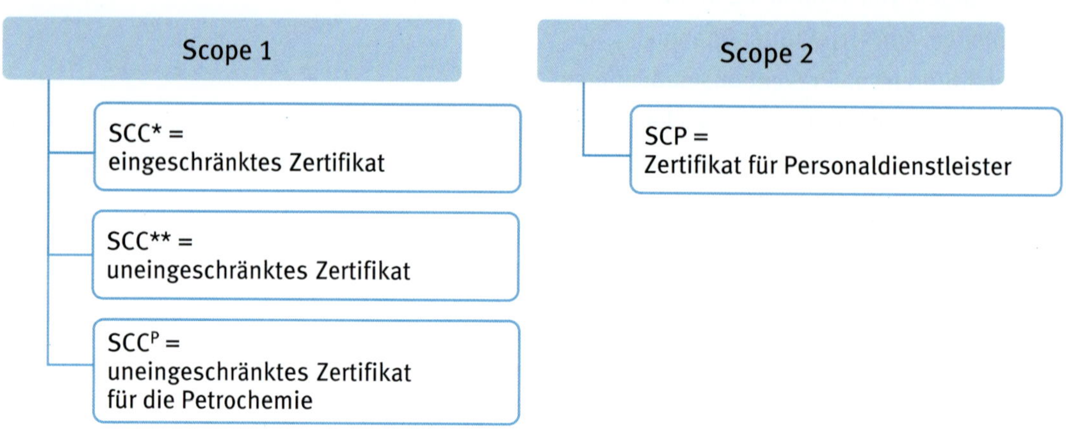

Die Unterschiede zwischen dem eingeschränkten und dem nicht eingeschränkten Zertifikat sind an die Anzahl an Arbeitnehmern im Unternehmen sowie an die vertragliche Bindung von Subunternehmen gekoppelt. Das eingeschränkte Zertifikat gilt für kleine Unternehmen mit durchschnittlich bis zu 35 Mitarbeitern, die keine Subunternehmen für technische Dienstleistungen im Werkvertrag gebunden haben. Zur Anzahl der Beschäftigten werden auch Auszubildende, Praktikanten und Leiharbeitnehmer gezählt.

Im nicht eingeschränkten Zertifikatsbereich werden alle Unternehmen mit regelmäßig mehr als 35 Beschäftigten im Kalenderjahr erfasst.

Das uneingeschränkte Zertifikat für die Petrochemie stellt erhöhte Anforderungen, die der Spezifik und Gefährdungsklasse der petrochemischen Industrie und Raffinerien gerecht werden.

Letztlich unterscheiden sich die eingeschränkten und uneingeschränkten Zertifikate durch die Anzahl der zu beantwortenden Pflicht- und ggf. Ergänzungsfragen. Pflichtfragen müssen dabei stets zu 100 % beantwortet werden. Ergänzungsfragen sind in den Checklisten als solche gekennzeichnet. Je nach Zertifikat muss hier eine Mindestanzahl an Ergänzungsfragen richtig beantwortet werden.

Welche Zertifizierung für ein Unternehmen die richtige ist, ergibt sich zumeist in der Praxis aus den Forderungen der Auftraggeber.

Hinweis

> Unternehmen mit weniger als zehn Mitarbeitern, die keine Subunternehmen beschäftigen, benötigen kein SCC- oder SCP-Zertifikat.

Doch gerade in dieser Unternehmensgröße gibt es etliche zertifizierte Unternehmen nach SCC oder SCP. Der Druck der Auftraggeber ist teilweise so stark, dass die Richtlinien des Normativen SCC-Regelwerks keine Berücksichtigung finden.

Für alle im akkreditierten Verfahren zu zertifizierenden Arbeitsschutz-Managementsysteme, so z. B. OHSAS 18001, SCC, SCP und SCC^P, gilt eine Zertifikatslaufzeit von drei Jahren, wobei jährlich ein Überwachungsaudit stattfinden muss, welches die Zertifizierung positiv bestätigt.

Die Struktur der SCC-Checkliste ist nur schwer mit der DIN ISO 45001 oder mit DIN EN ISO 9001 oder DIN EN ISO 14001 vergleichbar. Eine entsprechende Vergleichsmatrix zwischen den Anforderungen der DIN ISO 45001 und dem SCC-Regelwerk wird aus Sicht der Autoren in jedem Buchkapitel in Tabellenform dargestellt. Abgesehen vom unterschiedlichen Aufbau der Systeme sind die Anforderungen an das SGU-Managementsystem jedoch ähnlich. So dienen die vorangestellten Tabellen der Orientierung für den Leser, welche Anforderungen vergleichbar sind.

Die SCC-Checkliste (Dokument 003) zur Beurteilung des SGU-Managementsystems von Kontraktoren und Unternehmen des produzierenden Gewerbes setzt sich aus zwölf Kapiteln zusammen. Aus der nachstehenden Abbildung können Sie die Anzahl der formulierten Fragen je Kapitel ersehen.

1. SGU: Politik, Organisation und Engagement des Managements
   8 Fragen gesamt
2. SGU-Gefährdungsbeurteilung
   4 Fragen gesamt
3. SGU-Schulung, -Information und -Unterweisung
   9 Fragen gesamt
4. SGU-Bewusstsein
   2 Fragen gesamt
5. SGU-Projektplan
   5 Fragen gesamt
6. Umweltschutz
   2 Fragen gesamt
7. Vorbereitung auf Notfallsituationen
   2 Fragen gesamt
8. SGU-Inspektionen
   2 Fragen gesamt
9. Betriebsärztliche Betreuung
   4 Fragen gesamt
10. Beschaffung und Prüfung von Maschinen, Geräten, Ausrüstungen und Arbeitsstoffen
    2 Fragen gesamt
11. Beschaffung von Dienstleistungen
    3 Fragen gesamt
12. Meldung, Registrierung und Untersuchung von Unfällen, Beinahe-Unfällen und unsicheren Situationen
    6 Fragen gesamt

Die Struktur der SCP-Checkliste (Dokument 023) ist auf die Bedürfnisse und Besonderheiten von Personaldienstleistern zugeschnitten und damit stark verkürzt. Die Checkliste für SCP unterscheidet 7 Kapitel:

1. SGU-Politik, Organisation und Engagement des Managements
   8 Fragen gesamt
2. SGU-Gefährdungsbeurteilung
   4 Fragen gesamt
3. SGU-Schulung, -Information und -Unterweisung
   8 Fragen gesamt
4. SGU-Bewusstsein
   2 Fragen gesamt
5. SGU-Projektbetreuung
   5 Fragen gesamt
6. Betriebsärztliche Betreuung
   3 Fragen gesamt
7. Meldung, Registrierung und Untersuchung von Unfällen, Beinahe-Unfällen und unsicheren Situationen
   5 Fragen gesamt

Die Anzahl der Fragen zum jeweiligen Kapitel gliedert sich in Pflicht- und Ergänzungsfragen auf. Am Beginn eines jeden Kapitels werden die Pflichtfragen für den jeweiligen Standard als solche markiert:

SCC* ☒ SCC** ☒ SCC^P ☒

Nicht zutreffende Fragen werden ebenso gekennzeichnet. Ein Manövrieren in der SCC-Checkliste wird dem Nutzer damit sehr einfach gemacht.

Gleiches gilt auch für die SCP-Checkliste, in der die Pflichtfragen ebenfalls angekreuzt sind.

Insgesamt ergibt sich in den einzelnen Standards folgendes Verhältnis zwischen Pflicht- und Ergänzungsfragen:

Regelwerk	Fragen gesamt	Pflichtfragen	Ergänzungsfragen
SCC*	27	27	0
SCC**	49	40	9
SCC^P	49	44	5
SCP	35	29	6

Jedes Kapitel der SCC- und SCP-Checkliste folgt einer besonderen Gliederung:

Jedes Kapitel gibt das Ziel an, welches mit der Erfüllung der Mindestanforderungen erreicht werden soll. Dem formulierten Ziel folgen die Mindestanforderungen, die zu dieser Frage mindestens erfüllt sein müssen. Dabei bleibt zu beachten, dass die Frage in ihrer Gesamtheit als richtig und angemessen bewertet werden muss.

Im Weiteren werden mögliche Dokumente zur Nachweisführung aufgeführt.

Unter „Befragung und Beobachtung“ werden die Personengruppen aufgeführt, die zum Thema interviewt werden sollen.

Inhaltliche Gemeinsamkeiten und Unterschiede zwischen der DIN ISO 45001 und dem Normativen Regelwerk SCC werden, wie bereits erwähnt, in den weiteren Kapiteln dieses Buches gesondert und im Einzelnen erläutert.

Normatives Regelwerk SCC folgt der PDCA-Methode

Auch SCC-Dokument 003 oder auch Dokument 023 folgen in ihren Bestandteilen der PDCA-Methode. Alle inhaltlichen Forderungen können den vier Schritten im PDCA-Zyklus zugeordnet werden. Hierdurch wird eine wesentliche Grundlage für eine Integration mit anderen Managementsystemen geschaffen, auch wenn diese nicht so einfach möglich ist wie bei der DIN ISO 45001.

Beispielhaft wird nachstehend eine Zuordnung der Inhalte (Fragen) zum PDCA-Vorgehen vorgenommen.

Planen (Plan)

- Erlass einer Grundsatzerklärung zu SGU (1.1)
- Erstellen eines Programms zur Stärkung des SGU-Bewusstseins (4.2)
- vertragliche Bindung einer Sicherheitsfachkraft und eines Betriebsarztes (1.2)
- Aufstellung einer SGU-Organisation, Definition von Befugnissen und Verantwortlichkeiten (1.3)
- aktive Einbindung des oberen und mittleren Managements in das Arbeitsschutzsystem (1.5)
- Verabschiedung von messbaren Unternehmenszielen zur Vermeidung von Unfällen und der Reduzierung von Unfallhäufigkeiten (1.7) sowie zur Verbesserung der SGU-Leistung (1.8)
- SGU-Gefährdungsbeurteilung, betriebsspezifisch (2.1), arbeitsplatzbezogen (2.2), LMRA (Last Minute Risk Analysis) (2.3)
- Kostenfreie Ausgabe von PSA (persönlicher Schutzausrüstung) (2.4)
- Aufstellen von SGU-Projektplänen (5.1)
- Benennung eines Ansprechpartners für SGU pro Projekt (5.5)
- Berufung eines Umweltschutzbeauftragten im Unternehmen (6.2)

Handeln (Do)

- festgelegtes Verfahren zur Einstellung qualifizierter, erfahrener Mitarbeiter (3.1)
- Qualifizierung von Mitarbeitern in SGU-Fragen (3.1)
- Ablegen einer anerkannten SGU-Prüfung (3.2, 3.3)
- Vermittlung spezieller Kenntnisse für gefährliche Arbeiten oder gefährliche Arbeitsbereiche (3.4)
- Durchführung von Unterweisungen (3.5)
- etabliertes Verfahren zum Ausfüllen eines Sicherheitspasses (3.6)
- Sicherstellung der Verständigung mit fremdsprachigen Mitarbeitern (3.7)
- Einweisung in die speziellen SGU-Vorgaben des Auftraggebers (3.8)
- Erarbeiten von Betriebsanweisungen und Unterweisung der Mitarbeiter (3.9)
- Durchführung von SGU-Besprechungen (4.1)
- Einweisung der Mitarbeiter und Subunternehmer in SGU-Projektpläne (5.2, 5.3)
- Abstimmung der Projektpläne mit dem Auftraggeber (5.4)
- Festlegung von Verfahren zum Umweltschutz (6.1)
- Festlegung von Verfahren zur Notfallvorsorge (7.1)
- Ausbildung der Beschäftigten, denen Aufgaben für Notfälle zugeteilt sind (7.2)
- regelmäßige Untersuchungen der Beschäftigten (9.1)
- Angebot von speziellen arbeitsmedizinischen Vorsorgeuntersuchungen (9.2)
- Angebot freiwilliger arbeitsmedizinischer Untersuchungen (9.3)

- Angebot für leicht verletzte Arbeitnehmer, eine andere zumutbare Arbeit auszuüben (9.4)
- Beschaffung von Maschinen, Geräten, Arbeitsstoffen und Ausrüstungen, die den Anforderungen des Arbeitsschutzes genügen
- Beschaffung von Subunternehmen, die eine funktionsfähige SGU-Organisation nachweisen können (11.1)
- ausschließlicher Einsatz von Personaldienstleistern, die eine funktionsfähige SGU-Organisation aufweisen können (11.3)
- Meldung und Erfassung von Unfällen (12.1), Beinahe-Unfällen und kritischen Situationen (12.4)

Überprüfen (Check)

- Beurteilung der Führungskräfte hinsichtlich ihrer Leistungen im SGU-Management (1.4)
- regelmäßige Inspektionen auf Baustellen und in Arbeitsstätten (8.1)
- regelmäßige Überprüfung von Maschinen, Geräten und Ausrüstungen (10.2)
- systematische Bewertung eingesetzter Subunternehmer hinsichtlich der A&G-Leistung (11.2)
- Regelung der Untersuchung von Unfällen mit und ohne Arbeitsausfall (12.2), von Beinahe-Unfällen und unsicheren Situationen (12.5)
- Anwenden von Methoden, welche die Ermittlung aller möglichen Unfallursachen gewährleisten (12.3)
- Führen der Unfallstatistik (12.6)

Optimieren (Act)

- Auswertung der Inspektionsprotokolle, KVP (8.2)
- Auswertung der Unfallstatistik (12.6)
- Managementbewertung des SGU-Managementsystems (1.6)

Mit der Zuordnung der einzelnen Fragen des Dokuments 003 zur PDCA-Vorgehensweise wird deutlich, dass alle Schritte im PDCA-Zyklus vorgenommen werden können und ein Verfahren zur fortlaufenden Verbesserung des SGU-Managementsystems etabliert ist.

Safety Culture Ladder

Wir sehen Safety Culture Ladder nicht in Konkurrenz zu den etablierten Managementsystemen, sondern als Erweiterung zu rechtlichen Anforderungen im Arbeits- und Gesundheitsschutz oder zu bestehenden Managementsystemen. Selbstverständlich kann es auch als eigenständiges A&G-System etabliert werden. Safety Culture Ladder stellt ein sehr gutes Instrument dar, den Durchdringungsgrad des Arbeits- und Gesundheitsschutzes im Unternehmen zu bemessen. Auch hier steht die zentrale Frage im Mittelpunkt, inwieweit das Management seiner Führungsrolle für Sicherheit und Gesundheit bei der Arbeit gerecht wird und alle Beschäftigten beteiligt.

Ziele von Safety Culture Ladder sind:

Ziele: Safety Culture Ladder

- Förderung des Arbeitsschutzbewusstseins
- Sichere Arbeitsweise
- Verminderung unsicherer Situationen, Schäden und Unterlassungen

In der systematischen Vorgehensweise um das Thema Managementsysteme gibt es verschiedene Ansätze, die zu einer kontinuierlichen Verbesserung führen können.

Beispielsweise folgen „Business-Excellence-Roadmaps“ oder „Climbing the Customer Ladder“ derselben Philosophie, sich schrittweise einem Optimum zu nähern. Auch bei der Safety Culture Ladder erklimmt man Schritt für Schritt eine Stufe nach der anderen mit dem Ziel, die Soft Skills der Führung und Beschäftigten zu verbessern und eine Sicherheitskultur im Unternehmen zu etablieren.

Anwendungsbereich von Safety Culture Ladder

Safety Culture Ladder ist grundsätzlich

- für jede Unternehmensgröße (gemäß Beschluss von NEN wird die SCL-Zertifizierung nicht auf Unternehmen unter 5 Mitarbeitern angewendet)
- für jede Art von Unternehmen
- für die Industrie und auch für den Dienstleistungssektor

anwendbar. Safety Culture Ladder bietet einen Rahmen für sicheres Arbeiten für alle Parteien der Sektoren.

Hinweis

Besonderheit:

Es wird nicht zwischen Kunden, Vertragspartnern und Lieferanten unterschieden.

Bisher wird Safety Culture Ladder bereits bei ProRail und seinen Lieferanten sowie bei TenneT eingesetzt. Beispielsweise müssen Unternehmen, die einen Vertrag mit TenneT unterzeichnen, zertifiziert sein.

Das System der Safety Culture Ladder:

Safety Culture Ladder soll einen Standard für die objektive Messung der Arbeits- und Gesundheitsschutzleistung darstellen, wobei gerade der Aspekt Gesundheitsschutz nur wenig im Standard selbst erwähnt wird. Er liefert einen bewusst gewählten Ansatz zur stufenweisen Entwicklung von Unternehmen auf dem Gebiet des Arbeitsschutzes. Der Standard wird vom niederländischen Normungsinstitut NEN verwaltet.

Safety Culture Ladder definiert fünf Niveaustufen. Für jede Stufe werden Anforderungen deklariert, die mit Kriterien unterlegt werden (sogenannte Standards). Für die unabhängigen Prüfer wird zusätzlich deren Wichtung aufgeführt und worauf sie zu achten haben. Dabei werden 6 Perspektiven oder auch Unternehmensaspekte zugrunde gelegt.

Unternehmensaspekte	**Charakteristika**
Führung und Beteiligung	Interesse des Managements Mitarbeiterbeteiligung Belohnung für gute Leistungen
Unternehmenspolitik und Strategie	Unfallursachen Profitabilität und Kontinuität
Organisation und Vertragspartner	Vertragspartner Kompetenz und Fortbildung Abteilung für Arbeitsschutz
Arbeitsplatz und Verfahren	Arbeitsplanung Sicherheit am Arbeitsplatz Verfahren
Abweichungen und Kommunikation	Meldung Untersuchung von Unfällen Nachbereitung von Unfällen tägliche Kontrolle Sitzungen
Prüfung und Statistiken	Prüfungen und Kontrollen Trends und Statistiken

Unternehmensaspekte:

Safety Culture Ladder spricht von Unternehmensaspekten. Unternehmensaspekte stellen die Kriterien dar, nach denen die einzelnen Stufen zu bewerten sind.

Führung und Beteiligung

Die zentrale Frage stellt die Vorbildfunktion der Führung dar:

- Wie ist Führung und Beteiligung im Unternehmen organisiert?
- Ist es ein Miteinander oder ein Gegeneinander?
- Werden beide Seiten gehört?

(DIN ISO 45001: 5.1 Führung, 5.4 Konsultation und Beteiligung)

Unternehmenspolitik und Strategie

- Ist Sicherheit Bestandteil der Unternehmenspolitik?
- Wird Sicherheit als Erfolgsfaktor des Unternehmens gesehen?
- Gibt es ein Budget für den Arbeitsschutz?

(DIN ISO 45001: 5.2 Politik, 6.2 Planung)

Organisation und Vertragspartner

Gibt es eine eigene Arbeitsschutzorganisation? Sind die Mitarbeiter geschult? Ist der Einsatz von Fremdfirmen geregelt?

(DIN ISO 45001: 7.2 Kompetenz, 8.1.4 Beschaffung)

Arbeitsplatz und Verfahren

- Sind die Arbeitsplätze sicher eingerichtet?
- Werden Sicherheitsregeln aufgestellt und werden diese eingehalten?

(DIN ISO 45001: 6 Planung, 8 Betrieb)

Abweichungen und Kommunikation

Finden regelmäßig Arbeitsplatzinspektionen statt? Wie ist die Meldekultur der Mitarbeiter? Gibt es einen Prozess zur anschließenden Weiterverarbeitung der Information? Werden dadurch Aktionen und Änderungen abgeleitet?

(DIN ISO 45001: 7.4 Kommunikation, 10.2 Vorfall, Nichtkonformität, Korrekturmaßnahme)

Prüfungen und Statistiken

Gibt es ein Verfahren oder Prozess zum Prüfen des Verhaltens in Form von Beobachtungen und Befragung der Beschäftigten? Werden Statistiken, Trendanalysen und Unfallstatistiken geführt?

(DIN ISO 45001: 7.3 Bewusstsein, 9.1 Überwachung, Messung, Analyse und Leistungsbewertung)

Die Stufen der Leiter:

Safety Culture Ladder unterscheidet 5 Leiterstufen oder auch Reifestufen, die den Entwicklungsstand des Unternehmens widerspiegeln.

Stufe 1: (pathologisch)

Das Unternehmen kümmert sich nicht um Arbeitsschutzbelange. Merkmal ist, dass Verantwortlichkeiten im Arbeitsschutz nicht geregelt sind. (kein Bewusstsein)

Stufe 2: (reaktiv)

Arbeitsschutzthemen werden nur im Fall von Vorkommnissen behandelt. Regeln werden mit geringer Nachhaltigkeit umgesetzt. Merkmal ist, dass Regeln bekannt sind, aber nicht kontinuierlich befolgt werden. Probleme werden mit Schuldzuweisungen in Verbindung gebracht. Reaktionen basieren auf tief verankerten Mustern (Was kann ich dafür? Das haben wir schon immer so gemacht! Da hat noch keiner danach gefragt.) (Umsetzungsbarrieren)

Stufe 3: (kalkulativ)

Sicherheitsregeln sind festgelegt, werden aber nicht konsequent befolgt. Die Verantwortung für Arbeits- und Gesundheitsschutz ist an das Management adressiert. Merkmal: Ein grundlegendes Bewusstsein für Arbeitsschutz ist vorhanden. Aus Sicht der Autoren sollten Unternehmen, die bereits nach ISO 45001 oder SCC zertifiziert sind, diese Stufe problemlos nehmen.

Stufe 4: (proaktiv)

Sicherheit hat im Unternehmen eine hohe Priorität. Merkmal: Das Unternehmen kümmert sich um den Arbeitsschutz, Führung und Beschäftigte arbeiten proaktiv an den Themen. Verbesserungen werden strukturell umgesetzt, Beschäftigte achten gegenseitig auf sicheres Verhalten. Es gibt eine sichtbare Sicherheitskultur im Unternehmen.

Stufe 5: (innovativ)

Sicherheitsregeln sind in den Geschäftsprozessen integriert. Merkmal: Sicherheit ist ein wesentlicher Bestandteil der Arbeit und wird hoch bewertet.

Implementierungsschema

Safety Culture Ladder kann in folgenden Schritten eingeführt werden:

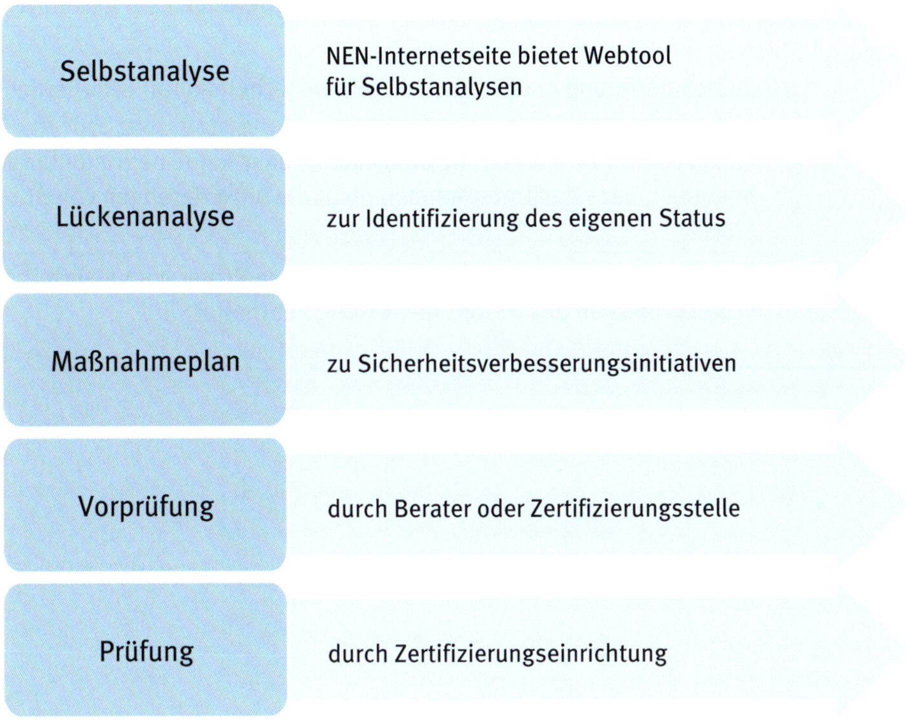

Zertifizierungsverfahren

Die Zertifizierung von Safety Culture Ladder kann nur von zugelassenen Zertifizierungsgesellschaften erfolgen. Die Zertifizierungsstellen bestimmen den Anwendungsbereich der Prüfung, der Befragungen und der zu prüfenden Projekte. Auch Subunternehmen müssen sich den Befragungen der Prüfer unterziehen.

Zum Einsatz kommen immer zwei unabhängige Prüfer (Auditoren), wobei einer der beiden die Rolle des leitenden Prüfers übernimmt.

Prinzipiell folgt man vier unterschiedlichen Methoden. Zunächst findet eine Selbsteinschätzung des Unternehmens statt, diese wird dann von der SCL-ZS (Safety Culture Ladder Zertifizierungsstelle) anhand zur Verfügung gestellter Fakten analysiert. Anschließend werden Interviews zum Verifizieren der Fakten durchgeführt. Da eine Zertifizierung nicht ohne Vor-Ort-Besuch stattfinden kann, werden sogenannte Arbeitsbesuche (Audits) durchgeführt. Der Umfang der Arbeitsbesuche (des Audits) richtet sich nach der Anzahl der Beschäftigten. Ab der Stufe 4 werden unangekündigte Arbeitsbesuche durchgeführt.

Unternehmen werden grundsätzlich auf Stufe 2 geprüft. Erfüllt das Unternehmen die Anforderung der Stufe 2 nicht, so wird es nach Stufe 1 zertifiziert, wenn folgende Kriterien erfüllt sind:

- rechtliche Anforderungen werden eingehalten,
- die Safety Culture Ladder-Prüfung wurde durchgeführt und
- es gibt eine Absichtserklärung einer Weiterentwicklung entlang der Safety Culture Ladder.

SCL-Produkte

Produkt	Erläuterung
SCL-Zertifikat	vollständige Prüfung aller relevanten Anforderungen der gewählten Stufe
SAQ+-Erklärung	40%-Prüfung im Vergleich zu SCL Implementierung einer vollständigen Sicherheitskultur erforderlich, aber nur eingeschränkter Prüfungsumfang nach Prüfung wird Erklärung ausgestellt, dass keine begründeten Zweifel bestehen, dass das Unternehmen nicht die Anforderungen von SCL erfüllt
SAQ-Erklärung (Selbstanalyse-bogen)	Prüfung des Selbstanalysebogens durch den Prüfer, Vergewissern des Prüfers, dass an der Weiterentwicklung gearbeitet wird

Entsprechung DIN ISO 45001:2018, OHSAS 18001:2007 und SCC:2011

Die folgende Übersicht soll eine Hilfestellung bei der Umsetzung der geänderten Normanforderungen geben. Die Übersicht kann auch als Checkliste genutzt werden (vgl. Anhang B in diesem Buch).

Nr.	DIN ISO 45001:2018	Nr.	OHSAS 18001:2007	Nr.	SCC:2011
	Einführung		Einführung		
1	Anwendungsbereich	1	Anwendungsbereich		
2	Normative Verweisungen	2	Normative Verweisungen		
3	Begriffe und Definitionen	3	Begriffe und Definitionen		
4	Kontext der Organisation	4	A&G-Managementsystem-Elemente (nur Titel)		
4.1	Verstehen der Organisation und ihres Kontextes				
4.2	Verstehen der Erfordernisse und Erwartungen von Beschäftigten und anderen interessierten Parteien				
4.3	Festlegen des Anwendungsbereichs des SGA-Managementsystems				
4.4	SGA-Managementsystem	4.1	Allgemeine Forderungen		
5	Führung und Beteiligung von Beschäftigten				
5.1	Führung und Verpflichtung	4.4.1	Ressourcen, Aufgaben, Verantwortlichkeit und Befugnis	1.5	Aktive SGU-Beteiligung Management
5.2	SGA-Politik	4.2	A&G-Politik	1.1	Grundsatzerklärung SGU-Politik
5.3	Rollen, Verantwortlichkeiten und Befugnisse in der Organisation	4.4.1	Ressourcen, Aufgaben, Verantwortlichkeit und Befugnis	1.2 1.3 5.5 6.2	Betriebsärztliche und sicherheitstechnische Betreuung SGU-Organisation, Aufgaben Führungskräfte Einsatz SGU-Koordinator pro Projekt Einsatz Umweltschutzbeauftragter
5.4	Konsultation und Beteiligung der Beschäftigten	4.4.3	Kommunikation, Mitbestimmung und Beratung	4.1	SGU-Besprechungen, ASA, Toolbox-Meetings
6	Planung	4.3	Planung (nur Titel)		
6.1	Maßnahmen zum Umgang mit Risiken und Chancen				
6.1.1	Allgemeines				
6.1.2	Ermittlung von Gefährdungen und Bewertung von Risiken und Chancen	4.3.1	Gefährdungserkennung, Risikobewertung und Festlegung der Lenkungsmaßnahmen	2.1	Betriebliche Gefährdungsbeurteilung

Nr.	DIN ISO 45001:2018	Nr.	OHSAS 18001:2007	Nr.	SCC:2011
				2.2	Arbeitsplatzbezogene Gefährdungsbeurteilung
				3.9	Bereitstellung von SGU-Betriebsanweisungen
				9.1	Ermittlung arbeitsmedizinische Untersuchungen
6.1.3	Bestimmung rechtlicher Verpflichtungen und anderer Anforderungen	4.3.2	Gesetzliche und andere Forderungen	3.8	Unterweisung spezielle SGU-Vorgaben des Auftraggebers
6.1.4	Planung von Maßnahmen				
6.2	SGA-Ziele und Planung zu deren Erreichung				
6.2.1	SGA-Ziele	4.3.3	Zielsetzungen und Programm(e)	1.4	Jährliche SGU-Beurteilung der Führungskräfte
				1.7	SGU-Unternehmensziele und -maßnahmen
				1.8	Unternehmensziele zur Verbesserung des SGU-Managementsystems
6.2.2	Planung zum Erreichen der SGA-Ziele				
7	Unterstützung				
7.1	Ressourcen				
7.2	Kompetenz	4.4.2	Fähigkeit, Schulung und Bewusstsein	3.1	Fachliche Qualifikation der Beschäftigten
				3.2	SGU-Schulung und -Prüfung Mitarbeiter
				3.3	SGU-Prüfung Führungskräfte
				3.4	Schulung für besonders gefährliche Arbeiten
				3.5	SGU-Unterweisungen
				3.6	Verfahrensanweisung Ausfüllen Sicherheitspass
				7.2	Schulung Erste Hilfe, Brandschutz
7.3	Bewusstsein			2.3	LMRA
				4.2	Stärkung SGU-Bewusstsein
7.4	Kommunikation	4.4.3	Kommunikation, Mitbestimmung und Beratung	3.7	Sprachverständigung fremdsprachiger Mitarbeiter
				4.1	SGU-Besprechungen, ASA, Toolbox-Meetings
7.4.1	Allgemeines			5.1	Verwendung von SGU-Projektplänen

Nr.	DIN ISO 45001:2018	Nr.	OHSAS 18001:2007	Nr.	SCC:2011
7.4.2	Interne Kommunikation			**5.2**	Einweisung in SGU-Projektplan
7.4.3	Externe Kommunikation			**5.3** **5.4**	Einweisung der Subunternehmer in SGU-Projektplan Abstimmung SGU-Projektplan mit Auftraggeber
7.5	Dokumentierte Information				
7.5.1	Allgemeines				
7.5.2	Erstellen und Aktualisieren	**4.4.4**	Dokumentation		
7.5.3	Lenkung dokumentierter Information	**4.4.5** **4.5.4**	Lenkung der Dokumente Lenkung von Aufzeichnungen		
8	Betrieb	**4.4**	Implementierung und Durchführung (nur Titel)		
8.1	Betriebliche Planung und Steuerung				
8.1.1	Allgemeines				
8.1.2	Gefährdungen beseitigen und SGA-Gefährdungen verringern	**4.4.6**	Ablauflenkung	**2.4** **6.1** **10.2**	PSA: Bereitstellung, Instandhaltung, Ersatz Umweltschutz und Umgang mit Abfällen Prüfung Maschinen, Geräte, Ausrüstungen
8.1.3	Änderungsmanagement				
8.1.4	Beschaffung			**10.1** **11.1** **11.3**	Beschaffung Maschinen, Geräte, Arbeitsstoffe Einsatz SGU-geeigneter Subunternehmer Einsatz SGU-geeigneter Personaldienstleister
8.2	Notfallplanung und Reaktion	**4.4.7**	Notfallvorsorge und Gefahrenabwehr	**7.1**	Vorbereitung auf Notfälle, Bereitstellung Notfallmittel
9	Bewertung der Leistung	**4.5**	Kontroll- und Korrekturmaßnahmen (nur Titel)		
9.1	Überwachung, Messung, Analyse und Leistungsbewertung	**4.5.1**	Überwachung und Messung	**1.4** **9.2** **9.3** **11.2**	Jährliche SGU-Beurteilung der Führungskräfte Arbeitsmedizinische Vorsorgeuntersuchungen Freiwillige arbeitsmedizinische Untersuchungen Bewertung Subunternehmer
9.1.1	Allgemeines				
9.1.2	Bewertung der Einhaltung von Verpflichtungen	**4.5.2**	Bewertung der Einhaltung von Rechtsvorschriften		

Nr.	DIN ISO 45001:2018	Nr.	OHSAS 18001:2007	Nr.	SCC:2011
9.2	Internes Audit	**4.5.5**	Internes Audit	**1.6**	SCC-Compliance-Audits und -Bewertung
9.2.1	Allgemeines				
9.2.2	Programm des internen Audits			**1.5** **8.1** **8.2**	Aktive Beteiligung des Managements im Hinblick auf SGU Regelmäßige Inspektionen durch Führungskräfte Auswertungen der Inspektionsprotokolle
9.3	Managementbewertung	**4.6**	Managementbewertung	**1.6**	Bewertung der SGU-Leistungen durch oberstes Management
10	Verbesserung				
10.1	Allgemeines				
10.2	Vorfall, Nichtkonformität und Korrekturmaßnahme	**4.5.3**	Nichtkonformität, Korrektur- und Vorbeugungsmaßnahmen	**12.1** **12.2** **12.3** **12.4** **12.5** **12.6** **9.4**	Erfassung von Unfällen Untersuchung von Unfällen Unfalluntersuchungsmethoden Erfassung Beinahe-Unfälle, unsichere Situationen Untersuchung Beinahe-Unfälle, unsichere Situationen Unfallhäufigkeitsquote unter Schwellenwert Bei Leichtverunfallten Angebot Ersatzarbeitsplatz
10.3	Fortlaufende Verbesserung				

Gemeinsamkeiten und Unterschiede zwischen Arbeitsschutz-Managementsystemen – eine Entscheidungshilfe

Die folgende Übersicht soll eine Hilfestellung bei der Umsetzung der geänderten Normanforderungen geben. Die Übersicht kann auch als Checkliste genutzt werden (vgl. Anhang B in diesem Buch).

DIN ISO 45001	Bewertung	SCC	Bewertung
Zertifizierungsfähigkeit:		**Zertifizierungsfähigkeit:**	
– für jede Organisation anwendbar, die Anforderung unter Normabschnitt 1 erfüllt		– Zertifizierungsfähig sind Unternehmen.	+
– Zertifizierungsfähig sind Unternehmen.	+	– Unter bestimmten Bedingungen sind Niederlassungen von Unternehmen sowie organisatorische Einheiten zertifizierungsfähig.	+
– Unter bestimmten Umständen sind Niederlassungen von Unternehmen sowie organisatorische Einheiten zertifizierungsfähig.	+		
– Zertifizierung erst drei Monate nach Einführung des Arbeitsschutz-Managementsystems möglich	+	– Zertifizierung erst drei Monate nach Einführung des Arbeitsschutz-Managementsystems möglich	+
Motivation zur Implementierung der Norm:		**Motivation zur Implementierung der Norm:**	
– in der Regel freiwillige Unternehmensentscheidung	+	– Chemische und petrochemische Industrie fordern zumeist die Einführung von SCC bei Kontraktoren. Andere Branchen, z. B. Bauindustrie und Energieversorger, verpflichten zunehmend ihre Dienstleister und Nachunternehmer auf SCC.	–
– Verschiedentlich ist es eine Konzernentscheidung zur Minimierung von Haftungsrisiken, zur Erhöhung der Arbeitssicherheit, zur Stützung des Images.			
Diversifizierung:		**Diversifizierung**	
– keine Unterscheidung in weitere Standards	+	– Unterscheidung in Unternehmensgrößen: mehr als 35 Beschäftigte – Zertifizierung nach SCC*, SCC** oder SCC^P	–
– keine Diversifizierung	–	– SCC* kleiner als 35 MA und wenn keine Subunternehmer eingesetzt werden. Die zu zertifizierende Einheit darf nicht Teil eines größeren Unternehmens sein, sonst muss sich das Unternehmen nach SCC** zertifizieren lassen.	–
– Keine Unterscheidung erfordert stärkere Interpretation des Standards auf eigene Organisation.			
– ein Standard für alle	+	– Personaldienstleister müssen sich nach SCP zertifizieren lassen.	–
		– Unternehmen, die sowohl ihre Dienstleistungen in Form eines Werkvertrags als auch in der Form einer Arbeitnehmerüberlassung anbieten wollen, benötigen beide Zertifikate. Das heißt, im Geltungsbereich des SCC-Zertifikats ist der Begriff Arbeitnehmerüberlassung nicht zulässig. Hierfür muss ein separates SCP-Zertifikat ausgestellt werden.	–
		– Unterscheidung in Pflicht- und Ergänzungsfragen – komplizierter als OHSAS	–

DIN ISO 45001	Bewertung	SCC	Bewertung
Anerkennungsradius:		**Anerkennungsradius:**	
– ISO-Norm – International anerkannt	+	– nationales Regelwerk (z. B. deutsches Normatives SCC-Regelwerk)	–
– internationale Anerkennung des Systems	+	– Jedoch ist eine Zertifizierung nach dem deutschen Normativen SCC-Regelwerk auch für Unternehmen mit einem Sitz außerhalb Deutschlands möglich, wenn das vorwiegende Zielland der Dienstleistungserbringung Deutschland ist.	+ –
		– Das deutsche SCC-Zertifikat wird in den Niederlanden, Belgien, Schweiz und Österreich anerkannt.	+
Aufbau und Struktur:		**Aufbau und Struktur:**	
– Normtext	+	– Checkliste und Fragen	+
– Integration durch vergleichbare Struktur mit anderen Managementsystemen leicht möglich (HLS)	+	– Integration mit anderen Managementsystemen schwieriger	–
– keine konkreten Nachweise erwähnt (z. B. Dokumente oder Aufzeichnungen)	–	– vorzuweisende Dokumente und Aufzeichnungen zu den einzelnen Fragen werden aufgelistet	+
– Normtext nicht immer klar in der Forderung verständlich, Definitionen und Anhang sind wichtig zum Verstehen der Anforderungen	+	– Fragen sind konkreter ausgeführt	+
Zertifikatsgültigkeit:		**Zertifikatsgültigkeit:**	
– Gültigkeit der Zertifikate: drei Jahre mit jährlicher Überprüfung	+	– Gültigkeit der Zertifikate: drei Jahre mit jährlicher Überprüfung	+
Akkreditierung:		**Akkreditierung:**	
– akkreditiertes Zertifizierungsverfahren	+	– akkreditiertes Zertifizierungsverfahren	+
Dokumentation:		**Dokumentation:**	
– Forderung nach einer Dokumentation – Normabschnitt 4.4 regelt Mindestbestandteile der Dokumentation – Hinweis auf Effektivität und Effizienz gegeben	+	– Es werden dokumentierte Verfahren gefordert, jedoch sind allgemeine Anforderungen an eine Dokumentation sowie die Lenkung von Dokumenten und Aufzeichnungen nicht gefordert.	±
Zertifizierungsumfang:		**Zertifizierungsumfang:**	
– Aus den DAkkS- bzw. TGA-Dokumenten geht hervor, dass das Audit überwiegend in der „Produktion“ zu erfolgen hat.	+	– In der Regel haben Kontraktoren Projekte bei ihren Auftraggebern, daher sind Projektbesuche ein Muss. – Gelegentlich wird von Unternehmen SCC gefordert, obwohl sie keine Dienstleistungen direkt beim Auftraggeber, sondern im eigenen Betrieb erbringen. In diesem Fall können anstelle von Projekten auch Werkstätten auditiert werden.	+

DIN ISO 45001	Bewertung	SCC	Bewertung
		– Ingenieurbüros, von denen als Kontraktor oft auch SCC gefordert wird, tun sich bei der Auswahl von Projekten schwer, da deren Aufgabe oftmals die Bauleitung oder Koordinationstätigkeiten sind. Hier empfiehlt es sich, die „Vorgesetztenfunktion“ bzw. die „Koordinationstätigkeit“ zu auditieren.	
Anwendung nationalen Rechts: – Internationaler Standard fordert die Anwendung nationalen Rechts.	+	**Anwendung nationalen Rechts:** – Nationale Ausgabe des Normativen SCC-Regelwerks	–

Vergleich DIN ISO 45001 und Safety Culture Ladder

Eine eindeutige Zuordnung der Stufen und Kriterien gestaltet sich teilweise schwierig. In einigen Stufen bzw. Kriterien werden Anforderungen gestellt, die mehreren Normkapiteln der DIN ISO 45001 gegenübergestellt werden könnten. Wir haben versucht, die Kernaussagen den Normkapiteln zuzuordnen.

DIN ISO 45001	Safety Culture Ladder
5.1	3.1: 1.1 3.1: 1.2 3.1: 1.3 3.2: 2.5
5.2	3.2: 2.4
5.3	3.3: 3.8
5.4	3.1: 1.2
6. 6.1.1 6.1.2 6.1.3 6.1.4	 3.4: 4.9 3.4: 4.9 – 3.4: 4.9
6.2 6.2.1 6.2.2	 3.2: 2.4 3.2: 2.4
7.1	3.2: 2.5 3.3: 3.8
7.2/7.3	3.1: 1.3 3.3: 3.7
7.4.2	3.5: 5.16
8.1	4: 4.10 4: 4.11
8.4	3.3: 3.6

DIN ISO 45001	Safety Culture Ladder
9.1.1	3.6: 6.17 3.6: 6.18
9.2	3.5: 5.15
10.1/10.2	3.5: 5.12 3.5: 5.13 3.5: 5.14

Fazit:

Unternehmen, die bereits ein oder mehrere international akkreditierte Managementsysteme eingeführt haben, z. B. DIN EN ISO 9001 oder DIN EN ISO 14001, DIN EN ISO 22000, DIN EN ISO 50001, stellen sich bei einer Integration der Systeme mit DIN ISO 45001 besser. Kleinere Unternehmen profitieren zumeist von der sehr konkreten Fragestellung mit konkreten Beispielen im SCC-Verfahren. Allerdings ist der Schwellenwert bei der Unfallhäufigkeit zu beachten. Gerade kleine Montageunternehmen überschreiten den Schwellenwert aufgrund der geringen Jahresarbeitsstundenzahl schnell. Die Nichterfüllung der UH-Rate kann bis zur Ablehnung der Zertifizierung durch die Zertifizierungsstelle führen.

Unternehmen mit internationalem Aktionsradius sollten unbedingt die DIN ISO 45001 einführen, da über die Grenzen Europas hinaus SCC nur bedingt anerkannt wird. Weiterhin ist nur ein nationales Recht über SCC, gleich welches gewählt wird, anwendbar. Die DIN ISO 45001 lässt Spielraum für die Umsetzung des jeweiligen länderspezifischen Rechts.

Safety Culture Ladder kann von jedem Unternehmen gleich welcher Größe angewendet werden. Vor allem aber kann das System zur zielgerichteten Weiterentwicklung der Leistungen im Arbeitsschutz verwendet werden. Es eignet sich darüber hinaus „on top" zu bestehenden Managementsystemen.

Normabschnitt „4 Kontext der Organisation“

Normabschnitt „4.1 Verstehen der Organisation und ihres Kontextes“

Zuordnung der Anforderungen DIN ISO 45001, OHSAS 18001, Normatives Regelwerk SCC und Safety Culture Ladder im Überblick:

DIN ISO 45001	OHSAS 18001	SCC*	SCC**	SCC^P	SCP	Safety Culture Ladder
4.1	–	–	–	–	–	–

Anforderungen DIN ISO 45001, Normatives Regelwerk SCC und Safety Culture Ladder im Einzelnen:

Anforderungen DIN ISO 45001, Abschnitt 4.1
4.1 Verstehen der Organisation und ihres Kontextes Die Organisation muss externe und interne Themen bestimmen, die für ihren Zweck relevant sind und sich auf ihre Fähigkeit auswirken, die beabsichtigten Ergebnisse ihres SGA-Managementsystems zu erreichen.

Anforderungen Normatives Regelwerk SCC
keine

Anforderungen Safety Culture Ladder
keine

Die Forderungen der DIN ISO 45001 orientieren sich an der HLS (High Level Structure). Damit richtet sich die DIN ISO 45001 an der Vorgehensweise aus, die wir bereits von Managementsystemen kennen (DIN EN ISO 9001, DIN EN ISO 14001). Beginnend mit dem Bestimmen der interessierten Parteien und deren Erwartungshaltungen wird der Kontext des Unternehmens sondiert.

In der OHSAS wurde dieser Punkt nicht bearbeitet, lediglich im SCC-Regelwerk könnte man bei den oben genannten Fragen Parallelen ziehen.

Interpretation und betriebliche Anwendung

„Kontext“ ist ein für viele Anwender der Norm ungewöhnlicher Begriff. Er lässt sich einfacher als Beziehungsgefüge oder Beziehungsgeflecht umschreiben. Wir werden in diesem Buch bei dem Begriff „Kontext“ bleiben. Unter „Organisation“ wird ein Einzelunternehmen, eine Gesellschaft, eine Konzernstruktur, ein Verein, eine Behörde, also jegliche juristische Person verstanden (vgl. hierzu Normabschnitt 3 Begriffe, 3.1)

Hinweis

Der Normabschnitt „Kontext der Organisation" führt uns in drei Schritten zur Konzeption und zum Aufbau des Managementsystems (Schritt vier).

Stufen zur Sondierung des Kontextes der Organisation:

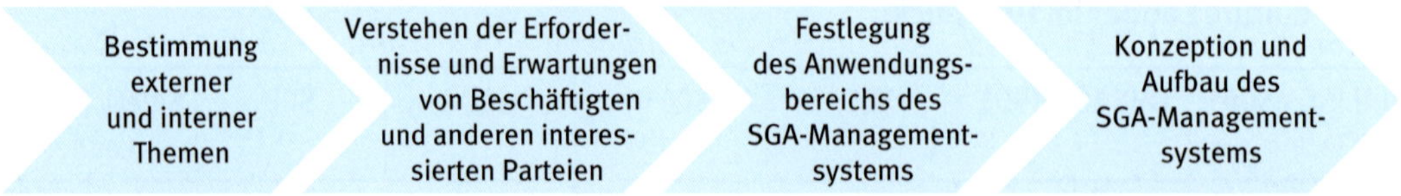

Bei der Sondierung des Kontextes wird die Organisation aus unterschiedlichen Perspektiven betrachtet, um den Regelbedarf und Freiheitsgrade der Organisation zu ermitteln.

Sondierung des Kontextes der Organisation:

Schritt 1:

Das Verstehen der Organisation und ihres Kontextes ist der erste Schritt zum Aufbau eines SGA-Managementsystems. Denn hier leiten sich die ersten Ansätze ab, um ein angemessenes und wirksames Managementsystem zu etablieren. Die Sondierung des Kontextes ist die Basis für die Definition des Anwendungsbereichs des SGA-Managementsystems (Normabschnitt 4.3). Sie ist für die Planung der Umsetzung des A&G-Managementsystems (Normabschnitt 6.1.1 Allgemeines) mit seinen Grenzen relevant.

Obwohl an dieser Stelle nicht explizit eine dokumentierte Information gefordert ist (Nachweis über das Vorgehen zur Sondierung des Kontextes), wird in der Praxis eine schriftliche Darstellung des Kontextes, der interessierten Parteien und ihrer Anspruchshaltungen erwartet.

Um Kenntnisse über die Organisation und ihres Kontextes herauszuarbeiten, müssen Themen definiert werden, die für die Organisation von Relevanz sind. Der Normgeber unterscheidet dabei externe und interne Themen, die eine Auswirkung auf die SGA-Ergebnisse der Organisation haben oder haben könnten:

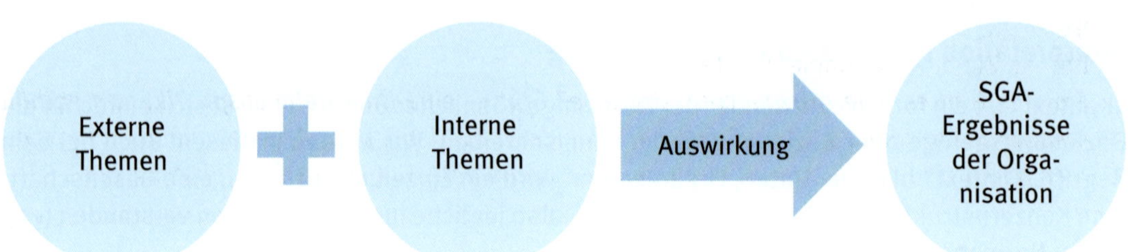

Externe und interne Themen können sowohl negative als auch positive Auswirkungen auf die SGA-Ergebnisse der Organisation haben. Die kursiv geschriebenen Fragen sollen helfen, die Themen hinsichtlich der Relevanz zu bewerten, also in wichtig und unwichtig und nicht in positiv und negativ.

Externe Themen sind Themen, die von außen auf die Organisation einwirken:

- **Ist-Zustand**
  Sozioökonomisches Umfeld (kulturelles, soziales, politisches, gesetzliches, finanzielles, technologisches, wirtschaftliches und natürliches Umfeld, sowie den Wettbewerb international, national, regional, lokal)
  Fragen: In welchem Umfeld bewegt sich die Organisation? Was sind die kulturellen Rahmenbedingungen? Gibt es gesetzliche Rahmenbedingungen, die meine Tätigkeiten und Dienstleistungen betreffen? Wie ist die finanzielle Lage des Unternehmens? Welche Technologien kommen zum Einsatz? Wie ist das „natürliche“ Umfeld des Unternehmens? Wie ist der Wettbewerb aufgestellt, international, national, regional oder lokal?

- **Veränderungen**
  Veränderung des Marktumfeldes, Technologie; Gesetze und neue Berufsfelder
  Fragen: Welche Veränderungen stellen sich im Markt ein? Gibt es neue Wettbewerber? Gibt es neue Auftragnehmer? Gibt es neue Lieferanten? Gibt es neue Partner und Anbieter? Hat sich die Gesetzeslage geändert? Entstehen neue Berufsfelder?

- **Wissenschaft und Forschung**
  Neues Wissen von Produkten über ihre Auswirkung auf die Sicherheit und Gesundheit der Beschäftigten
  Fragen: Gibt es neues Wissen über Verfahren, Produkte und Stoffe, die ich einsetze? Gibt es Kenntnisse über die Auswirkung dieser Produkte auf die Sicherheit oder die Gesundheit von Beschäftigten? Gibt es neue Grenzwerte?

- **Branchen-Entwicklungen**
  Marktteilnehmer, die Entwicklungen vorantreiben, welche einen Einfluss auf die Organisation haben können.
  Fragen: Gibt es Tendenzen am Markt, die einen Einfluss auf meine Organisation haben? Gibt es einen Treiber, der Änderungen voranbringt?

- **Änderungen**
  in Bezug auf eines der oben genannten Themen
  Fragen: Gibt es Änderungen der Themen, die einen Einfluss auf die Organisation haben? Hat sich die Relevanz geändert?

Interne Themen sind Themen, die aus der Organisation oder aus dem Organisationsbedarf entstehen:

- **Führung**
  Organisationsstruktur, Rechenschaftspflichten, Rollen
  Fragen: Wie ist die Firmenhierarchie? Wie sind die Verantwortlichkeiten im Unternehmen geregelt? Wer ist im Falle eines Falles verantwortlich (Rechenschaftspflicht)? Gibt es klare Rollen im Arbeitsschutz? Beauftragte Funktionen? Bestellungen?

- **Strategie**
  Politik, Ziele, Programme, Strategien
  Fragen: Gibt es eine Arbeitsschutzstrategie? Gibt es eine Unternehmenspolitik, und enthält diese eine Aussage zur Sicherheit und Gesundheit bei der Arbeit? Arbeitet man mit Programmen und Strategien? Werden Ziele formuliert (generell)? Gibt es ein Kennzahlensystem?

- **Ressourcen zur Fähigkeit**
  Die Fähigkeiten im Sinne von Ressourcen, Wissen und Kompetenz, z. B. Finanzmittel, Zeit, Personal, Prozesse, Systeme und Technologien, könnten benötigt werden, um Wissen und Kompetenz zu erlangen.
  Frage: Ist Sicherheit und Gesundheit bei der Arbeit budgetiert? Ist die notwendige Fähigkeit vorhanden, um Arbeiten sicher auszuführen?

- **Information**
  Informationssysteme, Informationsflüsse und Entscheidungsfindungsprozesse (förmlich und formlos)
  Frage: Wie sind die Informationsflüsse? Wie findet der Entscheidungsfindungsprozess statt? Gibt es einen formalen oder einen formlosen Prozess? Sind alle relevanten Verantwortungsträger eingebunden? Welche Systeme (nicht nur IT-Systeme, sondern auch Besprechungen, Verbesserungssysteme) gibt es?

- **Einführung und Neuerungen**
  neuer Produkte und Werkstoffe, Dienstleistungen, Arbeitsmittel, Software, bauliche Anlagen und Ausrüstung
  Frage: Sind Neuerungen geplant? Gibt es Änderungen von bestehenden oder Einführung von neuen Produkten und Werkstoffen, Dienstleistungen, Arbeitsmitteln, Software, baulichen Anlagen und Ausrüstungen?

- **Beschäftigte**
  das Verhältnis zu den Beschäftigten, deren Wahrnehmung und Werte
  Frage: Wie ist das Verhältnis zu Beschäftigten (oder Betriebsrat)? Gibt es besondere Themen bezüglich Werten oder Wahrnehmung der Beschäftigten? Mitarbeiterbefragung?

- **Unternehmenskultur**
  Frage: Wie ist die Unternehmenskultur, eher hierarchisch oder eher flach? Wie wird mit dem Thema Sicherheit und Gesundheit bei der Arbeit umgegangen?

- **Übernommene Leitlinien, Modelle und Normen**
  Frage: Gibt es Leitlinien (z. B. durch den Konzern oder wie in der Branche üblich), die durch die Organisation übernommen worden sind? Werden Modelle (z. B. Produktionssysteme, die in der Automobilindustrie gelebt werden) angewendet? Gibt es branchenübliche Normen, die genutzt werden?

- **Vertragsverhältnisse**
  Form, Ausmaß inkl. ausgegliederter Tätigkeiten
  Frage: Gibt es Betriebsvereinbarungen? Wie steht es mit Werkverträgen? Sind Leiharbeitnehmer beschäftigt?

- **Arbeitszeitvereinbarungen**
  Frage: Gibt es besondere Arbeitszeitregelungen und -vereinbarungen (Schicht, kontinuierlicher Betrieb, Bereitschaft etc.)?

- **Arbeitsbedingungen**
  Frage: Gibt es besondere Arbeitsbedingungen (gefährliche Tätigkeiten, unter Tage, Außendienst etc.)?

- **Änderungen**
  in Bezug auf eines der oben genannten Themen
  Fragen: Gibt es Änderungen der Themen, die einen Einfluss auf die Organisation haben? Hat sich die Relevanz geändert?

Diese Themen sind der erste Schritt, um einen Regelbedarf zu ermitteln.

Umgangssprachlich festgestellt: „... da haben wir ein Thema?" und „Es muss geregelt werden".

Normabschnitt „4.2 Verstehen der Erfordernisse und Erwartungen von Beschäftigten und anderen interessierten Parteien“

Zuordnung der Anforderungen DIN ISO 45001, OHSAS 18001, Normatives Regelwerk SCC und Safety Culture Ladder im Überblick:

DIN ISO 45001	OHSAS 18001	SCC*	SCC**	SCC^P	SCP	Safety Culture Ladder
4.2	–	–	–	–	–	–

Anforderungen DIN ISO 45001, Normatives Regelwerk SCC und Safety Culture Ladder im Einzelnen:

Anforderungen DIN ISO 45001, Abschnitt 4.2
4.2 Verstehen der Erfordernisse und Erwartungen von Beschäftigten und anderen interessierten Parteien Die Organisation muss bestimmen: a) die anderen interessierten Parteien, zusätzlich zu den Beschäftigten, die für ihr SGA-Managementsystem relevant sind; b) die relevanten Erfordernisse und Erwartungen (d. h. Anforderungen) von Beschäftigten und anderen interessierten Parteien; c) welche dieser Erfordernisse und Erwartungen rechtliche Verpflichtungen und andere Anforderungen sind oder zu solchen werden könnten.

Anforderungen Normatives Regelwerk SCC
keine

Anforderungen Safety Culture Ladder
keine

Interpretation und betriebliche Anwendung

Ein weiterer Regelbedarf entsteht durch die Erfordernisse und Erwartungen von Beschäftigten und anderen interessierten Parteien.

Beschäftigte:

Die wichtigste interessierte Partei sind die Beschäftigten. In der Definition 3.3 der DIN ISO 45001 wird der Begriff in Bezug auf ein A&G-Managementsystem erläutert:

Beschäftigter
Person, die Arbeit oder arbeitsbezogene Tätigkeiten ausführt, die im Einflussbereich der Organisation stehen

Das bedeutet: Der Beschäftigte wird unabhängig vom tatsächlichen Arbeitsverhältnis betrachtet. Ziel in diesem Abschnitt ist es, den Regelbedarf zu ermitteln und nicht, eine Weisungspflicht oder -befugnis abzuleiten bzw. einzuschränken.

Arbeitnehmerüberlassung:

Ein Unternehmen beschäftigt neben seinen Mitarbeitern auch Mitarbeiter im Rahmen einer Arbeitnehmerüberlassung z. B. in der Produktion. Der Einflussbereich der Organisation ist in einem solchen Fall sehr groß, da die tätigkeitsbezogene Weisungspflicht auf den Entleiher übergeht und der Leiharbeitnehmer sich an einem Arbeitsplatz der Organisation befindet. Sowohl die Tätigkeit als auch der Arbeitsplatz stehen im Einflussbereich der Organisation. Die Mitarbeiter der Arbeitnehmerüberlassung sind nach der Definition der DIN ISO 45001 Beschäftigte wie eigene Mitarbeiter.

Subunternehmer:

Wir unterscheiden im Wesentlichen zwei Arten von Subunternehmertätigkeiten:

1) Subunternehmer, die am Wertschöpfungsprozess direkt oder indirekt beteiligt sind
2) Subunternehmer, die Dienstleistungen oder Tätigkeiten für die Organisation erbringen

Beispiel

Wertschöpfungsprozess am Standort der Organisation:

Ein galvanischer Prozess in der Produktion ist (wird) untervergeben (Outsourcing). Die Halle und die Einrichtungen gehören der Organisation und sind an den Subunternehmer vermietet. Der Prozess wird von der Organisation vorgegeben. Auch hier ist der Grad des Einflusses sowohl für den Arbeitsplatz als auch für die Tätigkeiten hoch. Fazit: auch diese Mitarbeiter sind per Definition der DIN ISO 45001 Beschäftigte wie eigene Mitarbeiter.

Beispiel

Wertschöpfungsprozess an einem anderen Standort:

Ein galvanischer Prozess in der Produktion ist (wird) untervergeben (Outsourcing). Die Halle und die Einrichtungen gehören einer anderen Organisation. Der Prozess wird per Bestellung und Lieferdatum gesteuert. Der Grad des Einflusses sowohl für den Arbeitsplatz als auch für die Tätigkeiten ist gering. Diese Mitarbeiter einer fremden Organisation gelten nicht als Beschäftigte. Dennoch muss die beauftragende Organisation bei der Vergabe von Aufträgen auf die Sicherheit und Gesundheit der Beschäftigten auch von anderen Organisationen achten (siehe Beschaffung).

Beispiel

Dienstleistungen am Standort der Organisation:

Häufig werden Logistik-Dienstleistungen am Standort der Organisation an einen Subunternehmer vergeben. Hier sind die Ausführungsvarianten von fast unabhängigen Dienstleistungen bis zu einem hohen Grad des Einflusses auf die Dienstleistung möglich. Diese können ähnlich sein wie bei den Wertschöpfungsbeispielen. Es ist ein Unterschied, ob die Flurförderzeuge der Organisation gehören und an den Subunternehmer vermietet sind, oder der Subunternehmer Eigentümer der Halle, der Einrichtungen und Geräte ist. Im letzteren Fall ist die Einflussnahme gering, im ersten Fall ist sie hoch.

Beispiel

Tätigkeiten für die Organisation:

Eine Organisation lässt sich eine neue Halle über einen Generalunternehmer erstellen. Der direkte Einfluss ist, ausgenommen der Beschaffungskriterien, gering. Die Mitarbeiter, die für den Generalunternehmer Tätigkeiten verrichten, sind keine Beschäftigten der Organisation.

Beispiel

Eine Organisation lässt eine Maschine/Anlage durch die eigene Instandhaltung umbauen und vergibt Unteraufträge an Subunternehmen. Hier entsteht für die Organisation eine Koordinationspflicht. Auch hier sprechen wir von Beschäftigten.

Interessierte Parteien zusätzlich zu den Beschäftigten:

Auch hier geht es um den Gestaltungsgrad der Organisation und um die Wechselwirkung mit interessierten Parteien. Zur Identifizierung interessierter Parteien kann das unten stehende Schema hilfreich sein.

Die Bindeglieder stellen die Anforderungen an die Organisation dar. Diese können sowohl von der Organisation ausgehen als auch auf die Organisation einwirken.

Zu den Anforderungen zählen auch rechtliche Anforderungen. Eine rechtliche Anforderung ist eine Ableitung einer gesetzlichen Bestimmung oder entsteht durch eine behördliche Anordnung (Genehmigung, Auflage, Feststellung etc.). Rechtliche Anforderungen sind stets bindend. Bindend bedeutet: Sie müssen erfüllt werden. Darüber hinaus gibt es Anforderungen, die neben rechtlichen Anforderungen bindend sind, beispielsweise sind dies jene, zu denen sich die Organisation freiwillig verpflichtet (Unterzeichnen von Satzungen, Mitgliedschaften in Verbänden mit Regularien, Eigenverpflichtungen usw.). Sie werden später auch als verbindlich zu erfüllende Verpflichtungen betrachtet.

Um diesen Normpunkt klarer darzustellen, beschreiben wir beispielhaft Anforderungen, welche die Organisation stellt, aber auch Anforderungen, die an die Organisation gestellt werden.

Beispiel

Interessierte Partei	Erfordernisse und Erwartungen der Organisation	Erfordernisse und Erwartungen der interessierten Partei	Mögliche Anforderung bzw. Regelbedarf
Gesetzliche und regelsetzende Behörden			
Gewerbeaufsichtsämter, Behörden	Betreiben einer Anlage, Verwendung von Gefahrstoffen	Anlage/Tätigkeiten müssen genehmigt oder überwacht werden.	Einhaltung der behördlichen Auflagen und gesetzlichen Regelungen
Berufsgenossenschaften	Versicherungsschutz durch die BG	Einhaltung der Vorgaben, Präventionsansatz	BG-Regeln
Brand- und Sachversicherung	Versicherungsschutz im Schadensfall	Prävention, Einhalten der Versicherungsbedingungen	Versicherungsbedingungen
Stakeholder			
Eigentümer		sicherer und unterbrechungsfreier Betrieb	Übertragung von Unternehmerpflichten
Anteilseigner		sicherer und unterbrechungsfreier Betrieb	Anteilseigner können abweichende Interessen als der Eigentümer verfolgen
Konzern/Muttergesellschaft		Umsetzung der Vorgaben des Konzerns/der Muttergesellschaft	Forderung, die DIN ISO 45001 umzusetzen, Programme, Politik, Philosophie, Kennzahlen
Tochtergesellschaft	Umsetzung der Vorgaben der Organisation (des Konzerns/der Muttergesellschaft)		Forderung, die DIN ISO 45001 umzusetzen, Programme, Politik, Philosophie, Kennzahlen
Gütegemeinschaft	gleiche Standards im Arbeitsschutz umzusetzen	gleiche Standards im Arbeitsschutz umzusetzen	gemeinsame Vorgaben
zeitlich begrenzte Arbeitsgemeinschaft	gleiche Standards im Arbeitsschutz umzusetzen	gleiche Standards im Arbeitsschutz umzusetzen	gemeinsame Vorgaben
Verhältnis Beschäftigte und Arbeitgeber			
Vertreter der Beschäftigten (Betriebsrat)		Anliegen und Themen von Beschäftigten mit der Organisation verhandeln	Betriebsvereinbarungen
Arbeitnehmerorganisationen (Gewerkschaften)		Anliegen und Themen von Beschäftigten mit Arbeitgeberorganisationen verhandeln	Tarifverträge
Arbeitgeberorganisationen (Tarifpartner)		Anliegen und Themen von Unternehmen mit Arbeitnehmerorganisationen verhandeln	Tarifverträge
SGA			
SGA-Organisationen	Betreuung durch Fachexpertise (arbeitsmedizinisch und sicherheitstechnisch)		Regelungen aus dem ASiG

Interessierte Partei	**Erfordernisse und Erwartungen der Organisation**	**Erfordernisse und Erwartungen der interessierten Partei**	**Mögliche Anforderung bzw. Regelbedarf**
SGA-Fachpersonal	Betreuung durch Fachexpertise (arbeitsmedizinisch und sicherheitstechnisch)		Regelungen aus dem ASiG
Hochschulen	Informationen aus Forschung und Lehre	Informationen aus der Praxis	Austausch
Geschäftsbeziehungen			
Auftraggeber/Kunde		Sicherstellen, dass der Betrieb nicht wegen mangelnder Umsetzung des Arbeitsschutzes stillgelegt wird und der Kunde dadurch einen Lieferengpass erleidet.	Arbeitsschutzanforderungen für Lieferanten (hier die Organisation), z. B. DIN ISO 45001 Zertifikat
Lieferanten	Sicherstellen, dass der Betrieb nicht wegen mangelnder Umsetzung des Arbeitsschutzes stillgelegt wird und die Organisation dadurch einen Lieferengpass erleidet.		Arbeitsschutzanforderungen für Lieferanten, z. B. DIN ISO 45001 Zertifikat
Auftragnehmer	Sicherstellen, dass der Auftrag wegen mangelnder Umsetzung des Arbeitsschutzes nicht umgesetzt werden kann.		Arbeitsschutzanforderungen für Auftragnehmer, z. B. DIN ISO 45001 Zertifikat; Richtlinien für Auftragnehmer, Fremdfirmenregelung, Koordinationspflichten
Unterauftragnehmer	Arbeitsschutzanforderungen, Melden von Vorkommnissen und Unfällen		gleicher Arbeitsschutzstandard wie eigenes Personal; SGA-Richtlinien für Unterauftragnehmer, Unterweisungen, Koordinationspflichten
Besucher	Besucher während des Besuches zu schützen	gesund die Organisation verlassen	Unterweisung des Besuchers, bestimmte Verhaltensregeln festlegen
Unternehmensverbände	spezifische Anforderungen der eigenen Organisation in den Verband einbringen	spezifische Anforderungen der Mitgliedsorganisationen erarbeiten und Empfehlungen oder Regeln vorgeben	branchenspezifische Regeln (Beispiel chemische Industrie, Erdölindustrie)

Interessierte Partei	Erfordernisse und Erwartungen der Organisation	Erfordernisse und Erwartungen der interessierten Partei	Mögliche Anforderung bzw. Regelbedarf
Am Standort			
Ortsgemeinde		Information über mögliche Gefährdungen durch die Tätigkeiten der Organisation erhalten	Kommunikationsregeln
Nachbarn der Organisation	Information über mögliche Gefährdung durch die Tätigkeiten des Nachbarn	Information über mögliche Gefährdungen durch die Tätigkeiten der Organisation erhalten	Kommunikationsregeln
medizinische Dienstleistungen (Beispiel Krankenhaus, Klinik, Rettungsdienst)		vorbereitet sein auf Notfallsituationen, Vergiftung, Verätzungen etc.	Informationsaustausch
kommunale Dienstleistungen (Beispiel Feuerwehr)		vorbereitet sein auf Notfallsituationen, Beispiel Gefahrstofflagerung, Brand, Feuer, Explosion	Informationsaustausch
Öffentlichkeit			
allgemeine Öffentlichkeit		Information über mögliche Gefährdung durch Tätigkeiten oder Aktivitäten der Organisation	Kommunikationsregeln
Nichtregierungsorganisationen (NGO)		Einhaltung von SGU auch in der Lieferkette	Einkaufsrichtlinie, Kommunikationsregeln
Medien	keine schlechte Presse	Berichterstattung im Falle eines Vorfalls	Kommunikationsregeln

Die Auflistung soll als Anregung für die eigene Identifizierung externer interessierter Parteien und ihrer Erwartungen dienen.

Ein weiteres Beispiel zeigt die Erwartungen interessierter Parteien und der daraus resultierenden externen und internen Themen anhand eines Montageunternehmens auf. Dieses finden Sie in der exemplarisch befüllten Vorlage in Anhang A1 dieses Buches.

Dort wird eine Bewertung der Relevanz der externen Themen für die Organisation wie folgt vorgenommen:

Beispiel

Interessierte Partei	**Einzuhaltende externe Anforderung**	**Internes Thema**	**Relevanz für das Unternehmen**	**EWS**	**TA**	**Risiko**
Gesetzgeber/BG/ Gewerbeaufsicht	Arbeitsschutzgesetz	ja	3	2	3	18
	Arbeitssicherheitsgesetz	ja	3	2	3	18
	Betriebssicherheitsverordnung	ja	3	3	3	27
	Betriebssicherheitsverordnung	ja	3	2	3	18
	DGUV	ja	3	2	3	18
	Strahlenschutzverordnung	ja	3	2	2	12
	Gefahrstoffverordnung	ja	3	2	2	12
	Arbeitsstättenverordnung	ja	3	1	3	9
	PSA-Benutzungsverordnung	ja	3	2	3	18
Standortverwalter	Standortrichtlinien	ja	3	2	3	18
Kunde 1	Vertrag vom 29.07.2010: Bundesbergverordnung, VOB, TRGI-, DVGW-Richtlinien, DIN-Normen	ja	3	2	3	18
Kunde 2	Vertrag vom 9.02.2018: Einhaltung Gewerberecht, Mindestlohn, keine Schwarzarbeit, Abgabe Sozialversicherungsleistungen, kein Eintrag im Berliner Korruptionsregister, Betriebshaftpflichtversicherung gefordert	ja	3	2	3	18

EWS = Eintrittswahrscheinlichkeit
TA = Tragweite der Auswirkung
Risiko = ermitteltes Risiko

Wie aus der Tabelle hervorgeht, wird die Relevanz für das Unternehmen in einer dreistufigen Skala mit gering, mittel und hoch ermittelt. Den Zahlen 1, 2, 3 liegen Kriterien zugrunde:

1 = geringe Relevanz bedeutet: nicht wichtig, zu vernachlässigen, *nice to have*, kein oder nur geringfügiger Schaden für das Unternehmen
1 = geringe EWS bedeutet: kaum möglich oder kaum vorstellbar
1 = geringe TA bedeutet: kein oder geringer Schaden

2 = mittlere Relevanz bedeutet: von Bedeutung
2 = mittlere EWS bedeutet: vorstellbar, wahrscheinlich
2 = mittlere TA bedeutet: verursacht einen Schaden

3 = hohe Relevanz bedeutet: unbedingt zu beachten
3 = hohe EWS bedeutet: zu erwarten bzw. bereits vorhanden
3 = hohe TA bedeutet: existenziell bzw. kapitaler Schaden (tödlich, totaler Verlust)

Die Faktoren für die Kriterien werden miteinander multipliziert:

Relevanz für das Unternehmen × EWS × TA = Risiko

In der Spalte „R“ für Risiko wird also das Produkt ermittelt. Es erstreckt sich zwischen 1 und maximal 27. Es obliegt jeder Unternehmung selbst, die Einteilung für ein geringes, mittleres oder hohes Risiko vorzunehmen. Unser Vorschlag bezieht sich auf folgende Skalierung:

bis 8 = geringes Risiko
von 9 bis 12 = mittleres Risiko
über 12 = hohes Risiko

Das Bewertungsverfahren sollte auch auf die zweite Tabelle angewendet werden, siehe Anhang A1 im Buch:

Interessierte Partei	Einzuhaltende Externe Anforderung	Präventionsmaßnahme	Verantwortlich	Relevanz	EWS	TA	R*
Gesetzgeber/ BG/Gewerbe-aufsicht	Arbeitsschutzgesetz	Schulungen der Führungskräfte und MA, Beratung durch SIFA	GF	3	1	3	9
	Arbeitssicherheitsgesetz	Kontrolle der Beratungstätigkeit	AMB	3	1	3	9
	Betriebssicherheitsverordnung	Beratung durch Externe	GF	3	2	3	18
	Betriebssicherheitsverordnung	Überwachungskataster prüfpflichtiger Einrichtungen (GERMAX/HILTI)	Sekretariat	3	1	3	9
	DGUV	Schulungen der Führungskräfte und MA, Beratung durch SIFA	GF	3	1	3	9
	Strahlenschutzverordnung	Weiterbildung Strahlenschutzbeauftragter und Vorsorgeuntersuchung	GF	3	1	2	6
	Gefahrstoffverordnung	Gefahrstoffunterweisungen, GBU, Installation von Auffangwannen, Einhaltung Zusammenlagerungsverbote, Erstellen von BA	GF	3	1	2	6
	Arbeitsstättenverordnung	Begehungen, GBU	SIFA	3	1	3	9
	PSA-Benutzungsverordnung	Unterweisung der MA/BA für PSA	SIFA/PSA Verantwortlicher	3	1	3	9
Standortverwalter	Standortrichtlinien	Unterweisungen zum Standort	Fremdfirmenkoordinator/ eigene Führungskräfte	3	1	3	9
Kunde 1	Vertrag vom 29.07.2010: Bundesberg-VO, VOB, TRGI-, DVGW-Richtlinien, DIN-Normen	inhaltliche Vertragsprüfung/Rechtskataster	AMB	3	1	3	9
Kunde 2	Vertrag vom 09.02.2018: Einhaltung Gewerberecht, Mindestlohn, keine Schwarzarbeit, Abgabe SV-Leistungen, kein Eintrag im Berliner Korruptionsregister, Betriebshaftpflichtversicherung gefordert	Einhaltung der Rechtsvorschriften, Korruptionsrichtlinie	GF	3	1	3	9

In der zweiten Tabelle werden die Maßnahmen festgelegt, die das entstandene Risiko vermindern oder im Idealfall beseitigen sollen. Dann wird bewertet, inwiefern sich das Risiko vermindert hat. Dabei werden wieder die gleichen Kriterien verwendet. Die Relevanz wird nicht beeinträchtigt und bleibt somit als Faktor gleich (wie in der ersten Tabelle). Das Risiko

R* wird als Produkt aus den Kriterien Relevanz, EWS, TA ermittelt. Teilweise wird das Risiko gleich bleiben. Die Maßnahmen dienten in diesem Fall dazu, den Prozess sicherer zu machen, oder sie entfalten keine Wirkung. In diesem Fall sind Veränderungen bei den Präventionsmaßnahmen vorzunehmen.

In der dritten Tabelle werden Korrekturmaßnahmen mit Verantwortlichkeiten deklariert und die ggf. mit den Risiken verbundenen Chancen betrachtet.

Interessierte Partei	**Einzuhaltende Externe Anforderung**	**Korrekturmaßnahme**	**Verantwortlichkeit**	**Chancen**
Gesetzgeber/BG/ Gewerbeaufsicht	Arbeitsschutzgesetz	weitere Schulungen	GF	höhere Bewusstseinsbildung
	Arbeitssicherheitsgesetz	Wechsel von SIFA und Arbeitsmediziner	GF/AMB	verbesserte Zusammenarbeit
	Betriebssicherheitsverordnung	Erstellung GBU für AM	SIFA/AMB	Minderung von Risiken
	Betriebssicherheitsverordnung	Erfassung der prüfpflichtigen Einrichtungen und Nachprüfung	AMB	Verbesserung des Überwachungssystems
	DGUV	Schulungen der Führungskräfte und MA, Beratung durch SIFA	GF	höhere Bewusstseinsbildung
	Strahlenschutzverordnung	Ergreifen notwendiger Maßnahmen	GF	Erhaltung der Arbeitskraft der MA
	Gefahrstoffverordnung	erhöhte Kontrollen	GF	Erhöhung des Bewusstseins/ Substitution von Gefahrstoffen
	Arbeitsstättenverordnung	Beleuchtungsmessungen, Überprüfung der LE	SIFA	Verbesserung der Arbeitsbedingungen
	PSA-Benutzungsverordnung	Unterweisungen/BA für PSA/Austausch von PSA	SIFA/PSA-Verantwortlicher	Erhaltung der AK
Standortverwalter	Standortrichtlinien	Unterweisung der MA	GF	Erhöhung des Sicherheitsbewusstseins
Kunde 1	Vertrag vom 29.07.2010: Bundesberg-VO, VOB, TRGI-, DVGW-Richtlinien, DIN-Normen	Herstellung von Compliance und Vertragskonformität	AMB/GF	Wissensmanagement
Kunde 2	Vertrag vom 9.02.2018: Einhaltung Gewerberecht, Mindestlohn, keine Schwarzarbeit, Abgabe SV-Leistungen, kein Eintrag im Berliner Korruptionsregister, Betriebshaftpflichtversicherung gefordert	Herstellung von Compliance und Vertragskonformität	AMB/GF	Wertschätzung der MA, positives Image

Auf diese Weise wird ein geschlossener Planungs- und Korrekturprozess dargestellt.

Selbstverständlich können die Tabellen auch als eine große Tabelle in Excel geführt werden.

Praxistipps und Vorlagen

Das Vorgehen zur Sondierung des Kontextes des Unternehmens und damit auch der externen und internen Themen sollte beschrieben werden. Zur Orientierung kann die nachstehende Verfahrensanweisung dienen:

Vorlage

VA Sondierung des Kontextes des Unternehmens

1. Zweck

Diese Verfahrensanweisung erläutert das Vorgehen zur Identifizierung interessierter Parteien mit deren Erwartungshaltungen an die Organisation und zur Ableitung interner Themen einschließlich der Bewertung ihrer Bedeutung.

2. Geltungsbereich

Der Geltungsbereich erstreckt sich auf alle Führungskräfte.

3. Verfahren

Die interessierten Parteien wurden in einem gemeinsamen Workshop mit der Unternehmensleitung und den Führungskräften ermittelt. Ihre Erwartungshaltungen aus sicherheitstechnischer und gesundheitsmäßiger Sicht wurden auf der Grundlage von Leistungsverträgen, Satzungen oder auch persönlichen Gesprächen sondiert.

Die Anforderungen wurden dahingehend überprüft, inwieweit sie eine Relevanz für das Unternehmen haben. Wo die Anforderungen der externen interessierten Parteien als bedeutend für das Unternehmen eingestuft wurden, z. B. bei Vorliegen einer rechtlichen Relevanz, bei Notwendigkeit zur Vertragserfüllung, wurden daraus interne Themen. Die als solche bestimmten internen Themen wurden auf Risikofaktoren hin beleuchtet. Die Risikofaktoren wurden in ihrer Eintrittswahrscheinlichkeit und der Tragweite der Auswirkung betrachtet. Dabei wurde eine Skala gewählt, die über gering, mittel und hoch geht. Eintrittswahrscheinlichkeit und Tragweite der Auswirkung werden als Faktoren multipliziert, um das daraus resultierende Risiko zu ermitteln. Die Einstufung des Risikos ist aus der Legende ersichtlich. Aus der Risikoeinschätzung resultieren Präventionsmaßnahmen, die das Risiko vorzugsweise ausschließen oder minimieren sollen. Für die Umsetzung der Präventionsmaßnahme wurden Verantwortlichkeiten festgelegt. Nach ergriffener Prävention wird erneut eine Risikobewertung vorgenommen. Wenn möglich, gilt es, das Risiko auszuschließen, zu minimieren oder ohne Risikoveränderung den Prozess wenigstens sicherer zu gestalten.

Im Anschluss wurden Korrekturmaßnahmen abgeleitet und die dafür notwendigen Verantwortlichkeiten festgelegt.

Schließlich wurden, wo möglich, aus der Risikobehandlung resultierende Chancen der Organisation ermittelt.

Die Betrachtung der interessierten Parteien, ihrer Erwartungshaltungen, die daraus resultierenden Risiken und Chancen werden bei Änderungen oder mindestens einmal jährlich einer Revision unterzogen. Verantwortlich hierfür zeichnet der AMB gemeinsam mit der Geschäftsführung und den Führungskräften.

4. Mitgeltende Unterlagen

Aufstellung der externen und internen Themen

Revision:	Änderungsdatum:	Seite 1 von 1

Die in den Praxisbeispielen vorgestellte Tabelle zur Bewertung der mit den interessierten Parteien verbundenen externen und internen Themen steht in Anhang A1 dieses Buches und zum

Download zur Verfügung. Weiterhin vgl. Ausführungen zu diesem Thema unter 5.4 in diesem Buch.

Normabschnitt „4.3 Festlegen des Anwendungsbereichs des SGA-Managementsystems“

Zuordnung der Anforderungen DIN ISO 45001, OHSAS 18001, Normatives Regelwerk SCC und Safety Culture Ladder im Überblick:

DIN ISO 45001	OHSAS 18001	SCC*	SCC**	SCC^P	SCP	Safety Culture Ladder
4.3	–	–	–	–	–	–

Anforderungen DIN ISO 45001, Normatives Regelwerk SCC und Safety Culture Ladder im Einzelnen:

Anforderungen DIN ISO 45001, Abschnitt 4.3
4.3 Festlegen des Anwendungsbereichs des SGA-Managementsystems Die Organisation muss die Grenzen und die Anwendbarkeit des SGA-Managementsystems bestimmen, um dessen Anwendungsbereich festzulegen. Bei der Festlegung dieses Anwendungsbereichs muss die Organisation: a) die unter 4.1 genannten externen und internen Themen berücksichtigen; b) den unter 4.2 genannten Anforderungen Rechnung tragen; c) den geplanten oder durchgeführten arbeitsbezogenen Tätigkeiten Rechnung tragen. Das SGA-Managementsystem muss die Tätigkeiten, Produkte und Dienstleistungen einschließen, die der Zuständigkeit oder dem Einfluss der Organisation unterliegen und die sich auf die SGA-Leistung der Organisation auswirken können. Der Anwendungsbereich muss als dokumentierte Information verfügbar sein.

Anforderungen Normatives Regelwerk SCC
keine

Anforderungen Safety Culture Ladder
keine

Interpretation und betriebliche Anwendung

Die Festlegung des Anwendungsbereichs stellt den dritten Schritt zur Einführung des SGA-Managementsystems dar. Der Anwendungsbereich muss als dokumentierte Information vorliegen.

Der Anwendungsbereich (früher: Geltungsbereich) legt die organisatorischen und räumlichen Grenzen fest und muss folgenden Aspekten Rechnung tragen:

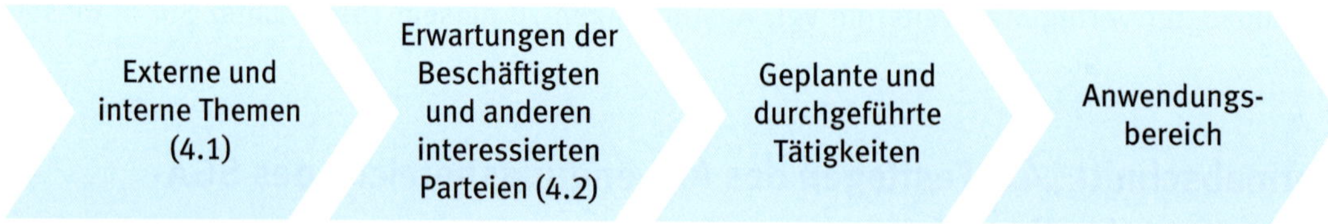

Der Anwendungsbereich legt demnach die Anwendbarkeit des Managementsystems und die Freiheitsgrade der Organisation fest.

Folgende Fragen können dem Anwender der Norm dabei helfen:

Themen:

- Für welche Themen ist die Organisation zuständig?
- Welche Themen stehen unter dem Einfluss der Organisation?

Anforderungen:

- Welchen Anforderungen muss die Organisation Rechnung tragen?

Umsetzung:

- Welche Tätigkeiten, Produkte und Dienstleistungen soll das SGA-Managementsystem einschließen?

Dabei bleibt zu berücksichtigen, dass es sich nicht nur um die Tätigkeiten handelt, welche die Organisation durchführt, sondern auch um jene, die in Zukunft geplant sind.

Der Anhang der Norm verweist auf zusätzliche Punkte. So ist es möglich, den Anwendungsbereich auch auf einen Teilbereich einer Organisation zu beschränken. Die Begrenzung darf jedoch nicht dazu führen, sich den rechtlichen Verpflichtungen und anderen Anforderungen zu entziehen.

Beispiel

Ein Unternehmen soll wegen einer Kundenforderung seinen Servicebereich nach DIN ISO 45001 zertifizieren lassen. Neben den Themen und Anforderungen aus 4.1 und 4.2 müssen

- der Personenkreis,
- die konkreten Tätigkeiten,
- die Produkte, aber auch
- die räumliche und organisatorische Abgrenzung

beschrieben werden.

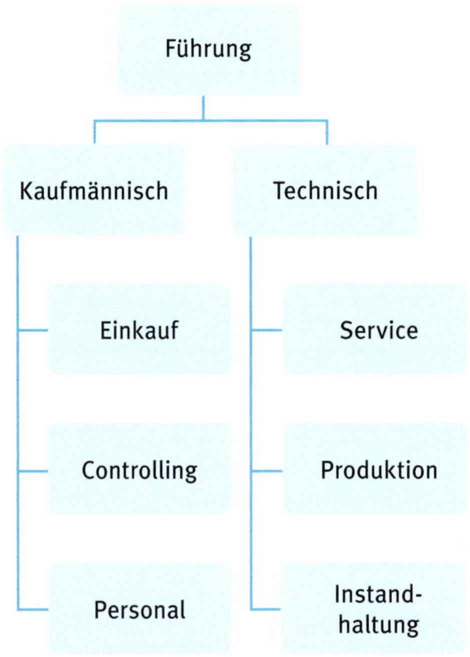

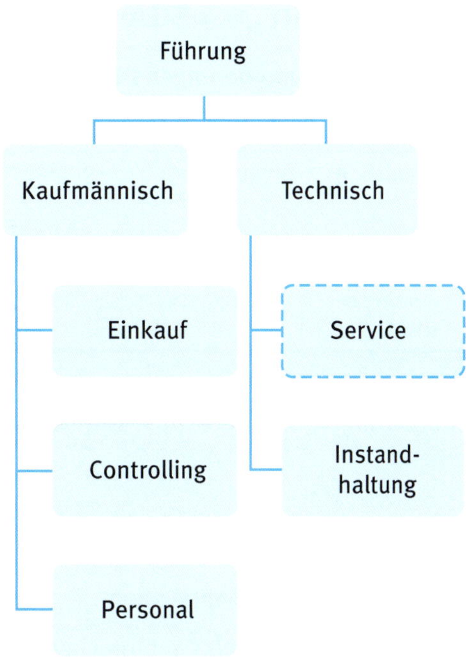

Links wird das Organigramm des Unternehmens abgebildet, das den Servicebereich ausgliedern möchte, rechts die Organisation, die den Servicebereich ausgliedert hat. Hier müssen anteilig auch die Funktionen, die für ein Unternehmen unerlässlich sind, mit einbezogen werden. Schnittstellen sind zu den betriebsnotwendigen Funktionen aufzuführen. In unserem Beispiel fällt im Vergleich zur Ausgangssituation nur die Produktion weg.

Ein weiteres Beispiel soll den Anwendungsbereich bei einem Unternehmen für Industriemontagen aufzeigen.

Beispiel

Der Anwendungsbereich des SGA-Managementsystems auf der Grundlage der DIN ISO 45001 erstreckt sich auf den Verwaltungs- und Lagerstandort

Muster GmbH
Musterstraße xy
xxxxx Musterhausen

sowie auf die Montagebaustellen auf den Industriestandorten unserer Kunden und unter Einhaltung ihrer Standortrichtlinien für die Durchführung von Industriemontagen. Der Anwendungsbereich umfasst unsere Zertifizierung als Fachbetrieb nach Wasserhaushaltsgesetz für Beschichtungen in Auffangwannen und Tankanlagen sowie die Zulassung nach § 15 Strahlenschutzverordnung für Arbeiten in exponierten Bereichen.

Unsere Mitarbeiter sind u. a. SIVV – geschult und ausgebildet (**S**chützen, **I**nstandsetzen, **V**erbinden und **V**erstärken von Betonbauteilen). Die Baustellen in diesem Tätigkeitsbereich werden durch den Güteschutzgemeinschaft Betoninstandsetzung Berlin-Brandenburg e.V. fremdüberwacht, dem wir uns als Mitglied angeschlossen haben.

Normabschnitt „4.4 SGA-Managementsystem“

Zuordnung der Anforderungen DIN ISO 45001, OHSAS 18001, Normatives Regelwerk SCC und Safety Culture Ladder im Überblick:

DIN ISO 45001	OHSAS 18001	SCC*	SCC**	SCC^{P}	SCP	Safety Culture Ladder
4.4	4.1	–	–	–	–	–*
* Keine explizite Forderung nach einem dokumentierten Managementsystem, wohl jedoch nach Dokumentation einzelner Bestandteile						

Anforderungen DIN ISO 45001, Normatives Regelwerk SCC und Safety Culture Ladder im Einzelnen:

Anforderungen DIN ISO 45001, Abschnitt 4.4
4.4 SGA-Managementsystem Die Organisation muss entsprechend den Anforderungen dieses Dokuments ein SGA-Managementsystem aufbauen, verwirklichen, aufrechterhalten und fortlaufend verbessern, einschließlich der benötigten Prozesse und ihrer Wechselwirkungen.

Anforderungen Normatives Regelwerk SCC
SCC ist ein Regelwerk. Der Anwendungsbereich und das System ergeben sich aus der Umsetzung des Regelwerks.

Anforderungen Safety Culture Ladder
keine

Interpretation und betriebliche Anwendung

In diesem Normabschnitt werden

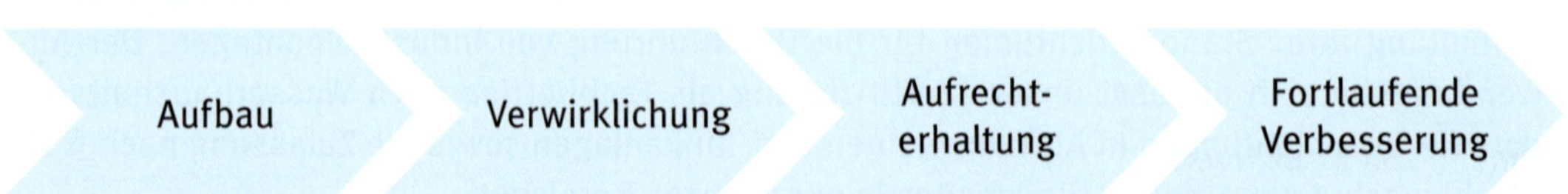

des SGA-Managementsystems gefordert. Normabschnitt 4.4 bildet das Ziel der DIN ISO 45001 ab. Die folgenden Normabschnitte beziehen sich auf die konkrete Umsetzung des SGA-Managementsystems.

Detaillierungsgrad und Ausmaß des Managementsystems bestimmt der Anwender selbst. Sie hängen von mehreren Faktoren ab:

- Komplexität der Organisation und deren Organisationsgrad im Hinblick auf SGA
- Sind bereits andere Managementsysteme etabliert, so können diese Prozesse auch für das SGA-Managementsystem angewendet werden.
- Wenn es bereits ein Managementhandbuch gibt, kann dieses in erweiterter und adaptierter Form weitergeführt werden.

- Externe Themen erfordern die Definition von internen Prozessabläufen. Für Themen oder Anforderungen, die besonders zu lenken sind, sollten Prozesse installiert und dokumentiert werden, auch wenn hierfür keine explizite Normforderung besteht.
- Die Anforderungen der Norm müssen in die Geschäftsprozesse integriert werden. Detaillierungsgrad und Ausmaß des SGA-Managementsystems werden davon abhängig sein, inwiefern dies bisher bereits gelungen ist.
- Alle zum Begriff „Beschäftigter“ gehörenden Personenkreise sind in das SGA-Managementsystem einzubeziehen. Viele Unternehmen werden daraufhin ihr bestehendes SGA-Managementsystem dazu erweitern müssen.
- Werden Prozesse durch Dritte erbracht, so sollte auf diese Tatsache verwiesen werden (am besten im Anwendungsbereich des Managementsystems).

Dies sind nur einige Beispiele für Einflussfaktoren auf die Gestaltung eines SGA-Managementsystems.

Im Anhang zur Norm wird auf die Möglichkeit verwiesen, im Fall von Konzernstrukturen und der Zertifizierung nur eines Teils der Organisation auch zentrale Dokumente in das Managementsystem einzubeziehen, z. B. zentrale Politik, Ausbildungs- und Kompetenzprogramme.

Weiterhin fordert Normabschnitt 4.4 die Beschreibung der Prozesse für SGA und deren Wechselwirkungen.

Beispiel

Beschaffung von Arbeitsmitteln und damit verbundene Prozessabläufe

- Beschaffungsrichtlinie (Stand der Sicherheitstechnik, CE-Konformität, bei verketteten Anlagen: Anforderung der Gesamtkonformität für die Anlage, Anforderungen an Lärmemissionen, keine CMR-Stoffe usw.)
- Plausibilitätsprüfung von CE-Konformitätserklärungen
- Vorgehen zur Aufstellung von Maschinen und Anlagen durch Hersteller/Inbetriebnahme- und Abnahmeverfahren
- Lenkung dokumentierter Information: Sammlung der Maschinen- und Anlagendokumentationen, CE-Konformitäten
- Aufnahme des Arbeitsmittels in das Prüfkataster prüfpflichtiger Anlagen (mindestens für elektrische Überprüfung gemäß DGUV V3, wiederkehrende Überwachung durch Hersteller)
- Verfahren der Ableitung von notwendigen Reinigungs- und Wartungsintervallen
- Erstellen einer Gefährdungsbeurteilung vor Nutzung
- Erarbeitung einer Sicherheitsanweisung zum Betrieb der Maschine u. a. m.

Beispiel

Umbau von Maschinen

- Prüfung, ob wesentliche Änderung der Maschine vorliegt
- Einleiten der erneuten CE-Konformitätsbewertung
- Lenkung dokumentierter Information: Sammlung der Maschinen- und Anlagendokumentationen, CE-Konformitäten
- Änderung der Gefährdungsbeurteilung

Beispiel

Bestellung von Gefahrstoffen

- Prüfverfahren, ob es sich um einen bisher nicht verwendeten Gefahrstoff handelt
- Anfordern des Sicherheitsdatenblatts und Plausibilitätsprüfung
- Erstellen der Betriebsanweisung gemäß GefStoffV
- Unterweisung der Beschäftigten
- Festlegung der ggf. besonderen Lagerbedingungen
- Festlegung der Abfallbehandlung (Sortierung) und Entsorgung

Wie aus den Beispielen ersichtlich wird, sind Beschaffungsprozesse mit vielen anderen Prozessen im Unternehmen verbunden. Ihre Wechselwirkung kann durch Ablaufschemata, Verlinkungen von Dokumenten u. a. m. deutlich gemacht werden.

Bereits bestehende Managementsysteme:

Wurde bereits ein A&G-Managementsystem nach OHSAS 18001 oder SCC-Regelwerk eingeführt, so akzeptierte die Organisation deren Forderungen. Das System muss nicht verändert werden, wenn man mit der DIN ISO 45001 weitermachen möchte (muss). Bewährte Forderungen dürfen weiterhin angewendet werden. Das Managementsystem muss dokumentiert sein, wenn auch die jeweilige Form sehr unterschiedlich ausfallen kann.

Aus den Standards sind keine spezifischen Anforderungen an die Dokumentation ableitbar. In der Praxis sind sowohl einzelne Dokumente als auch komplette Handbücher anzutreffen. Andere Unternehmen lenken die Dokumente über Datenbanken oder verlinkte Systeme. Die Dokumentation muss gewährleisten, dass die Forderungen der DIN ISO 45001 nach dokumentierter Information, der OHSAS 18001 und SCC nach der Lenkung von Dokumenten und Aufzeichnungen in geeigneter Weise umgesetzt werden, d. h. vor allem, dass das Datum der Herausgabe und Änderungen jederzeit erkennbar sind.

Die vom Unternehmen formulierten Vorgaben und Anweisungen müssen in die Praxis überführt und im Alltag der Beschäftigten „gelebt“ werden. Sie unterliegen einer permanenten Revision, um den sich ändernden gesetzlichen Anforderungen und ggf. Forderungen interessierter Parteien zu entsprechen. Über Zielstellungen und Kennzahlen soll eine messbare kontinuierliche Entwicklung der Leistungen im Arbeits- und Gesundheitsschutz realisiert werden.

Beide Managementsysteme eröffnen dem Anwender die Möglichkeit, den Anwendungsbereich zu definieren und ggf. Ausschlüsse vorzunehmen.

Nachweise:

→ Managementhandbuch

→ Verfahrens- und Sicherheitsanweisungen

→ Formblätter und Nachweise

Aus Erfahrungen in der praktischen Umsetzung der SGA-Managementsysteme wird der Anwendungsbereich der DIN ISO 45001, der OHSAS 18001 oder SCC-Regelwerks nicht ausreichend dargestellt.

Zunächst sollte definiert werden, auf welcher Basis das SGA-Managementsystem umgesetzt werden soll.

Beispiel

Unser SGA-Managementsystem folgt den Anforderungen der DIN ISO 45001 (der OHSAS 18001).

Oder:

Das A&G-Managementsystem basiert auf den Forderungen des SCC-Regelwerks SCC**.

Hinweis

Benennen Sie an dieser Stelle bitte die Version des SCC-Regelwerks, da dies unterschiedliche Anforderungen an die Umsetzung des Managementsystems nach sich zieht.

Weiterhin kann ein Unternehmen, welches an mehreren Standorten tätig ist, entscheiden, welche Standorte in das SGA-Managementsystem einbezogen werden.

Beispiel

Das SGA-Managementsystem der Firma xy erstreckt sich auf die Standorte München und Hamburg.

Es wird also nicht an den anderen Standorten in den USA angewendet.

Im Weiteren können auch Bereiche oder Tätigkeiten ausgeschlossen werden.

Beispiel

Das SCC**-Managementsystem gilt für die Montage von Stahlkonstruktionen. Ausgeschlossen ist der Bereich der Fertigung.

Normabschnitt „5 Führung und Beteiligung der Beschäftigten“

Normabschnitt „5.1 Führung und Verpflichtung“

Zuordnung der Anforderungen DIN ISO 45001, OHSAS 18001, Normatives Regelwerk SCC und Safety Culture Ladder im Überblick:

DIN ISO 45001	OHSAS 18001	SCC*	SCC**	SCC^P	SCP	Safety Culture Ladder
5.1	4.2 4.3.2 4.3.3 4.4.1	–	–	–	–	3.1: 1.1 3.1: 1.2* 3.1: 1.3** 3.2: 2.5

* Der Aspekt „Mitarbeiterbeteiligung“ ist als Führungsaufgabe zu betrachten. Dennoch sehen die Autoren die Behandlung des Themas unter 5.4 „Konsultation und Beteiligung von Beschäftigten“ der DIN ISO 45001 als zweckmäßiger.

** Der Aspekt „Belohnung guter Leistungen“ steht zwar unter der Überschrift „Führung und Beteiligung“, geht jedoch stark mit Qualifizierungen von Mitarbeitern einher, so dass sich die Autoren vorrangig für die Einordnung unter Normkapitel 7.2/7.3 der DIN ISO 45001 entschieden haben.

Anforderungen DIN ISO 45001, Normatives Regelwerk SCC und Safety Culture Ladder im Einzelnen:

Anforderungen DIN ISO 45001, Abschnitt 5.1

5.1 Führung und Verpflichtung

Die oberste Leitung muss in Bezug auf das SGA-Managementsystem Führung und Verpflichtung zeigen, indem sie:

a) die Gesamtverantwortung und Rechenschaftspflicht zur Prävention arbeitsbezogener Verletzungen und Erkrankungen sowie zur Bereitstellung sicherer und gesundheitsgerechter Arbeitsplätze und Tätigkeiten übernimmt;

b) sicherstellt, dass die SGA-Politik und die damit verbundenen SGA-Ziele festgelegt und mit der strategischen Ausrichtung der Organisation vereinbar sind;

c) sicherstellt, dass die Anforderungen des SGA-Managementsystems in die Geschäftsprozesse der Organisation integriert werden;

d) sicherstellt, dass die für den Aufbau, die Verwirklichung, Aufrechterhaltung und Verbesserung des SGA-Managementsystems erforderlichen Ressourcen zur Verfügung stehen;

e) die Bedeutung eines wirksamen SGA-Managements sowie der Erfüllung der Anforderungen des SGA-Managementsystems vermittelt;

f) sicherstellt, dass das SGA-Managementsystem seine beabsichtigten Ergebnisse erzielt;

g) Personen anleitet und unterstützt, damit diese zur Wirksamkeit des SGA-Managementsystems beitragen können;

h) fortlaufende Verbesserung sicherstellt und fördert;

i) andere relevante Führungskräfte unterstützt, um deren Führungsrolle in deren jeweiligen Verantwortungsbereichen deutlich zu machen;

j) eine Kultur in der Organisation entwickelt, leitet und fördert, welche die beabsichtigten Ergebnisse des SGA-Managementsystems unterstützt;

k) Beschäftigte vor Repressalien schützt, wenn sie Vorfälle, Gefahren, Risiken und Chancen melden;

l) sicherstellt, dass die Organisation Prozesse zur Konsultation und Beteiligung von Beschäftigten festlegt und umsetzt (siehe 5.4);

m) den Aufbau und das Funktionieren von SGA-Gremien unterstützt [siehe 5.4 e) 1)].

ANMERKUNG Wenn in diesem Dokument das Wort „Geschäft“ verwendet wird, ist dieses im weiteren Sinne zu verstehen und bezieht sich auf Tätigkeiten, die für den Zweck der Organisation bzw. deren Existenz entscheidend sind.

Anforderungen Normatives Regelwerk SCC
keine

Anforderungen Safety Culture Ladder

3.1 Unternehmensaspekt: Führung und Beteiligung

1.1 Interesse des Managements

1. Anforderung

Stufe 2: Beratung des Vorstands zur Arbeitsschutzpolitik

Stufe 3: Beratung des Vorstands zu Zielen und Schwerpunktthemen des Arbeitsschutzes

Stufe 4: regelmäßige Beratung des Vorstands mit Vertretern des Sektors in Bezug auf Themen des Arbeitsschutzes

Stufe 5: Abstimmung der Arbeitsschutzpolitik durch den Vorstand mit der des Sektors

2. Anforderung

Stufe 2: –

Stufe 3: Dialogführung mit den Mitarbeitern bzgl. der Arbeitsschutzpolitik

Stufe 4: regelmäßige Beratung mit den Mitarbeitern zum Thema Arbeitsschutz und zu Unfällen/Vorfällen

Stufe 5: Planung von Maßnahmen und Projekten zum Arbeitsschutz mit Sektorparteien

3. Anforderung

Stufe 2: –

Stufe 3: feste Struktur für Kommunikation zum Arbeitsschutz

Stufe 4: aktive Teilnahme an Beratungen zum Arbeitsschutz durch das Management

Stufe 5: –

3.2 Unternehmensaspekt: Leitbild und Strategie

2.5 Profitabilität und Kontinuität

1. Anforderung:

Stufe 2: Abdeckung der entscheidenden Risiken für den Arbeitsschutz

Stufe 3: Budgetbildung für den Arbeitsschutz

Stufe 4: proaktive Kosten-, Nutzen- und Wirkungsanalyse für Arbeitsschutz

Stufe 5: systematisches Anstreben eines bestmöglichen Arbeitsschutzes

2. Anforderung:

Stufe 2: –

Stufe 3: Ergreifen von Maßnahmen, wenn sichtbar wird, dass der Arbeitsschutz gefährdet wird

Stufe 4: proaktive Planung von Kosten und Investitionen im Arbeitsschutz

Stufe 5: Integration des Themas Arbeitsschutz in Abläufe

3. Anforderung:

Stufe 2: –

Stufe 3: –

Stufe 4: Ergreifen von Maßnahmen, wenn Budgets nicht für den Arbeitsschutz ausreichen

Stufe 5: operative Mitarbeiter ergreifen selbst Maßnahmen zur Wahrung des höchsten Arbeitsschutzniveaus

Interpretation und betriebliche Anwendung

Grundsätzlich werden von allen Arbeitsschutzmanagementsystemen in der Aufzählung folgende Ziele verfolgt:

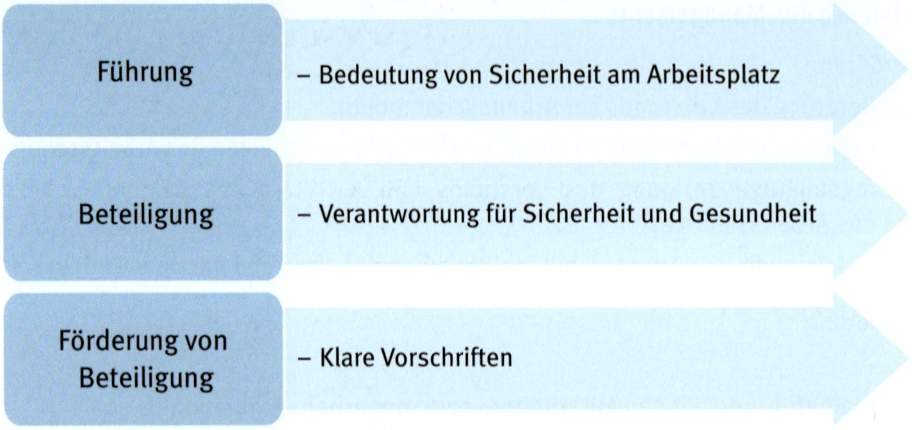

SCC fordert im Frageblock 1 die Beteiligung des obersten Managements an dem SGU-Managementsystem. Im Regelwerk Safety Culture Ladder wird die Überschrift „Führung und Beteiligung“ verwendet. Für DIN ISO 45001 wurde der Titel „Führung und Verpflichtung“ gewählt, um das Engagement der obersten Leitung und ihre Verantwortung für die Erfolge im Arbeitsschutzmanagement hervorzuheben. Die Beteiligung der Mitarbeiter wird vor allem im Normabschnitt 5.4 geregelt.

In allen 3 Arbeitsschutzmanagementsystemen geht es um die Gesamtverantwortung für den Arbeits- und Gesundheitsschutz sowie die Involviertheit in dessen Schwerpunktthemen, um die Bekanntgabe der Politik, im Safety Culture Ladder-Regelwerk bis hin zur Integration der eigenen Politik mit der in der Branche.

Die oberste Leitung muss hinsichtlich ihrer Verantwortung und Führung zeigen, dass sie das SGA-Managementsystem fördert.

Je nach Organisationsstruktur kann sie Aufgaben an andere delegieren, muss jedoch sicherstellen, dass die Anforderungen umgesetzt bzw. erfüllt werden.

In der DIN ISO 45001 wird konkret formuliert, worin diese Unterstützung bestehen soll.

Die folgende tabellarische Aufzählung soll den Leser unterstützen, eine konkrete Verbindung zwischen dieser normativen Anforderung, Referenzkapiteln der Norm und der praktischen Umsetzung herzustellen.

Forderung DIN ISO 45001: Die oberste Leitung muss in Bezug auf das SGA-Managementsystem Führung und Verpflichtung zeigen, indem sie ...	**Lösungsansatz/Verweis Normkapitel**
... die Gesamtverantwortung und Rechenschaftspflicht zur Prävention arbeitsbezogener Verletzungen und Erkrankungen sowie zur Bereitstellung sicherer und gesundheitsgerechter Arbeitsplätze und Tätigkeiten übernimmt	Einbezug des Managements in Arbeitsschutzausschusssitzungen regelmäßige Berichterstattung an die Geschäftsführung über Arbeitsschutzverhalten und eventuelle Lücken, Mängel, Vorfälle, Unfälle Arbeits- und Gesundheitsschutz zu einem festen Topic in Führungsrunden gestalten Einführung eines Erfassungs- und Meldesystems für Beinahe-Unfälle, kritische Situationen, arbeitsbedingter Erkrankungen, Vorfälle und Unfälle Übertragung von Unternehmerpflichten auf jede Führungskraft (kaskadiert, lückenlos)
... sicherstellt, dass die SGA-Politik und die damit verbundenen SGA-Ziele festgelegt und mit der strategischen Ausrichtung der Organisation vereinbar sind	SGA-Politik siehe Kapitel 5.2 SGA-Politik muss vom Management getragen werden SGA-Ziele müssen ehrgeizig sein und kommuniziert werden Nachweis der Freigabe durch die Führung erforderlich
... sicherstellt, dass die Anforderungen des SGA-Managementsystems in die Geschäftsprozesse der Organisation integriert werden	Umsetzung des Managementsystems in Kapitel 4.4 Freigabe der Sicherheitsanweisungen oder ggf. eines Handbuchs „gelebtes“ SGA-Managementsystem Rechenschaftspflichten der Verantwortungsträger im Arbeitsschutz einfordern und nachhalten
... sicherstellt, dass die für den Aufbau, die Verwirklichung, Aufrechterhaltung und Verbesserung des SGA-Managementsystems erforderlichen Ressourcen zur Verfügung stehen	Verweis auf die Unterstützungsprozesse im Kapitel 7.1 Bereitstellen der erforderlichen Ressourcen, personelle und finanzielle
... die Bedeutung eines wirksamen SGA-Managements sowie der Erfüllung der Anforderungen des SGA-Managementsystems vermittelt	Umsetzung von 7.3 Bewusstsein Umsetzung von 7.4 Kommunikation Durchführung von Mitarbeitergesprächen, Betriebsversammlungen, Teil der betrieblichen Kommunikation, betriebliche Aktionen
... sicherstellt, dass das SGA-Managementsystem seine beabsichtigten Ergebnisse erzielt	Nachweis im Kapitel 9.3 Managementbewertung
... Personen anleitet und unterstützt, damit diese zur Wirksamkeit des SGA-Managementsystems beitragen können	Förderung des Bewusstseins Kapitel 7.3

Forderung DIN ISO 45001: Die oberste Leitung muss in Bezug auf das SGA-Managementsystem Führung und Verpflichtung zeigen, indem sie	**Lösungsansatz/Verweis Normabschnitt**
... fortlaufende Verbesserung sicherstellt und fördert	fortlaufende Verbesserung Kapitel 10
... andere relevante Führungskräfte unterstützt, um deren Führungsrolle in deren jeweiligen Verantwortungsbereichen deutlich zu machen	Förderung des Bewusstsein Kapitel 7.3 und Rollen, Verantwortlichkeiten und Befugnisse in der Organisation in Kapitel 5.3
... eine Kultur in der Organisation entwickelt, leitet und fördert, welche die beabsichtigten Ergebnisse des SGA-Managementsystems unterstützt	Förderung des Bewusstsein Kapitel 7.3
... Beschäftigte vor Repressalien schützt, wenn sie Vorfälle, Gefahren, Risiken und Chancen melden	auf den ersten Blick scheint diese Forderung für etablierte Industrieländer überzogen. Jedoch kann es Umstände geben, in denen Beschäftigte daran gehindert werden, Missstände zu melden. Beispiel: Aussage des Kolonnenführers eines Montageunternehmens: „... wenn wir diesen sicherheitstechnischen Mangel melden, verlieren wir diesen Auftrag, und die Konsequenzen kennt ihr ja ...“
... sicherstellt, dass die Organisation Prozesse zur Konsultation und Beteiligung von Beschäftigten festlegt und umsetzt (siehe 5.4)	Einfordern zur Umsetzung des Kapitels 5.4
... den Aufbau und das Funktionieren von SGA-Gremien unterstützt (siehe 5.4 e)	Unterstützung leisten zur Umsetzung des Kapitels 5.4 e

Die Führung könnte ein Dokument zur eigenen „Verpflichtung zum Arbeitsschutz“ erarbeiten oder einen „SGA-Verhaltenskodex“ für die oberste Leitung und Führungskräfte, siehe Praxistipps und Vorlagen.

Im Regelwerk Safety Cultural Ladder beziehen sich die Forderungen zur Übernahme von Verantwortung vor allem und sehr dezidiert auf

→ **Politik und Ziele**

→ **Einbeziehen der Mitarbeiter**

→ **Aktive Beteiligung des obersten Managements an SGA-Themen**

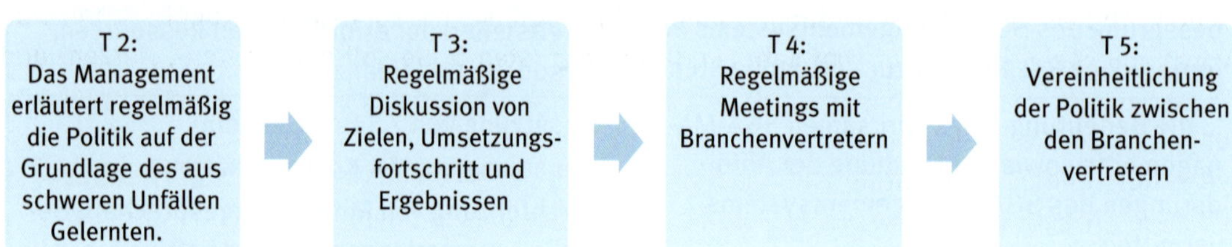

Diese sehr konkreten Forderungen korrelieren mit den Normkapiteln der DIN ISO 45001

- SGA-Politik siehe Kapitel 5.2
- Umsetzung von 7.3 Bewusstsein
- Umsetzung von 7.4 Kommunikation
- Konsultation der Beschäftigten 5.4
- Ziele 6.2

Umgesetzt wird diese Forderung in Deutschland durch die rechtlich verbindlich durchzuführenden Arbeitsschutzausschusssitzungen (ASA-Sitzungen), an denen die oberste Leitung verpflichtet ist teilzunehmen. Wenn diese ASA-Sitzungen anforderungsgerecht durchgeführt und protokolliert werden, so werden auch die Anforderungen des Safety Culture Ladder-Standards erfüllt. In der Regel werden alle Schwerpunktthemen des Arbeitsschutzes hier hinterfragt und behandelt, beispielsweise

- Unfallhäufigkeiten, Ursachenanalysen, Korrektur- und Präventionsmaßnahmen (regelmäßig und nicht nur fallbezogen)
- Schwerpunktthemen wie Lärmauswirkungen, Staubbelastungen, Beleuchtung
- gefährliche Tätigkeiten und Präventionsmaßnahmen
- Gefährdungsbeurteilung
- Gefahrstoffmanagement
- Maschinensicherheit
- persönliche Schutzausrüstung (PSA)
- arbeitsmedizinische Vorsorge usw.

Die Beteiligung der Mitarbeiter wird durch den Kreis der im ASA tätigen Mitarbeiter sichergestellt, durch den Einbezug von Sicherheitsbeauftragten und Ersthelfern.

Sollte das Unternehmen weniger als 20 Mitarbeiter beschäftigen, so ist ein ähnliches Gremium zu schaffen, welches die o. g. Themenschwerpunkte in regelmäßigen Abständen behandelt. Der vierteljährliche Rhythmus hat sich hierbei bewährt.

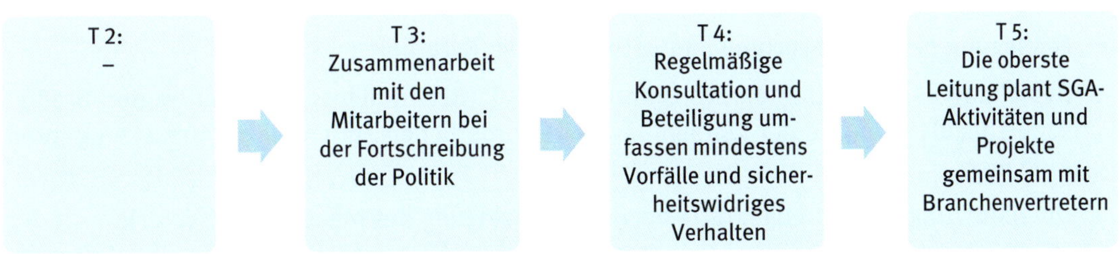

Die oberste Leitung hat die erforderlichen Ressourcen für die Gewährleistung des Arbeits- und Gesundheitsschutzes zur Verfügung zu stellen. Insbesondere diesem Aspekt widmet sich Safety Culture Ladder in 2.5 Profitabilität und Kontinuität.

Hier ist ein enger Zusammenhang mit 7.1 der DIN ISO 45001 gegeben. Jedoch wird die Bereitstellung von Ressourcen im System Safety Culture Ladder insbesondere im Zusammenhang mit der Herausbildung eines Leitbildes und einer Strategie gesehen. Daher wird 2.5 Profitabilität und Kontinuität in diesem Kapitel aufgegriffen und erörtert.

In der ersten Anforderung zu diesem Thema hat das Management die entscheidenden Gefährdungen und Risiken identifiziert und über Ad-hoc-Budgets abgesichert. Stufe 3 spricht hier schon von dem Erfordernis der Budgetplanung für Arbeitsschutz auf Grundlage der im Jahresplan vorgesehenen Arbeitsschutzmaßnahmen. In der nächsten Stufe soll eine Kosten-, Nutzen- und Wirksamkeitsanalyse die Grundlage für die Budgetierung bilden. Diese basiert auf gefragten und ungefragten Berichten und Analysen und dem Ziel der Förderung von positivem Arbeitsschutzverhalten. In der letzten Stufe gibt das Management bereits die Maßnahmen zum Erreichen des höchsten Arbeitsschutzniveaus vor und berücksichtigt dies in finanziellen und personellen Planungen. Abweichungen vom höchsten Arbeitsschutzniveau müssen begründet werden.

Die zweite Anforderung beschäftigt sich mit ausgeschöpften Budgets, die für notwendige Arbeitsschutzmaßnahmen nun nicht mehr zur Verfügung stehen. Dabei heißt es auf Stufe 3, dass das Management dann entsprechende Maßnahmen ergreift und es gegenüber dem Vorstand eskalieren lässt. Mit der nächsthöheren Stufe werden die Kosten für Arbeitsschutz und erforderliche Investitionen im Voraus geplant. Stufe 5 spricht von einer Integration des Themas Arbeitsschutz in alle Abläufe.

Mit der dritten Anforderung hat im Fall der Budgetauslastung das Management die Befugnis, Probleme eigenständig zu lösen. In Stufe 5 denken Mitarbeiter eigenständig über entsprechende Lösungen nach und sind befugt, Maßnahmen zu ergreifen, um den höchsten Arbeitsschutz zu gewährleisten.

Weitere Erläuterungen als auch Praxistipps zum Thema findet der Leser unter den genannten Normkapiteln.

Praxistipps und Vorlagen

Die Führung könnte aus den Normforderungen der DIN ISO 45001 heraus (oder auch der anderen Arbeitsschutzmanagementsysteme) ein Dokument zur Verpflichtung zum Arbeitsschutz erarbeiten, eine Art „SGA-Verhaltenskodex", zu dem sie sich verpflichtet. Anders als in der SGA-Politik stellt die folgende Erklärung stärker die Verpflichtungen der Leitung in den Vordergrund.

Vorlage

Verpflichtung der Geschäftsführung zum SGA-Managementsystem

Die Verantwortung für die Unternehmenspolitik, die Schaffung der Voraussetzungen für ihre Verwirklichung und die Verpflichtung der Mitarbeiter auf die Unternehmenspolitik obliegt den Geschäftsführern. Sie zeichnen für den Erfolg des Arbeitsschutzmanagementsystems verantwortlich. Die Geschäftsführung nimmt dazu folgende Managementaufgaben wahr:

- Festlegung, Dokumentation und Schaffung der Voraussetzungen zur Verwirklichung der SGA-Politik und des Arbeits- und Gesundheitsschutzmanagementsystems
- Integration des Arbeits- und Gesundheitsschutzmanagementsystems in die tägliche Praxis
- Festlegung der Verantwortung und Befugnisse der Mitarbeiter
- Bestellung der Beauftragten des Unternehmens (z.B. Strahlenschutzbeauftragter, Brandschutzbeauftragung) unter Einräumung der erforderlichen Zeiten für die Umsetzung ihrer Aufgaben
- Unterstützung der Führungskräfte bei der Durchsetzung des Managementsystems
- Veranlassung der Entwicklung, Dokumentation, Aufrechterhaltung und kontinuierliche Verbesserung des Arbeits- und Gesundheitsschutzmanagementsystems
- Entwicklung einer Unternehmenskultur, die den offenen Umgang mit sicherheitskritischen Situationen und Schwachstellen im Unternehmen fördert und Repressalien für die Meldung solcher ausschließt
- Unterstützung und Förderung der Beteiligung aller Mitarbeiter bei der Umsetzung des Managementsystems
- Sicherstellung der Einhaltung rechtlicher Rahmenbedingungen
- Freigabe der Managementdokumente
- Bereitstellung der erforderlichen Mittel und des Personals zur Verwirklichung des Arbeits- und Gesundheitsschutzmanagementsystems
- Festlegung erforderlicher Korrektur- und Vorbeugungsmaßnahmen
- Veranlassung der regelmäßigen Überwachung der Wirksamkeit des Managementsystems durch interne Audits
- planmäßige Durchführung von Managementreviews
- Gewährleistung eines fortlaufenden Verbesserungsprozesses

Ort, Datum	Unterschrift

Revision:	Änderungsdatum:	Seite 1 von 1

Normabschnitt „5.2 SGA-Politik“

Zuordnung der Anforderungen DIN ISO 45001, OHSAS 18001, Normatives Regelwerk SCC und Safety Culture Ladder im Überblick:

DIN ISO 45001	OHSAS 18001	SCC*	SCC**	SCC^P	SCP	Safety Culture Ladder
5.2	4.2	1.1	1.1	1.1	1.1	3.2: 2.4

Anforderungen DIN ISO 45001, Normatives Regelwerk SCC und Safety Culture Ladder im Einzelnen:

Anforderungen DIN ISO 45001, Abschnitt 5.2

5.2 SGA-Politik

Die oberste Leitung muss eine SGA-Politik festlegen, verwirklichen und aufrechterhalten, die:

a) eine Verpflichtung zur Bereitstellung von sicheren und gesundheitsgerechten Arbeitsbedingungen zur Prävention von arbeitsbedingten Verletzungen und Erkrankungen umfasst und dem Zweck, der Größe und dem Kontext der Organisation und ihren spezifischen SGA-Risiken und SGA-Chancen angemessen ist;

b) einen Rahmen zum Festlegen von SGA-Zielen bietet;

c) eine Verpflichtung zur Erfüllung rechtlicher Verpflichtungen und anderer Anforderungen enthält;

d) eine Verpflichtung zur Beseitigung von Gefahren und zum Minimieren von SGA-Risiken enthält (siehe 8.1.2);

e) eine Verpflichtung zur fortlaufenden Verbesserung des SGA-Managementsystems enthält;

f) eine Verpflichtung zur Konsultation und Beteiligung von Beschäftigten und, wo vorhanden, deren Vertretern enthält.

Die SGA-Politik muss:

- als dokumentierte Information verfügbar sein;
- innerhalb der Organisation bekanntgemacht werden;
- für interessierte Parteien verfügbar sein, soweit angemessen;
- relevant und angemessen sein.

Anforderungen Normatives Regelwerk SCC, 1.1

Die Fragen im Kapitel 1.1 (SCC*/SCC**, SCP und SCC^P) und 1.5 (SCC**, SCC^P und SCP) beziehen sich auf:

- die Formulierung und Dokumentation einer SGU-Politik, die die positive Grundeinstellung, das Engagement und die Verantwortung des Managements ausdrückt
- die Verfolgung einer strukturierten SGU-Politik
- die Ausrichtung der Politik auf
    - einen ständigen Verbesserungsprozess
    - die Reduzierung von Unfällen
    - die Reduzierung von arbeitsbedingten Gesundheitsbeeinträchtigungen

- die Reduzierung von unsicheren Situationen
- die Reduzierung von Umwelt- und Sachschäden

– Inkraftsetzung der SGU-Politik durch die oberste Leitung des Unternehmens
– Veröffentlichung der SGU-Politik bei allen Beschäftigten und beauftragten Subunternehmen
– Überprüfung der SGU-Politik mindestens alle 3 Jahre
– ggf. Aktualisierung der SGU-Politik
– die aktive Beteiligung des Managements an SGU-Gesprächsrunden

Anforderungen Safety Culture Ladder

3.2 Unternehmensaspekt: Leitbild und Strategie

2.4 Unfallursachen

Stufe 2: Vorstand bemüht sich um Prävention von Arbeitsschutzverhalten aufgrund von Erfahrungen aus Unfällen, Vorfällen

Stufe 3: Einführung und Kommunikation einer Richtlinie zum Arbeitsschutzverhalten

Stufe 4: Integration des Arbeitsschutzverhaltens in den Managementzyklus mit Zielen und Strategie-/Aktionsplänen

Stufe 5: kontinuierliche Verbesserung des Arbeitsschutzverhaltens in Kooperation mit dem Sektor, kontinuierliche Messung des Arbeitsschutzverhaltens

Stufe 2: –

Stufe 3: Plan für die Verbesserung des Arbeitsschutzverhaltens einschließlich der Kontrolle in Jahresplänen

Stufe 4: Anregung der Kontrolle des Arbeitsschutzverhaltens auf Seiten der Vertragspartner, Ziele für Vertragspartner sind im Strategieplan enthalten

Stufe 5: Integration der Kontrolle des Arbeitsschutzverhaltens auf allen Ebenen

Stufe 2: –

Stufe 3: –

Stufe 4: Messung des Arbeitsschutzverhaltens durch den Vorstand

Stufe 5: Mitarbeiter sprechen sich auf unerwünschtes Verhalten gegenseitig an, die Manager auf risikoreiches Verhalten und Nichtanwendung von Korrekturmaßnahmen

SCC:

Alle SCC-Standards verbindet die Forderung nach einer SGU-Grundsatzerklärung.

Safety Culture Ladder:

SCL fordert die Veröffentlichung einer Richtlinie zum Arbeitsschutzverhalten und verbindet Zielsetzungen und Strategiepläne mit dem Vorgehen im Sektor und der Vorbildrolle des Managements.

Vergleich zwischen den Standards:

Die Forderungen der DIN ISO 45001, OHSAS 18001, Safety Culture Ladder und des Normativen Regelwerks SCC sind sich sehr ähnlich. Unterschiede bestehen vor allem

– in der Bezeichnung (SGA-Politik bei DIN ISO 45001, SGU-Politik bei SCC, A&G-Politik bei OHSAS),
– in der Anwendung des Arbeitsschutz-Managementsystems auf Umweltbelange bei SCC,
– in der expliziten Erwähnung von Umwelt- und Sachschäden bei SCC,

- in der Verpflichtung zur Einhaltung geltender Rechtsbestimmungen bei DIN ISO 45001 und OHSAS 18001,
- in der genauen Angabe der Zeitabstände, in denen die SGU-Politik überprüft werden soll (3-Jahres-Frist bei SCC),
- in der Veröffentlichung der SGU-Politik (bei OHSAS 18001 ist die Politik der Öffentlichkeit allgemein zugänglich),
- in der Verfügbarkeit für interessierte Parteien (DIN ISO 45001),
- in der Abstimmung des Vorgehens mit dem des Sektors.

Interpretation und betriebliche Anwendung

Die oberste Leitung muss ihre Führungsverantwortung in einer SGA-Politik fassen. Dabei muss sie vor allem den Zweck, die Größe und den Kontext der Organisation mit den Erwartungen der interessierten Parteien und den daraus resultierenden Risiken und Chancen berücksichtigen. Sie stellt den Rahmen für die Anwendung des SGA-Managementsystems und den damit verbundenen Zielen dar. Unverzichtbare Bestandteile einer SGA-Politik sind:

- Verpflichtung zur Bereitstellung von sicheren Arbeitsplätzen und Arbeitsmitteln
- Verpflichtung zur Beseitigung von Gefährdungen und der Minimierung von SGA-Risiken einschließlich der Vermeidung von Verletzungen und Erkrankungen
- Verpflichtung zur Vermeidung von Sach- und Umweltschäden (nur SCC)
- Definition des erwünschten Arbeitsschutzverhaltens (insbesondere SCL)
- Abstimmung mit dem Sicherheitsniveaus des Sektors (nur SCL)
- Verpflichtung zur Konsultation und Beteiligung von Beschäftigten (nur DIN ISO 45001)
- Verpflichtung zur Einhaltung der geltenden rechtlichen Bestimmungen und eventuellen externen Forderungen (OHSAS 18001, DIN ISO 45001)
- Verpflichtung auf fortlaufende Verbesserung des SGA-Managementsystems (A&G-Management bei OHSAS 18001)

Die SGA-Politik muss als dokumentierte Information vorliegen und allen Personen bekannt gegeben werden, die für die Organisation (z. B. Mitarbeiter) und in deren Auftrag tätig sind (z. B. Subunternehmer, Fremdfirmen). Sie muss nach SCC auch der Öffentlichkeit (und nicht nur einem ausgewählten Personenkreis) zugänglich sein, z. B. durch Aushänge, auf der Internetseite des Unternehmens oder bei Betreten des Werkgeländes.

Die SGA-Politik bzw. bei SCL der Richtlinie zum Arbeitsschutzverhalten sollte regelmäßig, wir empfehlen jährlich, auf Aktualität überprüft werden. Die Überprüfung der A&G-Politik bezieht sich auf:

- die Angemessenheit der Politik (Ist die SGA-Politik unserer Organisation und den betrieblichen Abläufen, den Gefährdungen der Arbeitnehmer, den Risiken der Organisation angemessen?)
- die Aktualität (Gibt es Änderungen, die eine Aktualisierung notwendig machen? Gab es Vorfälle, Unfälle, aus denen weitere Maßnahmen abzuleiten sind?)

Änderungs- bzw. Anpassungsbedarf kann sich u. U. aus folgenden Sachverhalten ergeben:

- neue, geänderte Verpflichtungen im SGA-Management gegenüber Dritten, z. B. Auftraggebern
- geänderte Verpflichtungen im SGA-Management durch übergeordnete Regelungen, z. B. bei Konzernzugehörigkeit
- spezifische Festlegungen im Arbeits- und Gesundheitsschutz, z. B. aufgrund sich ändernder Tätigkeiten, aufgrund von Unfällen)

- neue rechtliche Forderungen
- wesentliche Änderungen in der SGA-Organisation oder des Sicherheitsniveaus im Sektor (SCL)

Das Ergebnis der Überprüfung kann im Management-Review dokumentiert werden.

Die SGA-Politik stellt den Rahmen für die abzuleitenden, konkreten Zielstellungen des Unternehmens für den Arbeits- und Gesundheitsschutz dar. Politik und Ziele müssen im Einklang stehen. Bei SCL wird insbesondere die Forderung nach SMART-Zielen offenbar, ähnlich wie bei allen ISO-Standards. Hier wird von der Etablierung „goldener Regeln“ für jede Position (Stufe 4) gesprochen.

Aus den Zielen ergeben sich Programme (Strategie- und Aktionspläne bei SCL), mit denen diese formulierten Ziele erreicht werden sollen, also

- konkrete Maßnahmen,
- Termine,
- Verantwortlichkeiten,
- Zielgrößen (Kennzahlen) einschließlich
- der Methode der Überwachung,
- des Erledigungstermins und der
- Wirksamkeitsprüfung.

Bei SCL werden diese mit dem Sektor abgestimmt.

Anforderungen an SGA-Politik:

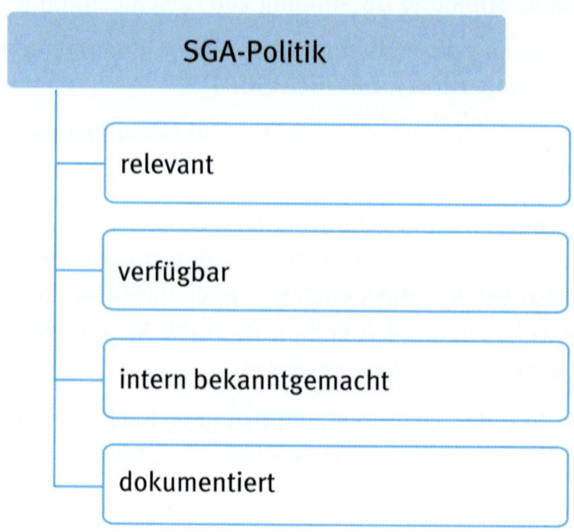

In der Perspektive wird bei SCL das gegenseitige Ansprechen auf sicherheitswidriges oder unerwünschtes Arbeitsschutzverhalten gefordert.

Praxistipps und Vorlagen

Eine beispielhafte Vorlage für eine SGA-Politik wird im Folgenden gegeben. Sie kann sehr einfach auf die eigenen Belange adaptiert werden. Ebenso kann die nachstehende Politik beliebig erweitert werden. Sie erfüllt nur das Mindestmaß an Forderungen aus SCC und der DIN ISO 45001.

Zum Umfang einer Politik gibt es keinerlei normative Anforderungen. In der Praxis ist die SGA-Politik eines Unternehmens maximal 1 Seite lang. Somit kann sie von jedem Mitarbeiter schnell wahrgenommen werden.

SGA – Politik der Fa. XXX zu Sicherheit und Gesundheit bei der Arbeit

Vorlage

Wir, die Geschäftsleitung der Fa. XXX, verpflichten uns, im Sinne der Prävention arbeitsbedingte Verletzungen und Erkrankungen durch die Bereitstellung von sicheren und gesundheitsgerechten Arbeitsbedingungen zu vermeiden. Unsere spezifischen Gefährdungen sind uns bekannt und werden durch unser Personal beherrscht. Wir verpflichten uns, sofern es möglich ist, Gefahren zu beseitigen und SGA-Risiken zu minimieren. Dabei stellen rechtliche Verpflichtungen und andere Anforderungen für uns ein Mindestmaß dar.

Um dieser Verpflichtung gerecht zu werden, haben wir gemeinsam mit unseren Beschäftigten beschlossen, ein SGA-Managementsystem einzuführen. Den Erfolg und die fortlaufende Verbesserung des SGA-Managementsystems können wir nur in dauerhafter Zusammenarbeit mit unseren Beschäftigten durch Konsultation und Beteiligung erreichen. Um unsere SGA-Leistung zu verbessern, werden neben der Unfallvermeidung weitere SGA-Ziele mit unseren Beschäftigten auf jährlicher Basis festgelegt.

Die Geschäftsleitung

____________________ ____________________

Ort/Datum Geschäftsführer

Revision: Änderungsdatum: Seite 1 von 1

Eine weitere beispielhafte Vorlage für eine SGA-Politik aus der unternehmerischen Praxis sei hier angeführt.

Sicherheits-, Arbeits- und Gesundheitsschutzpolitik

Vorlage

Neben Fragen der Qualität und des Umweltschutzes ist das Thema Arbeitssicherheit zentraler Bestandteil der Unternehmenspolitik. Ziel der Geschäftsführung ist es, durch technische und organisatorische Maßnahmen zu sichern, dass

- den identifizierten SGA-Risiken und Chancen gerechte sichere und gesunde Arbeitsbedingungen gemäß dem Kontext der Unternehmung und den daraus abgeleiteten externen und internen Themen gestellt,
- arbeitsbedingte Verletzungen oder Erkrankungen, Unfälle, Personen- und Sachschäden vermieden,
- die Sicherheit und Gesundheit der Mitarbeiter, Subunternehmer und dritter Personen gewährleistet,
- Umweltschäden verhindert und
- gesetzliche und sonstige Anforderungen eingehalten werden.

Diese Maßnahmen sollen dazu beitragen, im Unternehmen ein positives soziales Arbeitsklima zu schaffen, wirtschaftliche Verluste abzuwenden und die Existenz des Unternehmens dauerhaft zu sichern. Arbeitssicherheit, Gesundheits- und Umweltschutz sowie die Sicherstellung der Qualität genießen im Rahmen der Leistungserbringung oberste Priorität.

Damit diese Grundsätze auch in der täglichen Praxis umgesetzt werden, hat die Geschäftsführung die im vorliegenden Handbuch beschriebenen Regelungen und Festlegungen erlassen, die sich an den Anforderungen der DIN ISO 45001 orientieren. Alle Mitarbeiter der xy GmbH

Revision: Änderungsdatum: Seite 1 von 2

sind angehalten, diese Regelungen und Festlegungen strikt einzuhalten und alles zu unterlassen, was zu einer Gefährdung von Mensch und Umwelt führen könnte. Die Geschäftsführung eröffnet bewusst Möglichkeiten, sich an der Gestaltung des Arbeits- und Gesundheitsschutzes aktiv zu beteiligen. Sie konsultiert die Führungsebene und auch die operativen Mitarbeiter regelmäßig in Fragen des Arbeits- und Gesundheitsschutzes und arbeitet kontinuierlich an dessen weiterer Verbesserung, insbesondere an der Vermeidung von Risiken oder zumindest an deren Reduzierung. Die Geschäftsführung verpflichtet sich, diesen Prozess aktiv durch geeignete Schulungs- und Weiterbildungsmaßnahmen zu unterstützen.

Unsere SGA-Politik geben wir allen interessierten Parteien zur Kenntnis.

_______________________ _______________________

Ort, Datum Unterschrift

Revision: Änderungsdatum: Seite 2 von 2

Normabschnitt „5.3 Rollen, Verantwortlichkeiten und Befugnisse in der Organisation"

Zuordnung der Anforderungen DIN ISO 45001, OHSAS 18001, Normatives Regelwerk SCC und Safety Culture Ladder im Überblick:

DIN ISO 45001	OHSAS 18001	SCC*	SCC**	SCC^P	SCP	Safety Culture Ladder
5.3	4.4.1	1.2	1.2 1.3 5.5	1.2 1.3 5.5	1.2 1.3 5.3	3.3: 3.8

Anforderungen DIN ISO 45001, Normatives Regelwerk SCC und Safety Culture Ladder im Einzelnen:

Anforderungen DIN ISO 45001, Abschnitt 5.3

5.3 Rollen, Verantwortlichkeiten und Befugnisse in der Organisation

Die oberste Leitung muss sicherstellen, dass die Verantwortlichkeiten und Befugnisse relevanter Rollen im SGA-Managementsystem zugewiesen und auf allen Ebenen innerhalb der Organisation bekannt gemacht sowie als dokumentierte Information aufrechterhalten werden. Beschäftigte aller Ebenen der Organisation müssen die Verantwortung für jene Aspekte des SGA-Managementsystems übernehmen, die sich in ihrem Einflussbereich befinden.

ANMERKUNG Obwohl Verantwortlichkeiten und Befugnisse zugewiesen werden können, bleibt die oberste Leitung letztendlich rechenschaftspflichtig für das Funktionieren des SGA-Managementsystems.

Die oberste Leitung muss die Verantwortlichkeit und Befugnis zuweisen für:

a) das Sicherstellen, dass das SGA-Managementsystem die Anforderungen dieses Dokuments erfüllt;

b) das Berichten an die oberste Leitung über die Leistung des SGA-Managementsystems.

Anforderungen Normatives Regelwerk SCC, 1.1
Die Fragen im Kapitel SCP, SCC*/SCC**, SCC^P 1.2 SCC**, SCC^P 1.3, 5.5, 6.2 sowie SCP 1.3, 5.3 beziehen sich auf: Arbeitsmedizinische und sicherheitstechnische Betreuung – Sicherstellen der qualifizierten arbeitsmedizinischen Betreuung – Beauftragung des Arbeitsmediziners – Sicherstellen der qualifizierten sicherheitstechnischen Betreuung – Beauftragung der Fachkraft für Arbeitssicherheit (alle rechtlichen Varianten sind zulässig) SGU-Organisation – Darstellung der Linienfunktion von der Geschäftsführung bis zum Meister – Darstellung der beratenden Funktion und deren Anbindung an die Linienfunktion – Funktions- und Stellenbeschreibung sowie zusätzliche Pflichtenübertragung an Funktionsträger (Führungskräfte) – Beauftragung der Stabsfunktionen (Betriebsärzte, Sicherheitsfachkräfte) Arbeitsschutzkoordinator pro Projekt (nur SCC**, SCC^P) – Arbeitsschutzkoordinator ausbilden und beauftragen – Projekt-/Baustellenorganigramm erstellen Projektbesuche durch Personaldienstleister (nur SCP) – Besuche des Personaldienstleisters am Tätigkeitsort der Leiharbeitnehmer (jährlich mindestens 10 % des Kundenstamms) – Übereinstimmung zwischen Auftrag und tatsächlichem Einsatz der Leiharbeitnehmer (Einweisung durch den Entleiher prüfen) – Kenntnisse des Leiharbeitnehmers hinsichtlich Arbeitsschutzbestimmungen für seine Tätigkeit am konkreten Arbeitsplatz prüfen – Protokollierung des Besuchs sowie der Ergebnisse, Abweichungen und Maßnahmen, die zwischen Leiharbeitnehmer und dem Entleiher abgestimmt wurden Einsatz Umweltbeauftragter – Der Umweltbeauftragte muss, falls gesetzlich gefordert, über entsprechende Schulungen und Weiterbildungen verfügen.

Anforderungen Safety Culture Ladder
3.3 Unternehmensaspekt: Organisation und Vertragspartner **3.8 Abteilung für Arbeitsschutz** **1. Anforderung:** Stufe 2: Einrichtung einer eigenen Abteilung für Arbeitsschutz durch den Vorstand Stufe 3: Die Abteilung für Arbeitsschutz untersteht direkt dem Vorstand. Stufe 4: systematische Information des Vorstands durch Abteilung Arbeitsschutz Stufe 5: aktive Zusammenarbeit zwischen Vorstand und Abteilung Arbeitsschutz **2. Anforderung:** Stufe 2: – Stufe 3: In der Abteilung Arbeitsschutz arbeiten nur für Arbeitsschutz qualifizierte Mitarbeiter. Stufe 4: Management nutzt Expertise aktiv Stufe 5: aktive Zusammenarbeit der Abteilung Arbeitsschutz mit dem Sektor

3. Anforderung:

Stufe 2: –

Stufe 3: Analyse der Leistung im Arbeitsschutz durch Abteilung Arbeitsschutz

Stufe 4: aktive Coaching-Rolle der Abteilung Arbeitsschutz

Stufe 5: –

Interpretation und betriebliche Anwendung

Die Verpflichtung der Führung beschränkt sich nicht nur auf die rechtlichen und anderen Verpflichtungen, denen sie aufgrund ihrer Position ohnehin Rechnung tragen muss. Diese Verpflichtung geht über diesen Rahmen hinaus. Um ein funktionierendes SGA-Managementsystem zu etablieren, muss die Führung mit dem kompletten Führungskreis hinter der Einführung und Aufrechterhaltung eines SGA-Managementsystems stehen. Im Gegensatz zu der OHSAS wird bei der DIN ISO 45001 kein „Beauftragter der obersten Leitung" bestellt. Es soll damit ein klares Signal gesetzt werden, dass die Verantwortung der Leitung hinsichtlich des Managementsystems an die Führungskräfte delegiert werden soll/kann. Prinzipiell sind die Forderungen der DIN ISO 45001 von denen der OHSAS 18001 nicht abweichend, in einigen Punkten etwas detaillierter und zum SCC-Regelwerk sehr ähnlich, nur die Herangehensweise ist etwas unterschiedlich.

Verantwortlichkeiten und Befugnisse:

Gemäß den Anforderungen der DIN ISO 45001, der OHSAS 18001 und dem SCC-Regelwerk soll das Unternehmen die notwendigen Ressourcen für die zu bewältigenden Aufgaben ermitteln und dafür erforderliche Befugnisse und Verantwortlichkeiten festlegen. Im Originaltext der Norm wird der Begriff der Verantwortlichkeit in Gesamtverantwortung (over all responsibility), Verantwortung, Befugnis und rechtliche Verantwortung (accountability) unterschieden:

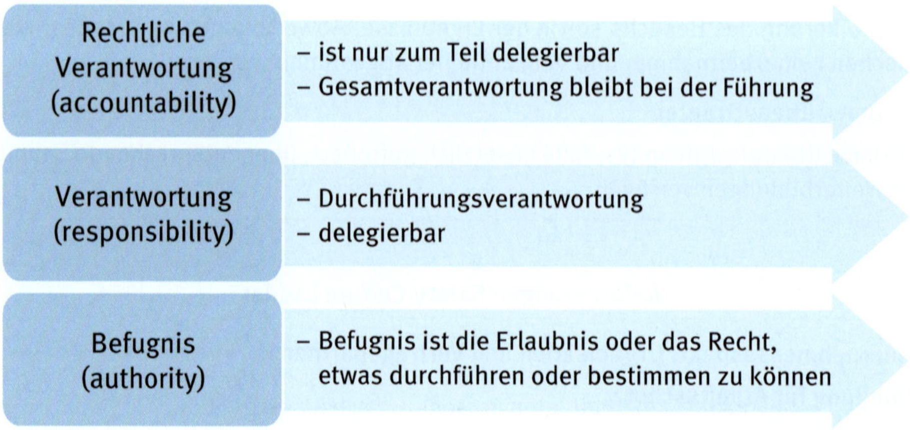

Dabei ist zu beachten, dass die Durchführungsverantwortung an andere Verantwortungsträger delegierbar ist, die rechtliche Verantwortung hingegen nur bedingt. Verantwortungsträger werden mit Befugnissen ausgestattet, um ihre Rolle ausführen zu können, und sind verpflichtet, über ihre Tätigkeit zu berichten.

Schema der Pflichtenübertragung:

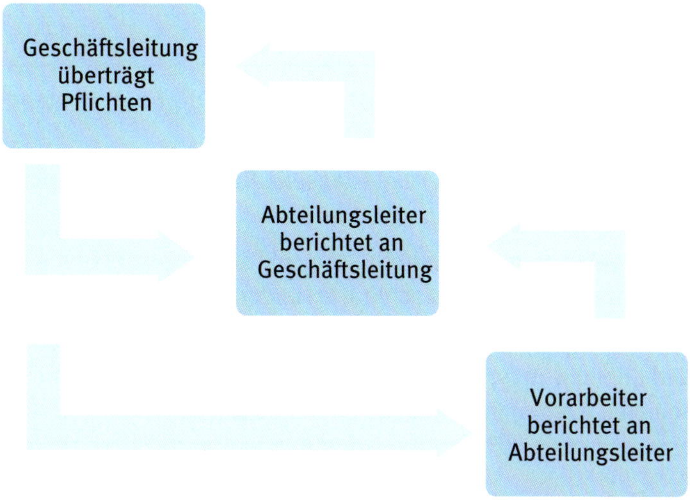

Beauftragungen sollten zur Klarheit, Transparenz und Rückverfolgbarkeit immer schriftlich erfolgen und von beiden Parteien unterzeichnet werden. Inhalte dieser Beauftragungen sollten stets sein:

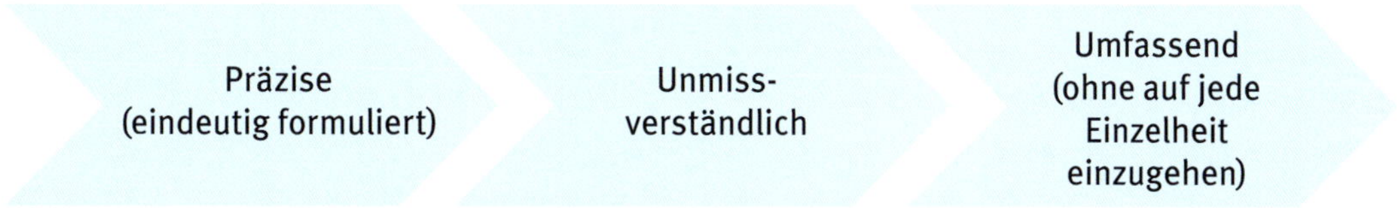

Besonders bei Anwendung von SCP sollten klare Beauftragungen vorliegen, da das verliehene Personal zum Verantwortungsbereich des Verleihers gehört und daraus eine rechtliche Relevanz erwächst.

Beispiele für verschiedene Beauftragungen sind u. a.:

1. Übertragung von Unternehmerpflichten
2. Bestellung von Sicherheitsbeauftragten
3. Bestellung von Brandschutzhelfern
4. Beauftragung von Gabelstaplerfahrern
5. Bestellung von befähigten Personen (Sachkundige)
6. Beauftragung der Sicherheitsfachkraft
7. Bestellung des Betriebsarztes

Singgemäß sind die Formulierungen der Aufgabenbeschreibungen auch im europäischen Ausland auf die jeweils zu benennenden Funktionsträger für den Arbeitsschutz zu übertragen. In den Praxisbeispielen sind Mustervorlagen für oben genannte Bestellungen enthalten, die leicht auf die eigene betriebliche Situation adaptierbar sind.

Die Verantwortungsträger sollten aus der Aufbaustruktur des Unternehmens klar erkennbar sein. Für die Sicherheitsfachkraft und den Arbeitsmediziner sowie für ggf. benannte Betriebsbeauftragte, die beratend und berichtend tätig werden, sind Stabsstellen auszuweisen. Stabsstelle bedeutet, dass bei den genannten Beauftragten keine Einordnung in die Linienfunktionen besteht.

Beispiel

Die innerbetriebliche Sicherheitsfachkraft ist nur beratend und berichtend tätig. Sie trägt keine Durchführungsverantwortung.

Für eventuelle Falsch-, fehlerhafte oder unterlassene Beratung oder Berichterstattung kann sie ggf. rechtlich zur Verantwortung gezogen werden.

Unterlässt der Arbeitgeber von der Sicherheitsfachkraft vorgeschlagene notwendige Maßnahmen, so steht nicht die Sicherheitsfachkraft, sondern der Unternehmer in der Haftung.

Die Sicherheitsfachkraft ist in ihrem fachlichen Rat nicht weisungsgebunden. Sie hat das Recht auf freie und unbeeinflusste Meinungsäußerung und kann dafür nicht arbeitsrechtlich in Anspruch genommen werden (nur im deutschen Recht!).

Daher findet die Funktion der Sicherheitsfachkraft nicht in der Linie ihre Position, sondern im Organigramm als Stabsstelle neben der Geschäftsführung.

Das folgende Schaubild spiegelt einen solchen Organisationsaufbau wider.

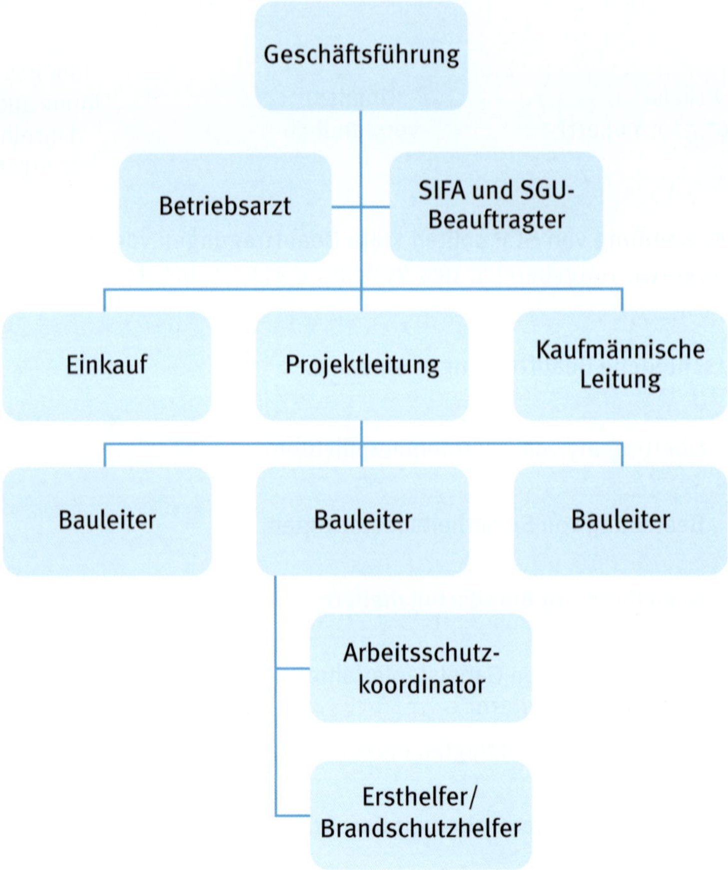

Im deutschen Recht kann der Unternehmer nach entsprechender Schulung seinen Führungskräften spezifische Unternehmerverantwortung im Arbeits- und Gesundheitsschutz übertragen. In vielen Unternehmen entstehen während der Übertragung der Unternehmerpflichten große Diskussionen. Vielmehr erscheint es von Vorteil, mit der Übertragung spezieller Pflichten im Arbeits- und Gesundheitsschutz Klarheit und Transparenz über die tatsächliche Verantwortung zu erhalten. Viele Führungskräfte „vergessen" überdies, dass sie als Führungskraft gesetzlich geregelt ohnehin schon die Verantwortung für die ihnen unterstellten Mitarbeiter übernommen haben. Die originären Pflichten der Führungskräfte sollen in der nachstehenden Grafik nochmals klargestellt werden:

Voraussetzungen für eine wirksame Delegation der Unternehmerpflichten sind:

- persönliche Eignung
- angemessener Umfang
- so korrekt wie möglich

Eine Schriftform ist nur aus Beweisgründen erforderlich, jedoch nicht gefordert oder Bedingung.

Umfang und Grenzen der Befugnisse bestimmen die Verantwortung der jeweiligen Führungskraft.

Eine wirksame Delegation von Unternehmerpflichten kommt gemäß dem Prinzip der sozialen Adäquatheit nur dann zustande, wenn eine ausreichende Schulung der Führungskräfte zum Thema stattgefunden hat.

Vorlagen zur Übertragung von Unternehmerpflichten finden Sie im Anhang A2 dieses Buches.

Ressourcen:

Ressourcen müssen geplant werden, dazu gehören:

- Personen
- technische Ressourcen
- finanzielle Ressourcen

Personen müssen zum Bewältigen ihrer Aufgaben erhalten:

- ausreichend Zeit
- das fachliche Wissen
- notwendige Befugnisse

Damit wird der Brückenschlag zu den Anforderungen der DIN ISO 45001 und des SCC-Regelwerks zu Schulung und Weiterbildung getätigt. Beauftragte müssen zur Bewältigung ihrer Aufgaben über das notwendige Fachwissen verfügen. Erhalten sie keine ausreichende Qualifizierung, ist die Delegation der Aufgaben aus rechtlicher Sicht unzulässig. Man spricht von sozialer Adäquatheit. Damit sind dem abhängig Beschäftigten keine Funktionen und Pflichten zu übereignen, denen er nicht gewachsen sein kann. Die haftungsrechtliche Basis verbleibt in diesen Fällen beim Arbeitgeber.

Aus Sicht der Autoren ist es wichtig, dass nicht nur eine einmalige Ausbildung erfolgt, sondern eine kontinuierliche Weiterbildung der im Arbeitsschutz mit Verantwortung betrauten Personen betrieblich geplant wird. Qualifizierungen müssen up to date gehalten werden, um jederzeit den rechtlichen Anforderungen für den Schutz der Beschäftigten Folge leisten zu können.

Technische und finanzielle Ressourcen:

- Kosten für den Arbeitsschutz müssen geplant werden (Budgetplanung).
- Das Unternehmen muss in der Lage sein, auch technische Maßnahmen zu realisieren und die notwendige Infrastruktur bereitzustellen, z. B. für Sicherheitsvorrichtungen an Maschinen und Anlagen.
- Notwendige persönliche Schutzausrüstung ist unentgeltlich den Arbeitnehmern zur Verfügung zu stellen.

Safety Culture Ladder fordert eine Abteilung für Arbeitsschutz:

Unter 3.8 fordert SCL, dass der Vorstand eine eigene Abteilung für Arbeitsschutz einrichtet. Ihre Funktion besteht im Wesentlichen in:

- der Unterstützung der Organisation des Arbeitsschutzes
- der Berichterstattung über potenzielle und schwere Unfälle sowie über die Einhaltung von Rechtsvorschriften
- der Berichterstattung, inwiefern Ziele erreicht und die Systemumsetzung geglückt sind
- der Durchführung sorgfältiger Analysen zur Verhinderung unerwünschter Vorkommnisse
- der Hilfestellung bei der Umsetzung einer systematischen Vorgehensweise zur Entwicklung eines Arbeitsschutzbewusstseins.

Die Aufgaben der Abteilung sind vom Management zu definieren.

Auf der nächsten Stufe der SCL werden Kompetenzanforderungen an das in der Abteilung beschäftigte Personal gestellt. Diese sind vom Management klar zu umreißen. Mindestanforderungen dabei sind ein Berufsabschluss als Sicherheitsfachmann oder -frau oder gleichwertige Qualifikationen. Neben der eigentlichen Kompetenz werden auch soft skills verlangt.

In den nächsthöheren Stufen stehen die Überwachung der Effizienz des Arbeitsschutzmanagementsystems sowie die Herausbildung eines Arbeitsschutzbewusstseins bei allen Beschäftigten im Vordergrund.

Nachweise:

Bestellurkunden

Stellenbeschreibungen

Qualifikationsmatrix

Investitionsplan

Finanzplan

Organigramm

Übertragung von Unternehmerpflichten

Praxistipps und Vorlagen

Beispiele für die Abbildung der Verantwortungen und Befugnis der Funktionsträger im Unternehmen sind in der Mediathek nachzulesen. Nachstehend wird eine Vorlage für die Aufgaben im SGU-Management nach SCC vorgestellt. Sie kann auch auf die Anforderungen der DIN ISO 45001 adaptiert werden. Hier müsste es dann anstelle von SGU-Management SGA-Management heißen.

Die dargestellten Aufgabenzuweisungen sollen nur beispielhaft gelten. In Ihrer Organisation kann die Verteilung der Pflichten abweichend sein.

Vorlage

SGU-Struktur

1 SGU-Struktur

1.1 Organigramm

Die Struktur der xy GmbH ist im nachfolgenden Organigramm dargestellt:

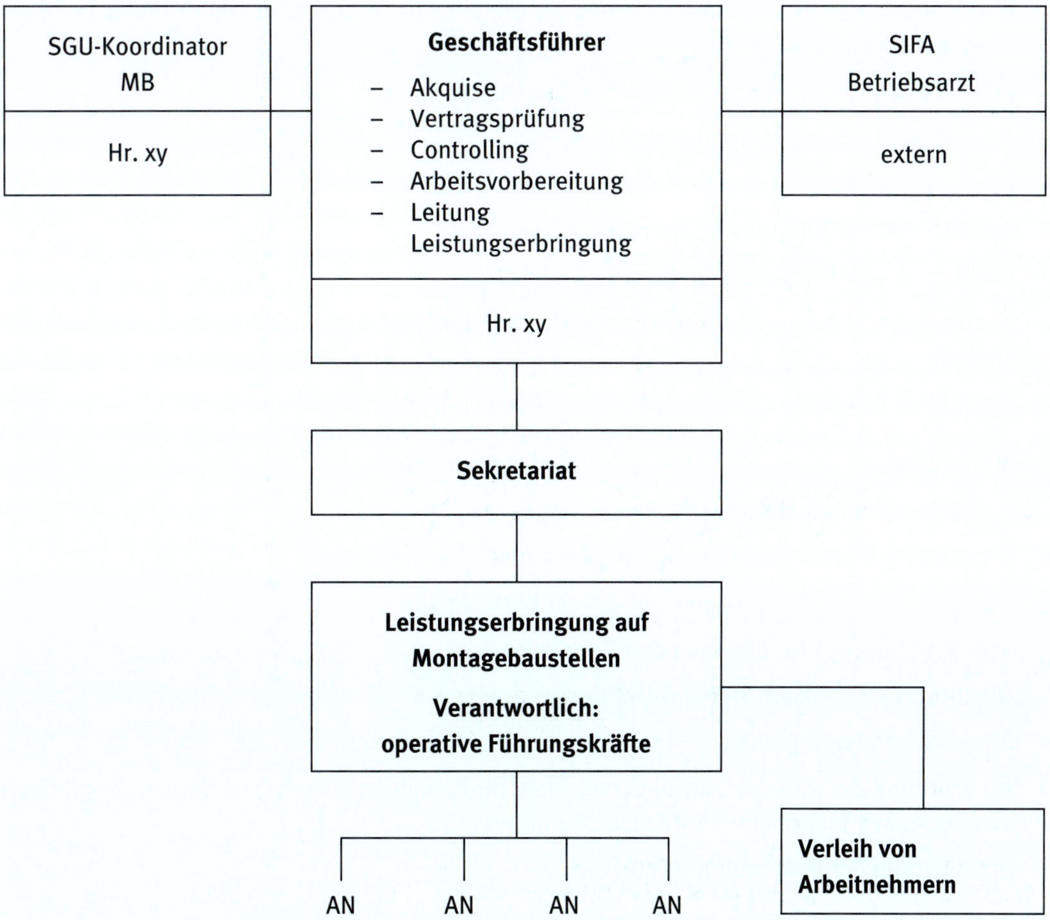

Revision: Änderungsdatum: Seite 1 von 4

Die Geschäftsführung zeichnet im Wesentlichen für die gesamte Geschäftsabwicklung verantwortlich. Die externe Sicherheitsfachkraft ist als Stabsstelle eingerichtet. Eine vertragliche Bindung zum beauftragten Ingenieurbüro hinsichtlich der Wahrnehmung der Aufgaben einer Sicherheitsfachkraft besteht und wird auf jährlicher Basis aktualisiert.

Im Unternehmen unterstehen einzelne Teams den operativen Mitarbeitern mit Führungsaufgaben. Ihnen sind x operative Mitarbeiter unterstellt, die z. T. in Form der Arbeitnehmerüberlassung an andere Organisationen verliehen werden.

Der Geschäftsführer hat seine Unternehmerpflichten im Arbeitsschutz an die operativen Mitarbeiter mit Führungsaufgaben im Unternehmen schriftlich übertragen.

1.2 Verantwortlichkeiten

Die Verantwortlichkeiten für die Gewährleistung des Arbeits-, Gesundheits- und Umweltschutzes sind in der folgenden Übersicht zusammengestellt:

Geschäftsführung

- Übertragung der Unternehmerpflichten an die jeweiligen operativen Mitarbeiter mit Führungsaufgaben
- jährliches Gespräch mit der externen Sicherheitsfachkraft
- Jahresplan der SIFA abstimmen und freigeben
- Führen der Liste zugelassener Subunternehmen und Lieferanten
- Auswahl der persönlichen Schutzausrüstung
- Festlegung und Fortschreibung der SGU-Politik
- Veranlassen arbeitsmedizinischer Untersuchungen (bei Neueinstellungen, innerhalb der Fristen)
- qualitätsmäßige und sicherheitsrelevante Bewertung von Subunternehmen

SGU-Koordinator

Sie/Er hat in dieser Eigenschaft folgende Aufgaben:

- Erarbeitung, Aktualisierung und Verteilung des SGU-Handbuchs
- Überprüfung des SGU-Systems und seiner Wirksamkeit
- Koordinierung der Arbeiten auf den Baustellen
- Durchführung von Baustelleneröffnungsgesprächen
- Erstellen von Alarmplänen
- Archivierung der von der betrieblichen Sicherheitsfachkraft erstellten Beurteilungsbögen und sonstigen Dokumente und Aufzeichnungen
- Archivierung der Entsorgungsnachweise

Operative Mitarbeiter mit Führungsaufgaben

- Gewährleistung der Arbeitssicherheit, des Gesundheits- und Umweltschutzes im jeweiligen Verantwortungsbereich
- Teilnahme an Arbeitsberatungen
- Mitwirkung bei der Auswahl von Subunternehmen
- Führen von Sicherheitskurzgesprächen mit den Mitarbeitern im Rahmen von Besprechungen
- Festlegen von Korrekturmaßnahmen

Revision: Änderungsdatum: Seite 2 von 4

- Veranlassen der Beseitigung sicherheitstechnischer Mängel
- Durchführung täglicher Inspektionen und Festlegung von Korrekturmaßnahmen
- Bestückung von Verbandskästen
- Kontrolle der Nutzung von PSA

Operative Mitarbeiter

- Führen von Stundenzetteln
- Einleitung von Sofortmaßnahmen bei Unfällen und Vorfällen

Sekretariat

- Unfall- und Schadensmeldung gegenüber Auftraggeber, Versicherung und Behörden
- Erfassung und Archivierung der Unfallmeldungen
- Verwaltung der Ausbildungs- und Qualifikationsnachweise sowie von Nachweisen über arbeitsmedizinische Untersuchungen

Externe Sicherheitskraft

Die xy GmbH hat eine externe Sicherheitsfachkraft für die arbeitssicherheitstechnische Betreuung des Unternehmens vertraglich gebunden. Die externe Sicherheitsfachkraft nimmt im Einzelnen folgende Aufgaben wahr:

- Beratung der Geschäftsführung bei der Einführung neuer Verfahren und neuer Technik
- Erarbeitung und Auswertung von Arbeitsschutzprogrammen
- Durchführung von Gefährdungsanalysen, Pflege des Gefährdungskatasters
- Erarbeitung des Gefahrstoffkatasters und Aktualisierung
- Erstellen von Betriebsanweisungen gemäß Gefahrstoffverordnung
- Planung und Durchführung von Unterweisungen
- Mitwirkung bei der Untersuchung und Auswertung von Unfällen
- Mitwirkung bei der Schadensuntersuchung
- Durchführung von Betriebsbegehungen
- Beratung der Führungskräfte in Sachen Sicherheit, Gesundheits- und Umweltschutz
- Mitwirkung bei der Auswertung von Inspektionen und Kontrollen
- Analyse von Unfällen und Vorfällen
- Erstellen des Alarmplans
- Erstellen des Jahresthemenplans für Schulungen und Unterweisungen sowie eines Jahresarbeitsplans
- Erfassung und Überwachung prüfpflichtiger Einrichtungen
- Auswertung des Jahres aus sicherheitstechnischer Sicht

Weitere Aufgaben sind Bestandteil des jährlichen Arbeitsplans der Sicherheitsfachkraft.

Eine Fachkraft für Arbeitssicherheit für Projekte ist in der xy GmbH nicht ausdrücklich ernannt.

Revision: Änderungsdatum: Seite 3 von 4

1.3 Beteiligung des Managements am SGU-Programm

1.3.1 SGU-Inspektionen

Die Inspektionen durch das Management in allen Leistungsbereichen der xy GmbH finden in regelmäßigen Abständen statt. Einzelheiten sind im Kapitel xy dieses Handbuchs beschrieben.

Inspektionen und Begehungen werden auch durch die externe Sicherheitsfachkraft durchgeführt.

1.3.2 SGU-Veranstaltungen

In jedem Jahr findet zum Jahresende eine Jahresabschlussberatung statt. In diesem Rahmen wird auch das Thema Sicherheit, Gesundheits- und Umweltschutz in der xy GmbH behandelt. Das Bewusstsein der Mitarbeiter bezüglich der Sicherheit, des Gesundheits- und Umweltschutzes soll auf diese Weise gefördert werden. Die Mitarbeiter sollen dazu ermuntert werden, bestehende sicherheitstechnische Mängel offen anzusprechen. Die Führungskräfte nutzen dieses Treffen, um sich den Fragen der Mitarbeiter zu stellen und über eventuelle Neuerungen und Vorhaben im Bereich Sicherheit, Gesundheits- und Umweltschutz zu informieren.

An dieser Veranstaltung nehmen alle Mitarbeiter des Unternehmens teil sowie die Sicherheitsfachkraft, der SGU-Koordinator und der Geschäftsführer.

1.4 Aufgaben der Führungskräfte

Die Aufgaben, die bezüglich der Arbeitssicherheit und des Umweltschutzes von den Führungskräften wahrzunehmen sind, sind im Punkt xy dieses Handbuchs geregelt.

Weitere Ausführungen zu den Verantwortlichkeiten und Befugnissen sind Bestandteil von Tätigkeitsbeschreibungen, Bestellurkunden oder von Arbeitsverträgen.

1.4.1 SGU-Jahresplan

Die externe Sicherheitsfachkraft erstellt jährlich ein Arbeitsschutzprogramm, in das alle beabsichtigten Aktivitäten der xy GmbH im Arbeits-, Gesundheits- und Umweltschutz für das kommende Kalenderjahr aufzunehmen sind. Das SGU-Programm wird mit den Führungskräften abgestimmt und von der Geschäftsleitung in Kraft gesetzt.

Während der alljährlich im Dezember stattfindenden Jahresabschlussberatung wird der neue Plan der Belegschaft vorgestellt, sodass sie die Möglichkeit hat, sich dazu zu äußern.

Am Ende des darauffolgenden Jahres erfolgt eine Abrechnung und Auswertung des Plans durch den SGU-Koordinator vor den Verantwortlichen.

Dabei wird analysiert, weshalb möglicherweise bestimmte Zielsetzungen nicht erreicht wurden und welche Maßnahmen zur weiteren Verbesserung des SGU-Systems erforderlich sind.

Die Ergebnisse der Abrechnung werden durch die externe Sicherheitsfachkraft in Form eines Protokolls dokumentiert und in der Jahresabschlussberatung der Belegschaft bekannt gegeben.

1.5 Mitgeltende Unterlagen

Übertragung von Unternehmerpflichten

Tätigkeitsbeschreibungen, Arbeitsverträge

Vertrag mit der Sicherheitsfachkraft

Revision: Änderungsdatum: Seite 4 von 4

Im Weiteren werden Vorschläge für Bestellurkunden diverser Verantwortungsträger im Arbeitsschutz abgebildet. Dabei wurde explizit darauf geachtet, dass die Bestellurkunden auch auf andere Länder sinngemäß übertragbar sind.

Bestellung zur externen/internen Fachkraft für Arbeitssicherheit gemäß DGUV V2

Vorlage

Person xy wird gemäß DGUV V2 zur externen/internen Fachkraft für Arbeitssicherheit (Sicherheitsfachkraft) bestellt. Ihr obliegen nachstehende Aufgaben:

Die Fachkräfte für Arbeitssicherheit haben die Aufgabe, den Arbeitgeber beim Arbeitsschutz und bei der Unfallverhütung in allen Fragen der Arbeitssicherheit einschließlich der menschengerechten Gestaltung der Arbeit zu unterstützen. Sie haben insbesondere

1. den Arbeitgeber und die sonst für den Arbeitsschutz und die Unfallverhütung verantwortlichen Personen zu beraten, insbesondere bei
   a) der Planung, Ausführung und Unterhaltung von Betriebsanlagen und den sozialen und sanitären Einrichtungen,
   b) der Beschaffung von technischen Arbeitsmitteln und der Einführung von Arbeitsstoffen,
   c) der Auswahl und Erprobung von Körperschutzmitteln,
   d) der Gestaltung der Arbeitsplätze, des Arbeitsablaufs, der Arbeitsumgebung und in sonstigen Fragen der Ergonomie,
   e) der Beurteilung der Arbeitsbedingungen;
2. die Betriebsanlagen und die technischen Arbeitsmittel insbesondere vor der Inbetriebnahme und Arbeitsverfahren insbesondere vor ihrer Einführung sicherheitstechnisch zu überprüfen;
3. die Durchführung des Arbeitsschutzes und der Unfallverhütung zu beobachten und im Zusammenhang damit
   a) die Arbeitsstätten in regelmäßigen Abständen zu begehen und festgestellte Mängel dem Arbeitgeber oder der sonst für den Arbeitsschutz und die Unfallverhütung verantwortlichen Personen mitzuteilen, Maßnahmen zur Beseitigung dieser Mängel vorzuschlagen und auf deren Durchführung hinzuwirken,
   b) auf die Benutzung der Körperschutzmittel zu achten,
   c) Ursachen von Arbeitsunfällen zu untersuchen, die Untersuchungsergebnisse zu erfassen und auszuwerten und dem Arbeitgeber Maßnahmen zur Verhütung dieser Arbeitsunfälle vorzuschlagen;
4. darauf hinzuwirken, dass sich alle im Betrieb Beschäftigten den Anforderungen des Arbeitsschutzes und der Unfallverhütung entsprechend verhalten, sie insbesondere über die Unfall- und Gesundheitsgefahren, denen sie bei der Arbeit ausgesetzt sind, sowie über die Einrichtung und Maßnahmen zur Abwendung dieser Gefahren zu belehren und bei der Schulung der Sicherheitsbeauftragten mitzuwirken.

Es gelten die Vertragsbedingungen des geschlossenen Vertrags für den Einsatz als Fachkraft für Arbeitssicherheit.

______________________	______________________	______________________
Ort, Datum	Unterschrift Geschäftsführer	Unterschrift Sicherheitsfachkraft

Revision: Änderungsdatum: Seite 1 von 1

Vorlage **Bestellung Arbeitsmediziner/Betriebsarzt**

Hiermit bestellen wir Person xy zum Betriebsarzt gemäß DGUV V2 mit folgenden Pflichten:

(1) Die Betriebsärzte haben die Aufgabe, den Arbeitgeber beim Arbeitsschutz und bei der Unfallverhütung in allen Fragen des Gesundheitsschutzes zu unterstützen. Sie haben insbesondere

1. den Arbeitgeber und die sonst für den Arbeitsschutz und die Unfallverhütung verantwortlichen Personen zu beraten, insbesondere bei
   a) der Planung, Ausführung und Unterhaltung von Betriebsanlagen und von sozialen und sanitären Einrichtungen,
   b) der Beschaffung von technischen Arbeitsmitteln und der Einführung von Arbeitsverfahren und Arbeitsstoffen,
   c) der Auswahl und Erprobung von Körperschutzmitteln,
   d) arbeitsphysiologischen, arbeitspsychologischen und sonstigen ergonomischen sowie arbeitshygienischen Fragen, insbesondere des Arbeitsrhythmus, der Arbeitszeit und der Pausenregelung, der Gestaltung der Arbeitsplätze, des Arbeitsablaufs und der Arbeitsumgebung;
2. die Arbeitnehmer zu untersuchen, arbeitsmedizinisch zu beurteilen und zu beraten sowie die Untersuchungsergebnisse zu erfassen und auszuwerten;
3. die Durchführung des Arbeitsschutzes und der Unfallverhütung zu beobachten und im Zusammenhang damit
   a) die Arbeitsstätten in regelmäßigen Abständen zu begehen und festgestellte Mängel dem Arbeitgeber oder der sonst für den Arbeitsschutz und die Unfallverhütung verantwortlichen Person mitzuteilen, Maßnahmen zur Beseitigung dieser Mängel vorzuschlagen und auf deren Durchführung hinzuwirken,
   b) auf die Benutzung der Körperschutzmittel zu achten,
   c) Ursachen von arbeitsbedingten Erkrankungen zu untersuchen, die Untersuchungsergebnisse zu erfassen und auszuwerten und dem Arbeitgeber Maßnahmen zur Verhütung dieser Erkrankungen vorzuschlagen;
4. darauf hinzuwirken, dass sich alle im Betrieb Beschäftigten den Anforderungen des Arbeitsschutzes und der Unfallverhütung entsprechend verhalten, insbesondere sie über die Unfall- und Gesundheitsgefahren, denen sie bei der Arbeit ausgesetzt sind, sowie über die Einrichtungen und Maßnahmen zur Abwendung dieser Gefahren zu belehren und bei der Einsatzplanung und Schulung der Helfer in „Erster Hilfe“ und des medizinischen Hilfspersonals mitzuwirken.

(2) Die Betriebsärzte haben auf Wunsch des Arbeitnehmers diesem das Ergebnis arbeitsmedizinischer Untersuchungen mitzuteilen.

(3) Zu den Aufgaben der Betriebsärzte gehört es nicht, Krankmeldungen der Arbeitnehmer auf ihre Berechtigung zu überprüfen.

______________	______________	______________
Ort, Datum	Unterschrift Betriebsarzt	Unterschrift Geschäftsführer

Revision: Änderungsdatum: Seite 1 von 1

Bestellung zum/zur Sicherheitsbeauftragten

Vorlage

Hiermit bestellen wir Person ___________ mit Wirkung vom ___________ und aufgrund der Schulung vom ___________ zum/zur Sicherheitsbeauftragten im Unternehmen.

Hinsichtlich der Ihnen übertragenen Funktion ist es Ihre Aufgabe, „Auge und Ohr" des Unternehmens zu sein, vor allem sicherheitskritische Situationen und Mängel zu melden, Ihre Kollegen stets zu sicherheitsgerechtem Verhalten zu ermahnen, Prüfpflichten an Geräten und Maschinen zu kontrollieren, bei der Analyse von Unfällen mitzuwirken und an deren Prävention sich maßgeblich zu beteiligen. In Arbeitsschutzausschusssitzungen sind Sie regelmäßig mit beteiligt und geben Ihre Sicht auf die sicherheitstechnische Situation im Unternehmen wieder. Bei Fragen und Anmerkungen steht es Ihnen frei, die Sicherheitsfachkraft des Unternehmens zu kontaktieren.

Sie sollen in Ihrer Person Vorbild für Ihre Kollegen sein.

Wir weisen nochmals darauf hin, dass sich aus Ihrer Funktion keine haftungsrechtlichen Ansprüche herleiten lassen.

Wir wünschen Ihnen bei der Erfüllung Ihrer Aufgabe viel Erfolg.

___________________	___________________	___________________
Ort, Datum	Unterschrift Sicherheitsbeauftragter	Unterschrift Geschäftsführer

Revision: Änderungsdatum: Seite 1 von 1

Eine weitere Variante für die Bestellung zum/zur Sicherheitsbeauftragten finden Sie im Anhang A2.

Bestellung zum Brandschutzhelfer

Vorlage

Hiermit bestellen wir Person ___________ in Erweiterung der Stellenbeschreibung zum Brandschutzhelfer.

Sie sind fachkundig in Ihren Aufgaben zu unterweisen. Zu Ihrer Unterweisung zählen:

- Grundzüge des vorbeugenden Brandschutzes
- Kenntnisse über die betriebliche Brandschutzorganisation
- Funktions- und Wirkungsweise von Feuerlöscheinrichtungen
- Gefahren durch Brände
- Verhalten im Brandfall
- praktische Unterweisung im Umgang mit Feuerlöscheinrichtungen

Aufgaben der Brandschutzhelfer bestehen in:

- der Bekämpfung von Entstehungsbränden
- der Hilfe bei Notfällen
- Unterstützung des Brandschutzbeauftragten

Es wird dem Brandschutzhelfer jede Unterstützung durch das Unternehmen gewährt.

___________________	___________________
Ort, Datum	Geschäftsführer

Revision: Änderungsdatum: Seite 1 von 1

Vorlage

Übersicht Ersthelfer

Ersthelfer werden zumeist in den Unternehmen per Aushang bekannt gegeben. Sie verfügen über eine entsprechende Qualifizierung zum Thema „Erste Hilfe“. Eine Vorlage für eine Liste der Ersthelfer ist nachstehend abgedruckt.

Nr.	Name	Letzte Lehrgangsteilnahme	Nächste Auffrischung am
1			

Ort, Datum

Geschäftsführer

Revision: Änderungsdatum: Seite 1 von 1

Normabschnitt „5.4 Konsultation und Beteiligung von Beschäftigten“

Zuordnung der Anforderungen DIN ISO 45001, OHSAS 18001, Normatives Regelwerk SCC und Safety Culture Ladder im Überblick:

DIN ISO 45001	OHSAS 18001	SCC*	SCC**	SCC^P	SCP	Safety Culture Ladder
5.4	4.4.3.2	–	–	–	–	3.1: 1.2

Anforderungen DIN ISO 45001, Normatives Regelwerk SCC und Safety Culture Ladder im Einzelnen:

Anforderungen DIN ISO 45001, Abschnitt 5.4

5.4 Konsultation und Beteiligung der Beschäftigten

Die Organisation muss die Prozesse festlegen, umsetzen und aufrechterhalten zur Konsultation und Beteiligung der Beschäftigten sämtlicher zutreffender Ebenen und Funktionen, und wo vorhanden der Vertreter der Beschäftigten, an der Entwicklung, Planung, Verwirklichung und Leistungsbewertung des SGA-Managementsystems sowie an Maßnahmen zu seiner Verbesserung.

Die Organisation muss:

a) die für die Konsultation und Beteiligung erforderlichen Instrumente, Zeit, Schulungen und Ressourcen zur Verfügung stellen;

ANMERKUNG 1 Die Vertretung der Beschäftigten kann ein Instrument für die Konsultation und Beteiligung sein.

b) den rechtzeitigen Zugang zu eindeutigen, verständlichen und relevanten Informationen zum SGA-Managementsystem bereitstellen;

c) Hindernisse oder Barrieren für die Beteiligung bestimmen und beseitigen und die, die nicht beseitigt werden können, auf ein Mindestmaß beschränken;

ANMERKUNG 2 Hindernisse und Barrieren können unterlassene Reaktion auf Eingaben oder Vorschläge von Beschäftigten, Sprachbarrieren oder eingeschränkte Lese- und Schreibfähigkeit, Repressalien oder Androhung von Repressalien und Verfahrensweisen oder Praktiken, die die Beschäftigten von der Beteiligung abbringen sollen oder sie dafür bestrafen, einschließen.

d) bei Folgendem den Schwerpunkt auf die Konsultation von Beschäftigten legen, die nicht der Leitungsebene angehören:

1) Bestimmen der Erfordernisse und Erwartungen interessierter Parteien (siehe 4.2);
2) Festlegen der SGA-Politik (siehe 5.2);
3) Zuweisen der Rollen, Verantwortlichkeiten und Befugnisse in der Organisation, wie zutreffend (siehe 5.3);
4) Festlegen, wie rechtliche Verpflichtungen und andere Anforderungen (siehe 6.1.3) zu erfüllen sind;
5) Festlegen der SGA-Ziele und Planung, um diese zu erreichen (siehe 6.2);
6) Bestimmen von geeigneten Steuerungsmaßnahmen bezüglich der Ausgliederung, der Beschaffung und der Auftragnehmer (siehe 8.1.4);
7) Bestimmen, was überwacht, gemessen und bewertet werden muss (siehe 9.1);
8) Planen, Festlegen, Verwirklichen und Aufrechterhalten eines Auditprogramms (siehe 9.2.2);
9) Sicherstellen einer fortlaufenden Verbesserung (siehe 10.3);

e) bei Folgendem den Schwerpunkt auf die Beteiligung von Beschäftigten legen, die nicht der Leitungsebene angehören:
   1) Bestimmen der Instrumente zu deren Konsultation und Beteiligung;
   2) Ermitteln von Gefährdungen und Bewerten von Risiken und Chancen (siehe 6.1.1 und 6.1.2);
   3) Bestimmen von Maßnahmen zum Beseitigen von Gefährdungen und zum Verringern von SGA-Risiken (siehe 6.1.4);
   4) Bestimmen von Kompetenzanforderungen, Schulungsbedarf, Schulungen und deren Bewertung (siehe 7.2);
   5) Bestimmen, was kommuniziert werden muss und wie dies geschehen soll (siehe 7.4);
   6) Bestimmen von Steuerungsmaßnahmen und deren wirksame Durchführung und Anwendung (siehe 8.1, 8.1.3 und 8.2);
   7) Untersuchen von Vorfällen und Nichtkonformitäten und Bestimmen von Korrekturmaßnahmen (siehe 10.2).

ANMERKUNG 3 Der Schwerpunkt der Konsultation und der Beteiligung von Beschäftigten, die nicht der Leitungsebene angehören, soll auf Personen liegen, welche die Arbeitstätigkeiten verrichten, aber beispielsweise leitendes Personal, das von Arbeitstätigkeiten oder anderen Faktoren in der Organisation betroffen ist, nicht ausschließen.

ANMERKUNG 4 Es hat sich gezeigt, dass das Angebot von kostenlosen Schulungen für die Beschäftigten und, wenn möglich, das Angebot von Schulungen während der Arbeitszeit wichtige Barrieren für die Beteiligung der Beschäftigten beseitigen kann.

Anforderungen Normatives Regelwerk SCC
keine

Anforderungen Safety Culture Ladder
3.1 Unternehmensaspekt: Führung und Beteiligung
1.2 Mitarbeiterbeteiligung
Stufe 2: Kommunizieren des erwünschten Arbeitsschutzverhaltens
Stufe 3: Förderung des erwünschten Arbeitsschutzverhaltens
Stufe 4: Ermutigung der Mitarbeiter durch das Management, Verbesserungsvorschläge zu unterbreiten
Stufe 5: Die Mitarbeiter tauschen untereinander Erfahrungen aus.

Die Normforderung der DIN ISO 45001 nach Konsultation und Beteiligung ist in ähnlicher Form unter 4.4.3.2 Mitbestimmung und Beratung bereits in OHSAS 18001 vorhanden. Im SCC-Regelwerk wird die Konsultation und Beteiligung von Beschäftigten in Frage 4.1 behandelt, bei Safety Culture Ladder insbesondere in Punkt 1.2 Mitarbeiterbeteiligung.

Interpretation und betriebliche Anwendung

Die DIN ISO 45001 ist eine international gültige Norm und muss unterschiedlichen Gesetzeslagen auf dieser Welt gerecht werden. In Deutschland ist dieser Normpunkt weitestgehend durch die Installation eines Arbeitsschutzausschusses bei Unternehmensgrößen mit über 20 Mitarbeitern abgedeckt.

Im Vorfeld zur Anwendung dieser Norm führte die Forderung nach Konsultation und Beteiligung der Beschäftigten zu kontroversen Diskussionen. Insbesondere wurde um den Grad der Beteiligung von Beschäftigten gerungen. Um unterschiedliche Interpretationen zu vermeiden, wurden die verwendeten Begriffe „Konsultation“ und „Beteiligung“ in der Norm eindeutig festgeschrieben:

Konsultation

Ansichten einholen, bevor eine Entscheidung getroffen wird

Beteiligung

Einbeziehung in die Entscheidungsfindung

Die Begriffe „Konsultation“ und „Beteiligung“ dürfen nicht mit „Rechten und Pflichten der Beschäftigten“, „Mitwirkpflichten der Mitarbeiter“ oder „Mitbestimmung gemäß gesetzlichen Regelungen“ verwechselt werden. Die Normforderung fokussiert sich auf die Beteiligung und Konsultation der Beschäftigten an einem SGA-Managementsystem, denn der Erfolg des Systems hängt stark vom Dialog und Konsens zwischen Führung und Beschäftigten ab.

Beschäftigte auf allen Ebenen (!) sind in

- die Entwicklung,
- die Planung,
- die Umsetzung
- die Bewertung und
- die Fortentwicklung

des SGA-Managementsystems einzubeziehen. Im Einzelnen bedeutet dies:

1. Instrumente (Ressourcen, Zeit, Schulung) bereitstellen
2. Zugang zu relevanten Informationen sicherstellen
3. Hindernisse und Barrieren aus dem Weg räumen
4. Konsultation der nicht zur Leitungsebene zählenden Beschäftigten gewährleisten
5. Beteiligung der nicht zur Leitungsebene zählenden Beschäftigten ermöglichen

Die Punkte 1 bis 3 bilden die Grundlage für die Konsultation und Beteiligung von Beschäftigten.

Aus dem englischen Normentext wurde das Wort „mechanisms“ mit „Instrumente“ übersetzt. Gemeint sind Eskalationsmöglichkeiten zur Geschäftsführung, bestimmte Sitzungsfrequenzen, Möglichkeiten, relevantes Personal einzuladen, beispielsweise einen Verunfallten, der seinen Vorfall schildern soll etc.

Der **Zugang zu relevanten Informationen** soll rechtzeitig erfolgen, Informationen sollen eindeutig sein und verständlich.

Hindernisse und Barrieren können unterlassene Reaktion auf Eingaben oder Vorschläge von Beschäftigten, Sprachbarrieren oder eingeschränkte Lese- und Schreibfähigkeiten sein. In

Deutschland ist Gleichberechtigung und Gleichstellung bereits ein fester Bestandteil unseres Wertegefüges und basiert auf gesetzlicher Grundlage. Daher ist Anmerkung 2 nur teilweise zutreffend.

Anforderungen 4 und 5 werden noch weiter untersetzt. **Konsultation und Beteiligung** der Beschäftigten soll für folgende Themen sichergestellt werden:

Konsultation (Einholen von Ansichten) zu

- Bestimmung der Erfordernisse und Erwartungen interessierter Parteien (4.2)
- Festlegung der SGA-Politik (5.2)
- Zuweisung der Rollen, Verantwortlichkeiten und Befugnisse (5.3)
- Festlegung, wie rechtliche Verpflichtungen und andere Anforderungen umgesetzt werden (6.1.3)
- Bestimmung der SGA-Ziele und Planung (6.2)

Beispiele sind:

Beispiel

Bestimmen der Erfordernisse und Erwartungen interessierter Parteien (4.2):

- Mitwirkung bei der Bestimmung der Erwartungen von Auftraggebern, z. B. Anforderungen von Industriestandorten bzgl. zu tragender PSA, Verhaltensregeln usw.

Festlegen der SGA-Politik (5.2):

- SGA-Politik soll von der Belegschaft mitgetragen werden

Zuweisen der Rollen, Verantwortlichkeiten und Befugnisse (5.3):

- Beachte: Die Vergabe von Rollen und Verantwortlichkeiten und Befugnisse kann unter Umständen ohnehin mitbestimmungspflichtig sein.
- Mitarbeiter schlagen Kollegen entsprechend ihrer Eignung und gemäß ihrer beruflichen Einbindung für bestimmte Rollen vor

Festlegen, wie rechtliche Verpflichtungen und andere Anforderungen umgesetzt werden (6.1.3):

- z. B. welche PSA getragen werden muss, welche organisatorische Regelungen gelten sollen etc.

Festlegen der SGA-Ziele und Planung (6.2):

- Vorschläge für SGA-Ziele werden von Beschäftigten gemacht, z. B. für die Einführung eines Gesundheitstags, für die Reduzierung der Unfallquote, für die weitere Verminderung von Lärmexpositionen

Konsultation (Einholen von Ansichten) zu

- Einordnung geeigneter Steuerungsmaßnahmen hinsichtlich Ausgliederung, Beschaffung und Auftragnehmer
- Bestimmung, was überwacht, gemessen und bewertet werden muss
- Auditprogramm
- Sicherstellung einer fortlaufenden Verbesserung

Beispiele sind:

Beispiel

Einordnung geeigneter Steuerungsmaßnahmen hinsichtlich Ausgliederung, Beschaffung und Auftragnehmer:

- Einholen von Ansichten der Arbeitnehmer oder Arbeitnehmervertretung zum Einsatz von Leiharbeitnehmern oder zur Ausgliederung von Prozessen
- Einholen von Ansichten zum Thema Beschaffung von Maschinen, Ausrüstungen und PSA

Bestimmen, was überwacht, gemessen und bewertet werden muss:

- Unfallzahlen, Messung von MAK-Werten, Messung von Beinahe- und Bagatellunfällen

Auditprogramm:

- Mitbestimmung bei der Festlegung der Häufigkeit von Auditierungen

Sicherstellen einer fortlaufenden Verbesserung:

- Gestaltung eines betrieblichen Vorschlagswesens

Beteiligung hinsichtlich

- Bestimmung der Instrumente für Konsultation und Beteiligung
- Ermittlung von Gefährdungen und Bewerten von Risiken und Chancen (6.1.1 und 6.1.2)
- Einteilung von Maßnahmen zum Beseitigen von Gefährdungen und zum Verringern von SGA-Risiken (6.1.4)
- Benennung von Kompetenzanforderungen, Schulungsbedarf, Schulungen und deren Bewertung (7.2)

Beispiele sind:

Beispiel

Bestimmung der Instrumente für Konsultation und Beteiligung:

- Erweiterte ASA Sitzung — bei Unternehmen mit weniger als 20 Mitarbeitern entsteht aus der Norm eine Forderung nach der Bildung eines ähnlichen Gremiums

Ermittlung von Gefährdungen und Bewertung von Risiken und Chancen (6.1.1 und 6.1.2):

- Gefährdungsbeurteilung und Ermittlung von Risiken und Chancen in Zusammenarbeit mit den Beschäftigten

Bestimmung von Maßnahmen zur Beseitigung von Gefährdungen und zu Minimierung von SGA-Risiken (6.1.4):

- Festlegen von Schutzmaßnahmen

Bestimmung von Kompetenzanforderungen, Schulungsbedarf, Schulungen und deren Bewertung (7.2):

- Abstimmung des Schulungsplans für Sicherheits- und Gesundheitsfragen. Beispiel: Qualifizierung von Brandschutzhelfern, Sicherheitsbeauftragten, Ersthelfern, befähigten Personen etc.

Beteiligung hinsichtlich

- Bestimmung des Inhalts und der Art und Weise der Kommunikation (7.4)
- Bezeichnung von Steuerungsmaßnahmen und deren wirksame Durchführung und Anwendung (8.1, 8.1.3 und 8.2)
- Untersuchung von Vorfällen und Nichtkonformitäten und Bestimmung von Korrekturmaßnahmen (siehe 10.2)

Beispiele sind:

Beispiel

Bestimmung des Inhalts und der Weise für die Kommunikation (7.4):

- Wer bekommt welche Informationen und auf welchem Weg? Beispiel: Aushang Unfallstatistik, Ergebnisse von Messungen MAK, Information über Vorfälle, aber auch Ergebnisse der ASA-Sitzung etc.

Bestimmung von Steuerungsmaßnahmen und deren wirksame Durchführung und Anwendung (8.1, 8.1.3 und 8.2):

- z. B. Verfahren für Inbetriebnahme von neuen Maschinen und Anlagen, Verfahren der Einweisung von Beschäftigten, Verfahren der Beschaffung neuer Gefahrstoffe

Untersuchung von Vorfällen und Nichtkonformitäten (10.2):

- Beteiligung der Beschäftigten im Rahmen der ASA-Sitzung und in kleinen Unternehmen in einem ähnlichen Gremium

Bestimmung von Korrekturmaßnahmen (10.2):

- Beteiligung bei der Festlegung von Korrekturmaßnahmen

Für die Konsultation und Beteiligung der Beschäftigten muss ein Prozess definiert werden.

Safety Culture Ladder beginnt beim Thema Mitarbeiterbeteiligung mit der Kommunikation von erwünschtem Arbeitsschutzverhalten. In Europa und in Deutschland ist dies bereits in Rechtsvorschriften eindeutig vorgegeben.

Weitere darüber hinausgehende, aus Erfahrungen stammende oder freiwillige Sicherheitsregeln müssen festgeschrieben werden und allen Mitarbeitern sowie den auf dem Gelände agierenden Vertragspartnern bekannt sein.

Beispiele hierfür sind:

- Nutzung des Handlaufs beim Begehen von Treppen
- Einhaltung des unternehmensspezifischen Wegekonzepts
- Einhaltung der Sperrflächen
- Tragen von Gehörschutz unter 85 dBA usw.

Die zumeist auf Unfällen (z. B. in einer Konzernstruktur) basierenden Festlegungen stellen Mindesterwartungen für das tägliche Handeln dar und müssen in Regeln klar definiert werden. Sehr oft wird dies über Plakate und Hinweisschilder oder auch Sicherheitsregeln erreicht.

Stufe 3 der Safety Culture Ladder bezieht sich auf die bewusste Förderung erwünschten Arbeitsschutzverhaltens:

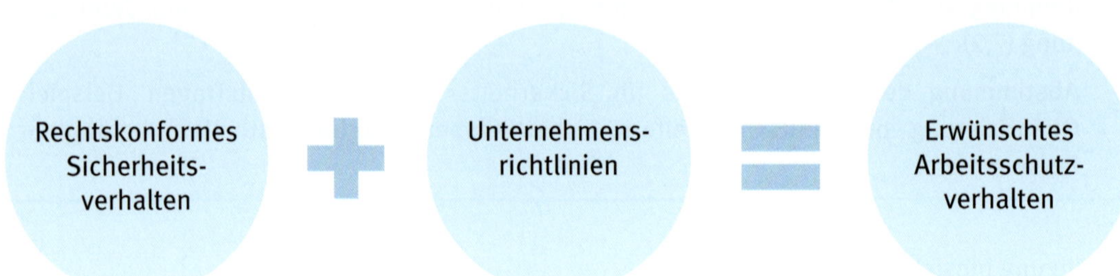

Um dieses Ziel zu erreichen, sollen Maßnahmen zu den Sicherheitsthemen umgesetzt werden, beispielsweise Workshops mit dem Ziel, über verschiedene Medien das erwünschte Sicherheitsverhalten zu erzielen (Unfallbeschreibung, Präventionsmaßnahme, Sicherheitsregel, Plakat, Broschüre usw.).

Diese Workshops richten sich mindestens an die Mitarbeiter. Gewünscht ist die Einbeziehung mindestens der regelmäßig auf dem Gelände des Unternehmens beschäftigten Fremdfirmen, Mieter usw.

Stufe 4: Das Management betont die Notwendigkeit der Beteiligung der Mitarbeiter an der steten Verbesserung des Sicherheitsstandards und ermutigt zur Einreichung von Verbesserungsvorschlägen. Diese müssen zeitnah gesichtet werden. Der Mitarbeiter muss zeitnah erfahren, welche Bedeutung sein Vorschlag im Hinblick auf die Verbesserung des Arbeitsschutzes hat. Verbesserungsvorschläge sollen mindestens lobend erwähnt werden.

Auf Stufe 3 sollen vom Management unabhängig von Vorfällen gezielte Verhaltensbeobachtungen in Form von Arbeitsplatzbegehungen und Gesprächen mit den zuständigen Mitarbeitern durchgeführt werden. Während auf Stufe 3 Probleme und Schwachstellen angesprochen werden, wird in Stufe 4 unter Beteiligung der Mitarbeiter bei den Beobachtungen bereits auf eine Risikoanalyse gesetzt, die in konkreten in der Praxis umgesetzten Maßnahmen enden soll.

In Stufe 5 ist das Niveau erreicht, auf dem Mitarbeiter sich untereinander über Arbeitsschutz austauschen und bereits unter sich erkennbare Defizite durch Verbesserungsvorschläge ausgleichen. Sie tauschen dazu ihr Wissen und ihre Erfahrung aus und setzen Best Practice-Beispiele um. Sie bewerten das Arbeitsschutzverhalten selbst und wirken an einer fortlaufenden Verbesserung durch Aktionen, initiierte Projekte usw. mit.

In allen Stufen wird über Defizite berichtet. Die Niveaustufen reichen über die Meldung an den nächsten Vorgesetzten bis hin zu Rückmeldungen über das Arbeitsschutzverhalten untereinander, über regelmäßige Beratungen zum Thema Arbeitsschutz u. a. in Kaffeepausen. Die Frequenz wird ergebnisorientiert gestaltet, je größer die Defizite, desto höher die Frequenz.

Praxistipps und Vorlagen

An dieser Stelle soll ein Mustertext für das SGA-Managementhandbuch eines Montageunternehmens mit ca. 35 Mitarbeitern vorgestellt werden, der leicht auf eigene Belange angepasst werden kann. Die Hierarchie im Unternehmen ist sehr flach gestaltet.

Handbuchtext: Konsultation und Beteiligung von Beschäftigten

Vorlage

Wir haben in unserem Unternehmen einen Prozess festgelegt, wie wir unsere Mitarbeiter auf allen Ebenen in den Arbeits- und Gesundheitsschutz einbeziehen wollen. Einbeziehung der Mitarbeiter bedeutet für uns die Bereitstellung von

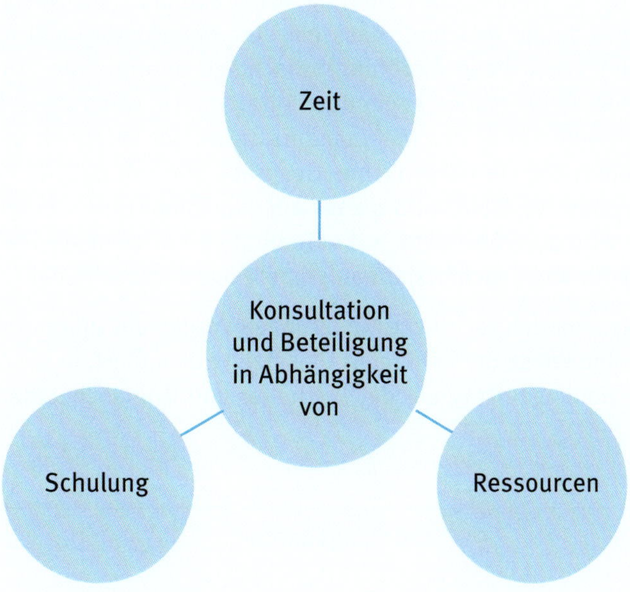

Revision: Änderungsdatum: Seite 1 von 3

Die Konsultation und die Beteiligung der Beschäftigten erfolgt:

- in unseren vierteljährlich stattfindenden ASA-Sitzungen,
- über Inspektionen und Gespräche durch die externe Sicherheitsfachkraft,
- über die Beteiligung an Gefährdungsbeurteilungen,
- über die Beratung durch den Arbeitsmediziner,
- über die Bekanntgabe wesentlicher Informationen und Strategien zur Jahresversammlung,
- über die Bekanntgabe relevanter Informationen über die Lohnabrechnung,
- über den Sicherheitsordner je Transporter.

Zusätzlich steht es jedem Arbeitnehmer frei, den telefonischen Kontakt mit der Geschäftsführung oder einem Vertreter zu suchen. Somit stellen wir sicher, dass ein rechtzeitiger Zugang zu eindeutigen und verständlichen Informationen des SGA-Managementsystems gewährleistet wird.

Verbesserungs- oder Änderungsvorschläge werden auch vom Sekretariat, dem AMB oder den Führungskräften entgegengenommen und weitergeleitet.

Hindernisse und Barrieren für eine aktive Konsultation und Beteiligung der Beschäftigten in unserem Unternehmen sehen wir im Wesentlichen in Folgendem:

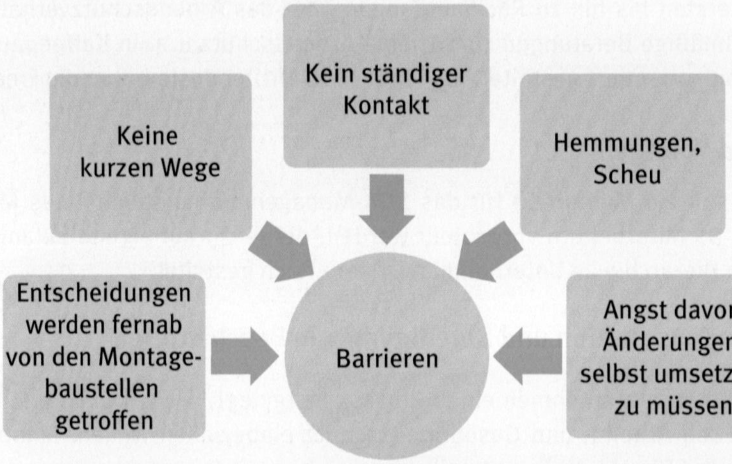

Daher wird vorrangig der telefonische Kontakt gewählt oder auch die Ansprache des nächsten Vorgesetzten. Es wird darauf geachtet, dass einzelne Mitarbeiter nicht mit Zusatzaufgaben überfrachtet werden, wenn diese Änderungsvorschläge unterbreiten. Wir distanzieren uns von Bedrohungen oder Repressalien gegenüber Mitarbeitern, wenn diese Mängel melden. Im Gegenteil wollen wir eine Kultur des Miteinanders sowie der Offenheit und Transparenz fördern. Jeder Mitarbeiter, der ein persönliches Gespräch mit den Geschäftsführern in Sachen SGA-Managementsystem anstrebt, wird dieses auch unkompliziert ermöglicht bekommen. In den ASA-Sitzungen wird die SGA-Politik auf Aktualität und Angemessenheit bewertet, weiterhin werden die Ziele für das Geschäftsjahr aufgestellt und verabschiedet.

In den ASA-Sitzungen werden rechtliche Neuerungen vorgestellt und mit den Arbeitnehmern hinsichtlich der Art und Weise der konkreten Umsetzung diskutiert. In die ASA-Sitzungen sind Vertreter der Sicherheitsbeauftragten, der Ersthelfer und Brandschutzhelfer in wechselnder Besetzung einbezogen.

Revision: Änderungsdatum: Seite 2 von 3

In den internen Audits sind Mitarbeiter involviert und erhalten Einsicht in die Auditprotokolle. Sie unterstützen bei der Identifizierung von Chancen und Risiken im SGA-Bereich, tragen mit ihren Ideen zur Risikominimierung bei. Sie gestalten mit ihren Vorschlägen zur Umsetzung von Korrektur- und Präventionsmaßnahmen die fortlaufende Verbesserung des Managementsystems mit.

Mitarbeiter werden auch bei der Beschaffung von Arbeitsmitteln, bei der Überwachung von ausgegliederten Prozessen und der Beschäftigung von Auftragnehmern einbezogen.

Schulungen werden Mitarbeitern ermöglicht, obwohl es stets schwierig ist, bei einem kleinen Unternehmen Mitarbeiter freizustellen.

Mitarbeiter werden bei der Aufstellung des Schulungsplans beteiligt und können ihren Schulungsbedarf melden.

Sie werden bei der Bewertung der Schulungsqualität mit herangezogen. Mitarbeiter sind weiterhin bei der Gefährdungsbeurteilung einbezogen, schildern Gefahrensituationen, schlagen erforderliche PSA vor, haben ein Mitspracherecht bei der Auswahl von PSA. Die Geschäftsführung zeigt sich offen gegenüber individuell angepasster PSA. Sie werden bei der Festlegung von Kontrollmaßnahmen beteiligt, um deren Wirksamkeit festzustellen.

Mitarbeiter sind schon immer in der Unfallanalyse beteiligt worden. Nur mit ihrer Erfahrung können Unfälle und kritische Situationen vermieden werden.

Revision: Änderungsdatum: Seite 3 von 3

Verfahrensanweisung: Umgang mit Mitteilungen

Vorlage

1 Zweck

Diese Anweisung regelt die Bearbeitung von internen und externen Mitteilungen und Informationen zu Sicherheit, Arbeits- und Gesundheitsschutz sowie Umweltschutz mit dem Ziel der Einbindung interessierter Parteien und der Beschäftigten im Hinblick auf eine stete Verbesserung des SGA- und Umwelt-Managementsystems.

2 Geltungsbereich

Der Geltungsbereich erstreckt sich auf alle Beschäftigten und den AMB/UMB sowie die beratenden Funktionen im SGA- und Umwelt-Management.

3 Beschreibung

Empfänger von Mitteilungen zu Sicherheit, Arbeits- und Gesundheitsschutz sowie Umweltschutz sind verpflichtet, diese Informationen direkt an den AMB/UMB im Unternehmen weiterzuleiten. Dabei ist es nicht von Bedeutung, ob diese Mitteilungen in mündlicher oder schriftlicher Form an den Empfänger gerichtet werden. In dringenden Fällen ist der Fachvorgesetzte zu informieren, der Sofortmaßnahmen einleitet.

Mitteilungen können sich auf folgende Sachverhalte beziehen:

1. kritische Äußerungen, Beschwerden
2. Verbesserungspotenziale/Hinweise
3. Beinahe-Unfälle
4. Anfragen

Revision: Änderungsdatum: Seite 1 von 2

Der AMB/UMB und in seiner Abwesenheit die SIFA nehmen die Mitteilungen an und verpflichten sich, innerhalb von 3 Tagen ein Statement abzugeben, inwieweit eine Bearbeitung der Mitteilung durchgeführt werden kann. AMB/UMB und SIFA sichten die Mitteilung und arbeiten bei der Lösungsfindung eng zusammen.

Zunächst sondieren sie die Mitteilungen nach Dringlichkeit oder Umsetzungsnotwendigkeit. Hierzu betrachten sie die Gefährdungen, Risiken und Chancen im konkreten Fall. Hierfür gelten die Regelungen zur Ermittlung der Chancen und Risiken.

Sofern Sofortmaßnahmen aufgrund ernsthafter Gefährdungen notwendig sind, werden diese über die verantwortlichen Leiter umgesetzt.

Weitere Beschwerden oder Anregungen werden durch die SIFA, ggf. auch in den ASA-Sitzungen, bearbeitet. Unter Umständen muss die Gefährdungsbeurteilung/Risiko- und Chancenbewertung an der jeweiligen Stelle erweitert oder korrigiert werden. Bei notwendigen Korrekturmaßnahmen wird wie in der Anweisung zu Vorbeugungs- und Korrekturmaßnahmen verfahren. Die aus Mitteilungen zu Sicherheit, Arbeits- und Gesundheitsschutz sowie Umweltschutz resultierenden Maßnahmen gelten als abgeschlossen, wenn

- keine weiteren Maßnahmen erforderlich sind,
- eine Wirksamkeitsprüfung der ergriffenen Maßnahmen stattgefunden hat,
- eine Überprüfung und ggf. Änderung der Gefährdungen, Risiken und Chancen durchgeführt wurde,
- ein Projekt initiiert wurde, das dem Umfang und der Komplexität der Mitteilung angemessen ist.

Der Entsender der Mitteilung erhält nach Lösungsfindung eine Antwort, inwiefern seine Mitteilung zu Maßnahmen geführt hat.

Jährlich werden die Mitteilungen in der letzten ASA-Sitzung bzw. im Management-Review ausgewertet.

4 Mitgeltende Unterlagen

VA Korrektur- und Vorbeugemaßnahmen

VA Ermittlung von Risiken und Chancen

Formblatt Mitteilungen/Beinahe-Unfallmeldungen

ASA-Sitzungsprotokolle

Management-Review

Revision: Änderungsdatum: Seite 2 von 2

Normabschnitt „6 Planung“

Normabschnitt „6.1 Maßnahmen zum Umgang mit Risiken und Chancen“

Normabschnitt „6.1.1 Allgemeines“

Zuordnung der Anforderungen DIN ISO 45001, OHSAS 18001, Normatives Regelwerk SCC und Safety Culture Ladder im Überblick:

DIN ISO 45001	OHSAS 18001	SCC*	SCC**	SCC^P	SCP	Safety Culture Ladder
6.1.1	–	–	–	–	–	3.4: 4.9

Anforderungen DIN ISO 45001, Normatives Regelwerk SCC und Safety Culture Ladder im Einzelnen:

Anforderungen DIN ISO 45001, Abschnitt 6.1.1

6.1.1 Allgemeines

Bei der Planung des SGA-Managementsystems muss die Organisation die in 4.1 (Kontext) genannten Themen, die in 4.2 (interessierte Parteien) und in 4.3 (Anwendungsbereich des SGA-Managementsystems) genannten Anforderungen berücksichtigen sowie die Risiken und Chancen bestimmen, die betrachtet werden müssen, um:

a) sicherzustellen, dass das SGA-Managementsystem seine beabsichtigten Ergebnisse erzielen kann;

b) unerwünschte Auswirkungen zu verhindern oder zu verringern;

c) fortlaufende Verbesserung zu erreichen.

Bei der Bestimmung der Risiken und Chancen für das SGA-Managementsystem und die beabsichtigten Ergebnisse, mit denen umgegangen werden muss, muss die Organisation den:

- Gefährdungen (siehe 6.1.2.1);
- SGA-Risiken und anderen Risiken (siehe 6.1.2.2);
- SGA-Chancen und anderen Möglichkeiten (siehe 6.1.2.3);
- rechtlichen Verpflichtungen und anderen Anforderungen (siehe 6.1.3)

Rechnung tragen.

Die Organisation muss bei ihren Planungsprozessen die Risiken und Chancen ermitteln und bewerten, die für die beabsichtigten Ergebnisse des SGA-Managementsystems in Verbindung mit Änderungen in der Organisation, deren Prozessen oder dem SGA-Managementsystem relevant sind. Im Fall geplanter Änderungen, die dauerhaft oder vorübergehend sein können, muss diese Bewertung vor Umsetzung (siehe 8.1.3) der Änderung durchgeführt werden.

Die Organisation muss dokumentierte Information aufrechterhalten zu:

- Risiken und Chancen;
- den Prozessen und den Maßnahmen, die zum Ermitteln und Behandeln ihrer Risiken und Chancen (siehe 6.1.2 bis 6.1.4) im notwendigen Umfang, um darauf vertrauen zu können, dass sie wie geplant durchgeführt werden, erforderlich sind.

Anforderungen Normatives Regelwerk SCC
keine

Anforderungen Safety Culture Ladder

3.1 Unternehmensaspekt: Führung und Beteiligung

1.1 Interesse des Managements

1.1.1

Stufe 2: Beratung des Vorstands zur Arbeitsschutzpolitik

Stufe 3: Beratung des Vorstands zu Zielen und Schwerpunktthemen des Arbeitsschutzes

Stufe 4: regelmäßige Beratung des Vorstands mit Vertretern des Sektors in Bezug auf Themen des Arbeitsschutzes

Stufe 5: Abstimmung der Arbeitsschutzpolitik durch den Vorstand mit der des Sektors

1.1.2

Stufe 2: –

Stufe 3: Dialogführung mit den Mitarbeitern bzgl. der Arbeitsschutzpolitik

Stufe 4: regelmäßige Beratung mit den Mitarbeitern zum Thema Arbeitsschutz und zu Unfällen/Vorfällen

Stufe 5: Planung von Maßnahmen und Projekten zum Arbeitsschutz mit Sektorparteien

1.1.3

Stufe 2: –

Stufe 3: feste Struktur für Kommunikation zum Arbeitsschutz

Stufe 4: aktive Teilnahme an Beratungen zum Arbeitsschutz durch das Management

Stufe 5: –

3.4 Unternehmensaspekt: Arbeitsplatz und Verfahren

4.9 Arbeitsplanung

1. Anforderung:

Stufe 2: Management hat einen Arbeitsschutzplan für Projekte erstellt und hat Zugang zu Arbeitsschutzplänen

Stufe 3: Erarbeitung der Arbeitsschutzpläne auf der Grundlage von Unternehmensstandards, Vorlagen und Risikoanalysen, Risikoanalysen werden kommuniziert an die Mitarbeiter, Risikoanalysen enthalten Gefahr, Risiko, Maßnahmen und erwartete Wirkungen der Maßnahmen

Stufe 4: interne und externe Abstimmung (mit allen beteiligten Parteien) der Arbeitsschutzpläne, auch bei Änderungen, Verfahren der Erstellung und Aktualisierung von Arbeitsschutzplänen wird von beteiligten Parteien evaluiert, Rückmeldungen werden gegeben und berücksichtigt, Abstimmung mit dem Sektor

Stufe 5: Austausch arbeitsschutzbezogener Best Practice mit dem Sektor

2. Anforderung:

Stufe 2: –

Stufe 3: Management sorgt für Aktualität der Arbeitsschutzpläne, Inputs für Aktualisierungen sind Vorfälle und Risikoanalysen, Mitarbeiter kennen die Inhalte der Arbeitsschutzpläne

Stufe 4: Management beteiligt Projektparteien, Organisation von Einweisungen, bei der Umsetzung von Maßnahmen werden die Projektleitungen einbezogen

Stufe 5: Evaluation durch Management und Sektorparteien

3. Anforderung:

Stufe 2: –

Stufe 3: –

Stufe 4: Bewertung der Arbeitsschutzpläne durch Management

Stufe 5: –

4. Anforderung:

Stufe 2: –

Stufe 3: –

Stufe 4: Beratung mit den beteiligten Parteien zum Thema Arbeitsschutz, projektübergreifende Beratungen

Stufe 5: –

Interpretation und betriebliche Anwendung

Der Normabschnitt 6.1 mit dem Unterpunkt 6.1.1 ist eng verbunden mit den unter 4.1 herausgearbeiteten externen und internen Themen aus dem Kontext der Unternehmung. Ausgehend von den dort abgeleiteten Risiken und Chancen gilt es nun, Maßnahmen zu deren Umsetzung zu planen.

Zusammenhang zwischen den Normabschnitten 4 und 6.1:

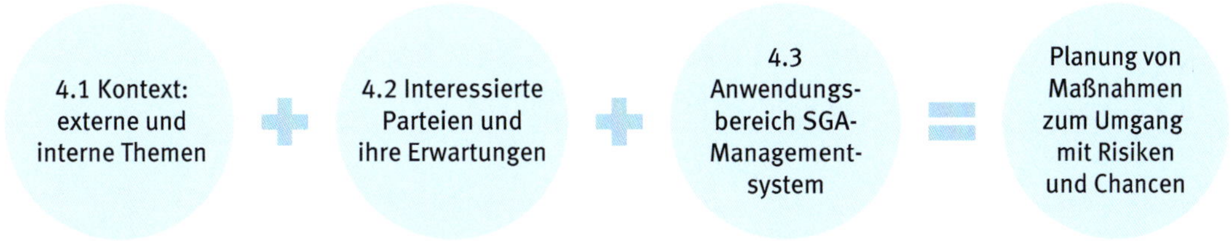

Ein anderes Schaubild soll den logischen Zusammenhang zwischen den einzelnen Normabschnitten aufzeigen und verdeutlichen, an welcher Stelle des Verfahrens zur Implementierung des SGA-Managementsystems wir uns nun befinden.

Einordnung des Normabschnitts 6.1 in den Zusammenhang der Normforderungen:

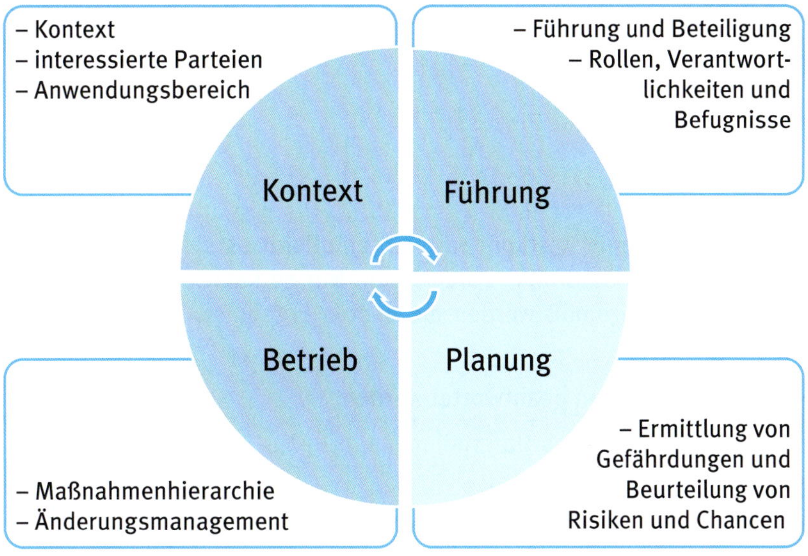

Die identifizierten Risiken und Chancen stellen die Basis für die Ableitung des SGA-Managementsystems dar. Sie bestimmen dessen Umfang und Detailtiefe. Planungen für das zu installierende SGA-Managementsystem müssen sicherstellen, dass

- beabsichtigte Ergebnisse erzielt,
- unerwünschte Auswirkungen vermieden und
- eine fortlaufende Verbesserung erreicht

werden.

Viele Unternehmen verfügen bereits über ein SGA-Managementsystem und müssen an dieser Stelle nur die Überprüfung vornehmen, inwiefern ihr SGA-Managementsystem den aktuellen Forderungen genügt. Allerdings empfiehlt es sich, das gleiche Vorgehen zu wählen, um eine Systematik in der Betrachtung sicherzustellen.

Bei den Planungen zur Implementierung des SGA-Managementsystems und der erforderlichen Maßnahmen hierfür muss die Unternehmung Folgendes berücksichtigen:

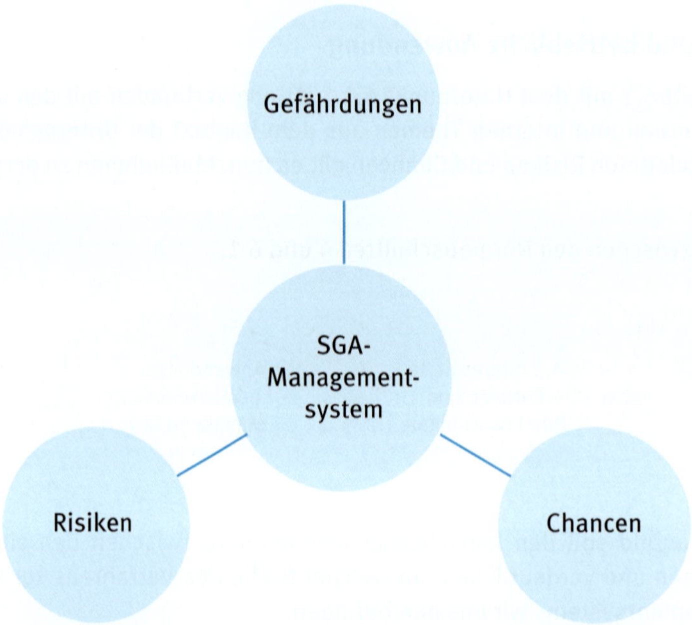

Zu den in diesem Normabschnitt geforderten dokumentierten Informationen zählen:

- SGA-Gefährdungen und Chancen
- Prozesse und Maßnahmen, die für die Ermittlung und Behandlung von Risiken und Chancen erforderlich sind
- nach 6.1.1 und 6.1.4 geforderte Prozesse

Vorgehensweise:

Wie bereits aus Normabschnitt 4 erkennbar war, empfiehlt es sich auch an dieser Stelle, im Team und möglichst im Brainstorming vorzugehen. Nur so kann eine umfassende Sichtweise erlangt werden. Erfahrungsgemäß werden die besten Ergebnisse erzielt, wenn auch die Geschäftsleitung involviert ist.

Zunächst sollen folgende Fragen beantwortet werden:

- Wie ist der Ist-Zustand unseres Unternehmens in Bezug auf Sicherheit, Gesundheits- und Arbeitsschutz?
- Wie groß ist die Lücke zu den zu erfüllenden Normforderungen?
- Worin bestehen die Lücken?
- Welche Ressourcen werden benötigt?

- Wie ist der zeitliche Ablauf?
- Werden Meilensteine definiert?
- Gibt es bestimmte Prioritäten?
- Welche finanziellen Ressourcen benötigen wir?
- Mit welchen Werkzeugen wollen wir zum Ziel kommen? (vgl. Werkzeuge)
- Bedarf es externer Unterstützung? usw.

Daraus ergeben sich Planungen für das weitere Vorgehen.

Die Ergebnisse müssen als dokumentierte Information vorliegen.

- Ermittlung von Gefährdungen
- Bewertung der Risiken
- Bewertung der Chancen
- Bestimmung rechtlicher Verpflichtungen und anderer Anforderungen

Vorstellen der Werkzeuge:

Die notwendigen Werkzeuge, wie zum Beispiel Checklisten, Erfassungsbögen, Form der Gefährdungsbeurteilung, Form der Risikobewertung (Kriterien, Bemessungsmaßstab) sollten schon definiert und mit einem Pilotbeispiel getestet werden. Es ist ratsam, hier etwas mehr Zeit im Vorfeld zu investieren und entsprechende Beurteilungskriterien zu erarbeiten, als später korrigieren zu müssen.

Klärung der Begrifflichkeiten:

Die in der DIN ISO 45001 verwendeten Begriffe sollten klargestellt und allen Teammitgliedern in ihrer Bedeutung bekannt sein. Um sicherzustellen, dass alle, die an dem SGA-Managementsystem mitwirken, auch das gleiche Verständnis haben, müssen Begriffe erläutert werden, insbesondere für „Gefährdung“, „SGA-Risiko“, „SGA-Chancen“. Selbstverständlich kann eine Organisation abweichende Begriffe verwenden. Dann muss sie diese jedoch definieren.

Hier die in der Norm verwendeten Begriffe in ihrem Verständnis:

Gefährdung:

Der Begriff Gefährdung ist nicht besonders erklärungsbedürftig und in Sprache und Lehre im Arbeitsschutz etabliert. Die Definition unter 3.19 in der Norm ist mit unserem allgemeinen Verständnis deckungsgleich und wie folgt definiert:

> **Gefährdung**
>
> Ursache, die potentiell zu Verletzung und Erkrankung führen kann

Risiko für Sicherheit und Gesundheit bei der Arbeit:

Generell steht Risiko für die Auswirkung von Ungewissheit und ist weder positiv noch negativ belegt. Abweichend davon verwendet die DIN ISO 45001 unter 3.21 den Begriff mit folgender Definition:

SGA-Risiko

Kombination aus der Eintrittswahrscheinlichkeit arbeitsbezogener gefahrbringender Ereignisse oder Expositionen und der Schwere der Verletzung und Erkrankung, die durch die Ereignisse oder die Expositionen hervorgerufen werden kann

Chancen für Sicherheit und Gesundheit bei der Arbeit:

Im Arbeitsschutz wurde bisher das Wort „Chance" nicht verwendet. Man versteht in dieser Norm die SGA-Chancen als Präventionsmaßnahme. Andere Chancen können aus Effizienz- oder auch Umweltschutzmaßnahmen entstehen. In diesen Fällen ist der Arbeitsschutz nicht der Treiber, jedoch können auch diese Chancen die Leistung des Arbeitsschutzes verbessern. Nachfolgend die Definition aus der Norm (3.22):

SGA-Chancen

Umstand oder Reihe von Umständen, die zur Verbesserung der SGA-Leistung führen können

Im Weiteren wird konkreter auf die einleitenden Betrachtungen zu 6.1 eingegangen. Die weiteren Ausführungen treffen auch die Anforderungen der Safety Culture Ladder, die von Arbeitsschutzplänen auf der Grundlage erfolgter Risikobewertungen spricht. Das Vorgehen zur Ermittlung der Gefährdungen ist dabei identisch. Im Wesentlichen wird darauf Wert gelegt (und dies ist auch für alle anderen Standards zutreffend), dass die beteiligten Parteien und Mitarbeiter bei der Gefährdungserkennung und Ableitung von Maßnahmen zur Prävention involviert werden. Einen Unterschied bildet lediglich der Austausch im Sektor.

Normabschnitt „6.1.2 Ermittlung von Gefährdungen und Bewertung von Risiken und Chancen"

Zuordnung der Anforderungen DIN ISO 45001, OHSAS 18001, Normatives Regelwerk SCC und Safety Culture Ladder im Überblick:

DIN ISO 45001	OHSAS 18001	SCC*	SCC**	SCC^P	SCP	Safety Culture Ladder
6.1.2	4.3.1	2.1 2.2 2.3 2.4 9.1	2.1 2.2 2.3 2.4 9.1	2.1 2.2 2.3 2.4 9.1	2.1 2.2 2.3 2.4 6.1	3.4: 4.9

Anforderungen DIN ISO 45001, Normatives Regelwerk SCC und Safety Culture Ladder im Einzelnen:

Anforderungen DIN ISO 45001, Abschnitt 6.1.2

6.1.2 Ermittlung von Gefährdungen und Bewertung von Risiken und Chancen

6.1.2.1 Ermittlung von Gefährdungen

Die Organisation muss fortlaufende und proaktive Prozesse zur Ermittlung von Gefährdungen festlegen, umsetzen und aufrechterhalten. Die Prozesse müssen u. a. Folgendem Rechnung tragen:

a) wie Arbeit organisiert wird, soziale Faktoren (einschließlich Arbeitsbelastung, Arbeitszeiten, ungerechte Behandlung, Belästigung und Schikanieren), Führung und Kultur in der Organisation;

b) routinemäßige und nicht routinemäßige Tätigkeiten und Situationen, einschließlich Gefährdungen durch:
   1) Infrastruktur, Arbeitsmittel, Arbeitsstoffe und die physischen Bedingungen des Arbeitsplatzes;
   2) Produkt- und Dienstleistungsgestaltung, Forschung, Entwicklung, Prüfung, Produktion, Montage, Konstruktion, Dienstleistungserbringung, Wartung und Entsorgung;
   3) menschliche Faktoren;
   4) die Art der Arbeitsausführung;
c) zurückliegende relevante Vorfälle, inner- oder außerhalb der Organisation, einschließlich Notfällen und ihren Ursachen;
d) potentiellen Notfallsituationen;
e) Personen, einschließlich der Berücksichtigung:
   1) derjenigen mit Zugang zum Arbeitsplatz und deren Tätigkeiten, einschließlich Beschäftigten, Auftragnehmern, Besuchern und anderen Personen;
   2) derjenigen in der Umgebung des Arbeitsplatzes, die durch Tätigkeiten der Organisation betroffen sein können;
   3) von Beschäftigten an einem Ort, der nicht dem direkten Einfluss der Organisation untersteht;
f) anderen Themen, einschließlich der Berücksichtigung von:
   1) Arbeitsbereichsgestaltung, Prozessen, Anlagen, Maschinen/Arbeitsmitteln, Betriebsverfahren und Arbeitsorganisation, einschließlich ihrer Anpassung an die Bedürfnisse und Fähigkeiten der betroffenen Beschäftigten;
   2) Situationen, die in der Umgebung des Arbeitsplatzes, als Folge von arbeitsbedingten Tätigkeiten im Einflussbereich der Organisation auftreten;
   3) Situationen, die nicht durch die Organisation beeinflusst werden, die in der Umgebung des Arbeitsplatzes auftreten und dazu führen können, dass Personen am Arbeitsplatz Verletzungen und Erkrankungen erleiden;
g) tatsächliche oder vorgeschlagene Änderungen in der Organisation, den Betriebsabläufen, den Prozessen, den Tätigkeiten und dem SGA-Managementsystem (siehe 8.1.3);
h) Änderungen des Wissens und der Informationen über Gefährdungen.

6.1.2.2 Bewertung von SGA-Risiken und anderen Risiken für das SGA-Managementsystem

Die Organisation muss Prozesse festlegen, umsetzen und aufrechterhalten, um:

a) SGA-Risiken anhand der identifizierten Gefährdungen zu bewerten und dabei der Wirksamkeit bestehender Maßnahmen Rechnung zu tragen;
b) andere Risiken in Verbindung mit dem Aufbau, der Verwirklichung, dem Betrieb und der Aufrechterhaltung des SGA-Managementsystems zu bestimmen und bewerten.

Die Methodik und Kriterien der Organisation zur Bewertung der SGA-Risiken müssen hinsichtlich des Anwendungsbereichs, der Beschaffenheit und des Zeitpunktes festgelegt werden, um sicherzustellen, dass sie eher proaktiv als reaktiv sind und systematisch angewendet werden. Über die Methodik und Kriterien muss dokumentierte Information aufrechterhalten und aufbewahrt werden.

6.1.2.3 Bewertung von SGA-Chancen und anderen Chancen für das SGA-Managementsystem

Die Organisation muss Prozesse festlegen, umsetzen und aufrechterhalten, um Folgendes zu bewerten:

a) SGA-Chancen zur Steigerung der SGA-Leistung, wobei geplanten Änderungen der Organisation, ihrer Politiken, ihrer Prozesse oder ihrer Tätigkeiten Rechnung zu tragen ist, und:

  1) Chancen zur Anpassung der Arbeit, Arbeitsorganisation und Arbeitsumgebung an die Beschäftigten;

  2) Chancen zur Beseitigung von Gefahren und Verringerung von SGA-Risiken;

b) andere Chancen zur Verbesserung des SGA-Managementsystems

ANMERKUNG SGA-Risiken und SGA-Chancen können zu anderen Risiken und anderen Chancen für die Organisation führen.

Anforderungen Normatives Regelwerk SCC, Kapitel 2 (SCC, SCC^P, SCP), Kapitel 9 (SCC, SCC^P) und Kapitel 6 (SCP)

Die Fragen 2.1, 2.2, 2.3, 2.4 SCP, SCC*/SCC** und SCC^P 9.1 SCC*/SCC** und SCC^P 6.1 SCP orientiert auf:

Ermittlung der betriebsspezifischen Gefährdung umfasst:

- die Beurteilung der betrieblichen Arbeitsbedingungen
- die Gefährdungsbeurteilung für alle betriebsspezifischen Tätigkeiten
- die Überarbeitung der betriebsspezifischen Gefährdungsbeurteilung nach jedem Unfall/Beinahe-Unfall
- Überprüfung der Gefährdungsbeurteilung mindestens einmal jährlich auf Aktualität (Rechtskonformität) und Effektivität (Wirksamkeit)

Ermittlung der tätigkeitsbezogenen Gefährdungen umfasst:

- Bewertung der arbeitsplatzbezogenen Arbeits- und Umweltschutzbedingungen vor Aufnahme von Tätigkeiten für die Einsatzorte (z. B. Baustellen, Montageeinsätzen)
- Beurteilung, ob die betriebsspezifische Gefährdungsbeurteilung ausreicht
- eine arbeitsplatzbezogene Gefährdungsbeurteilung unter aktiver Beteiligung der Anwender

Regelung zur persönlichen Schutzausrüstung:

- geeignete Schutzausrüstung zur Verfügung stellen
- Prüfung und Instandhaltung der persönlichen Schutzausrüstung gewährleisten
- entsprechende Betriebsanweisungen erarbeiten und zur Verfügung stellen

LMRA (Last Minute Risk Analysis):

- muss vor jeder Tätigkeit konsequent durchgeführt werden

Durchführung arbeitsmedizinischer Untersuchungen auf Basis der Gefährdungsbeurteilung:

- Festlegung von Pflicht- und Angebotsuntersuchungen auf Basis der betrieblichen und arbeitsplatzbezogenen Tätigkeiten

Anforderungen Safety Culture Ladder
3.4 Unternehmensaspekt: Arbeitsplanung **4.9 Arbeitsplanung** siehe 6.1.1.1 (SCL)

Wie in der DIN ISO 45001 gefordert, ist ein Prozess für die Identifizierung von und den Umgang mit Gefährdungen festzulegen. Die Konzeption eines Prozesses schließt auch die Werkzeuge ein, die zur Erstellung einer Gefährdungsbeurteilung erforderlich sind.

Nach OHSAS 18001 muss die Organisation ein Verfahren zur ständigen Gefährdungserkennung, Risikobeurteilung und Festlegung von Lenkungsmaßnahmen einführen und aufrechterhalten. Im SCC-Standard sprechen wir von der Beurteilung von betriebsspezifischen bzw. arbeitsplatzbezogenen Gefährdungen. In Deutschland hat sich der Begriff Gefährdungsbeurteilung etabliert, was aber auch dasselbe möchte, nämlich Gefährdungserkennung und Risikobeurteilung, wie in den Standards gefordert.

Interpretation und betriebliche Anwendung

Normabschnitt 6.1.2 umfasst die folgenden Schritte zur Identifizierung von Gefährdungen und zur Bewertung von Risiken und Chancen zusammen:

- 6.1.2.1 Identifizierung von Gefährdungen
- 6.1.2.2 Bewertung von Gefährdungen und anderen Risiken für ein SGA-Managementsystem
- 6.1.2.3 Bewertung von Chancen und anderen Möglichkeiten des SGA-Managementsystems

Sie hängen sehr eng zusammen und sollen daher gemeinsam betrachtet werden.

Kernthema jeglichen Arbeitsschutz-Managementsystems ist die Identifizierung von Gefährdungen und deren Ausschluss bzw. Minimierung. Die DIN ISO 45001 bringt in diesem Kernthema eine Neuerung mit. Neben den SGA-Risiken werden auch die SGA-Chancen bewertet, siehe Begriffsdefinition unter 6.1.1.

Grundsätze für die Gefährdungsbeurteilung – Definitionen und Interpretationen:

Anwendungsbereich:

Der Anwendungsbereich des Managementsystems umfasst alle Mitarbeiter, die im direkten Einflussbereich des Unternehmens tätig sind. Dazu gehören Leiharbeitnehmer, Dienstleister, Aushilfen, Studenten und Schüler sowie Besucher.

Fazit: Gefährdungsbeurteilungen müssen diesem Anwendungsbereich gerecht werden.

Persönliche Eignung:

Unter persönlicher Eignung werden adäquate Ausbildung, angemessenes Training, persönliche Reife, Erfahrenheit, aber auch menschliche Charaktereigenschaften sowie psychische und physische Eignung verstanden.

Fazit: Gefährdungsbeurteilungen müssen der persönlichen Eignung der handelnden Personen in den Geschäftsprozessen Rechnung tragen und den Umgang mit Gefährdungen auf unterschiedliche Eignungen abstimmen

Personen:

Zu Personen zählen: Beschäftigte, Arbeitnehmer, Besucher und andere Personen, die

- Zugang zum Arbeitsplatz und deren Tätigkeiten haben, zum Beispiel, die sich auf dem Betriebsgelände befinden,

- von der Umgebung des Arbeitsplatzes und der Tätigkeit der Organisation betroffen sind, zum Beispiel eine Gefährdung eines anderen Gewerks bei der eigenen Leistungserbringung,
- von Beschäftigten am selben Ort, die nicht im direkten Einfluss der Organisation stehen, zum Beispiel Montagetätigkeiten bei Dritten oder auch gewerbsmäßige Arbeitnehmerüberlassung

Fazit: Gefährdungsbeurteilungen müssen allen genannten Personenkreisen Rechnung tragen.

Routinetätigkeiten versus seltene Tätigkeiten:

Routinetätigkeiten sind die Tätigkeiten, die wir nahezu ständig durchführen, z. B. bedienen die gleichen Mitarbeiter jeden Tag die gleichen Maschinen.

Instandhaltungstätigkeiten, wie das Anfahren und Herunterfahren von Anlagen, stellen seltene Tätigkeiten dar, ganz gleich, ob diese vom Bedienpersonal oder durch die Instandhaltung oder ein Spezialteam durchgeführt werden.

Fazit: Gefährdungsbeurteilungen müssen sowohl Routine- als auch seltene Tätigkeiten umfassen.

Gefährdungen:

Als Gefährdung wird eine Quelle, Situation oder Handlung, die eine Verletzung oder Erkrankung herbeiführen könnte, bezeichnet. Gefährdungen entstehen zum einen aus den Tätigkeiten, dem Umgang mit Arbeitsmitteln und Stoffen im Unternehmen oder im Rahmen unternehmensbezogener Aktivitäten, zum anderen aber auch aus Aktivitäten, die von außen auf die Arbeitsstätte einwirken. Dies kann beispielsweise eine Lieferung von Flüssiggas an einer Flüssiggastankanlage sein. Gefährdungen können ebenso von einer in der Nachbarschaft befindlichen technischen Anlage ausgehen.

Fazit: Gefährdungsbeurteilungen müssen Umgebungsbedingungen und Einflüssen von außen Rechnung tragen.

Infrastruktur:

Die Infrastruktur umfasst beispielsweise von Anlagen und eingesetzten Materialien und Stoffen ausgehende Gefährdungspotenziale.

Fazit: Gefährdungsbeurteilungen müssen die Infrastruktur mit betrachten.

Organisationsänderungen:

Von einer geplanten und beabsichtigten Änderung der Organisation, der Tätigkeit (Aktivität) und der Materialien/Stoffe kann eine neue Gefährdung ausgehen, auch wenn diese Änderung nur temporär sein sollte.

Inner- und außerhalb der Organisation bedeutet: Kenntnis von solchen Änderungen in der Branche, in Schwesterfirmen, im Konzern etc.

Potenzielle Notfallsituationen sind z. B. Brand, Explosion, Verpuffung oder wenn schlicht der Prozess außer Kontrolle gerät.

Organisationsänderungen sind vielfältig und müssen in der Gefährdungsbeurteilung berücksichtigt werden. Hier ein paar Beispiele:

Temporäre Organisationsänderungen:

Beispiel

Materialien/Stoffe:

Das Substitut für einen giftigen Gefahrstoff ist nicht verfügbar. Aushilfsweise soll der „alte“ (giftige) Gefahrstoff eingesetzt werden. Das Gefährdungsniveau hat sich damit drastisch erhöht.

Beispiel

Tätigkeit:

Für die Zeit eines Umbaus soll eine Anlage im manuellen Betrieb laufen. Die Gefährdungen für den manuellen Betrieb der Anlage fallen wesentlich höher aus.

Beispiel

Organisation:

Aus gesundheitlichen Gründen ist die Betriebsfeuerwehr nicht mehr einsatzfähig. Vorübergehend soll die ortsansässige Berufsfeuerwehr beauftragt werden.

Die Berufsfeuerwehr kennt die spezifischen Gefährdungen und die örtlichen Gegebenheiten trotz aller zu unterstellenden Professionalität nicht. Das Gefährdungspotenzial vergrößert sich.

Dauerhafte Änderungen des Arbeitsschutz-Managementsystems mit Einfluss auf Betrieb, Prozess und Tätigkeit (Aktivität):

Beispiel

Betrieb:

Die bisher eingesetzte Sicherheitsfachkraft geht in den Ruhestand. Die Stelle soll durch einen externen Berater besetzt werden. Der externe Berater kann nicht jeden Tag zugegen sein. Wesentliche Funktionen der Sicherheitsfachkraft sind ggf. an interne Mitarbeiter zu übertragen. Die Kenntnisse zu betriebsinternen Abläufen sind nicht in dem Maße vertieft wie bei einem internen Mitarbeiter, der über jahrelange berufliche und betriebliche Erfahrung verfügt.

Beispiel

Prozess:

Der interne Ablauf der Beschaffung soll neu geregelt werden. Die damit verbundenen organisatorischen Gefährdungen sind zu eruieren.

Beispiel

Tätigkeit:

Das Unternehmen ist als Kontraktor tätig. Vom Auftraggeber werden neue Anweisungen bekannt gegeben, die für den Kontraktor verbindlich sind. Mit neuen Verfahrensweisen ändern sich auch Gefährdungen.

Bei allen angeführten Beispielen muss der Prozess der Gefährdungserkennung und -beurteilung erneut gestartet werden.

Der Prozess der Gefährdungserkennung und -beurteilung soll

- bei der Gestaltung von Arbeitsstätten, Prozessen, Einrichtungen,
- bei der Auswahl und Anwendung von Maschinen, Geräten,
- bei der Erstellung angemessener Betriebsanweisungen und
- bei der Gestaltung einer effizienten Arbeitsorganisation

helfen.

Die Ermittlung der betrieblichen Abläufe im Hinblick auf die Gefährdungsbeurteilung umfasst gemäß Scheuermann[1]:

- Planung
- Einrichtung
- Inbetriebnahme
- Normalbereiche
- Instandhaltung
- Reparatur
- Erweiterung/Erneuerung von Anlagen
- Einsatz von Stoffen, Produkten, Materialien

An dieser Stelle schließen wir uns Klaus Scheuermanns „Management und Monitoring von Arbeitsschutzsystemen" an, der folgende Meinung vertritt:

„Die Risikoanalyse und Risikobeurteilung sollen mit der Betriebserfahrung übereinstimmen, sollen einen Beitrag zur Ermittlung des Schulungsbedarfs und zur Planung der Prozesse leisten."[1]

Input	**Output**
Gefährdungsbeurteilung	– Schulungsbedarf – Dokumentationsvervollständigung – Festlegung von Anweisungen – Festlegung von Schutzmaßnahmen gemäß T-O-P – Festlegung der Kontrollmechanismen
ff.	

Viele Unternehmer beklagen die Sinnhaftigkeit der Gefährdungsbeurteilung. Oftmals werden Argumente ins Feld geführt, die da lauten:

- „Wir kennen unsere Gefährdungen."
- „Gefährdungsbeurteilungen bringen keinen praktischen Nutzen, das ist ein Papiertiger."
- „Keiner liest sich je wieder eine Gefährdungsbeurteilung durch."
- „Gefährdungsbeurteilungen sind Beschäftigungsinhalte für Sicherheitsfachkräfte."

Vielen Gefährdungsbeurteilungen fehlt in der Praxis die systematische Herangehensweise. Folglich werden bei Weitem nicht alle Gefährdungen erkannt oder oft erst nach Eintritt eines Unfalls. Gefährdungsbeurteilungen werden aus der Erfahrung der Autoren nicht fortgeschrieben. Wie bereits in den oben beschriebenen Beispielen deutlich wird, ist eine kontinuierliche Betrachtung des Gefährdungspotenzials unerlässlich. Ohne konsequente Fortschreibung der Gefährdungsbeurteilung kann keine ständige Verbesserung von Sicherheit und Gesundheitsschutz der Beschäftigten bei der Arbeit erreicht werden, so wie es gesetzlich gefordert ist.

Es ist folglich nicht ausreichend, einzelne Gefährdungen spontan zu ermitteln und losgelöst Schutzmaßnahmen abzuleiten.

Fazit

Gefährdungen müssen systematisch ermittelt und bewertet werden.

1) Klaus Scheuermann: Management und Monitoring von Arbeitsschutzsystemen, Beuth Verlag GmbH, 2012.

Schutzziele und -maßnahmen müssen systematisch festgelegt werden, um Gefährdungen zu beseitigen und, wo nicht möglich, diese zu minimieren.

Hierzu bedarf es einer klaren methodischen Vorgehensweise.

Methodik:

Ein Tool zur Gefährdungserkennung und Risikobeurteilung dient dazu, die Gefährdungen im Betrieb zu erfassen und weitestgehend zu beurteilen. Hinweise zur Umsetzung sind dem Anhang A3 dieses Buches zu entnehmen.

Hinweis

Beurteilungswerkzeuge und -methoden haben Stärken und Schwächen und müssen der Gefährdung und dem Risiko angemessen ausgewählt werden.

Beispiel

Chemische Anlage:

PAAG/HAZOP-Analyse ist ein gutes Tool, um eine chemische Anlage zu beurteilen.

Büroarbeitsplatz:

Eine simple Checkliste kann ein angemessenes Tool zur Beurteilung eines Büroarbeitsplatzes sein.

Unabhängig von den verschiedensten Methoden, die für eine Gefährdungserkennung und -bewertung zur Verfügung stehen, ist folgende Vorgehensweise zu wählen:

8-Stufen-Konzept:

1 Vorbereiten
- Beschreiben der Betriebsstruktur
- Determinieren der Arbeitsbereiche
- Erfassen der Arbeitsplätze in den Arbeitsbereichen, ggf. der Berufsgruppen
- vorhandene Aufzeichnungen und Dokumente zusammenstellen (z. B. Unfallberichte, Berichte externer Behörden ...)

2 Ermitteln
- Ermitteln aller Gefährdungen, die von Arbeitsplätzen, Tätigkeiten, Arbeitsmitteln, dem Umgang mit Gefahrstoffen und von der Umgebung ausgehen könnten
- Ermitteln der extern einwirkenden Gefährdungen

3 Bewerten
- Bewertung jeder ermittelten Gefährdung
- 2 mögliche Ergebnisse der Bewertung:
  - Es liegt Sicherheit vor, wenn kein Handlungsbedarf zur Risikominimierung gegeben ist.
  - Maßnahmen sind zur Risikominimierung abzuleiten.

4 Festlegen
- Festlegen von
  - technischen
  - organisatorischen
  - personenbezogenen Maßnahmen

5 Umsetzen
- Maßnahmeplan aufstellen mit
  - Verantwortlichkeit
  - Termin
  - Erledigt-Vermerk
  - Überprüfungsvermerk/Wirksamkeitsmessung

6 Kontrollieren
- Effizienzbewertung

7 Fortschreiben
- Ändern durch
  - neue rechtliche Forderungen
  - Organisationsänderungen ...

8 Dokumentieren
- Festschreibung der Gefährdungserkennung und -beurteilung

In Anlehnung an: Schritt für Schritt, Arbeit und Gesundheit 4/2007

Maßnahmenhierarchie:

Der Zweck der Maßnahmenhierarchie ist bei der Ableitung von Maßnahmen die Rangfolge zu beachten. Folgende Grafik zeigt die Maßnahmenhierarchie nach DIN ISO 45001:

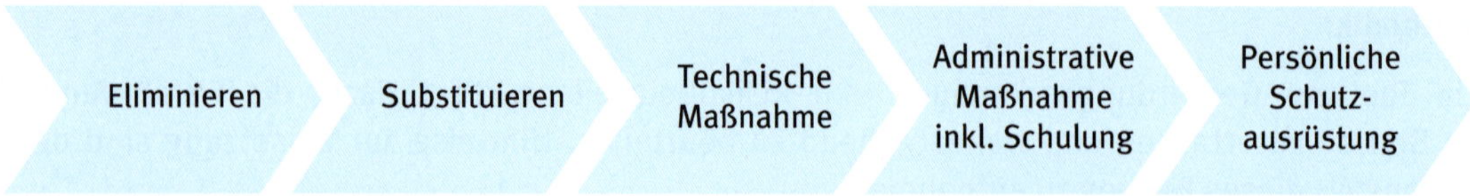

Allerdings hat sich das STOP-Modell bewährt. Gängige Abkürzungen sind TOP, STOP, ESTOP etc. (t = technisch, o = organisatorisch, p = persönlich, s = substituieren, e = eliminieren), bei genauerer Betrachtung sind beide Modelle in der Philosophie identisch, nach Sicht der Autoren ist das (E)STOP-Modell gelebte Praxis.

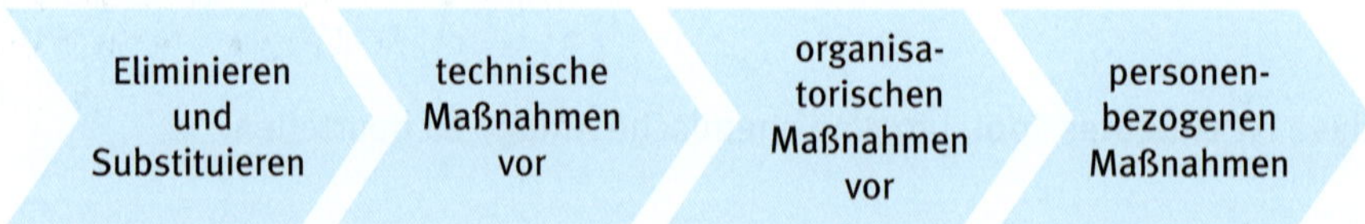

Bewertung des Risikos

Eine Möglichkeit, wie eine Gefährdungsermittlung und -bewertung nach der KINNEY-Methode durchgeführt werden kann, wird an dieser Stelle vorgestellt. Die Autoren haben gerade mit dieser Methodik gute Erfahrungen gemacht, in einigen Ländern, zum Beispiel in Luxemburg, wird die KINNEY-Methode jeder anderen bevorzugt. KINNEY schätzt die Gefährdungen unter Berücksichtigung folgender Kriterien ein:

- Exposition
- Eintrittswahrscheinlichkeit der Gefährdung
- Tragweite der Auswirkung

Für diese Kriterien werden Faktoren wie folgt gewählt:

Exposition (E):

0,5 äußerst selten (weniger als einmal pro Jahr)

1 selten (jährlich)

2 manchmal (monatlich)

3 gelegentlich (wöchentlich)

6 regelmäßig (täglich)

10 ständig

Schwere der Auswirkung (S):

1 gering – Verletzungen ohne Arbeitszeitverlust

3 erheblich – Verletzungen mit Arbeitszeitverlust

7 ernsthaft – Verletzungen mit bleibenden Schäden

15 äußerst ernsthaft – 1 Toter

40 katastrophal – mehrere Tote

Wahrscheinlichkeit des Eintritts (W):

0,1 kaum denkbar

0,2 praktisch unmöglich

0,5 denkbar, aber unwahrscheinlich

1 ungewöhnlich, aber in Grenzfällen möglich

3 wenig geläufig

6 sehr wohl möglich

10 voraussehbar

Risiko (R):

Die Berechnung wird wie folgt durchgeführt: $\mathbf{R = E \times S \times W}$

Höhe des Risikos

$R \le 20$	**äußerst beschränktes Risiko**
$20\ R \le 70$	**Vorsicht geboten**
$70 < R \le 200$	**Maßnahme erforderlich**
$200 < R \le 400$	**sofortige Verbesserung unerlässlich**
$R > 400$	**Aktivitäten einstellen**

Selbstverständlich kann diese sehr komplizierte Skala auch einfacher gestaltet werden, z.B. mit einer Skala von 0 bis 3. Berechnungen sind dadurch einfacher möglich, am Ergebnis der Risikoermittlung ändert sich indes nichts.

Mit der Skala von KINNEY wurde eine Gefährdungsermittlung und -bewertung im Bereich Haustechnik vorgenommen. Ein Ausschnitt aus der wesentlich umfangreicheren Gefährdungsbeurteilung wird hier vorgestellt.

Das Farbsystem soll auf einen Blick die höchsten Gefährdungen kenntlich machen. In der Gefährdungsbeurteilung werden die technischen, organisatorischen und personenbezogenen Schutzmaßnahmen zur Risikominimierung ausgewiesen. Sollte noch Handlungsbedarf bestehen, so wird dieser unter der entsprechenden Spalte aufgeführt.

In der Praxis hat es sich als sinnvoll erwiesen, nach Umsetzung des Handlungsbedarfs eine erneute Risikoermittlung durchzuführen. Damit können Verbesserungen im Arbeits- und Gesundheitsschutz auch quantitativ dargestellt werden, vgl. dazu unter „Praxistipps und Vorlagen“ das Muster für eine Druckerei. Im Idealfall verringert sich das Gefährdungspotenzial nach Implementierung der Schutzmaßnahmen. Bleibt es gleich oder ändert es sich nur geringfügig, wurde der Prozess ggf. sicherer gestaltet, oder es werden andere Schutzmaßnahmen erforderlich.

Beispiel

Gefährdungsanalyse Bereich/Anlage: Druckerei

Hinweis: Skala der Bewertung wie zuvor im Text beschrieben

Gefährdungsanalyse Bereich/Anlage: Druckerei/Druckmaschine

Maschine	Gefährdung	Exposition	Schwere der Auswirkung	Wahrschein-lichkeit	Risiko	Technische Maßnahmen	Organisatorische Maßnahmen	PSA	To-do	Exposition	Schwere der Auswirkung	Wahrschein-lichkeit	Risiko 2
Druckmaschine DM1000 Standort: Druckerei	Druckwerk: Quetschung durch bewegliche Teile	10	3	6	180 →	– Zweihand-Bedienung – Zweihand-Bedienung über weiteren Einzelschalter überbrückt. Bedienung der Maschine auch mit einer Hand möglich! – Schutzklappe installiert. Bei Öffnen der Schutzklappe sofortiger Stillstand des Druckwerks – Not-Aus-Schalter installiert.	– Unterweisung der Mitarbeiter	–	**Schalter für Einhand-Bedienung deaktivieren.**	10	3	2	60
Laufender Betrieb:	Druckwerk: Quetschung durch bewegliche Teile; Schlitten reicht anlagenbedingt über Umhausung hinaus	10	1	3	30 →	–	– Unterweisung der Mitarbeiter	–	–	10	1	2	20
	Elektrische Gefährdung: Kabelbruch, defekte elektrische Betriebsmittel, Steckdosen	10	3	1	30 →	–	– Die Gefahr von Stromschlägen besteht für alle Personen, die stromführende Kabel sowie deren Stecker berühren. – Unterweisung der Mitarbeiter	–	–	10	1	2	20
	Hydraulikschläuche und Ventile: Gefährdung durch Druck	10	1	1	10 ↓	–	– regelmäßiges Auswechseln der Hydraulikschläuche	–	–	10	1	1	10
	Hitze im Sommer	10	1	6	60 →	–	– Ermüdung der Mitarbeiter vermindert Aufmerksamkeit.	–	–	10	1	6	60

Maschine	Gefährdung	Exposition	Schwere der Auswirkung	Wahrschein-lichkeit	Risiko	Technische Maßnahmen	Organisatorische Maßnahmen	PSA	To-do	Exposition	Schwere der Auswirkung	Wahrschein-lichkeit	Risiko 2
Wartung/ Instandhaltung (allgemein):	**Die Wartung und Instandhaltung ist gem. des festgelegten Wartungsplans durchzuführen. Der Wartungsplan ist Bestandteil der Betriebsanleitung der betreffenden Maschine. Die Wartung und Instandhaltung ist nur durch befähigtes Personal gem. TRBS 1203 durchzuführen.**												
Wartung/In-standhaltung:	Verletzungsgefahr durch unvorhergesehene Inbetriebnahme während der Instandhaltung	2	7	3	42	–	– Anbringen des Warnschildes „Instandhaltung“ an exponierter Stelle – ggf. Sperrung durch Vorhängeschloss am Hauptschalter – Unterweisung der Mitarbeiter	–	–	2	7	2	28
	Elektrische Gefährdung: Kabelbruch, defekte elektrische Betriebsmittel, Steckdosen	2	3	6	36	–	– Maschine für den Zeitraum der Instandhaltung von der Stromzufuhr trennen – Unterweisung der Mitarbeiter	–	–	2	3	1	6
	Hydraulikschläuche und Ventile: Gefährdung durch Druck bei Überprüfung der Hydraulik	2	1	6	12	–	– Abstellen der Druckluft für den Zeitraum der Instandhaltung – Schutzhandschuhe und Schutzbrille tragen – Unterweisung der Mitarbeiter	Schutzhandschuhe Schutzbrille	–	2	1	4	8
	Quetschgefahr beim Wechseln von mechanischen Bauteilen	2	3	6	36	–	– Schutzhandschuhe und Sicherheitsschuhe tragen – Unterweisung der Mitarbeiter	Schutzhandschuhe Sicherheitsschuhe	–	2	3	6	36
	Hitze im Sommer	10	1	6	60	–	– Ermüdung der Mitarbeiter vermindert Aufmerksamkeit.	–	–	10	1	6	60

Spezialfälle der Gefährdungsbeurteilung

Psychische Gefährdungen:

Eine Sonderform der Gefährdungsbeurteilung stellt jene zu den psychischen Belastungen am Arbeitspatz dar, die erst seit Kurzem in der Arbeitsschutzgesetzgebung verankert ist. Zu den Einflussfaktoren gehören u. a.:

Das Thema hat in den letzten Jahren zunehmend an Bedeutung gewonnen. Psychische Belastungen werden häufig mithilfe professioneller Unterstützung durch Krankenkassen, Arbeitsmedizinische Dienste u. a. m. ermittelt und über Maßnahmenkonzepte verringert.

Gefährdungsbeurteilung Gefahrstoffe:

Im Hinblick auf die Durchführung der Gefährdungsbeurteilung für Gefahrstoffe wird auf das Vorgehen zum Einfachen Maßnahmenkonzept der BAuA hingewiesen. Eine Verfahrensanweisung zum Vorgehen für die Gefährdungsbeurteilung von Gefahrstoffen ist Anhang A3 dieses Buches zu entnehmen.

Gefährdungsbeurteilung Mutterschutz:

Ein Beispiel zum Thema Gefährdungsbeurteilung für die Beschäftigung von Schwangeren basierend auf dem BAuA-Konzept wird von der Firma AWT GmbH in Euerbach in Zusammenarbeit mit der externen Sicherheitsfachkraft B&M Consulting GmbH & Co. KG, Herrn Mirau, in Anhang A3 dieses Buches vorgestellt. Das Beispiel kann auch als Vorlage dienen, um die eigene betriebliche Situation abzubilden. Gemäß Mutterschutzgesetz müssen die im Zusammenhang mit einer potenziellen Schwangerschaft bestehenden Gefährdungen an den Arbeitsplätzen ermittelt werden, selbst dann, wenn keine Frauen beschäftigt werden. Es gilt, eventuelle Schädigungen des Kindes im Mutterleib zu verhindern. Dazu hat der Gesetzgeber fixe Kriterien an die Hand gegeben, die es ermöglichen, eine Einschätzung darüber abzugeben, ob eine Beschäftigung in vollem oder in partiellem Umfang möglich ist.

Projektspezifische Gefährdungen:

(Interpretationen SCC und SCP)

Im Regelwerk SCC sind die Forderungen zur Gefährdungserkennung und -bewertung nicht so deutlich formuliert. Da wir beim SCC-Standard in der Regel von Betrieben sprechen, die ihre Tätigkeit/Dienstleistung bei den Auftraggebern ausführen, beruht die Gefährdungsbeurteilung auf Erfahrungen des Unternehmens und anderen Quellen (Gesetze, technische Regeln usw.). Nach Durchführung der eigenen Gefährdungserkennung und -beurteilung müssen die ermittelten Gefährdungen mit denen der konkreten Baustelle/des konkreten Projekts abgestimmt werden.

Im zweiten Schritt also wird vor dem Einrichten der Baustelle eine Gefährdungsbeurteilung durchgeführt mit dem Ziel, arbeitsplatzbezogene oder projektspezifische Gefährdungen zu erkennen.

Ein Beispiel zur Erfassung projektspezifischer Gefährdungen für den Anwender des SCC-Standards ist nachstehend abgebildet. Auf der Rückseite sollte man eine Teilnehmerliste drucken. Nach einer Einweisung in die projektspezifischen Gefährdungen müssen alle Mitarbeiter, die in dem Projekt tätig sind, unterzeichnen:

Beispiel

Erfassung von projektspezifischen Gefährdungen

Projektspezifische Gefährdung:

Projekt: Arbeitsbeginn: dd.mm.yyyy

Betriebsspezifische Gefährdungsbeurteilung ist ausreichend? ja ☐ nein ☒

Tätigkeit	Gefährdung	Maßnahme	Durch wen?	Wann?	Wirksam
Schweißen auf dem Gerüst	Arbeiten in Höhe	Freigabe Gerüst	Herrn Müller	dd.mm.yyyy	ja
		Arbeitsmedizinische Untersuchung	Dr. Meyer	dd.mm.yyyy	

Name: ____________ Unterschrift: ____________ Ort, Datum: ____________

Auf der Rückseite der Vorlage sollte man eine Teilnehmerliste drucken. Nach einer Einweisung in die projektspezifischen Gefährdungen müssen alle Mitarbeiter, die in dem Projekt tätig sind, unterzeichnen.

Einweisung in die projektspezifischen Gefährdungen:

Name	Vorname	Unterschrift

Last Minute Risk Analysis (LMRA)

Zum Thema LMRA (Last Minute Risk Analysis) haben sich diverse Anweisungen und Handouts in der Praxis bereits durchgesetzt. Vor allem in der chemischen Industrie und in Kraftwerksbetrieben werden die handlichen Reminder-Karten zur Sensibilisierung auf das Gefahrenpotenzial in den Einsatzbereichen eingesetzt. Ein Beispiel hierfür ist (Darstellung ohne Farbe):

Schritt 1 – BEWERTE die Gefahr!

Bewerte alle Gefahren und frage immer:

- Was kann schiefgehen?
- Was kann schlimmstenfalls passieren, wenn ...?

Schritt 2 – ÜBERLEGE, wie Du die Gefahren vermindern kannst!

Lege die erforderlichen Sicherheitsmaßnahmen zur Gefahrenminderung fest:

- Habe ich die richtige Ausbildung und das Wissen, um die Aufgaben sicher auszuführen?
- Habe ich das richtige Werkzeug und die erforderliche Schutzausrüstung (PSA)?

Schritt 3 – TUE das Richtige!

Sorge dafür, dass Du Deine Aufgabe sicher erledigen kannst:

- Befolge die schriftlichen Arbeitsanweisungen im Baustellenordner.
- Frage um Hilfe, wenn Du alleine nicht weiterkommst.

EINE MINUTE FÜR DEINE GESUNDHEIT!

Last Minute Risk Assessment

Was kann mir schlimmstenfalls passieren?

KONTAKT

- Schlag gegen/von ...
- Schädlicher Kontakt mit Objekt/Gegenstand (Schnitt, Abschürfungen)

EINGESCHLOSSEN

- in
- unter
- zwischen
- von

STÜRZE

- Ausrutschen/Stolpern
- Sturz auf gleicher Ebene
- Sturz aus Höhe

ÜBERANSTRENGUNGEN

- Elektrizität
- Druck
- mechanische Kräfte

UMWELTEINFLÜSSE

- gefährliche Atmosphäre
- Hitze/Kälte
- Lärm/Strahlung
- Verätzung
- schlechte Sicht/Licht

ÜBERANSTRENGUNG

- Heben
- Tragen
- Drücken/Ziehen
- Biegen
- Verdrehen

Immer vorgeschriebene und den Gefahren angepasste Schutzausrüstung tragen.

Sicherheit fordern – Sicherheit fördern

Erfahrungsbericht bei der Erstellung von Gefährdungsbeurteilungen:

Am Ende des Kapitels soll ein Erfahrungsbericht wichtige Hinweise zur Gefährdungsermittlung in der Praxis geben.

1. Fangen Sie mit den wichtigsten (höchsten) Gefährdungen an!

Beispiel

Ein Unternehmen der Kunststoffverarbeitung betreibt im Zuschnitt eine Säge. Im Vergleich zu den eingesetzten CNC-Dreh- und -Fräsmaschinen auf dem neuesten technischen Stand sind an der Säge die höchsten Gefährdungspotenziale zu verzeichnen. Beginnen Sie daher nicht mit der Gefährdungsbeurteilung der Büroarbeitsplätze, auch wenn die Erstellung dieser Gefährdungsbeurteilung am einfachsten ist.

2. Eine Gefährdungsbeurteilung dient der Aufdeckung von Risiken und Schwachstellen. Beseitigen Sie die Schwachstellen. Eine Gefährdungsbeurteilung ist kein Papiertiger, sondern ein wesentliches Arbeitsinstrument zur Steuerung von Risiken.

   Folglich:

   – Stellen Sie die Gefährdungen und eventuelle Schwachstellen (den Handlungsbedarf) fest.

- Legen Sie den Maßnahmenplan zur Risikominimierung fest mit:
  - Terminen
  - Verantwortlichkeiten
  - Fristen
- Schließen Sie die Defizite.
- Führen Sie eine erneute Gefährdungsbeurteilung durch.

Wenn Sie alles richtig gemacht haben, müsste das Risiko sich günstiger gestalten.

3. Gleichen Sie Ihre erkannten Risiken mit den Informationen des Herstellers der Maschinen und Anlagen in der Maschinendokumentation/Betriebsanleitung/Gebrauchsanweisung ab. Profitieren Sie von den Herstellerhinweisen.
4. Betrachten Sie dann die Interaktion zwischen Maschine und Umgebungsbedingungen. Leiten Sie entsprechende Maßnahmen zur Risikominimierung ab.

Beispiel

Eine Kompressoranlage befindet sich in unmittelbarer Nähe zu einem Regal mit gelagerten Verpackungsmaterialien.

Prüfen Sie, inwiefern die Verpackungsmaterialien anderweitig gelagert werden können, um die Brandgefährdung infolge eines Kurzschlusses oder einer Überhitzung zu senken.

Beispiel

Lärm kann die Aufmerksamkeit und Konzentration von Mitarbeitern maßgeblich beeinflussen. Beachten Sie diese Aspekte, auch z. B. das Tragen von besonderer persönlicher Schutzausrüstung, im Rahmen der Gefährdungsbeurteilung besonders.

Beispiel

Vergessen Sie nicht, auch Gefahrstoffe bzw. den Umgang mit Gefahrstoffen, z. B. bei der Lagerung oder ihr Vorhandensein in geschlossenen Systemen, zu betrachten.

5. Vergessen Sie nicht, „Maschinenanweisungen“ (blau gerändert) zur Beherrschung der Risiken in einfacher und verständlicher Form für die Belegschaft zu erstellen und an der Maschine auszuhängen.
6. Nehmen Sie die Maschinenanweisungen für Ihre alljährliche Arbeitsschutzunterweisung nach DGUV V1 (Unterschrift der Arbeitnehmer unter Unterweisung notwendig).
7. Erstellen Sie die Gefährdungsbeurteilung stets im Team. Vier bis sechs Augen sehen mehr als zwei.
8. Nehmen Sie Hinweise und Anregungen der Belegschaft zu diesen Themen ernst. Der Maschinennutzer kennt die Risiken besser als jede Sicherheitsfachkraft.
9. Überprüfen Sie die Wirksamkeit getroffener Schutzmaßnahmen.
10. Überprüfen Sie die Gefährdungsbeurteilungen jährlich. Auch kleine Veränderungen können große Wirkung zeigen. Beispielsweise können sich Risiken erhöhen. Schutzkonzepte müssen daher „just in time“ aufgebaut und verwirklicht werden.

Beachten Sie, **welche Personengruppen** als Bediener von Maschinen, Anlagen und Geräten tätig sind.

Besondere Schutzmaßnahmen resultieren aus

- Alter,
- Erfahrung,
- Ausbildung,
- Gesundheitszustand/körperlicher Eignung.

Bewertung anderer Risiken in Verbindung mit dem Aufbau und der Umsetzung des SGA-Managementsystems:

Sonstige Risiken, die sich auf den Erfolg des SGA-Managementsystems auswirken können, sind beispielsweise:

personell:

- Fluktuation von Verantwortungsträgern (Vorgesetzte, befähigte Personen, gesetzlich Beauftragte, Wechsel Sicherheitsfachkraft)

finanziell:

- geringe Auftragslage, neue strategische Ausrichtung erforderlich
- enge finanzielle Spielräume für die Implementierung von Tools

infrastrukturell:

- geringer Einfluss auf angemietete Hallen
- Mitglied eines Industriestandorts

Technisch:

- hohe Überalterung der Maschinentechnik, keine CE-Konformitäten usw.

Die sonstigen Risiken sind in der gleichen Weise einer Risikobeurteilung mit den gleichen oder auch zusätzlichen Kriterien zu unterziehen.

Bewertung von Chancen:

Die Normforderung wird unter Anwendern dieser Norm stark diskutiert. Klar dürfte werden, dass nicht zu jeder Gefährdung oder jedem Risiko eine Chance ableitbar ist. Dennoch liegen in manchen Zwängen auch positive Side-Effects. Beispielsweise könnten mit wechselnden Personen auch neue Tools ins Spiel gebracht werden, z. B. Datenbanken für die Überwachung von Prüfungen für prüfpflichtige Geräte und Anlagen. Der Wechsel des Brandschutzbeauftragten könnte eine Neuorganisation im Brandschutz nach sich ziehen. Mit dem Ausscheiden einer befähigten Person für die Prüfung der Anschlagmittel wird der Auftrag fremdvergeben.

Die Chancen sollen auf ihre Bedeutung und Machbarkeit untersucht und initiiert werden. In welcher Form dies konkret erfolgen soll, wird nicht gesagt. Denkbar sind:

- die Erweiterung der Gefährdungsbeurteilung um eine weitere Spalte für „Chancen"
- Beschreibung der Chancen in Textform mit einer qualitativen Bewertung

In der Praxis wird damit ähnlich wie in der DIN EN ISO 9001:2015 oder DIN EN ISO 14001:2015 umgegangen.

Praxistipps und Vorlagen

Aus Sicht der Autoren könnte der folgende Text die grundsätzliche Vorgehensweise zur Gefährdungsermittlung und -bewertung in einem Handbuch beschreiben. Selbstverständlich muss jedes Unternehmen die Adaption auf unternehmensspezifische Besonderheiten vornehmen.

Handbuchkapitel: Gefährdungsermittlung und -bewertung

Vorlage

Die im Zusammenhang mit der Arbeitsausführung möglicherweise auftretenden Gefährdungen sind in einer Gefährdungsanalyse erfasst. Das Gefährdungskataster dient u. a. als Nachweis der vom Arbeitsschutzgesetz §§ 5 und 6 (nur für Deutschland) geforderten arbeitsplatzbezogenen Gefährdungsanalyse, der gefahrstoffbezogenen Gefährdungsermittlung nach Gefahrstoffverordnung sowie der in der Betriebssicherheitsverordnung geforderten arbeitsmittelbezogenen Gefährdungsanalyse. Sie wird mindestens einmal jährlich und bei sich grundsätzlich ändernden Bedingungen und vorhandenen akuten Gefährdungen je nach Notwendigkeit auch häufiger durch die SIFA in Kooperation mit den verantwortlichen Leitern der Bereiche überprüft und ggf. geändert. Die Dokumentation der Aktualisierung von Gefährdungsermittlungen und -beurteilungen obliegt der Sicherheitsfachkraft.

Für größere Baustellen (ab 14 Tagen Projektzeit) wird unabhängig von der Gefährdungseinschätzung des Auftraggebers eine eigene Gefährdungsbewertung vom Verantwortlichen für die Baustelle durchgeführt. Die Mitarbeiter im Projekt werden in die wesentlichen Gefährdungen gegen Unterschrift eingewiesen. Für kleinere Baustellen wird das Formular des Auftraggebers genutzt.

Die Gefährdungsermittlung basiert auf den Beobachtungen und Mitarbeiterbefragungen vor Ort durch die Sicherheitsfachkraft und der anschließenden Auflistung und Beurteilung der möglichen Gefahren, wobei folgende Gefährdungs- bzw. Belastungsfaktoren zu berücksichtigen sind:

- die zum Einsatz kommende Technik der Mitarbeiter
- Materialien, Hilfs- und Betriebsstoffe
- angewendete Arbeitsmethoden
- Umgebungseinflüsse

Ausgehend vom Ist-Zustand werden im Gefährdungskataster die notwendigen technischen, organisatorischen und persönlichen Schutzmaßnahmen festgelegt. Die Überprüfung, inwieweit die festgelegten Maßnahmen im Hinblick auf die entsprechenden Schutzziele ausreichend und wirksam umgesetzt sind, erfolgt im Rahmen der Inspektionen der Sicherheitsfachkraft.

Die Ergebnisse werden bei der jährlichen Überarbeitung des Katasters berücksichtigt und aufgrund einer ggf. neuen Gefährdungsbeurteilung geeignete Schutzmaßnahmen definiert.

Ergeben sich aus der Spezifik einer Baustelle zusätzliche Gefährdungen, entscheidet die Sicherheitsfachkraft operativ über geeignete Schutzmaßnahmen. Gegebenenfalls werden durch den Auftraggeber besondere Verhaltensanforderungen in Form von Richtlinien und Anweisungen an die zuständige Führungskraft ausgehändigt.

Das Gefahrstoffkataster weist die im Unternehmen vorhandenen Gefahrstoffe und den Umgang mit ihnen aus. Auf Basis der Verbräuche an Gefahrstoffen und den gelagerten Mengen pro Jahr sowie der Exposition der Mitarbeiter und dem Gefahrensymbol werden über das Verfahren der BAuA (einfaches Maßnahmenkonzept) die Gefährdungen ermittelt und mit Schutzmaßnahmen verringert.

Gleichermaßen wird die Risikoermittlung für die arbeitsplatz-, tätigkeits-, arbeitsmittel- und umgebungsbezogenen Gefährdungen vorgenommen. Im Einzelnen ergibt sich die Vorgehensweise aus der Legende zu den Gefährdungsbeurteilungen.

Revision: Änderungsdatum: Seite 1 von 1

Vorlage

Verfahrensanweisung: Durchführung von Gefährdungsbeurteilungen

1 Zweck

Die Notwendigkeit der Erstellung von Gefährdungsbeurteilungen resultiert aus diversen Rechtsquellen, u. a. aus dem Arbeitsschutzgesetz, der Betriebssicherheitsverordnung und Gefahrstoffverordnung. Um ein einheitliches Vorgehen zur Analyse und Bewertung der Gefahren am Arbeitsplatz, im Umgang mit Arbeitsmitteln und Gefahrstoffen zu sichern, wird im Folgenden das methodische Vorgehen zur Erarbeitung der Gefährdungsbeurteilung dargestellt.

2 Geltungsbereich

Der Geltungsbereich erstreckt sich auf alle Führungskräfte in den jeweiligen Abteilungen, die für die Erstellung der Gefährdungsbeurteilungen in ihrem Bereich in Zusammenarbeit mit der Sicherheitsfachkraft verantwortlich sind.

3 Verfahren

Analysiert und bewertet werden:

- Arbeitsplätze
- Arbeitsumgebungen
- Arbeitsmittel/Arbeitsverfahren
- Gefahrstoffe

Die SIFA zeichnet für die Initiierung des jährlich stattfindenden Prozesses der wiederkehrenden Gefährdungsbeurteilung sowie für die Einleitung einer Gefährdungsbeurteilung bei technischen, organisatorischen oder stofflichen Veränderungen sowie bei der Planung neuer Anlagen und Verfahren unter Beteiligung der Beschäftigten verantwortlich. Für die Erstellung der Gefährdungsbeurteilung und deren Umsetzung tragen die Führungskräfte die Verantwortung. Die Kontrolle der Umsetzung obliegt der Sicherheitsfachkraft, die sich in regelmäßigen Abständen während der Inspektionen die Gefährdungsbeurteilungen vorlegen lässt.

Die Gefährdungsbeurteilung gliedert sich in

- das Verfahren, die Anlage, die Maschine, den Arbeitsplatz, den Gefahrstoff, die Umgebungsbedingungen,
- die Gefährdungspotenziale,
- die Risikobewertung (Exposition der Arbeitnehmer, Eintrittswahrscheinlichkeit von Vorfällen, Tragweite der Auswirkung bei Unfällen, der Ermittlung des Risikos nach KINNEY),
- die technischen Maßnahmen,
- die organisatorischen Maßnahmen,
- die PSA,
- die Handlungsbedarfe.

Die Risikobewertung erfolgt nach der KINNEY-Methode. Es werden die Exposition, die Tragweite der Auswirkung und die Eintrittswahrscheinlichkeit in einem dreistufigen System bewertet. Die Skala ist auf dem Formblatt angegeben.

Häufigkeit und Dauer der Exposition:

Wie oft und wie lange befindet sich eine Person im zeitlichen und räumlichen, direkten und indirekten Zusammenhang mit der Gefährdung?

Revision:	Änderungsdatum:	Seite 1 von 2

Eintrittswahrscheinlichkeit:

Wie wahrscheinlich ist es, dass ein Vorfall/Unfall eintritt – unabhängig davon, ob sich ein Arbeitnehmer im Gefahrenbereich befindet?

Tragweite der Auswirkung:

Wie hoch wäre das Ausmaß im Fall eines Unfalls? Welche Schwere der Verletzungen würde potenziell zu erwarten sein?

Die Faktoren werden für die einzelnen Kriterien festgelegt.

Das Produkt aus den einzelnen Multiplikatoren gibt die Höhe des Risikos an. Mit einem Farbsystem werden relevante sicherheitstechnische Risiken wie in einem Ampelsystem hervorgehoben. Relevante Risiken müssen nicht mit Handlungsbedarfen einhergehen. Hohe Risiken mögen abgesichert sein, mittlere oder kleinere hingegen nicht. Die Handlungsbedarfe werden in der Tabelle erfasst und in den ASA-Sitzungen bzw. Sicherheitsmeetings nachgehalten.

4 Mitgeltende Unterlagen

Formblatt Gefährdungsbeurteilung

Revision:	Änderungsdatum:	Seite 2 von 2

Verfahrensanweisung: Last Minute Risk Analysis

Vorlage

1. Zweck

Gemäß SCC-Standard muss die LMRA nach einem festgelegten Verfahren systematisch vor Arbeitsbeginn durchgeführt werden.

2. Geltungsbereich

Der Geltungsbereich erstreckt sich auf die Verantwortlichen für die Baustellen.

3. Verfahren

Die LMRA dient der Überprüfung, ob alle Gefährdungen vor Arbeitsaufnahme auf der Baustelle ermittelt wurden. Sie dient im Wesentlichen der permanenten Sensibilisierung der Beschäftigten.

Vor Arbeitsantritt werden alle bei der Montagebaustelle beteiligten Mitarbeiter nochmals mündlich auf besondere Gefahren hingewiesen. Sie folgen einem LMRA-Infoblatt, welches in den MGU enthalten ist und ständig aktualisiert wird. Erweiterte oder neue Risiken werden ggf. besprochen und in das Merkblatt aufgenommen. Sicherheitsvorkehrungen werden durch die bauleitenden Monteure rechtzeitig veranlasst. Insbesondere wird überprüft, ob die vorliegenden Schutzausrüstungen den Gefährdungsmerkmalen entsprechen.

4. Mitgeltende Unterlagen

Merkblatt LMRA

Revision:	Änderungsdatum:	Seite 1 von 1

Normabschnitt „6.1.3 Bestimmung der rechtlichen Verpflichtung und anderen Anforderungen"

Zuordnung der Anforderungen DIN ISO 45001, OHSAS 18001, Normatives Regelwerk SCC und Safety Culture Ladder im Überblick:

DIN ISO 45001	OHSAS 18001	SCC*	SCC**	SCC^P	SCP	Safety Culture Ladder
6.1.3	4.3.2	3.8	3.8	3.8	5.2	–

Anforderungen DIN ISO 45001, Normatives Regelwerk SCC und Safety Culture Ladder im Einzelnen:

Anforderungen DIN ISO 45001, Abschnitt 6.1.3

6.1.3 Bestimmung rechtlicher Verpflichtungen und anderer Anforderungen

Die Organisation muss Prozesse festlegen, umsetzen und aufrechterhalten, um:

a) aktuelle rechtliche Verpflichtungen und andere Anforderungen, die bezogen auf ihre Gefährdungen, SGA-Risiken und ihr SGA-Managementsystem gelten, zu bestimmen und auf diese zugreifen zu können;

b) zu bestimmen, wie diese rechtlichen Verpflichtungen und anderen Anforderungen auf die Organisation angewendet werden und was erforderlich ist kommuniziert zu werden;

c) diesen rechtlichen Verpflichtungen und anderen Anforderungen Rechnung zu tragen, wenn sie ihr SGA-Managementsystem festlegt, verwirklicht, aufrechterhält und fortlaufend verbessert.

Die Organisation muss dokumentierte Information über ihre rechtlichen Verpflichtungen und anderen Anforderungen aufrechterhalten und aufbewahren und muss sicherstellen, dass diese aktualisiert wird, um jede Änderung widerzuspiegeln.

ANMERKUNG Rechtliche Verpflichtungen und andere Anforderungen können zu Risiken und Chancen für die Organisation führen.

Anforderungen Normatives Regelwerk SCC, 3.8 und SCP 5.2

Die Fragen im Kapitel 3.8 (SCC*/SCC** und SCC^P) und im Kapitel 5.2 (SCP) beziehen sich auf:

- Information und spezielle Unterweisung der Beschäftigten in die SGU-Vorgaben des Auftraggebers bzw. Entleihers
- gefordert wird ein dokumentiertes Verfahren für eine systematische Planung und Durchführung von Unterweisungen der Beschäftigten hinsichtlich spezifischer Forderungen des Auftraggebers bzw. Entleihers

Anforderungen Safety Culture Ladder

keine

Interpretation und betriebliche Anwendung

Während in der DIN ISO 45001 und in OHSAS 18001 eine Auflistung aller für das Unternehmen geltenden Rechts- und anderen Vorschriften gefordert wird, lässt sich eine solche Forderung im Normativen Regelwerk SCC nicht finden. Gefordert wird lediglich die Unterweisung der Beschäftigten in spezifische SGA-Vorschriften des Auftraggebers sowie das dokumentierte Verfahren hierfür. Im SCP wird die gleiche Forderung nur auf den Entleiher bezogen.

Für die Umsetzung der Anforderungen der DIN ISO 45001 sollten die Hinweise im Anhang A.6.1.3 der Norm berücksichtigt werden. Vor allem werden hier die verschiedenen Quellen für eine mögliche Ermittlung der Rechtsvorschriften genannt.

Zur Erfüllung der Forderungen der DIN ISO 45001 sind folgende Maßnahmen zu ergreifen:

1. Eruieren der auf das Unternehmen anwendbaren Rechtsvorschriften aus dem Bereich Arbeitssicherheit und Gesundheitsschutz in Bezug auf Branchen, Tätigkeiten, Produkte und Standorte:
   - Gesetze, Verordnungen, technische Regeln
   - Anordnungen und Richtlinien, Normen
   - Genehmigungen, Lizenzen, andere Befugnisse
   - Verträge, Übereinkünfte und Protokolle
2. Ermittlung „anderer Anforderungen“ an die Organisation, z. B.:
   - Forderungen der Konzernleitung
   - In-House-Festlegungen
   - Betriebsvereinbarungen
   - Vereinbarungen mit interessierten Parteien
   - Vereinbarungen mit den Unfallversicherungsträgern
   - Satzungen, aber auch
   - freiwillige Verpflichtungen wie Politiken, Grundsätze usw.
3. Regelmäßige Aktualisierung der Rechtsvorschriften:
   - Die rechtlich geltenden Rahmenbedingungen müssen regelmäßig (mindestens einmal jährlich) erneut auf Gültigkeit und Aktualität überprüft werden.
4. Verfahrensfestlegung zur Ermittlung und Interpretation gültiger Rechtsvorschriften:
   - Es erscheint sinnvoll, das Verfahren zur Informationsbeschaffung zu rechtlichen Änderungen zu beschreiben, z. B. über Onlinedienste, Austauschdienste o. Ä.
     - Wer ist hierfür verantwortlich?
     - Wie werden Mitarbeiter über die Änderungen informiert?
     - Wie ist das Prozedere?
5. Dokumentation ermittelter Rechtsvorschriften und anderer Forderungen:
   - Die ermittelten Rechtsvorschriften werden in der Regel in einem Rechts- und Genehmigungskataster erfasst.
6. Ableitung mit den rechtlichen und anderen Forderungen verbundenen Chancen und Risiken und daraus resultierende innerbetriebliche Maßnahmen zur Compliance
7. Information der Beschäftigten, Unterweisung bzw. Qualifizierung

Das Schaubild stellt nochmals die wesentlichen Schritte zur Umsetzung der Forderungen der DIN ISO 45001 dar.

Vorgehen zur Ermittlung und Bewertung von Rechts- und anderen Vorschriften:

Die Rechts- und anderen Vorschriften müssen als dokumentierte Information zur Verfügung stehen.

Anforderungen hinsichtlich der Dokumentation im SCC und SCP:

Das im Normativen Regelwerk SCC und im SCP geforderte dokumentierte Verfahren zur Einweisung und Unterweisung der Beschäftigten gemäß spezifischen SGA-Vorgaben des Auftraggebers bzw. Entleihers (und ggf. zu berücksichtigender Rechtsvorschriften) kann sowohl im SGA-Handbuch als auch in einer Verfahrensanweisung wiedergegeben werden. Es sollte folgende Punkte umfassen:

- Abstimmung mit dem Auftraggeber/Entleiher hinsichtlich zu berücksichtigender Rechts- und eigener SGA-Vorschriften bzw. Eruieren der SGA-Vorgaben des Auftraggebers bzw. Entleihers
- Information der Beschäftigten
- Zusammenstellung der Unterweisungstexte
- innerbetriebliche Organisation der Unterweisung der Beschäftigten
- Hinweis auf spezifische Gefährdungen, denen die Arbeitnehmer beim Auftraggeber/Entleiher ausgesetzt sind
- ggf. praktische Einweisung in die zu benutzende PSA
- Erstellen der Unterweisungsnachweise
- ggf. dem Auftraggeber/Entleiher die Unterweisungsnachweise zur Verfügung stellen
- Festlegen eines Regelrhythmus für die folgenden Unterweisungen
- ggf. Erarbeiten schriftlicher Anweisungen an die Beschäftigten zum Verhalten auf dem Gelände des Auftraggebers/Entleihers

Nachweise:

- Rechtskataster/Liste der geltenden Rechtsvorschriften und sonstigen Forderungen
- Genehmigungskataster
- Internetplattformen für Rechtsvorschriften
- betriebliche Aushänge mit Nennung der Internetadressen
- Unterweisungsnachweise
- Verfahrensanweisung für die Einweisung und Unterweisung von Beschäftigten in die spezifischen SGA-Anforderungen von Auftraggebern

Die Forderung nach Dokumentation aller für die Unternehmung geltenden SGA-Vorschriften ist für viele Organisationen nicht einfach zu erfüllen. In der Praxis hat sich der Ansatz bewährt, die für das Unternehmen unmittelbar geltenden Rechtsvorschriften und anderen Forderungen zu listen. Einfache Aufzählungen geltender Rechtsvorschriften werden nunmehr in der Praxis nicht mehr akzeptiert genauso wenig wie Auflistungen, die keinen konkreten Bezug auf das Unternehmen haben, also nicht zutreffend sind.

Die qualitativ bessere Variante der Auflistung und Interpretation geltender Rechtsvorschriften für ein Unternehmen zeigt die folgende Tabelle. Hier werden bereits die wesentlichen zutreffenden Paragrafen aus den Rechtsvorschriften genannt und hinsichtlich betrieblich zu ergreifender Maßnahmen interpretiert. Diese Form der Interpretation geltender Rechtsvorschriften ist zugegebenermaßen sehr aufwendig. Für die Überprüfung der Einhaltung der Rechtsvorschriften stellt die Tabelle jedoch ein wichtiges Instrumentarium dar. Anhand der gelisteten konkreten rechtlichen Anforderungen an ein Unternehmen kann die Compliance exakt ermittelt werden. Für die Haftung der Geschäftsleitung und der Führungskräfte kann das nur von Vorteil sein.

Neben den Rechtsvorschriften sind es vor allem Genehmigungen, die weitere Rechtsforderungen ausweisen. Es empfiehlt sich, die Genehmigungen auf Forderungen nach Einhaltung des Arbeits- und Gesundheitsschutzes zu sichten und ein sogenanntes Genehmigungskataster zu erstellen. In vielen Bau- und umweltrechtlichen Genehmigungen sind in den Nebenbestimmungen arbeitsschutzrechtliche Auflagen an das Unternehmen enthalten. Diese anhand der Genehmigungen kontinuierlich zu verfolgen und zu kontrollieren, erscheint fast unmöglich. Zwar ist es ein großer zeitlicher Aufwand, die Nebenbestimmungen aus den Genehmigungen herauszuarbeiten und in ein Genehmigungskataster zu übertragen, doch ist dann eine Überwachung der Auflagenerfüllung leichter möglich. An dieser Stelle führen wir eine Vorlage für ein Rechts- und Genehmigungskataster an, wie es sich aus Sicht der Autoren in der Praxis bereits mehrfach bewährt hat.

Praxistipps und Vorlagen

In der Folge ist ein Mustertext abgedruckt, der die wesentlichen Inhalte der DIN ISO 45001 und des Normativen Regelwerks SCC regelt. Die Vorlage kann leicht an die eigenen betrieblichen Belange angepasst werden.

Vorlage

Rechtliche Verpflichtungen und andere Anforderungen

1 Zweck

Der Ermittlung und Einhaltung rechtlicher Vorschriften und solcher, denen sich das Unternehmen verpflichtet hat, kommt eine große Bedeutung zu. Ziel des Unternehmens ist es, wirtschaftliche Interessen mit dem größtmöglichen Schutz der Beschäftigten an ihren Arbeitsplätzen zu verbinden.

2 Verantwortungen und Schnittstellenplan

Bereich	Ablauf		
	Aktualisierung der Sicherheitsvorschriften	**Erfüllung der Sicherheitsvorschriften**	**Behördenauflagen**
Geschäftsführung/Werkleitung	I	Verantwortlich sind alle Vorgesetzten im Rahmen ihres Aufgabengebietes.	Verantwortlich sind alle Vorgesetzten im Rahmen ihres Aufgabengebietes.
AMB	V		
Fachkraft für Arbeitssicherheit	M		
Qualitätswesen	I		
Technisches Büro	I		
Produktion	I		
Sondermaschinenbau	I		
Werkzeugbau/Instandhaltung	I		
Lager/Versand	I		
Einkauf	I		
Logistik	I		
Controlling	I		
Brandschutzbeauftragter	M		
Montage/Druck	I		

V: Verantwortung M: Mitarbeit I: Information

Revision: Änderungsdatum: Seite 1 von 2

3 Abläufe und Realisierungsmöglichkeiten

3.1 Aktualisierung der Sicherheitsvorschriften

Für die regelmäßige Pflege und Aktualisierung der Liste der relevanten SGA-Vorschriften ist der AMB in Zusammenarbeit mit der Fachkraft für Arbeitssicherheit verantwortlich. Der AMB muss die für die Unternehmung zutreffenden SGA-Vorschriften hinsichtlich der Vollständigkeit und Aktualität überprüfen. Die Überprüfung auf Aktualisierungsbedarf soll einmal jährlich, bei Bedarf auch früher, erfolgen.

Ungültige SGA-Vorschriften sind zu vernichten oder wenn sie zu Zwecken der Rückverfolgbarkeit aufbewahrt werden sollen, mit einem roten Strich zu kennzeichnen. Bei Veränderungen in den Vorschriften sind die betreffenden Abteilungen und Personen zu informieren.
Gleichzeitig sind alle Bereiche dazu verpflichtet, ihre Kenntnis über neue oder veränderte Vorschriften dem AMB mitzuteilen, damit eine gültige Fassung der neuen Rechtsvorschrift beschafft werden kann.

3.2 Erfüllung der SGA-Vorschriften

Für die Einhaltung der Gesetze, Verordnungen und Richtlinien sind die jeweiligen Vorgesetzten verantwortlich. Unterstützung und Beratung erhalten sie dabei vom AMB und der Fachkraft für Arbeitssicherheit.

3.3 Behördenauflagen

Für die Einhaltung behördlicher Auflagen für sicherheitsrelevante Tätigkeiten (z. B. die korrekte Lagerung von Gefahrstoffen) sind die Vorgesetzten verantwortlich. Der AMB informiert die Abteilungsleiter hinsichtlich der entsprechenden Auflagen und überwacht die Einhaltung.

4 Mitgeltende Dokumente

Verzeichnis aller für die xy GmbH gültigen Rechts- und Verwaltungsvorschriften

Revision: Änderungsdatum: Seite 2 von 2

An dieser Stelle soll weiterhin die Vorlage für ein Rechtskataster vorgestellt werden.

Vorlage

Auszug aus dem Rechtskataster

Rechtsvorschrift	Letzte Aktualisierung	Inhalte	Konsequenzen für das Unternehmen	Wo geregelt?	Bewertung der Einhaltung von Rechtsvorschriften
BetrSichV (Betriebssicherheitsverordnung)	8.5. 2019	Sicherheit und Gesundheitsschutz bei der Bereitstellung von Arbeitsmitteln und deren Benutzung bei der Arbeit, über Sicherheit beim Betrieb überwachungsbedürftiger Anlagen und über die Organisation des betrieblichen Arbeitsschutzes	Gefährdungsbeurteilungen, Risikobewertung, Schutzmaßnahmen usw.	Gefährdungsbeurteilung	o. k.

Revision: Änderungsdatum: Seite 1 von 1

Neben den Rechtsvorschriften sind auch die Inhalte der Genehmigungen auf Anforderungen an den Arbeits- und Gesundheitsschutz zu untersuchen und zu listen. Die folgende Tabelle kann hierfür als Hilfestellung dienen.

Vorlage

Mitgeltende Unterlagen Genehmigungskataster

Datum	Genehmigung	Behörde/ Aktenzeichen	Genehmigungs-anlass	Auflagen
xx.yy.zz	Genehmigung für die Erweiterung der technischen Infrastruktur – Teilobjekt Katalytische Oxidation	LVA AZ: xy	Erweiterung Anlage	Baubeginn dem LVA mitteilen. Flucht- und Rettungswege müssen gekennzeichnet sein. Steigleitern müssen sicher begehbar sein. Gefahrstoffe müssen so gelagert werden, dass eine Verunreinigung des Bodens ausgeschlossen wird und die MAK-Werte eingehalten werden.

Revision: Änderungsdatum: Seite 1 von 1

Normabschnitt „6.1.4 Planung von Maßnahmen“

Zuordnung der Anforderungen DIN ISO 45001, OHSAS 18001, Normatives Regelwerk SCC und Safety Culture Ladder im Überblick:

DIN ISO 45001	OHSAS 18001	SCC*	SCC**	SCC^P	SCP	Safety Culture Ladder
6.1.4	–	–	–	–	–	3.4: 4.9

Anforderungen DIN ISO 45001, Normatives Regelwerk SCC und Safety Culture Ladder im Einzelnen:

Anforderungen DIN ISO 45001, Abschnitt 6.1.4

6.1.4 Planung von Maßnahmen

Die Organisation muss planen:

a) Maßnahmen:

1) zum Umgang mit diesen Risiken und Chancen (siehe 6.1.2.2 und 6.1.2.3);
2) zum Umgang mit rechtlichen Verpflichtungen und anderen Anforderungen (siehe 6.1.3);
3) für die Vorbereitung und Reaktion auf Notfallsituationen (siehe 8.2);

b) wie:
   1) die Maßnahmen in die SGA-Managementsystem-Prozesse oder andere Geschäftsprozesse integriert und durchgeführt werden;
   2) die Wirksamkeit dieser Maßnahmen bewertet wird.

Bei der Planung der zu ergreifenden Maßnahmen muss die Organisation der Maßnahmenhierarchie (siehe 8.1.2) und den Ergebnissen des SGA-Managementsystems Rechnung tragen.

Bei der Planung ihrer Maßnahmen muss die Organisation bewährte Vorgehensweisen, technologische Möglichkeiten und finanzielle, betriebliche und geschäftliche Anforderungen berücksichtigen.

Anforderungen Normatives Regelwerk SCC
keine

Anforderungen Safety Culture Ladder
3. Unternehmensaspekt: Arbeitsplanung
4.9 Arbeitsplanung
siehe 6.1.1.1 (SCL)

Interpretation und betriebliche Anwendung

Im Normabschnitt 6.1.4 werden die Anforderungen aus 6.1.1 wiederholt angeführt. Zusätzlich wird bei der Planung der Maßnahmen Folgendes gefordert:

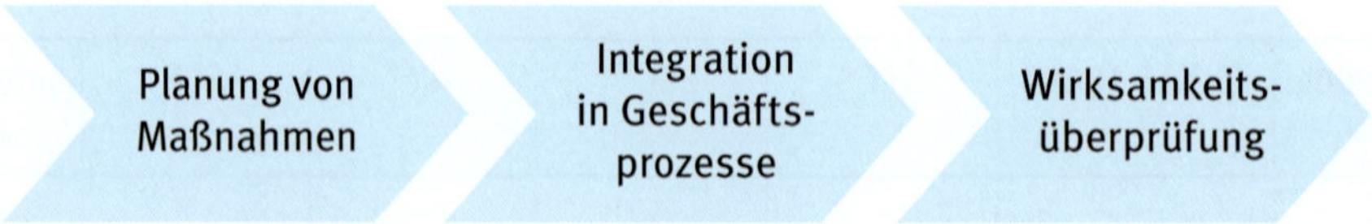

An dieser Stelle wird gleichermaßen die Planung der Integration in die Geschäftsprozesse gefordert. Maßnahmen müssen in ihrer Wirksamkeit bewertet werden. Konnten sie die geplanten Ergebnisse tatsächlich erreichen? Müssen Änderungen der Maßnahmen vorgenommen werden? Es empfiehlt sich, die Methode der Wirksamkeitsüberprüfung bereits im Planungsprozess festzulegen. Erfahrungsgemäß können Erfolge ansonsten nur „gefühlt" nachvollzogen werden. Sicherheit sollte jedoch in Zahlen, Daten und Fakten gemessen werden.

Insofern übersteigen die Anforderungen in 6.1.4 jene aus 6.1.1. Und noch ein weiterer Aspekt wird angeführt:

Bei der Planung der Maßnahmen ist die sich aus der Risikobewertung ergebende Rangfolge von Maßnahmen (Maßnahmenhierarchie) zu berücksichtigen.

Auch sind die dem Stand des Arbeitsschutzes angemessenen und bewährten Tools zu verwenden und die dafür erforderlichen personellen, finanziellen, technischen und infrastrukturellen Voraussetzungen zu schaffen.

Normabschnitt „6.2 SGA-Ziele und Planung zu deren Erreichung“

Zuordnung der Anforderungen DIN ISO 45001, OHSAS 18001, Normatives Regelwerk SCC und Safety Culture Ladder im Überblick:

DIN ISO 45001	OHSAS 18001	SCC*	SCC**	SCC^P	SCP	Safety Culture Ladder
6.2.1 6.2.2	4.3.3	1.7 –	1.7 1.8 (optional)	1.7 1.8	1.7 1.8	3.2: 2.4*

* Bereits unter 5.2 dargestellt, da die Anforderung stärker auf die SGA-Politik zielt.

optional bedeutet: Ergänzungsfrage. **Für die erfolgreiche Erfüllung des SCC-Standards muss eine ausreichende Anzahl an Ergänzungsfragen richtig und vollständig beantwortet werden.**

Anforderungen DIN ISO 45001, Normatives Regelwerk SCC und Safety Culture Ladder im Einzelnen:

Anforderungen DIN ISO 45001, Abschnitt 6.2: 6.2.1 und 6.2.2

6.2 SGA-Ziele und Planung zu deren Erreichung

6.2.1 SGA-Ziele

Die Organisation muss SGA-Ziele für relevante Funktionen und Ebenen festlegen, um das SGA-Managementsystem und die SGA-Leistung (siehe 10.3) aufrechtzuerhalten und fortlaufend zu verbessern.

Die SGA-Ziele müssen:

a) im Einklang mit der SGA-Politik stehen;

b) messbar (sofern machbar) oder zur Leistungsbewertung tauglich sein;

c) Folgendem Rechnung tragen:

  1) anwendbaren Anforderungen;

  2) den Ergebnissen der Bewertung der Risiken und Chancen (siehe 6.1.2.2 und 6.1.2.3);

  3) den Ergebnissen der Konsultationen von Beschäftigten (siehe 5.4) und, wo vorhanden, deren Vertretern;

d) überwacht werden;

e) vermittelt werden;

f) soweit erforderlich, aktualisiert werden.

6.2.2 Planung zur Erreichung der SGA-Ziele

Bei der Planung zum Erreichen ihrer SGA-Ziele muss die Organisation bestimmen:

a) was getan wird;

b) welche Ressourcen erforderlich sind;

c) wer verantwortlich ist;

d) wann es abgeschlossen wird;

e) wie die Ergebnisse bewertet werden, einschließlich der Kennzahlen zur Überwachung;

f) wie die Maßnahmen zum Erreichen der SGA-Ziele in die Geschäftsprozesse der Organisation integriert werden.

Die Organisation muss dokumentierte Informationen zu den SGA-Zielen und Pläne zu deren Erreichung aufrechterhalten und aufbewahren.

Anforderungen Normatives Regelwerk SCC, 1.7, 1.8 (SCC^P, SCP und SCC** optional)

Die Fragen im Kapitel 1.7 (SCC*/SCC** und SCC^P), im Kapitel 1.8 (für SCC^P und SCC** optional) bzw. im Kapitel 1.7 und 1.8 (SCP) beziehen sich auf:
– die Aufstellung von Unternehmenszielen und -programmen zur Vermeidung von Unfällen (1.7)
– die Formulierung allgemeiner Unternehmensziele und -programme zur Verbesserung des SGU-Managementsystems (1.8)
– die Wirksamkeitsprüfung getroffener Maßnahmen (1.8)
– die Messbarkeit der Ziele (1.7, 1.8)
– Maßnahmenpläne müssen
  • Verantwortlichkeiten,
  • Termine,
  • Korrektur- und Vorbeugemaßnahmen
  enthalten (1.7).
– Ziele, die
  • Ergebnisse der internen Audits,
  • Ergebnisse von SGU-Aktivitäten,
  • Ergebnisse von Inspektionen,
  • Ergebnisse von Unfallauswertungen,
  • Ergebnisse der Beurteilung von Führungskräften,
  • Rückmeldungen und Beschwerden der Entleiher
  beachten (1.8).
– die Aufstellung eines SGU-Aktionsplans mit
  • Maßnahmen zur Zielerreichung,
  • Verantwortlichkeiten und
  • Terminen.
– die Überprüfung des SGU-Aktionsplans einmal jährlich, z. B. im Management-Review
1.8 fordert:
– die Sicherstellung der kontinuierlichen Verbesserung des SGU-Managementsystems
– die Überprüfung des SGU-Aktionsplans mindestens einmal jährlich sowie erforderlichenfalls die Ableitung von Korrektur- und Präventionsmaßnahmen
– die Dokumentation, z. B. im Rahmen des Management-Reviews

Anforderungen Safety Culture Ladder
siehe unter Kapitel „Normabschnitt ‚5.2 SGA-Politik'"

Die Forderungen der DIN ISO 45001, der OHSAS 18001 und des Normativen Regelwerks SCC sind sich ähnlich. Die Begrifflichkeiten werden teilweise unterschiedlich genutzt. Während die DIN ISO 45001 von Zielen und Plänen zu deren Erreichung spricht, sind es in der OHSAS 18001 Ziele und Programme, während das Normative Regelwerk SCC den Begriff SGU-Plan verwendet.

SCC unterscheidet deutlicher in

- Ziele zur Senkung der Unfalltätigkeit und
- sogenannten allgemeinen Unternehmenszielen

zur Verbesserung des SGA-Managementsystems.

Weitere Hinweise zur Anwendung dieser Normforderung waren recht ausführlich in der OHSAS 18002 dargelegt. In der DIN ISO 45001 werden jetzt nähere Erläuterungen vor allem in den Anhängen A.6.2.1 und A.6.2.2 der Norm gegeben.

Interpretation und betriebliche Anwendung

Zur Leistungsmessung, Ermittlung und Bewertung eines fortlaufenden Verbesserungsprozesses ist es erforderlich, auf jährlicher Basis Sicherheitsziele aufzustellen. Sie müssen im Einklang mit der Sicherheitspolitik des Unternehmens stehen und möglichst quantifiziert oder leistungsmäßig bewertet werden können. Neues ergibt sich aus der Risiko- und Chancenbetrachtung, die mit der Bildung von SGA-Zielen verknüpft werden soll. So sind SGA-Ziele auf jährlicher Basis unter Berücksichtigung folgender Faktoren aufzustellen:

Im Anhang A.6.2 der Norm wird jedoch darauf hingewiesen, dass nicht zu jedem identifizierten Risiko oder zu jeder identifizierten Chance ein Ziel abzuleiten ist. Nicht jedes Risiko erfordert einen Handlungsbedarf. Beispielsweise werden Risiken als vertretbar empfunden oder sie werden versichert. Auch nicht jede Chance kann, ggf. auch unter ökonomischen Aspekten, zu einem Ziel führen. Daher ist folgender Ansatz zu wählen:

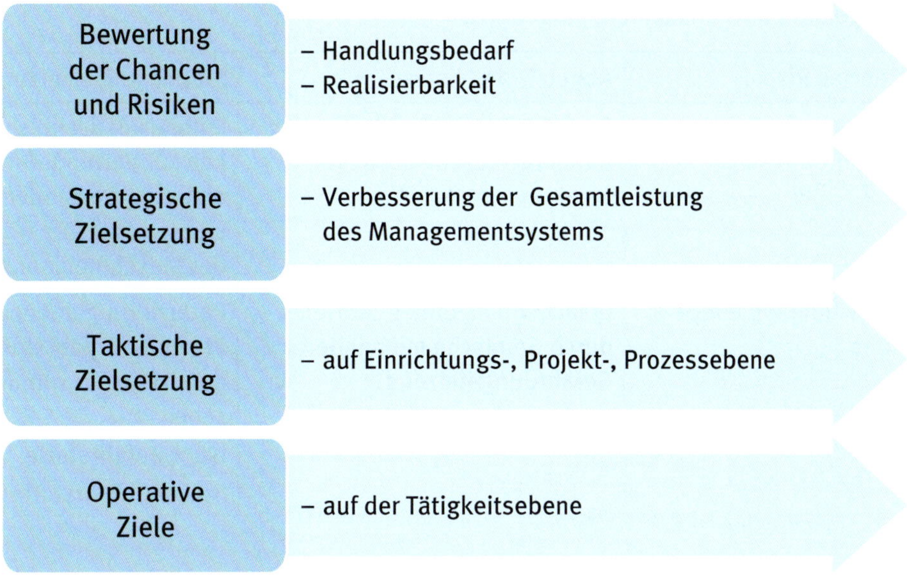

Die Bewertung der Chancen und Risiken bildet die Basis zur Ableitung von Zielstellungen auf unterschiedlicher Ebene (strategisch, taktisch oder operativ), auf allen Ebenen der Organisation und allen bedeutenden Funktionen für das SGA-Managementsystem.

Als Beispiel für Zielsetzungen auf unterschiedlichen Ebenen wird im Anhang A 6.2.1 der Norm Folgendes genannt:

- strategisches Ziel: Lärmbelästigung insgesamt mindern
- taktisches Ziel: Lärm an der Quelle mindern (Einsatz einer Maschine mit Lärmemission von 80 dB(A) anstelle von 83 dB(A))
- operatives Ziel: Umhausung von einzelnen Maschinen zur Lärmminderung

Nicht zu vergessen sind die Mitspracherechte der Arbeitnehmer, deren Vorschläge zur Verbesserung ihrer Arbeitsbedingungen, ihre Kritik an Schwachstellen. Die Anregungen der Mitarbeiter sollten ernst genommen und auf Sinnhaftigkeit und Machbarkeit gewertet werden. Im Ergebnis können daraus Ziele entstehen. Inputs im Zusammenhang mit der Beteiligung von Beschäftigten an der Zielbildung sind vor allem:

Beteiligung der Beschäftigten an der Zielbildung

- Ergebnisse aus betrieblichem Vorschlagswesen
- Ergebnisse der ASA-Sitzungen
- Ergebnisse aus der Kommunikation mit dem Betriebsrat
- Ergebnisse aus Begehungen und Inspektionen

Ziele müssen im Unternehmen bekanntgemacht werden, beispielsweise über Aushänge, Betriebsversammlungen, das Intranet.

Unternehmen haben nicht selten Schwierigkeiten, angemessene quantifizierte Zielsetzungen zum Arbeits- und Gesundheitsschutz abzuleiten. Im Weiteren sind einige Themen für Zielstellungen, wie sie häufig im Zusammenhang mit der Bewertung von Chancen und Risiken im Unternehmen abgeleitet werden können, aufgeführt.

Identifiziertes Risiko	Abgeleitete Chance	Mögliche Zielsetzung
hohe Unfallpotenz aufgrund hoher Gefährdungslage	Ausschluss von Gefährdungen durch technische Lösungen	Einbau von Lichtschranken zur Verhinderung eines Zugangs oder unerlaubten Eingriffs während der Maschinenlaufzeit
Risiken aus Umgang mit Gefahrstoffen	Ersatz von ätzenden Stoffen durch Gemische mit minderer Gefährdung (reizend)	Reduzierung der Anzahl ätzender Gefahrstoffe durch Einsatz von Gemischen Ist: x Gefahrstoffe Soll: y Gefahrstoffe

Identifiziertes Risiko	Abgeleitete Chance	Mögliche Zielsetzung
Fachkräftemangel, Alterung der Beschäftigten	Gestaltung alternsgerechter Arbeitsplätze im Montagebereich	Beurteilung von x Montagearbeitsplätzen nach der Leitmerkmalmethode, Ableitung von Maßnahmen zur Verbesserung der Ergonomie, Einführung Lean Management

Hinweis

Die Verminderung der Unfalltätigkeit wird im SCC ausdrücklich gefordert.

Weitere Themen, die sich aus der Risiken- und Chancenermittlung und -bewertung ergeben können, sind i. d. R.:

- die Schulung, Qualifizierung und Ausbildung von Verantwortungsträgern im Arbeits- und Gesundheitsschutz
- das Ergreifen von Schutzmaßnahmen nach erkannten Gefährdungen
- die Umsetzung technischer Maßnahmen und Investitionen zur Reduzierung der Gefährdungspotenziale
- die Erfüllung neuer oder geänderter rechtlicher Forderungen
- die Erhöhung des Sicherheitsbewusstseins bei den Arbeitnehmern

Die Messbarkeit von Zielen stellt eine weitere Herausforderung für Unternehmen dar. Unter einer Quantifizierung von Zielen verstehen wir:

- die Messbarkeit der Veränderung gegenüber dem Vorjahr oder einem anderen Bemessungszeitraum oder
- die Konkretisierbarkeit des Ziels auf einen Wert oder eine Prozentzahl.

Folgende Beispiele sollen dem Leser den Zugang zur Formulierung eigener messbarer Zielstellungen erleichtern.

Beispiel

Verminderung der Unfallquote um 5 % gegenüber dem Vorjahr

Reduzierung der giftigen Gefahrstoffe von 5 auf 3

Qualifizierung von weiteren 3 Brandschutzhelfern über das gesetzlich geforderte Maß hinaus

Hinweis

Mit einem SGU-Managementsystem verpflichtet sich ein Unternehmen, einen Beitrag zu SGU über das gesetzliche Maß hinaus zu leisten. Ziele dürfen daher keine rechtlich geforderten Themen umfassen.

Selbstverständlich spielen auch qualitative Ziele eine Rolle, z. B. bei Ersatzinvestitionen in Maschinentechnik mit höherem Sicherheitsstandard. Im externen Audit werden jedoch qualitative Zielstellungen allein für den Arbeits- und Gesundheitsschutz nicht akzeptiert. Sowohl die DIN ISO 45001 als auch das Normative Regelwerk SCC fordern, wo möglich, die Messbarkeit und damit konkrete Abrechenbarkeit des Leistungsfortschritts des A&G-Managementsystems.

Bleibt die Frage offen, wie viele Ziele ein Unternehmen aufstellen muss. Hierfür gibt es keinerlei Vorgabe. Eine Anzahl von drei bis zehn Zielen für den Arbeits- und Gesundheitsschutz wird in der Praxis häufig angetroffen.

Ziele müssen des Weiteren überwacht werden, um ggf. Zielkorrekturen vornehmen zu können. Die Überwachung des Zielerreichungsgrads kann beispielsweise im Rahmen der ASA-Sitzungen erfolgen. Es bietet sich an, den Zielerreichungsgrad in den ASA-Protokollen fortzuschreiben. Muss im Laufe des Jahres festgestellt werden, dass das Ziel nicht umgesetzt werden kann, so sind Kurskorrekturen zu veranlassen und zu dokumentieren. Unter Umständen müssen die Zielvorgaben dann neu gefasst werden.

Die Umsetzung der Ziele bedarf einer entsprechenden Planung. Hiermit wird ein Begriff eingeführt, der vom Leser deutlich besser zu verstehen ist als der frühere Begriff „Programm".

Hinweis

Unter der Planung zur Zielerreichung wird verstanden:

- die Maßnahme(n) zur Erreichung der Zielstellung
- die notwendigen Ressourcen hierfür (finanziell, in Mann-Tagen, Ausrüstung, Infrastruktur usw.)
- konkrete Verantwortlichkeiten
- Termine
- Kennzahlen (Methode der Überwachung)
- Art und Weise der Integration der Maßnahmen in die Geschäftsprozesse

Hinweis

Im Normativen Regelwerk SCC wird hierbei von einem SGU-Aktionsplan gesprochen.

Im folgenden Beispiel soll dargestellt werden, wie Ziele mit einem Aktionsplan verknüpft werden können.

Beispiel

Mitgeltende Unterlagen: SGA-Ziele des Jahres 20.. und Planung zur Zielerreichung

Ziel	Maßnahme	Ressourcen	Verantwortlich	Termin	Kennzahl/ Indikator	Stand Bearbeitung	Erledigt am: Kürzel:	Überprüft am: Maßnahme wirksam? Kürzel:
Reduzierung der ätzenden Gefahrstoffe von 8 auf 5	Umstellung des technischen Verfahrens	2 MT	Produktionsleiter	3. Quartal 20..	Ziel: 5 ätzende Gefahrstoffe			
Lärmreduzierung für Montagemitarbeiter von 85 dB(A) auf 80 dB(A)	Auslagern der Montagearbeitsplätze in eine andere Halle	5 MT 5T€	Leiter Montage	2. Quartal 20..	Ziel: 80 d(BA)			
Verminderung der Unfallquote von 20 % auf 15 %	stärkere Erfassung der Beinahe-Unfälle: Einführung eines persönlichen Meldebuchs für Beinahe-Unfälle Schulungsprogramm für Mitarbeiter Etablierung eines finanziellen Anreizsystems für Unfallfreiheit	20 MT	GF	Ende des Jahres	Minimierung um 5 % auf 15 %			

MT: Manntage

Im Normativen Regelwerk SCC wird auch die Wirksamkeitsprüfung für ergriffene Maßnahmen gefordert. Daher erscheint es sinnvoll, nicht nur das Datum für die Umsetzung der Maßnahmen zu dokumentieren, sondern auch den Zeitpunkt der Überprüfung und Wirksamkeitsmessung.

Die Abrechnung der Sicherheitsziele erfolgt jährlich durch die Geschäftsleitung des Unternehmens. Es wird empfohlen, die Bewertung der Umsetzung von Zielstellungen im Management-Review oder in einem Jahresbericht der Geschäftsleitung vorzunehmen.

Ziele müssen dokumentiert werden und mindestens den Verantwortungsträgern bekannt sein.

Nachweise:

- Politik
- SGA-Ziele
- SGA-Planung
- To-do-Listen
- Management-Review

Praxistipps und Vorlagen

In der folgenden Tabelle wird dargestellt, wie Ziele und die Planung für die Zielerreichung aufgestellt werden können.

Die Tabelle könnte ggf. um die Spalten „Überwachungszeitraum“, „Stand der Bearbeitung“, „Überprüft am: ... durch: ...“ erweitert werden und somit als Controlling-Instrument dienen.

Vorlage

SGA-Ziele des Jahres 20.. und Planung zur Zielerreichung

Bereich	Ziel	Maß-nahme	Verant-wortlich	Termin	Stand Bearbeitung	Erledigt am: Kürzel:	Überprüft am: Maßnahme wirksam? Kürzel:

Revision: Änderungsdatum: Seite 1 von 1

Normabschnitt „7 Unterstützung“

Normabschnitt „7.1 Ressourcen“

Zuordnung der Anforderungen DIN ISO 45001, OHSAS 18001, Normatives Regelwerk SCC und Safety Culture Ladder im Überblick:

DIN ISO 45001	OHSAS 18001	SCC*	SCC**	SCC^P	SCP	Safety Culture Ladder
7.1	–	–	–	–	–	3.2: 2.5* 3.3: 3.8**

* Auf die Anforderungen wurde bereits unter DIN ISO 45001 Abschnitt 5.1 eingegangen.
** Vgl. hierzu Ausführungen unter DIN ISO 45001 Abschnitt 5.3

Anforderungen DIN ISO 45001, Normatives Regelwerk SCC und Safety Culture Ladder im Einzelnen:

Anforderungen DIN ISO 45001, Abschnitt 7.1

7.1 Ressourcen

Die Organisation muss die erforderlichen Ressourcen für den Aufbau, die Verwirklichung, die Aufrechterhaltung und die fortlaufende Verbesserung des SGA-Managementsystems bestimmen und bereitstellen.

Anforderungen Normatives Regelwerk SCC

keine

Anforderungen Safety Culture Ladder

siehe unter Kapitel „Normabschnitt ‚5.1 Führung und Verpflichtung‘“

vergleiche auch Kapitel „Normabschnitt ‚5.3 Rollen, Verantwortlichkeiten und Befugnisse der Organisation‘“

Interpretation und betriebliche Umsetzung

Die Leitung der betreffenden Unternehmung muss die Verfügbarkeit der benötigten Ressourcen für die Einführung, Verwirklichung, Aufrechterhaltung und Verbesserung des A&G-Managementsystems sicherstellen. Die Ressourcen umfassen das erforderliche Personal, u. U. mit speziellen Befähigungen, natürliche Ressourcen, die Infrastruktur der Organisation, technologische, technische und finanzielle Mittel.

Das zur Verbesserung der A&G-Leistung erforderliche Wissen und entsprechende Fähigkeiten müssen in Bezug auf das Personal vorhanden sein oder erworben werden, dazu kann auch extern bereitgestelltes Know-how zählen. Im Abschnitt 7.1 und unter der revisionierten Norm ist nicht mehr vom A&G-Managementbeauftragten die Rede. Das Management von Sicherheit und Gesundheitsschutz soll sich im Tagesgeschäft etablieren und von den Mitarbeitern, die Verantwortung hinsichtlich sicherheitsrelevanter Themenstellungen tragen, verwirklicht werden. Ihnen soll durch die oberste Leitung entsprechende Unterstützung zukommen. Diese Unterstützung kann sich aus Sicht der Autoren auf folgende Aspekte beziehen:

Verantwortung im A&G-Management kann nur jener tragen, der auch mit den entsprechenden Verantwortungen und Befugnissen ausgestattet ist. Folglich sollten die Aufgaben und Entscheidungsspielräume stärker in

- Bestellungsurkunden
- Stellenbeschreibungen
- Anstellungs- und Arbeitsverträgen

verankert werden.

Aufgaben, Verantwortlichkeiten und Befugnisse müssen festgelegt, dokumentiert und kommuniziert werden, um ein wirkungsvolles Managementsystem zu etablieren. Im Einzelnen bedeutet die Zuweisung von Aufgaben im A&G-Managementsystem:

- Erstellung einer Matrix, an welchen Stellen in den Unternehmensprozessen sicherheitsrelevante Aufgaben, z. B. Prüfungen, Überwachungen, Inspektionen, übernommen werden müssen
- Zuordnung der Funktionen bzw. Personen, die diese Aufgaben übernehmen sollen
- Erstellen eines Anforderungsprofils mit den notwendigen Befähigungen, Kenntnissen und Erfahrungen
- Abgleich mit den vorhandenen Mitarbeiterprofilen
- Ableiten notwendiger Weiterbildungen oder externer Unterstützung
- Integration von Aufgabenstellungen und Befugnissen im A&G-Management in vorhandene Stellen- und Funktionsbeschreibungen, in Bestellurkunden und Arbeitsverträge
- Darstellung der Funktionsträger für den Arbeits- und Gesundheitsschutz im Organigramm, z. B. Beauftragtenwesen (Strahlenschutz, Brandschutz, Gefahrgut).

Hinweis

Für einige Betriebsbeauftragte sowie für Betreiber der Anlagen besteht eine Anzeigepflicht gegenüber der zuständigen Behörde (z. B. für den Strahlenschutzbeauftragten).

So interne Ressourcen nicht ausreichend sind, können auch von externer Seite Unternehmensberater oder Spezialisten, wie z. B. externe Gefahrgutbeauftragte, Brandschutz- und Strahlenschutzbeauftragte etc., hinzugezogen werden. In diesem Fall müssen Verträge mit Auflistung konkreter Pflichten geschlossen werden. Für die Beauftragung einer externen Fachkraft für Arbeitssicherheit muss beispielsweise geklärt werden, ob und wie sie Unterweisungen durchführen soll oder wie das Unfallmeldeverfahren mit ihrer Beteiligung gestaltet wird, da sie nicht ständig vor Ort sein kann.

Besonderes Augenmerk muss die Unternehmensleitung auf die Erfüllung der vom Gesetzgeber oder Unfallversicherungsträger vorgegebenen Leistungszeiten legen. In Deutschland werden Fachkräfte für Arbeitssicherheit und Betriebsärzte gemäß DGUV V2 bestellt. Die dort hinterlegten Zeiten für die Risikogruppen 1–3 müssen mindestens eingehalten werden (0,5 h/anno/Beschäftigtem, 1,5 h/anno/Beschäftigtem oder 2,5 h/anno/Beschäftigtem). Zusätzlich ist der Anhang zur DGUV V2 für die Ermittlung der betriebsspezifischen Einsatzzeiten anzuwenden. Die Checkliste weist Themen auf, die fast jedes Unternehmen betreffen, z. B. Beschäftigung junger Mitarbeiter, älterer Mitarbeiter, sodass in jedem Fall betriebsspezifische Betreuungszeiten entstehen. Für Arbeits- und Gesundheitsschutz-Managementsysteme sind auf der Grundlage der Checkliste zudem gesonderte Betreuungszeiten erforderlich.

Der Umfang der betriebsspezifischen Betreuung richtet sich stets nach der bisherigen A&G-Leistung.

Fazit

Je größer der Nachholbedarf bezüglich der Erfüllung rechtlicher und sonstiger Anforderungen und je schwächer der Arbeits- und Gesundheitsschutz oder das Managementsystem ausgelegt und umgesetzt sind, desto größer wird der betriebsspezifische Aufwand.

Ähnliche Vorgaben für Einsatzzeiten gelten für den Brandschutzbeauftragten. Dessen Einsatzzeiten werden durch die DGUV Information 205-003 (2014) geregelt. Hier gibt der Unfallversicherungsträger ein Beispiel für ein Möbelhaus vor mit mind. 180 Einsatzstunden. Hierfür müssen die erforderlichen zeitlichen Ressourcen durch die Unternehmensleitung gestellt werden.

Die von den Verantwortlichen zu leistenden Stunden sind nachweispflichtig. Den Soll-Stunden sollten demnach Ist-Stunden zugeordnet werden.

Die Unterschreitung der geplanten Einsatzstunden trifft das Organisationsverschulden der obersten Leitung und kann im Fall eines Falles strafrechtliche Konsequenzen nach sich ziehen.

Unter infrastrukturellen Ressourcen (Aspekte der Infrastruktur) werden u. a. gesehen:

Den übertragenen Verantwortungen im Arbeits- und Gesundheitsschutz müssen notwendige Kostenbudgets für Instandhaltungen des Gebäudes, der Anlagen, Ausrüstungen und Betriebsmittel, für interne und externe Überwachungen, Prüfungen, Inspektionen usw. gegenüberstehen. Auch können Investitionen in neue Technik oder Technologie mittel- und langfristig notwendig sein, beispielsweise Investitionen in Absauganlagen, Sprinkleranlagen, Brandschutzwände u. a. m. Entsprechende Investitionspläne belegen die Gewährleistung finanzieller Ressourcen zur Umsetzung des betrieblichen Arbeits- und Gesundheitsschutzes.

Praxistipps und Vorlagen

In Abhängigkeit von der europäischen und nationalen Gesetzgebung sind Verantwortlichkeiten im Arbeits- und Gesundheitsschutz teilweise gesetzlich oder genehmigungsrechtlich verpflichtend zu regeln. In Deutschland beispielsweise sind entsprechend der Art und Größe von technischen Anlagen und deren daraus resultierenden Gefährdungen für die Beschäftigten sogenannte Betriebsbeauftragte zwingend zu bestellen und ggf. an die zuständige Behörde zu melden.

Davon unabhängig müssen Verantwortlichkeiten im betrieblichen Ablauf zur Einhaltung des Arbeits- und Gesundheitsschutzes deklariert und beschrieben werden. Unter 5.3 „Rollen, Verantwortlichkeiten und Befugnisse in der Organisation" stehen Mustertexte zur Verfügung, die die Darstellung der Verantwortlichkeiten erleichtern.

Als zusätzliche Hilfestellung stehen dem Leser Bestellurkunden für gesetzlich Beauftragte in den Anlagen zu diesem Buch und als Download zur Verfügung. Doch auch wer keinen gesetzlich Beauftragten bestellen muss, kann hier Anregungen für die eigene betriebliche Praxis finden.

Hinweis

Beachten Sie:

- Nachweis von Schulungen, Qualifizierungen für die im Arbeits- und Gesundheitsschutz tätigen Personen (interne oder externe Schulungen) sind erforderlich.
- Für gesetzlich oder behördlich zu bestellende Betriebsbeauftragte müssen die entsprechend anerkannten Qualifikationen nachgewiesen werden.
- Wiederkehrende Schulungen zur Aufrechterhaltung der Bestellung als Betriebsbeauftragte müssen im Schulungsplan verankert werden.

Hinweis

Die Bestellurkunden von Verantwortungsträgern im Arbeits- und Gesundheitsschutz müssen von beiden Seiten gezeichnet werden. Einseitige Bestellurkunden sind nicht rechtskräftig.

Die Bestellurkunden für Betriebsbeauftragte können mit Arbeitsplänen verbunden sein. Beispielsweise regt der Gesetzgeber einen Jahresarbeitsplan für den Brandschutzbeauftragten an, der dem Leser als Vorlage für die eigene betriebliche Praxis dienen soll:

Vorlage

Im Rahmen der Tätigkeit als Brandschutzbeauftragter obliegen Ihnen folgende Aufgaben:

(bitte ankreuzen, ergänzen u./o. streichen)

☐	1. Erstellen/Fortschreiben der Brandschutzordnung
☐	2. Mitwirken bei Beurteilungen der Brandgefährdung an Arbeitsplätzen
☐	3. Beraten bei feuergefährlichen Arbeitsverfahren und bei dem Einsatz brennbarer Arbeitsstoffe
☐	4 Mitwirken bei der Ermittlung von Brand- und Explosionsgefahren
☐	5. Mitwirken bei der Ausarbeitung von Betriebsanweisungen, soweit sie den Brandschutz betreffen
☐	6 Mitwirken bei baulichen, technischen und organisatorischen Maßnahmen, soweit sie den Brandschutz betreffen
☐	7. Mitwirken bei der Umsetzung behördlicher Anordnungen und bei Anforderungen des Feuerversicherers, soweit sie den Brandschutz betreffen
☐	8. Mitwirken bei der Einhaltung von Brandschutzbestimmungen bei Neu-, Um- und Erweiterungsbauten, Nutzungsänderungen, Anmietungen und Beschaffungen
☐	9. Beraten bei der Ausstattung der Arbeitsstätten mit Feuerlöscheinrichtungen und Auswahl der Löschmittel
☐	10. Mitwirken bei der Umsetzung des Brandschutzkonzeptes
☐	11. Kontrollieren, dass Flucht- und Rettungspläne, Feuerwehrpläne, Alarmpläne usw. aktuell sind, ggf. Aktualisierung veranlassen und dabei mitwirken
☐	12. Planen, Organisieren und Durchführen von Räumungsübungen
☐	13. Teilnehmen an behördlichen Brandschauen und Durchführen von internen Brandschutzbegehungen
☐	14. Melden von Mängeln und Maßnahmen zu deren Beseitigung vorschlagen und die Mängelbeseitigung überwachen
☐	15. Unterstützen der Führungskräfte bei den regelmäßigen Unterweisungen der Beschäftigten im Brandschutz
☐	16. Aus- und Fortbilden von Beschäftigten mit besonderen Aufgaben in einem Brandfall, z. B. in der Handhabung von Feuerlöscheinrichtungen (Brandschutzhelfer gemäß ASR A2.2)
☐	17. Prüfen der Lagerung und/oder der Einrichtungen zur Lagerung von brennbaren Flüssigkeiten, Gasen usw.
☐	18. Kontrollieren der Sicherheitskennzeichnungen für Brandschutzeinrichtungen und für die Flucht- und Rettungswege
☐	19. Überwachen der Benutzbarkeit von Flucht- und Rettungswegen
☐	20. Organisation und Sicherstellung der Prüfung und Wartung von brandschutztechnischen Einrichtungen
☐	21. Kontrollieren, dass festgelegte Brandschutzmaßnahmen insbesondere bei feuergefährlichen Arbeiten eingehalten werden
☐	22. Mitwirken bei der Festlegung von Ersatzmaßnahmen bei Ausfall und Außerbetriebssetzung von brandschutztechnischen Einrichtungen
☐	23. Unterstützen des Unternehmens bei Gesprächen mit den Brandschutzbehörden und Feuerwehren, Feuerversicherern, den Unfallversicherungsträgern, den staatlichen Aufsichtsbehörden usw.
☐	24. Stellungnahme zu Investitionsentscheidungen, die Belange des Brandschutzes betreffen
☐	25. Mitwirken bei der Implementierung von präventiven und reaktiven (Schutz)maßnahmen im Notfallmanagement, z. B. für kritische Infrastrukturen (Stromausfall), für lokale Wetterereignisse mit Schadenspotenzial (extreme Hitze-/Kältewelle, Starkregen, Sturm, Hagel, Schneelast etc.)
☐	26. Dokumentieren Ihrer Tätigkeiten im Brandschutz
☐	27.
☐	28.

Entnommen aus: DGUV Information 205-003, 2014

Revision: Änderungsdatum: Seite 1 von 1

Auch für die Einsatzzeiten ergeben sich Vorschläge, die als Richtlinien in Betracht gezogen werden sollten:

Vorlage

Ein Brandschutzbeauftragter ist zu bestellen, der folgende Aufgaben durchzuführen hat:

Nr.	**Aufgaben/Tätigkeit** (aus 3.)	**Zeitbedarf** (h/a)
1	Fortschreiben der Brandschutzordnung (Teile A, B, C)	20
2	Mitwirken bei der Ausarbeitung von Betriebsanweisungen, soweit sie den Brandschutz betreffen	15
3	Mitwirken bei baulichen, technischen und organisatorischen Maßnahmen, soweit sie den Brandschutz betreffen	15
4	Mitwirken bei der Umsetzung behördlicher Anordnungen und bei Anforderungen des Feuerversicherers	10
5	Mitwirken bei der Einhaltung von Brandschutzbestimmungen bei Neu-, Um- und Erweiterungsbauten, Nutzungsänderungen, Anmietungen und Beschaffungen	Betriebsspezifischer Bedarf
6	Beratung bei der Ausstattung der Arbeitsstätten mit Feuerlöscheinrichtungen und Löschmitteln	5
7	Kontrollieren, dass Flucht- und Rettungspläne, Feuerwehrpläne, Alarmpläne usw. aktuell sind, ggf. Aktualisierung veranlassen, dabei mitwirken	40
8	Planen, Organisieren und Durchführen von Brandschutzbegehungen	10
9	Teilnahmen an bzw. Durchführen von Brandschutzbegehungen	35
10	Aus- und Fortbilden von Beschäftigten in der Handhabung von Feuerlöscheinrichtungen und von Beschäftigten mit besonderen Aufgaben in einem Brandfall (Brandschutzhelfer)	15
11	Unterstützen der Führungskräfte bei den regelmäßigen Unterweisungen der Beschäftigten im Brandschutz	in (10)
12	Kontrollieren der Sicherheitskennzeichnungen im Brandschutz und für die Rettung	in (9)
13	Überwachen der Benutzbarkeit von Flucht- und Rettungswegen	in (9)
14	Organisation und die Sicherstellung der Prüfung und Wartung von brandschutztechnischen Einrichtungen	15
15	Kontrollieren, dass Brandschutzregeln insbesondere bei feuergefährlichen Arbeiten eingehalten werden	Betriebsspezifischer Bedarf
	Summe	**mindestens 180 plus Nr. 5 und 15**

Tabelle: Beispiel für die Bemessung der Einsatzzeit von Brandschutzbeauftragten entnommen aus: DGUV Information 205-003, 2014

Revision: Änderungsdatum: Seite 1 von 1

Die in Anhang A2 dieses Buches aufgeführten Vorlagen dienen als Anregung für weitere notwendige Bestellurkunden und Regelungen für Arbeitspläne und Einsatzzeiten.

Die Verantwortlichkeiten im Arbeits- und Gesundheitsschutz sollten in einem Organigramm dargestellt werden, siehe Ausführungen zu 5.3 in diesem Buch.

Normabschnitt „7.2 Kompetenz“ und Normabschnitt „7.3 Bewusstsein“

Zuordnung der Anforderungen DIN ISO 45001, OHSAS 18001, Normatives Regelwerk SCC und Safety Culture Ladder im Überblick:

DIN ISO 45001	OHSAS 18001	SCC*	SCC**	SCC^{P}	SCP	Safety Culture Ladder
7.2 7.3	4.4.4	3.1 3.2 3.3 3.4 3.5 3.6	3.1 3.2 3.3 3.4 3.5 3.6 4.2 (optional) 6.2 (optional) 7.2 (optional)	3.1 3.2 3.3 3.4 3.5 3.6 4.2 6.2 (optional) 7.2 (optional)	3.1 3.2 3.3 3.4 3.5 3.6	3.1: 1.3 3.3: 3.7
optional bedeutet: Ergänzungsfrage. **Für die erfolgreiche Erfüllung des SCC-Standards muss eine ausreichende Anzahl an Ergänzungsfragen richtig und vollständig beantwortet werden.**						

Anforderungen DIN ISO 45001, Normatives Regelwerk SCC und Safety Culture Ladder im Einzelnen:

Anforderungen DIN ISO 45001, Abschnitt 7.2 und Abschnitt 7.3

7.2 Kompetenz

Die Organisation muss:

a) die erforderliche Kompetenz von Beschäftigten bestimmen, die ihre SGA-Leistung beeinflussen oder beeinflussen kann;

b) sicherstellen, dass die Beschäftigten auf Grundlage angemessener Ausbildung, Schulung oder Erfahrung kompetent sind (einschließlich der Fähigkeit, Gefährdungen zu erkennen);

c) wenn erforderlich, Maßnahmen einleiten, um die benötigte Kompetenz zu erwerben und aufrechtzuerhalten, und die Wirksamkeit der getroffenen Maßnahmen bewerten;

d) angemessene dokumentierte Information als Nachweis der Kompetenz aufbewahren.

ANMERKUNG Geeignete Maßnahmen können beispielsweise sein: Schulung, Mentoring oder Versetzung von gegenwärtig angestellten Personen, oder Anstellung oder Beauftragung kompetenter Personen.

7.3 Bewusstsein

Beschäftigten muss bewusst gemacht werden:

a) die SGA-Politik und die SGA-Ziele;

b) ihr Beitrag zur Wirksamkeit des SGA-Managementsystems, einschließlich der Vorteile einer verbesserten SGA-Leistung;

c) die Folgen und möglichen Auswirkungen einer Nichterfüllung der Anforderungen des SGA-Managementsystems;

d) Vorfälle und Untersuchungsergebnisse, die für sie relevant sind;
e) Gefährdungen, SGA-Risiken und Maßnahmen, die bestimmt wurden und für sie relevant sind;
f) die Befugnis sich aus Arbeitssituationen zurückzuziehen, die sie als eine unmittelbare und ernste Gefahr für ihr Leben oder ihre Gesundheit einschätzen, sowie die Vereinbarungen zu ihrem Schutz vor unzulässigen Konsequenzen, wenn sie so handeln.

Anforderungen Normatives Regelwerk SCC

Die Fragen SCP, SCC*, SCC**, SCC^P 3.1, 3.2, 3.3, 3.4, 3.5, 3.6 SCC^P, 4.2

Optional SCC**, SCC^P, 7.2 SCC**, 4.2

Schulung und Qualifikation:

- Die fachliche Qualifikation der Beschäftigten ist systematisch sicherzustellen.
- Die Schulung der Mitarbeiter muss gemäß Dokument 016 oder 018 erfolgen. Es müssen 90 % der Mitarbeiter, die mehr als 3 Monate im Unternehmen tätig sind, geschult und einer SCC-Prüfung unterzogen werden.
- SGU-Schulung und -Prüfung der Führungskräfte müssen gemäß Dokument 017 erfolgen. Es müssen 90 % der Mitarbeiter, die mehr als 3 Monate im Unternehmen tätig sind, geschult und einer SCC-Prüfung unterzogen werden.

Schulung für besonders gefährliche Arbeiten:

- Der Schulungsbedarf wird im Rahmen der Gefährdungsbeurteilungen (bereichs- und tätigkeitsbezogen) unter Berücksichtigung des Dokuments 009 „Gefährliche Arbeiten und Tätigkeiten in besonders gefährlichen Arbeitsbereichen“ ermittelt.

SGU-Unterweisungen:

- Unterweisung von neu eingestellten Mitarbeitern und Leiharbeitnehmern
- Alle Mitarbeiter werden mindestens einmal jährlich unterwiesen.
- Unterweisungsthemen: Politik, Gefährdungsbeurteilung, Betriebsanweisungen, Umgang mit PSA, Notfall, Unfälle

Verfahrensanweisung Ausfüllen Sicherheitspass:

- Alle Unterweisungen und Untersuchungen können im Sicherheitspass dokumentiert werden.
- Es muss festgelegt werden, wer berechtigt ist, Eintragungen in den Sicherheitspass vorzunehmen.

Stärkung SGU-Bewusstsein:

- Das SGU-Bewusstsein der Mitarbeiter soll durch gezielte Sonderaktionen gesteigert werden.

Schulung Erste Hilfe, Brandschutz:

- Ermitteln der geforderten Ersthelfer und Brandschutzhelfer
- Ausbildung des Personals
- Schulung der Beschäftigten im Umgang mit Feuerlöschern

Anforderungen Safety Culture Ladder
3.1 Unternehmensaspekt: Führung und Beteiligung
1.3 Belohnung von guten Leistungen
Stufe 2: Sanktionieren von unerwünschtem Verhalten durch Vorstand
Stufe 3: Belohnung von Mitarbeitern für gutes sicherheitstechnisches Verhalten durch den Vorstand
Stufe 4: Belohnung von gutem sicherheitstechnischen Verhalten von Vertragspartnern durch den Vorstand
Stufe 5: vollständige Integration des Themas Arbeitsschutz in Bewertungs- und Belohnungssysteme
3.3 Unternehmensaspekt: Organisation und Vertragspartner
3.7 Kompetenz und Fortbildung
1. Anforderung:
Stufe 2: genehmigtes Budget für Fortbildung
Stufe 3: Sicherstellung der arbeitsschutzbezogenen Kompetenzen auf jeder Position
Stufe 4: Sicherstellung der Weiterentwicklung arbeitsschutzbezogener Kompetenzen durch regelmäßige Überprüfungen
Stufe 5: Definition arbeitsschutzbezogener Kompetenzen durch den Vorstand
2. Anforderung:
Stufe 2: Organisation der verpflichtenden Fortbildungen durch das Management
Stufe 3: Durchführung regelmäßiger Leistungsüberprüfungen
Stufe 4: aktive Beteiligung der Mitarbeiter daran, das erwünschte Arbeitsschutzverhalten sich gegenseitig beizubringen
Stufe 5: aktive Beteiligung der Mitarbeiter an der Definition arbeitsschutzbezogener Kompetenzen
3. Anforderung:
Stufe 2: –
Stufe 3: –
Stufe 4: Kompetenzeinschätzung durch Drittparteien
Stufe 5: Abstimmung der Arbeitsschutzkompetenzen mit dem Sektor
4. Anforderung:
Stufe 2: –
Stufe 3: –
Stufe 4: Beteiligung der operativen Mitarbeiter an der Gestaltung von Fortbildungen
Stufe 5: Mitarbeiter führen Eigenbewertungen der Leistungen im Arbeitsschutz durch

Interpretation und betriebliche Anwendung

Kompetenz (7.2)

Die Ermittlung der notwendigen Kompetenz durch den Arbeitgeber für die Erfüllung der täglichen Arbeitsaufgaben und vor Beauftragung von Mitarbeitern für besondere Tätigkeiten, z. B. als befähigte Person nach TRBS 1203, ist von maßgebender rechtlicher Bedeutung. Der falsche Mann oder die falsche Frau am falschen Platz stellt eines der wesentlichen Indizien für eine strafrechtliche Verurteilung dar. Der Arbeitgeber hat infolge einer falschen Personalauswahl ohne ausreichende Berücksichtigung der Gefährdungslage oder Situation und ohne ausreichende Bewertung der Kompetenz des Mitarbeiters maßgeblich zu einer Gefährdungslage beigetragen. Daher sollte die Auswahl von Personen stets einem gelenkten Verfahren unterliegen, in dem Berufsausbildung, Schulung und Erfahrung ausreichend berücksichtigt werden. Checklisten können dabei unterstützen.

In der DIN ISO 45001 werden unter 7.2 Kompetenz die drei wesentlichen Säulen der Kompetenz für Arbeits- und Gesundheitsschutz definiert:

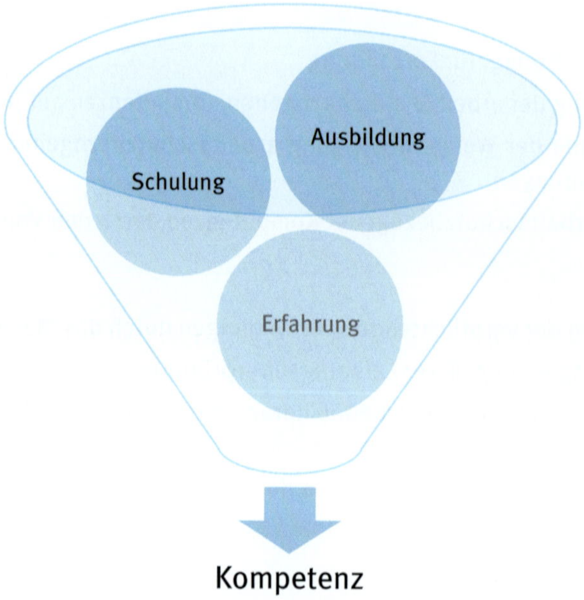

Damit wird deutlich, dass die Ausbildung eines Mitarbeiters allein nicht ausreichend ist. Erst die Schulung zu speziellen Themen und die praktische Erfahrung im Betrieb, an der Anlage, an dem spezifischen Arbeitsplatz begründen die Kompetenz. Deutlich wird dies u. a. bei der Bestellung von befähigten Personen gemäß TRBS 1203. Mit dem Berufsabschluss als Elektriker oder der Meisterausbildung oder eines einschlägigen Studiengangs allein ist die notwendige Kompetenz nicht belegt. Die TRBS 1203 konkretisiert die Voraussetzungen für die erforderlichen Fachkenntnisse einer befähigten Person entsprechend § 2 Abs. 6 der Betriebssicherheitsverordnung.

Befähigte Personen werden durch den Arbeitgeber bestellt, nachdem er geprüft hat, dass die von der TRBS 1203 geforderten Qualifikationen vorhanden sind. In den Praxistipps und Vorlagen zu diesem Kapitel wird eine Checkliste des Forum-Verlags zur Auswahl von befähigten Personen für die Prüfung elektrischer Betriebsmittel abgebildet als Orientierung dafür, welche Anforderungen bezüglich Schulung, Kenntnissen, Fertigkeiten und Erfahrungen der Arbeitgeber im Auswahlverfahren zu berücksichtigen hat. Weitere Beispiele betreffen die Übertragung von Unternehmerpflichten oder auch die Bestellung der verantwortlichen Elektrofachkraft gemäß VDE 1000-10:2009-01.

So die DIN ISO 45001 im Abschnitt 7.2 also fordert, die notwendige Kompetenz der Beschäftigten für das SGA-Managementsystem zu bestimmen, geht es hier nicht nur um die Grundqualifikationen. Vielmehr sollten über Weiterbildungen und Arbeiten in Projekten oder an bestimmten Maschinen und Anlagen erlangte Kenntnisse, Fertigkeiten und Erfahrungen betrachtet werden.

Hierzu ist ein Instrumentarium aufzubauen, welches dem Arbeitgeber einen Überblick über den Stand der Kompetenz seiner Beschäftigten ermöglicht. Dies kann über Personaldatenbanken oder auch mithilfe von Excel-basierten Übersichten erfolgen. Einen Ansatz zur Darstellung der Kompetenz liefert die folgende Matrix:

Kompetenzmatrix:

Name, Vorname des Mitarbeiters	Qualifikation	Beschäftigt seit: als: Betriebs-/ Anlagenteil:	Weiter-bildungen	Befähigte Person TRBS 1203	Schaltbe-rechtigung unter 1 kV	Schaltbe-rechtigung über 1 kV	usw.
Müller, Igor	Elektriker seit xy	1995 Leiter Instand-haltung Elektrik Zementwerk	VDE 1000-10: 2009-01	Prüfung ortsverän-derlicher und orts-fester Elektrogeräte gemäß DGUV V3	seit 2000	seit 2002	

So oder ähnlich könnten die Aus- und Weiterbildungen sowie Erfahrungen der Mitarbeiter systematisch erfasst werden. Mithilfe dieser Übersicht wird es darüber hinaus möglich, fehlende Kompetenzen schneller zu entdecken, eine gezielte Personalentwicklung im Bereich Arbeits- und Gesundheitsschutz zu gewährleisten und rechtzeitig auf altersbedingte Fluktuationen zu reagieren.

Training versus Schulung:

In den meisten Normen wird der englische Begriff „Training“ mit Schulung übersetzt. Schulung steht für Einweisung, Unterweisung und auch Training. Sehr oft ist aber der im Deutschen verwendete Begriff „Training“ zutreffender. Denn im Training übt man bereits Erlerntes, hält es aufrecht, oder man studiert etwas Neues ein. Wie im Sport.

Denkanstoß zum Training:

Statement eines Fußballfans: „Die Kicker von meinem Lieblingsverein trainieren hart. Viermal die Woche! Nächste Woche ist Lokalderby, dann werden wir den Erzrivalen sicher schlagen.“

Eine provokante Frage: „Warum tun die das? Können die kein Fußball spielen?“

Antwort: „Klar können die Fußball spielen, das Spiel ist sehr wichtig. Sie möchten besser werden. Sie müssen sich auf den Gegner gezielt einstellen!“

Training bedeutet Beibehalten des Erlernten, gezieltes Einstellen auf Gefahrensituationen, routiniertes Vorgehen in sicherheitskritischen und Notfallsituationen. Ohne Training wird Erlerntes

- wieder aufgegeben,
- Verbesserungen werden nicht mehr erreicht.

Kein Training bedeutet sicherheitstechnisch gesehen

- erst Stillstand,
- dann Risiko.

Schulungsplanung:

Trainings bzw. Schulungen bedürfen der zielgerichteten Planung in Unternehmen. Inputs für die Planung sind gemäß Anhang A.7.2 der Norm vor allem:

Die Schulungsplanung muss selbstverständlich die Sicherheitslücken und die daraus resultierenden Maßnahmen berücksichtigen wie auch die individuellen Fähigkeiten der Mitarbeiter. Der Wert der Beteiligung von Mitarbeitern wird nicht unwesentlich von deren Wissensstand abhängig sein. Wo möglich, sind stets technische (automatisierte) Maßnahmen vorrangig zu treffen, bevor organisatorische Anweisungen umgesetzt werden. Dort, wo die Komplexität der Prozesse und ein hoher Grad an Gefährdung vorherrschen, bedarf es zusätzlich einer hohen Kompetenz der Mitarbeiter mit einem hohen Grad an Beteiligung bei der Gestaltung des SGA-Managementsystems.

Für die Planung der Schulungen ist der Schulungsbedarf zu ermitteln. Dabei sollten auch die Anregungen und Hinweise der Beschäftigten aufgenommen werden. Sie kennen ihre Unsicherheiten oder den Bedarf an Schulung aus der täglichen Praxis. Zusätzlich ergibt sich der Schulungsbedarf

- resultierend aus den rechtlichen Vorschriften,
- resultierend aus den rechtlichen Veränderungen,
- resultierend aus den persönlichen Schulungsdefiziten des Mitarbeiters,
- resultierend aus den Erkenntnissen der Gefährdungsbeurteilung,
- resultierend aus der Analyse der Unfälle, Vorfälle und Beinahe-Unfälle.

Die Entscheidung, ob und inwieweit diese Schulungsbedarfe außerhalb der Rechtserfordernis in den Schulungsplan aufgenommen werden, trifft die oberste Leitung.

Der Schulungsplan wird einmal jährlich aufgestellt. Er umfasst sowohl interne als auch externe Schulungen bzw. Unterweisungen.

Schulungen sollen je nach Bildungsbedarf auf allen Ebenen durchgeführt werden.

Schulungen im SGA-Managementsystem umfassen u. a. Themen wie:

- Ausbildung/Qualifizierung von Sicherheitsbeauftragten (wünschenswert alle zwei Jahre)
- Ausbildung/Weiterbildung von Ersthelfern (alle zwei Jahre)

- Qualifizierung von Fremdfirmenkoordinatoren
- Ausbildung von Kranführern, Gabelstaplerfahrern, Elektrofachkräften
- Schulung zur Übertragung von Unternehmerpflichten
- Schulungen im Gefahrstoff-/Gefahrgutrecht
- Sachkundelehrgänge für Leiterbeauftragte
- Ausbildung von Betriebsbeauftragten (z. B. für Brandschutz)
- Jährliche Unterweisung der Mitarbeiter
- Jährliche Unterweisung nach GefahrstoffV aller Mitarbeiter

Woraus konkret sich Erfordernisse für Schulungen ergeben, soll an einigen ausgewählten Beispielen verdeutlicht werden:

Schulungen zu Betriebsanweisungen:

Für den Umgang mit Gefahrstoffen müssen in Deutschland anhand der Inhalte der Sicherheitsdatenblätter Betriebsanweisungen erstellt werden. In diesen Betriebsanweisungen werden u. a. der bestimmungsgemäße Gebrauch, mögliche Risiken und das Verhalten im Notfall beschrieben. Über die Inhalte der Gefahrstoffanweisungen sind Mitarbeiter zu unterweisen, um Unfälle zu vermeiden. Die Unterweisung sollte durch den Vorgesetzten und direkt an den Arbeitsplätzen erfolgen, an denen mit Gefahrstoffen umgegangen wird.

In der Praxis gibt es gute Erfahrungen mit sogenannten Toolboxen oder Tale-Gate-Meetings direkt am Arbeitsplatz kurz vor Arbeitsbeginn.

Schulen und Erproben von Notfallsituationen:

Es muss sichergestellt sein, dass stets eine ausreichende Anzahl für Notfälle geschulter Mitarbeiter verfügbar ist. In einer Notfallsituation muss man sich auf das geschulte Personal absolut verlassen können. Evakuierungsübungen und die Simulation von Notfällen sind für die praktische Erprobung theoretisch vermittelter Kenntnisse unerlässlich.

Trainings zu gefährlichen Arbeiten:

Siehe hierzu auch Dokument 009 des SCC-Regelwerks. Gefährliche Arbeiten sind jene Tätigkeiten, die im Ereignisfall zu irreversiblen körperlichen Schäden oder auch zum Tod führen können. Solche Tätigkeiten sind mittels einer Gefährdungsbeurteilung zu ermitteln. Über besondere Gefährdungen sind Mitarbeiter ausreichend zu schulen. Aus Erfahrung geht mit langjähriger Beschäftigung in besonders gefährdeten Bereichen eine Routine einher, die das eigentliche Risiko unterschätzt (Solange ich hier arbeite, ist noch nie etwas passiert!). Routine stellt ein nicht zu unterschätzendes Moment dar. Die Aufmerksamkeit des Mitarbeiters sinkt, das Risiko potenziert sich. Unterweisungen sind daher umso wichtiger bei Tätigkeiten mit hohem Gefährdungspotenzial.

Befähigung von Verantwortungsträgern im SGA-Managementsystem:

Verantwortungsträger im SGA-Managementsystem sollten über die notwendige Kompetenz verfügen, um dem Thema Arbeits- und Gesundheitsschutz in der Organisation entsprechendes Gewicht zu verleihen. Die Qualifizierungen sollten sich sowohl auf fachliche Inhalte stützen als auch auf fundierte Kenntnisse im jeweiligen Managementsystem. Wichtig erscheint auch die Qualifizierung als interner Auditor. Für spezielles Fachwissen, z. B. zu Themen des Brand- oder Explosionsschutzes, können interne und externe Experten zurate gezogen werden.

Qualifizierung interner Auditoren:

Interne Audits können nur von qualifizierten und erfahrenen Auditoren durchgeführt werden. Das Unternehmen muss eine Liste der qualifizierten und von der Unternehmensleitung bestellten Auditoren führen. Nur so ist eine qualifizierte Überprüfung des Managementsystems möglich. Die Auditoren sollten Normen, Regeln, Techniken und Methoden erlernen, um normkonform gemäß DIN EN ISO 19011 zu auditieren. Eine Schulung zum internen Auditor ist unabdingbar.

Befähigung zur Gefährdungsbeurteilung:

Mitarbeiter müssen auf allen Ebenen der Organisation befähigt werden, Gefährdungsbeurteilungen durchzuführen bzw. am Prozess der Gefährdungsbeurteilung mitwirken zu können. Schulungen zur Methodik der Gefährdungsermittlung und -bewertung sind daher unverzichtbar.

Erwerb besonderer Qualifikationen und Kenntnisse:

Für die Ausführung wiederkehrender Prüfungen an prüfpflichtigen Anlagen müssen Mitarbeiter über besondere Sachkunde verfügen. Die Zugangsvoraussetzungen und die geforderte fachliche Qualifikation sind national unterschiedlich geregelt. In der Regel sind zu den Facharbeiterqualifikationen weitere Schulungen notwendig, um Hebezeuge, Anschlagmittel, Regaleinrichtungen usw. prüfen zu dürfen. Aus der praktischen Erfahrung heraus empfiehlt es sich, hierfür eine unternehmensinterne Übersicht über befähigte/sachkundige Personen im Unternehmen zu führen. Aus dieser Übersicht lassen sich notwendige Vertretungsregelungen oder perspektivischer Ersatz des Sachkundigen ableiten, was für eine mittelfristige Schulungsplanung wichtig erscheint.

Schulungen nach SCC-Dokument 016 und 018 operativ tätiger Mitarbeiter:

Schulungen nach SCC-Regelwerk Dokument 016 und 018 sind für alle im Geltungsbereich des Managementsystems operativ tätigen Mitarbeiter Pflicht. Geschult werden mindestens 90 % der Arbeitnehmer, die länger als drei Monate im Betrieb beschäftigt sind.

In Deutschland ist es zulässig, die Schulung und Prüfung nach Dokument 016 zu absolvieren.

Die Prüfungsfragen werden aus dem SCC-Prüfungsfragenkatalog entnommen. Der Prüfungsfragenkatalog kann beim DGMK, Deutsche Wissenschaftliche Gesellschaft für Erdöl, Erdgas und Kohle e. V., bezogen werden. Die Prüfung für operative Mitarbeiter kann durch eine Fachkraft für Sicherheit abgenommen werden. Das von der Fachkraft für Arbeitssicherheit ausgestellte Zertifikat ist zehn Jahre gültig.

Sollten Projekte im Ausland erfolgen, so muss die Prüfung nach Dokument 018 durchgeführt werden. Die Prüfung muss in diesem Fall durch eine akkreditierte Personalzertifizierungsgesellschaft erfolgen. Sie ist zehn Jahre gültig.

Schulungen nach SCC-Dokument 017 Führungskräfte:

Führungskräfte der operativen Ebene sind weisungsbefugt und an der Leistungserbringung beteiligt. Diese stehen in der Regel über der Ebene des Vorarbeiters. In einigen Fällen kann es sinnvoll sein, auch den Vorarbeiter die Prüfung für Führungskräfte absolvieren zu lassen, z. B., wenn der Vorarbeiter wesentliche Überwachungsfunktionen vor Ort übernehmen muss.

Es müssen 90 % aller Führungskräfte, die länger als drei Monate im Betrieb beschäftigt sind, geschult und geprüft werden. Die Prüfung muss durch eine akkreditierte Personalzertifizierungsgesellschaft erfolgen. Die Prüfung ist zehn Jahre gültig.

In diesem Zusammenhang ist es sinnvoll, die SCC-Schulungen in ihrer Gründlichkeit zu überwachen. Hier ein Beispiel dafür.

Beispiel

Liste der SCC-Schulungen für operative Mitarbeiter und Führungskräfte

Mitarbeiter	Prüfung am	Inhalt der SCC-Schulung	Gültigkeit bis
H. Müller	19.02.2015	Prüfung von operativ tätigen Führungskräften	18.02.2025
D. Lehmann	19.02.2015	Prüfung von operativ tätigen Führungskräften	18.02.2025
U. Höpfner	07.04.2017	SGU-Intensiv-Seminar für operativ tätige Mitarbeiter	06.04.2027
A. Harnack	30.03.2018	SCC-Prüfung von Führungskräften	29.03.2028
H.-J. Uhde	17.10.2019	Weiterbildung SCC-Führungskräfte	16.10.2029

Nachweisführung für Schulungen im Sicherheitspass:

Der DGMK-Sicherheitspass (Personal Safety Logbook) soll als Nachweisdokument zur Vorlage bei den Hauptauftraggebern dienen. Im Sicherheitspass werden alle Schulungen, auch projektbezogene, dokumentiert. Dazu gehören u. a. die Schulung nach Dokument 017/018, Schulungen durch den Auftraggeber und auch eigene Qualifikationen. Es ist in einer Anweisung festzulegen, wer Eintragungen in den Sicherheitspass vornehmen darf, vgl. Vorlage unter „Praxistipps und Vorlagen“ zu diesem Normabschnitt.

Schulung des Umweltbeauftragten für SCC:

Wenn ein Umweltbeauftragter benannt wird, sollte er über Kenntnisse zu allgemeinen Themen des betrieblichen Umweltschutzes verfügen. Sollte aufgrund eines Gesetzes, einer Verordnung oder durch eine Behörde ein Beauftragter gefordert sein, so sind die entsprechenden Schulungen, z. B. für Abfall, Gefahrgut, Brandschutz, zu planen und durchzuführen.

Schulung von befristet Beschäftigten und Fremdfirmen:

Nicht nur Mitarbeiter, sondern auch Saisonarbeitskräfte, Leiharbeitnehmer oder auch Besucher und Fremdfirmen müssen sicherheitstechnisch unterwiesen werden. Die Unterweisung muss vor Arbeitsantritt bzw. vor Begehung des Betriebsgeländes nachweislich erfolgen. In den meisten Fällen erhalten kurzfristig beschäftigte Mitarbeiter die gleiche Unterweisung der im Einsatzbereich tätigen Mitarbeiter. Besucher werden vor allem in allgemeine sicherheitstechnische Verhaltensweisen, auch für den Notfall, eingewiesen. Best-Practice-Beispiele sind kleine Sicherheitskarten mit wichtigen Informationen und Notrufnummern, die am Mann getragen werden können.

Instandhaltungs- und Prüfunternehmen sind neben den allgemeinen Sicherheitsregeln auch über die spezifischen im Zusammenhang mit ihrer Tätigkeit stehenden Gefährdungen zu unterweisen.

Beachte: Bei Fremdfirmen wird immer nur der Koordinator eingewiesen. Dieser nimmt die Unterweisung seiner nachrangigen Arbeitnehmer vor.

Aus den obigen Beispielen wird deutlich, dass eine Schulungsbedarfserfassung sich aus vielen unterschiedlichen Quellen speist.

Auf der Grundlage der Schulungsbedarfsermittlung wird der Schulungsplan abgeleitet. Er umfasst in der Regel die Planung für ein Jahr. Unter Praxistipps und Vorlagen wird eine Vorlage für die Schulungsplanung vorgestellt.

Schulungserfolgsbewertung:

Nach der Schulung sollte immer der Schulungserfolg hinterfragt werden. War die Schulung wirksam? Waren die Inhalte der Schulung für die Organisation wichtig und zutreffend? Kann der Mitarbeiter das Erlernte anwenden? Traut er sich dies nach der Schulung zu?

Schulungsnachweise:

Wie im Normabschnitt 7.2 gefordert, sind Schulungsnachweise, teils aus rechtlichen Erfordernissen, im Unternehmen aufzubewahren.

Zusammenfassend soll der Planungsprozess von Schulungen in seiner Gesamtheit noch einmal grafisch dargestellt werden:

Safety Culture Ladder beschäftigt sich aus einer anderen Perspektive mit der Schulungsplanung. Im Wesentlichen geht es hier um Budgets und die Beteiligung des Managements und der Mitarbeiter am Planungsprozess.

Das Basisniveau fordert die Bildung eines Budgets für Fortbildungen und Auffrischungskurse. In der Stufe 3 werden die Kompetenzanforderungen an die Stelle definiert, um hiervon zielgerichtet Notwendigkeiten für Qualifizierungen festzulegen (und nicht nur Auffrischungskurse). Der Umfang der Weiterbildungsmaßnahmen erweitert sich dadurch. In Stufe 4 soll durch regelmäßige Überprüfungen zum Arbeitsschutz die Weiterentwicklung von Kompetenzen sichergestellt werden. Man denke beispielsweise an persönliche Entwicklungspläne auf der Grundlage einer Einschätzung der Arbeitsschutzleistung. Diese wird

- an der Einhaltung der Rechtsvorschriften,
- an der Meldung von Vorfällen,
- am Einreichen von Verbesserungsvorschlägen,
- am gegenseitigen Ansprechen auf unerwünschtes Arbeitsschutzverhalten

gemessen.

Auf höchster Stufe hat der Vorstand bereits arbeitsschutzbezogene Kompetenzen definiert, die

- Wissen und
- Fertigkeiten in der Organisation, Kommunikation, Motivation und dem Ansprechen von Missständen

umfassen.

Die zweite Forderung setzt in Stufe 2 voraus, dass das Management bereits verpflichtende Fortbildungen mittels Monitoringsystem organisiert. In der höheren Stufe führt das Management unter Einbeziehung externer Spezialisten eine Leistungsbewertung durch mit dem Ziel der Schließung von Lücken und Erhöhung der sicherheitstechnischen Performance. Stufe 4 verfolgt das Train the Trainer-Konzept. Mitarbeiter werden qualifiziert, um das Wissen in der Organisation weiterzutragen. Dafür müssen die Trainer schriftlich ernannt werden. Ziel ist es, eine entsprechende Weiterbildungskultur herauszuarbeiten, das einer vom anderen lernen kann. Auf der höchsten Stufe sind die Mitarbeiter an der Definition der arbeitsschutzbezogenen Kompetenzen beteiligt (und nicht nur der Betriebsrat).

Die dritte Forderung beginnt auf Stufe 4. Das Management vergewissert sich der Kompetenz von operativen Mitarbeitern durch Anwendung eines Systems zur arbeitsschutzbezogenen Überprüfung von Mitarbeitern durch Dritte. Stufe 5 erfordert die Zusammenarbeit mit dem Sektor an der Entwicklung arbeitsschutzbezogener Kompetenzen und Förderung des Bewusstseins.

Die vierte Forderung beginnt wiederum auf Stufe 4. Mitarbeiter werden durch das Management aktiv an der Entwicklung und Durchführung von Fortbildungen beteiligt. In der Stufe 5 bewerten operative Mitarbeiter regelmäßig ihre eigene Leistung.

Bewusstsein (7.3)

Für ein funktionierendes SGA-Managementsystem ist die Einbeziehung aller Mitarbeiter unabdingbar. Sie müssen über die SGA-Politik und die Ziele informiert sein und sich in das Managementsystem einbringen können. Die Bedeutung des Arbeits- und Gesundheitsschutzes ist ihnen immer wieder bewusst zu machen, beispielsweise über Sicherheitstage, Informationsschreiben zu Unfällen, Sicherheitsfibeln, Notfallübungen usw.

Der wichtigste Punkt in Sachen Bewusstseinsbildung ist die Sensibilisierung der Mitarbeiter auf die vorherrschenden Gefährdungen und die Folgen der Nichtbeachtung von Sicherheitsanweisungen. Beschäftigte sollen in die Lage versetzt werden, Gefährdungen rechtzeitig zu erkennen und sich selbst vor Gefahrensituationen zu schützen. Dies wiederum bedarf eines wiederkehrenden Trainings wie zuvor beschrieben.

SCC-Forderung: Stärkung des SGU-Bewusstseins:

Um das Bewusstsein für SGU zu fördern, sind Aktionen zu planen und durchzuführen. Dies können Aktionstage in Verbindung mit den Krankenkassen, der Feuerwehr, dem Arbeitsmedizinischen Dienst und den Rettungsorganisationen sein. Art und Umfang der Aktionen sind unter Berücksichtigung der betrieblichen Gefährdungen und Risiken zu planen.

Safety Culture Ladder – Belohnung von guten Leistungen:

Im Safety Culture Ladder-System wird die Bewusstseinsbildung bei den Mitarbeitern mit Belohnungssystemen unterstützt. Sicherheitswidriges Verhalten soll nicht toleriert werden, in einer weiteren Stufe wird sicherheitskonformes Verhalten belohnt. Die Herausbildung einer Sicherheitskultur wird durch eine Integration des Themas Arbeitsschutz in das Bewertungs- und Belohnungssystem zielgerichtet unterstützt.

Safety Cultur Ladder setzt in 1.3 „Belohnung von guten Leistungen“ auf die Bewusstseinsförderung bei Mitarbeitern durch Einführung und Anwendung von Vorschlags- und Belohnungssystemen. Beginnend mit der Nicht-Toleranz von sicherheitswidrigem Verhalten soll vorbildliches Sicherheitsverhalten positiv herausgestellt und über Belohnung gefördert werden. Dabei ist die Art der Belohnung zweitrangig. Sie reicht von einer positiven lobenden Erwähnung bis hin zu Auszeichnungen oder Vergütungen. Sie kann auch Bestandteil der SMART-Ziele werden und damit mit anderen Faktoren zu einem Anreizsystem zählen. Sicherheitsleistung soll bei Beförderungen von Mitarbeitern eine Rolle spielen. Dazu ist es zunächst unerlässlich, sicherheitskonformes Verhalten zu definieren. Welches sind die sicherheitstechnischen Anforderungen? Wie sollen diese umgesetzt werden? Was ist Basisniveau? Was ist eine gute Sicherheitsperformance?

Safety Culture Ladder belässt es in Stufe 4 nicht bei den Mitarbeitern. Wer eine gute Performance zu diesem Thema zeigen will, muss auch das Sicherheitsverhalten der Vertragspartner im Auge behalten. Belohnungssysteme sollen auch für Vertragspartner eingesetzt werden.

In der letzten und höchsten Stufe soll eine vollständige Integration des Verhaltens im Arbeitsschutz in Bewertungs- und Belohnungssysteme einfließen. Eine Unterscheidung zwischen eigenen Mitarbeitern und Vertragspartnern soll nicht mehr erfolgen. In der Befragung müssen Manager Beispiele für die Anwendung des Belohnungssystems für eigene Mitarbeiter und Vertragspartner vorweisen können. Beispiele für die Erfassung und Bewertung des Arbeitsschutzverhaltens müssen als Nachweis der Erfüllung der Anforderungen in Stufe 5 nachvollziehbar sein.

Dokumentierte Informationen:

Zu den in diesem Kapitel geforderten dokumentierten Informationen zählen u. a.:

- Schulungsbedarfsermittlung
- Schulungsplan
- Schulungserfolgsbewertung
- Unterweisungsnachweise
- Fremdfirmen- und Besucherbelehrungen
- Tests

Praxistipps und Vorlagen

Richtungsweisend wird an dieser Stelle eine Vorlage für die Schulungsplanung abgebildet:

Vorlage

Schulungsplan

Schulung		Ziel-gruppe	Verant-wortlich	Termin	Veranstalter	Erledigt am	Einschätzung Schulungs-erfolg/Wirk-samkeit der Schulung
1.							
2.							
3.							
4.							
5.							

Ort, Datum

Geschäftsführer

Revision: Änderungsdatum: Seite 1 von 1

Der Plan stellt die geplanten Schulungen, den Schulungsumfang, den Schulungszeitraum, den Teilnehmerkreis, ggf. den gewünschten Ausbilder in einer Tabelle zusammen. Das Dokument kann gleichzeitig zur Schulungsabrechnung und -bewertung genutzt werden. Hierzu werden zwei zusätzliche Spalten „erledigt“ und „Bewertung der Schulung/Wirksamkeitsüberprüfung“

eingefügt, die häufig vom SGA-Managementbeauftragten in Rücksprache mit den Teilnehmern ausgefüllt werden.

Die Bewertung der Wirksamkeit von erfolgten Qualifizierungen rückt in allen revidierten Managementsystemen in den Vordergrund. In der Praxis erweist es sich häufig schwierig, die Wirksamkeit zu bewerten. Hierzu eine Vorlage, die aus zwei Teilen besteht (ein Teil für den Teilnehmer, ein Teil für den Vorgesetzten zum Ausfüllen):

Vorlage

Wirksamkeitsbewertung von Schulungen

Teilnehmer:	**Name:**	**Vorname:**
1. Kann ich/konnte ich das Gelernte in der Praxis umsetzen?		
☐ ja	☐ nein	☐ nicht zutreffend
2. Hat die Schulung geholfen oder ist sie geeignet, kritische Situationen zu vermeiden?		
☐ ja	☐ nein	☐ nicht zutreffend
3. Hat die Schulung dazu beigetragen, das Bewusstsein für Gefährdungen und das Befolgen von Sicherheitshinweisen zu fördern?		
☐ ja	☐ nein	☐ nicht zutreffend

Sonstige Anmerkungen:

____

Datum Unterschrift

Vorgesetzter:	**Name:**	**Vorname:**
1. Kann der Mitarbeiter die Aufgaben in der Praxis unter Wahrung der sicherheitstechnischen Anforderungen besser bewältigen?		
☐ ja	☐ nein	
2. Konnten mit der Schulung kritische Situationen eher vermieden werden?		
☐ ja	☐ nein	
3. Setzt der Mitarbeiter seine gewonnenen Erkenntnisse in seinem Arbeitsschutzverhalten um?		
☐ ja	☐ nein	
4. Bewertung der Wirksamkeit: i. O.?		
☐ ja	☐ nein	
5. Nachschulung erforderlich?		
☐ ja	☐ nein	

Andere Maßnahmen?

____

Datum Unterschrift

Revision: Änderungsdatum: Seite 1 von 1

Eine Möglichkeit, das Vorgehen bei der Schulungsplanung, Themenauswahl und Schulungsabwicklung zu beschreiben, stellt nachstehendes Kapitel aus einem SGA-Handbuch dar, das auf eigene Belange gern adaptiert werden kann.

Vorlage

Handbuchkapitel: Sicherstellen von Kompetenz und Bewusstsein

1 Zweck

Durch gezielte Personalauswahl sowie durch Aus- und Weiterbildung unserer Mitarbeiterinnen und Mitarbeiter wird sichergestellt, dass an allen Arbeitsplätzen nur ausreichend sicherheitstechnisch geschultes Personal mit entsprechenden Fähigkeiten und Erfahrungen eingesetzt wird.

2 Geltungsbereich

Es sind dahingehend Maßnahmen zu ergreifen, dass Mitarbeiterinnen und Mitarbeiter entsprechend den Anforderungen an den Arbeitsplatz eingesetzt werden und die Arbeitsaufgaben entsprechend dem Arbeitsvertrag und den Sicherheitsanweisungen sicherheitskonform erfüllen können.

3 Zuständigkeiten

Geschäftsführer

Der Geschäftsführer ist als Verantwortlicher des Personalwesens für die Festlegung des Personalbedarfs und der Personalanforderungen, für die Planung der Mittel und die Freigabe und Organisation der Durchführung der internen und externen Unterweisungen, Aus- und Weiterbildungsmaßnahmen verantwortlich.

4 Durchführung und Dokumentation

Einmal jährlich wird der Schulungsbedarf über Mitarbeitergespräche durch den Fachvorgesetzten erfasst und in ein Formblatt zur Schulungsbedarfserfassung eingetragen. Auf dieser Grundlage sowie aus rechtlichen und sonstigen Anforderungen, beispielsweise des Konzerns, wird einmal jährlich ein Schulungsplan für interne und externe Schulungen vom Leiter Personal erstellt und vom Geschäftsführer gemäß Budget freigegeben.

Schulungen betreffen vor allem:

- die Aus- und Weiterbildung gesetzlich oder behördlich verlangter Beauftragter, z. B. Brandschutz-, Gefahrgut-, Strahlenschutzbeauftragter
- die Weiterbildung der Sicherheitsfachkraft und des Arbeitsmediziners
- die Aus- und Fortbildung der Sicherheitsbeauftragten, Ersthelfer und Brandschutz- und Evakuierungshelfer
- fachliche Qualifikationen beispielsweise zur Erlangung von Schaltberechtigungen
- Weiterbildungen der Elektrofachkräfte und der verantwortlichen Elektrofachkraft
- Qualifizierung von befähigten oder sachkundigen Personen usw.

Schulungsnachweise sind der Personalabteilung in Kopie zeitnah nach Beendigung des Seminars einzureichen. Hinsichtlich einer optimierten Planung sind der Personalabteilung u. U. Wiederholungsfristen der Ausbildung mitzuteilen.

Schulungsnachweise werden gemäß gesetzlicher Aufbewahrungsfrist und unter Einhaltung datenschutzrechtlicher Bestimmungen aufbewahrt.

Der Schulungserfolg wird nach Abschluss externer und ausgewählter interner Schulungen per Formblatt von einem Teilnehmer bewertet. Weiterhin wird eine Gesamteinschätzung des jewei-

Revision: Änderungsdatum: Seite 1 von 2

ligen Seminars auf dem Schulungsplan gegeben. Die Schulungsbewertung stellt die Grundlage für die Auswahl des Bildungsträgers oder auch der Weiterbildungsveranstaltungen dar.

Schulungen im Bereich Arbeits- und Gesundheitsschutz werden in die Sicherheitspläne eingetragen.

Aus- und Weiterbildung der Fachkraft für Arbeitssicherheit

Die Sicherheitsfachkraft verfügt über die entsprechende Ausbildung für Sicherheitsingenieure und informiert sich über neueste Entwicklungen auf dem Gebiet der Sicherheit, z. B. Risikoanalyse und Arbeitshygiene, wodurch eine kontinuierliche Weiterbildung gewährleistet ist.

SGA-Ausbildung für Führungskräfte

Es ist wichtig, dass alle Führungskräfte über eine offizielle SGA-Schulung verfügen, damit der Sicherheitsgedanke in alle Tätigkeiten des Unternehmens integriert wird. Als Führungskräfte gelten die bauleitenden Monteure.

Die namentliche Auflistung der Führungskräfte der Mustermann GmbH ist als Anlage zum SGA-Handbuch aufgenommen.

Alle Führungskräfte verfügen über eine anerkannte SGA-Ausbildung.

Die Mustermann GmbH stellt sicher, dass alle Führungskräfte entsprechend den Erfordernissen geschult und weitergebildet werden.

Jährlich wird der Bedarf an Aus- und Weiterbildung durch die Personalabteilung in Zusammenarbeit mit der SIFA ermittelt und in den Jahresplan für interne und externe Schulungen aufgenommen. Der Plan wird von der Geschäftsleitung genehmigt.

Die internen wiederkehrenden Schulungen durch die SIFA werden dazu genutzt, die Mitarbeiter über neue Regelungen und Vorschriften und über Änderungen im SGA-System zu informieren, sowie zur Auswertung von Unfällen und besonderen Vorfällen.

Die Dokumentation der Schulung erfolgt in Form von Schulungsnachweisen, Teilnahmebescheinigungen und Rechnungen. Für die Aufbewahrung dieser Unterlagen ist die Personalabteilung zuständig.

5 Mitgeltende Unterlagen

Arbeitsverträge

Qualifikationsnachweise

Aufzeichnungen über Mitarbeitergespräche

Schulungsplan

Schulungsbedarfserfassung

Formblatt Schulungserfolgsbewertung

Sicherheitspässe

Revision:	Änderungsdatum:	Seite 2 von 2

Ein weiteres Handbuchkapitel beschreibt die Vorgehensweise bei Unterweisungen:

Vorlage

Handbuchkapitel: Durchführung von sicherheitstechnischen Unterweisungen

1 Unterweisung neuer Mitarbeiter

Neu eingestellte Mitarbeiter werden vor ihrem Arbeitsantritt durch die SIFA oder einen Beauftragten einer Erstbelehrung unterzogen. Führungskräfte und Verwaltungsmitarbeiter unterweist ebenso die SIFA.

Die einstündige Erstbelehrung gliedert sich in einen allgemeinen und einen fachspezifischen Teil mit folgendem Inhalt:

- Allgemeine Vorschriften (in Deutschland: DGUV V 1), Rechte und Pflichten der Arbeitnehmer
- Unternehmensaufbau, Ansprechpartner in Fragen des Arbeits-, Gesundheits- und Umweltschutzes
- SGA-Politik und Ziele
- SGA-Grundregeln
- Alkohol- und Drogenverbot
- bestehende und mögliche Gefährdungen
- Anwendung von PSA
- Umgang mit Gefahrstoffen
- Betriebsanweisungen für Maschinen und Tätigkeiten
- zuständiger Arbeitsmediziner, Aufklärung über Inanspruchnahme des Betriebsarztes
- Ersthelfer, Sicherheitsbeauftragte im Bereich
- Erste-Hilfe-Einrichtungen
- Versicherung über BG
- betriebliches Meldesystem für Unfälle, Vorfälle und unsichere Situationen, Arbeits- und Wegeunfälle
- Verhalten bei Unfällen und in Notsituationen
- Brandschutz
- Sicherheitsvorschriften und Meldesystem des Auftraggebers
- Flucht- und Rettungspläne
- sicherheitstechnische Besonderheiten
- Führen von PKW/Transportern

Werden vom Auftraggeber Unterweisungsthemen vorgegeben, sind sie in die Erstbelehrung einzubeziehen, sofern diese Unterweisung vom Auftraggeber nicht selbst vorgenommen wird.

Der Mitarbeiter bescheinigt die Teilnahme an der Unterweisung auf dem entsprechenden Unterweisungsformular. Zu diesem Formular gehört eine zweiseitige Information für den Mitarbeiter bezüglich Arbeitsschutz und Arbeitssicherheit:

- Allgemeine Sicherheitsregeln
- Gefahrstoffe
- Anlagen, Geräte
- Verhinderung von Bränden und Explosionen

Revision: Änderungsdatum: Seite 1 von 2

- Lager- und Transportarbeiten
- Elektrische Betriebsmittel
- Erste Hilfe
- Verhalten im Notfall
- Flucht- und Rettungswegeplan

Ein neuer Mitarbeiter bekommt die Gelegenheit, Einsicht in die Dokumentation des SGA-Managementsystems zu nehmen.

2 Unterweisungen zu Tätigkeiten mit hohem Gefährdungspotenzial

Tätigkeiten mit hohem Gefährdungspotenzial sind solche Arbeiten, die ein erhöhtes Sicherheitsrisiko in sich bergen und deshalb besonderer Aufmerksamkeit bedürfen.

Zu solchen Tätigkeiten zählen in der Mustermann GmbH folgende Arbeiten:

- gelegentliches Schweißen (Anlagenschweißverfahren) durch Installateure
- Umgang mit Gefahrstoffen (Ausbesserungslacke)
- Arbeiten mit Leitern und Tritten
- Umgang mit technischen Gasen
- Arbeiten in engen Räumen
- Arbeiten in Höhen
- Demontagen (teilweise Arbeit mit Partikelfiltermaske und Vollschutzanzug)

Die besonderen Verhaltensanforderungen während der Ausübung o.g. Tätigkeiten sind Bestandteil der Erst- und Wiederholungsunterweisungen. Diese Unterweisungen beschränken sich i. Allg. auf den Personenkreis, der diese Arbeiten ausführt.

Schweißarbeiten werden nur von Installateuren, die dafür eine Berufsausbildung haben, durchgeführt. Alle anderen Tätigkeiten mit erhöhtem Gefährdungspotenzial werden von allen Mitarbeitern ausgeführt.

Die Unterweisung zum Umgang mit Gefahrstoffen anhand der Betriebsanweisung erfolgt gemäß GefStoffV/GHS jeweils vor der Beschäftigung und danach mindestens einmal jährlich arbeitsbezogen. Dokumentiert wird diese Unterweisung in einem Unterweisungsprotokoll.

Subunternehmen werden ggf. über mögliche Gefahren, die von den Tätigkeiten mit hohem Gefährdungspotenzial ausgehen können, und über die erforderlichen Schutzmaßnahmen belehrt.

3 Unterweisungen bei sich ändernden Arbeitsbedingungen

Unterweisungen werden auch dann durchgeführt, wenn sich technische Anlagen oder Verfahren ändern und damit andere oder weitere Gefährdungen entstehen.

4 Ereignisbedingte Unterweisungen

Unterweisungen finden aus aktuellen Anlässen statt, z.B. zur Auswertung von Unfällen oder bei veränderten Sicherheitsregeln.

5 Mitgeltende Unterlagen

Jahresplan für Schulungen und Unterweisungen

Unterweisungsnachweise

Revision: Änderungsdatum: Seite 2 von 2

Für den Umgang mit Sicherheitspässen sollte eine Anweisung erlassen werden. In der Praxis werden nur selten die Schulungen oder Unterweisungen auch in die Sicherheitspässe eingetragen. Im Fall der Kontrolle an der Pforte zum Gelände eines Auftraggebers, z. B. der Chemischen Industrie oder eines Energieversorgers, kann das zu Problemen führen.

Vorlage

Ausfüllen von Sicherheitspässen

1 Zweck

Gemäß Forderung des SCC-Standards (3.6) dient diese Verfahrensanweisung dem korrekten Eintragen von Nachweisen über Schulungsaktivitäten zum Thema Arbeitssicherheit.

2 Geltungsbereich

Der Geltungsbereich erstreckt sich auf die mit dem Führen der Sicherheitspässe beauftragten Personen: Arbeitgeber, SIFA, Arbeitnehmer.

3 Verfahren

Der Sicherheitspass ist ein wichtiges Dokument und darf folglich nur von befugten Personen ausgefüllt werden. Der Sicherheitspass wird personengebunden geführt und darf nicht an Dritte verliehen oder übertragen werden. Alle Eintragungen müssen vollständig und wahrheitsgemäß erfolgen. Eintragungen des Arbeitgebers sind auch nur von diesem selbst vorzunehmen. Der Eintrag der arbeitsmedizinischen Vorsorgeuntersuchungen erfolgt durch den Arbeitsmediziner.

Unterweisungen müssen vom Arbeitgeber aus der Gefährdungsanalyse resultierend bescheinigt werden.

Interne und externe Lehrgänge müssen vom Lehrgangsbeauftragten eingetragen werden.

Alle Eintragungen haben dokumentenecht zu erfolgen.

4 Mitgeltende Unterlagen

Sicherheitspass

Bescheinigungen

Revision: Änderungsdatum: Seite 1 von 1

Normabschnitt „7.4 Kommunikation“

Zuordnung der Anforderungen DIN ISO 45001, OHSAS 18001, Normatives Regelwerk SCC und Safety Culture Ladder im Überblick:

DIN ISO 45001	OHSAS 18001	SCC*	SCC**	SCC^P	SCP	Safety Culture Ladder
7.4	4.4.3.1	3.7	3.7 4.1	3.7 4.1	3.7 4.1	3.5: 5.16

Anforderungen DIN ISO 45001, Normatives Regelwerk SCC und Safety Culture Ladder im Einzelnen:

Anforderungen DIN ISO 45001, Abschnitt 7.4
7.4 Kommunikation **7.4.1 Allgemeines** Die Organisation muss die notwendigen Prozesse für die interne und externe Kommunikation in Bezug auf das SGA-Managementsystem festlegen, umsetzen und aufrechterhalten, einschließlich der Festlegung: a) worüber; b) wann; c) mit wem: 1) intern zwischen den verschiedenen Ebenen und Funktionen der Organisation; 2) von Auftragnehmern sowie Besuchern des Arbeitsplatzes; 3) von anderen interessierten Parteien; d) wie kommuniziert wird. Die Organisation muss bei der Berücksichtigung ihres Kommunikationsbedarfs Diversitätsaspekten (beispielsweise Geschlecht, Sprache, Kultur, Lese- und Schreibfähigkeit, Behinderung) Rechnung tragen. Die Organisation muss sicherstellen, dass die Ansichten von externen interessierten Parteien bei dem Festlegen ihrer Kommunikationsprozesse berücksichtigt werden. Wenn die Organisation ihre Kommunikationsprozesse festlegt, muss sie: – ihren rechtlichen Verpflichtungen und anderen Anforderungen Rechnung tragen; – sicherstellen, dass die zu kommunizierenden SGA-Informationen mit den Informationen übereinstimmen, die innerhalb des SGA-Managementsystems erzeugt werden, und dass diese verlässlich sind. Die Organisation muss auf relevante Äußerungen bezogen auf ihr SGA-Managementsystem reagieren. Die Organisation muss, soweit angemessen, dokumentierte Information als Nachweis für ihre Kommunikation aufbewahren. **7.4.2 Interne Kommunikation** Die Organisation muss: a) für das SGA-Managementsystem relevante Informationen, einschließlich Änderungen des SGA-Managementsystems, soweit angemessen intern zwischen den verschiedenen Ebenen und Funktionen der Organisation kommunizieren; b) sicherstellen, dass ihre Kommunikationsprozesse es den Beschäftigten ermöglichen, zur fortlaufenden Verbesserung beizutragen. **7.4.3 Externe Kommunikation** Die Organisation muss für das SGA-Managementsystem relevante Informationen extern kommunizieren, wie durch die Kommunikationsprozesse der Organisation festgelegt, und wobei ihren rechtlichen Verpflichtungen und anderen Anforderungen Rechnung zu tragen ist.

Anforderungen Normatives Regelwerk SCC 3.7, 4.1 (SCC**, SCC^P, SCP)
Das Normative Regelwerk SCC weist vergleichbare Forderungen im Standard aus. Diese umfassen – die Verständigung mit fremdsprachigen Mitarbeitern, – den Zugang der Beschäftigten zu Betriebsanweisungen, – Besprechungsgremien im Unternehmen, z. B. ASA-Sitzungen, SGU-Besprechungen, monatliche Toolbox-Meetings.

Anforderungen Safety Culture Ladder
3.5 Unternehmensaspekt 5: Abweichungen und Kommunikation **5.16 Sitzungen** **1. Anforderung:** Stufe 2: Das Management thematisiert Arbeitsschutzverhalten im Rahmen von Beratungen zum Arbeitsschutz Stufe 3: strukturelle Beratungen zum Thema Arbeitsschutz Stufe 4: Planung der Beratungen zum Arbeitsschutz auf der Grundlage von Risikoanalysen Stufe 5: dynamische Planung der Beratungen aufgrund aktueller Entwicklungen **3.3 Unternehmensaspekt: Organisation und Vertragspartner** **3.7 Kompetenz und Fortbildung** **2. Anforderung:** Stufe 2: – Stufe 3: – Stufe 4: Manager mit Linienverantwortung gestalten Beratungen zum Arbeitsschutz interessant und abwechslungsreich Stufe 5: operative Mitarbeiter sind aktiv beteiligt **3. Anforderung:** Stufe 2: – Stufe 3: – Stufe 4: effektive Nutzung der Beratungen für Bottom-up-Kommunikation Stufe 5: –

Interpretation und betriebliche Umsetzung

Kommunikation kann als wechselseitiger Prozess mit In- und Outputs gesehen werden:

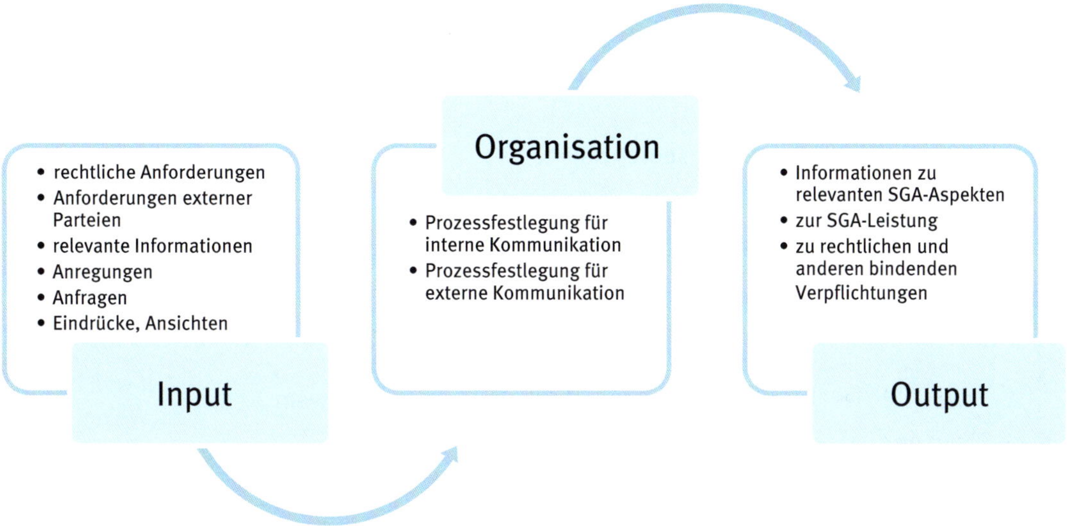

Die Organisation soll einen nach außen und nach innen gerichteten Kommunikationsprozess festlegen, der unter Berücksichtigung rechtlicher und sonstiger Verpflichtungen für den Transfer relevanter Informationen sorgt. Im Output stehen Statements zum Erfolg oder auch zu den Potenzialen des SGA-Managementsystems, zu Vorfällen, Unfällen und sonstigen relevanten Mitteilungen an die externen interessierten Parteien oder die Beschäftigten.

Intern sollen Informationen zwischen den einzelnen Hierarchieebenen zielgerichtet ausgetauscht werden.

Die Normanforderungen an die Art und Güte der Kommunikation sind mit der Forderung nach Wahrhaftigkeit und Verlässlichkeit (7.4.1) festgelegt. Sie bestehen in folgenden Kriterien:

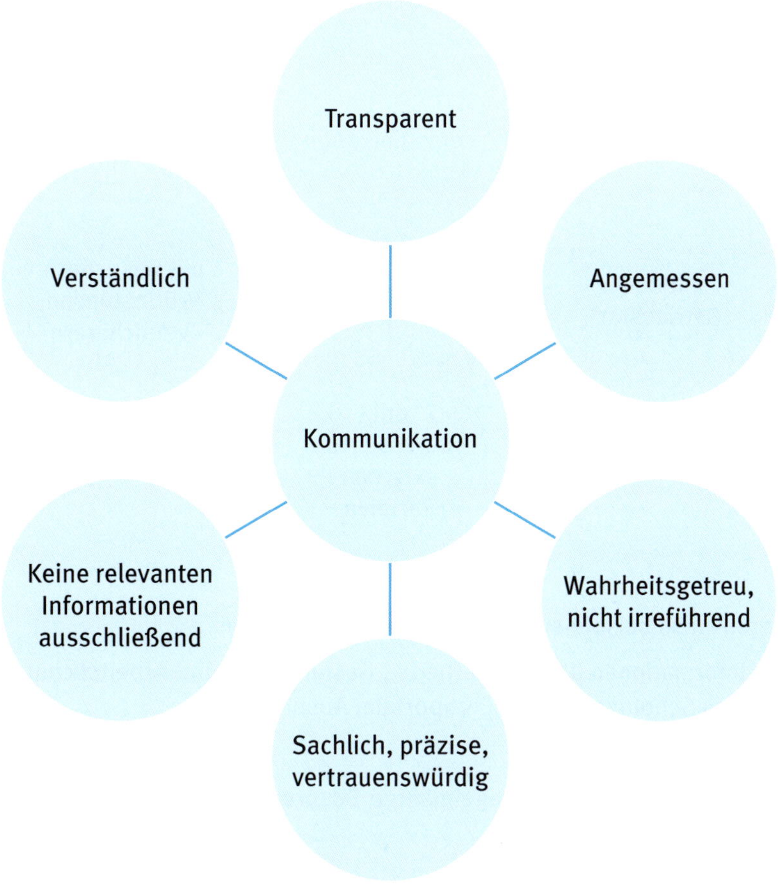

Das Unternehmen muss folglich ein Kommunikationsverfahren nach innen und außen entwickeln, welches alle relevanten Verantwortungsträger und Mitarbeiter einbezieht. Dies betrifft u.a.

- den Umgang mit Havarien und Notfällen,
- die Kommunikation von Gefährdungen, Risiken und Chancen, Zielen, Planungen und der SGA-Leistungen,
- den Umgang mit Verbesserungspotenzialen,
- den Umgang mit Beschwerden,
- Reaktionszeitfestlegungen usw.

Es muss klar geregelt werden,

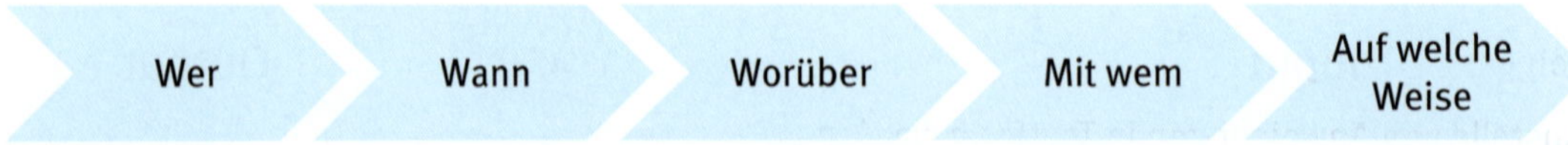

kommuniziert.

Kommunikation muss weiterhin zu verschiedenen Adressaten festgelegt werden:

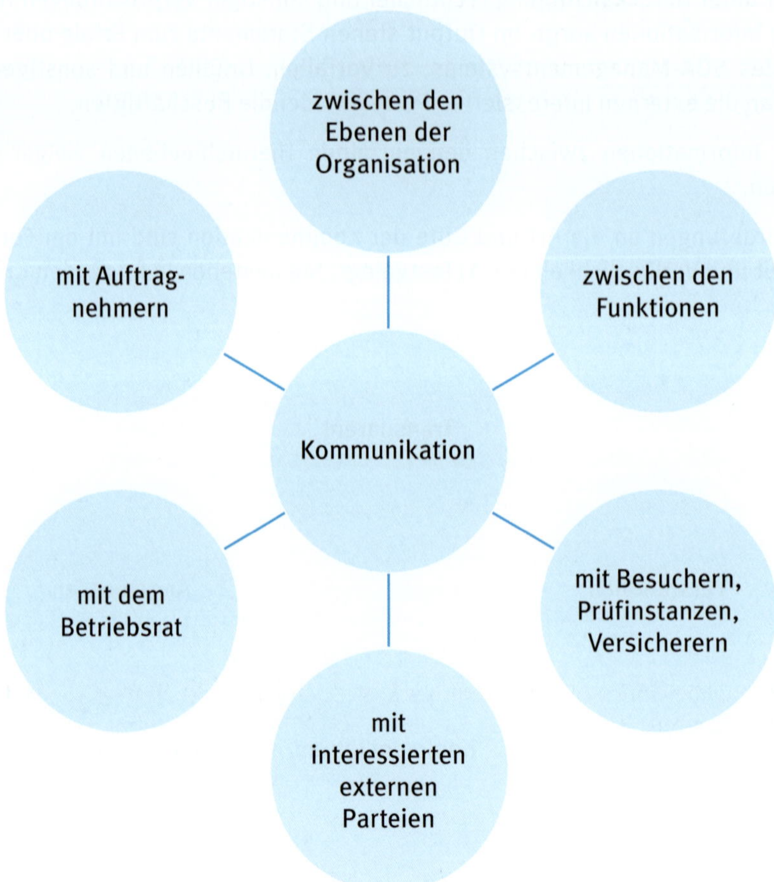

Folgenden Fragen muss beispielsweise nachgegangen werden:

- Wie werden Informationen über Sicherheits-, Gesundheits- und Arbeitsschutz intern weitergegeben (z. B. in Schulungen, über Lernportale, Aushänge)?
- Wer ist hierfür verantwortlich?
- Welche Kommunikationsrunden (regelmäßige Besprechungen, Teammeetings, Leitungssitzungen) stehen zur Verfügung?

- Wie werden Nachweise über die Ergebnisse der Besprechungen geführt (z. B. über To-do-Listen)?
- Wie werden Maßnahmen aus Beratungen nachgehalten?

Die Festlegungen zu den Kommunikationsverfahren sind als dokumentierte Information zu hinterlegen.

Kommunikationsprozesse müssen dem Kommunikationsbedarf gerecht werden. Von Unternehmen zu Unternehmen können die Art und Weise der Kommunikation sehr unterschiedlich gestaltet sein. Bildungsgrad, Multinationalität, unterschiedliche Kulturen, Alphabetisierungsgrad usw. stellen unterschiedliche Anforderungen an Kommunikation.

Safety Culture Ladder fordert explizit die interessante und abwechslungsreiche Gestaltung von Beratungen zum Arbeitsschutz mit Wechsel der Methoden. Mit der Einbeziehung der operativen Mitarbeiter soll auch die Bottom-up-Kommunikation gefördert werden.

Folgende Lösungen haben sich in der Praxis bereits durchgesetzt:

Anstelle von Anweisungen in Textform werden

- Piktogramme,
- bildhafte Darstellungen,
- Fotos mit Anweisungen in Stichworten (Vermeidung von langen Sätzen)

genutzt.

Anstelle von Unterweisungen mit Vortrag des Unterweisenden werden

- Lehrfilme,
- bildgestützte Webinare mit Testfragen

eingesetzt.

Bei Safety Culture Ladder wird eine Liste der zu behandelnden Themen für die Arbeitsschutzberatungen angeregt. Weiterhin sollen Arbeitsschutzberatungen auch aktuelle Entwicklungen, Best Practice-Lösungen und natürlich das Unfallgeschehen aufgreifen.

Kommunikation muss auf allen Ebenen ermöglicht werden. Dies schließt die Auflösung von Sprachbarrieren ein.

Zu empfehlen sei an dieser Stelle auch der Übersetzungsdienst des Rationalisierungskuratoriums (RKW) Servicestelle Deutsch am Arbeitsplatz, der z. B. die gängigen Betriebsanweisungen für Arbeitsmittel in den Grundwortschatz Deutsch transferiert und somit Migranten verständlich macht.

Neu

Das Unternehmen muss nach dieser revisionierten Norm relevante Informationen zum SGA-Managementsystem nach eigenen Vorgaben und gemäß bindenden Verpflichtungen extern kommunizieren.

Möglichkeiten, Informationen zum SGA-Managementsystem der Öffentlichkeit zugänglich zu machen, sind beispielsweise:

- die Veröffentlichung in regelmäßig erscheinenden Newslettern
- im Internet
- in Flyern für Besucher und Auftragnehmer

Ein besonderer Fall der externen Kommunikation ist die Kommunikation in Notfällen. Hierzu sind folgende Fragestellungen zu erwägen:

Notfallkommunikation:

Wer ist berechtigt, in Notfallsituationen Informationen an die Öffentlichkeit zu geben?

Welche Szenarien sind für die Notfallkommunikation (z. B. im Fall von Havarien) festgelegt?

In welcher Frist sind Nachbarschaftsbeschwerden zu beantworten oder Stellungnahmen zu erteilen?

Welches Team wird an der Ursachenforschung für Vorfälle arbeiten?

Welche Gremien und Gesprächsrunden stehen in der Arbeit mit Anwohnern, benachbarten Unternehmen zur Verfügung?

Praxistipps und Vorlagen

Interne Kommunikation:

Ein Beispiel für die Regelung eines internen Kommunikationsverfahrens ist nachstehend dargestellt. Selbstverständlich müssen hier die Belange des Unternehmens im Einzelnen Berücksichtigung finden.

Vorlage

Verfahren zur internen Kommunikation

1. Zweck

Im Unternehmen ist ein Verfahren zur internen Kommunikation festzulegen und aufrechtzuerhalten, um relevante Informationen einschließlich der Änderungen des SGA-Managementsystems zu kommunizieren. Weiterhin soll sichergestellt werden, dass über Kommunikation eine ständige Verbesserung des SGA-Managementsystems erreicht wird.

2. Anwendungsbereich

Die interne Kommunikation muss auf allen Ebenen sichergestellt werden.

3. Durchführung und Dokumentation

Im Unternehmen werden zwei wesentliche Verfahren der internen Kommunikation unterschieden:

- Top-down-Methode und
- Bottom-up-Methode

Unternehmenspolitik und -ziele sowie wesentliche Informationen zur Unternehmensführung und -strategie zum SGA-Managementsystem werden von der Geschäftsleitung an die verantwortlichen Leiter der Bereiche im Rahmen von Besprechungen und Leitungssitzungen kommuniziert.

Die verantwortlichen Bereichsleiter geben ihrerseits die Informationen an weitere Verantwortungsträger oder im Falle der fehlenden Struktur direkt an die Beschäftigten des Unternehmens weiter. Die interne Kommunikation über die Top-down-Linie wird durch schriftliche Mitarbeiterinformationen am Brett, durch Anschreiben an Mitarbeiter, Rundschreiben, Protokolle u. Ä. unterstützt.

Die Geschäftsleitung zeigt sich offen gegenüber Hinweisen, Empfehlungen, Verbesserungsvorschlägen, d. h. gegenüber der Resonanz der Beschäftigten im Unternehmen.

Mittels Bottom-up-Methode werden Anregungen der Belegschaft zur Verbesserung von SGA durch die verantwortlichen Leiter unter Wichtung der Problematik an die Geschäftsführung weitergeleitet.

Revision: Änderungsdatum: Seite 1 von 2

Im Rahmen interner Audits wird darüber hinaus besonderer Wert auf Meinungsäußerungen der operativen Mitarbeiter gelegt, diese festgehalten und im Auditbericht zur Verbesserung an den AMB oder die Geschäftsführung verankert.

Eigene Beiträge der Mitarbeiter sind ausdrücklich erwünscht, um den fortlaufenden Verbesserungsprozess des betriebseigenen SGA-Managementsystems zu gewährleisten.

Besprechungsgremien

1 x jährlich
Meeting des Managements zur Bewertung des SGA-Managementsystems unter Beteiligung des ASA-Teams und weiterer Leiter der Bereiche

Vierteljährlich
Zusammenkunft des ASA-Teams, Protokollerstellung und Information an die Beschäftigten über die Ergebnisse (Zugriff über öffentliches Laufwerk C)

Monatlich und nach Bedarf
Projektteamsitzungen für SGA-Projekte
Protokollerstellung und Weitergabe an das ASA-Team und an das Management
Toolbox Meetings

Wöchentlich
Leitungssitzungen der Leiter der Bereiche mit dem Leiter Produktion und Technik
Erörterung von SGA-bezogenen Fragestellungen als integraler Bestandteil der Tagesordnung
Protokollerstellung und Weitergabe an den AMB

Täglich
Morgenbesprechungen der Bereiche mit dem Bereichsleiter
Erörterung von SGA-bezogenen Fragestellungen als integraler Bestandteil der Tagesordnung
Protokollerstellung für außerordentliche Festlegungen (außerhalb des Tagesgeschäfts) und Weitergabe an den AMB

Aus aktuellem Anlass werden diverse Besprechungsrunden einberufen, die situativ auf die jeweiligen Verantwortungsträger im Unternehmen zurückgreifen.

4. Mitgeltende Unterlagen

Besprechungsprotokolle

Aushänge

Revision: Änderungsdatum: Seite 2 von 2

Der Umgang mit Beschwerden und Anregungen der Belegschaft wird in einer weiteren Anweisung geregelt, die als Muster für Ihr Unternehmen zur Verfügung steht.

Umgang mit Mitteilungen zum Arbeits- und Gesundheitsschutz

Vorlage

1. Zweck

Diese Anweisung regelt die Bearbeitung von internen und externen Mitteilungen und Informationen zu Sicherheit, Arbeits- und Gesundheitsschutz mit dem Ziel der Einbindung interessierter Parteien und der Beschäftigten im Hinblick auf eine stete Verbesserung des SGA-Managementsystems.

Revision: Änderungsdatum: Seite 1 von 2

2. Geltungsbereich

Der Geltungsbereich erstreckt sich auf alle Beschäftigten und den AMB sowie die beratenden Funktionen im SGA-Management.

3. Beschreibung

Empfänger von Mitteilungen zu Sicherheit, Arbeits- und Gesundheitsschutz sind verpflichtet, diese Informationen direkt an den AMB im Unternehmen weiterzuleiten. Dabei ist es nicht von Bedeutung, ob diese Mitteilungen in mündlicher oder schriftlicher Form an den Empfänger gerichtet werden. In dringenden Fällen ist der Fachvorgesetzte zu informieren, der Sofortmaßnahmen einleitet.

Mitteilungen können sich auf folgende Sachverhalte beziehen:

1. kritische Äußerungen, Beschwerden
2. Verbesserungspotenziale/Hinweise
3. Beinahe-Unfälle
4. Anfragen

Der AMB und in seiner Abwesenheit die SIFA nehmen die Mitteilungen an und verpflichten sich, innerhalb von drei Tagen ein Statement abzugeben, inwieweit eine Bearbeitung der Mitteilung durchgeführt werden kann. AMB und SIFA sichten die Mitteilung und arbeiten bei der Lösungsfindung eng zusammen.

Zunächst sondieren sie die Mitteilungen nach Dringlichkeit oder Umsetzungsnotwendigkeit. Hierzu betrachten sie die Gefährdungen, Risiken und Chancen im konkreten Fall. Hierfür gelten die Regelungen zur Ermittlung der Chancen und Risiken.

So Sofortmaßnahmen aufgrund ernsthafter Gefährdungen notwendig sind, werden diese über die verantwortlichen Leiter umgesetzt.

Weitere Beschwerden oder Anregungen werden durch die SIFA, ggf. auch in den ASA-Sitzungen, bearbeitet. Unter Umständen muss die Gefährdungsbeurteilung an der jeweiligen Stelle erweitert oder korrigiert werden. Bei notwendigen Korrekturmaßnahmen wird wie in der Anweisung zu Vorbeugungs- und Korrekturmaßnahmen verfahren.

Die aus Mitteilungen zu Sicherheit, Arbeits- und Gesundheitsschutz resultierenden Maßnahmen gelten als abgeschlossen, wenn

- keine weiteren Maßnahmen erforderlich sind,
- eine Wirksamkeitsprüfung der ergriffenen Maßnahmen stattgefunden hat,
- eine Überprüfung und ggf. Änderung der Gefährdungen, Risiken und Chancen durchgeführt wurde,
- ein Projekt initiiert wurde, das dem Umfang und der Komplexität der Mitteilung angemessen ist.

Der Entsender der Mitteilung erhält nach Lösungsfindung eine Antwort, inwiefern seine Mitteilung zu Maßnahmen geführt hat.

Jährlich werden die Mitteilungen in der letzten ASA-Sitzung ausgewertet.

4. Mitgeltende Unterlagen

VA Korrektur- und Vorbeugemaßnahmen

VA Ermittlung von Risiken und Chancen

Formblatt Mitteilungen/Beinahe-Unfallmeldungen

Revision:	Änderungsdatum:	Seite 2 von 2

Externe Kommunikation:

Eine mögliche Anweisung zum Thema externe Kommunikation wird nachstehend vorgestellt und muss den eigenen betrieblichen Belangen angepasst werden.

Externe Kommunikation

Vorlage

1. Zweck

Die Organisation muss Verfahren einführen und aufrechterhalten im Hinblick auf ihre Kommunikation zum SGA-Managementsystem und gleichermaßen im Hinblick auf

- die Entgegennahme, Dokumentation und Beantwortung relevanter Mitteilungen von externen interessierten Kreisen (externe Kommunikation).

Geltungsbereich

Der Geltungsbereich erstreckt sich auf alle Mitarbeiter des Unternehmens.

Anwendungsbereich

Die aktive, offene Kommunikation mit den Mitarbeitern und anderen interessierten Kreisen dient dazu, die Mitarbeiter zu motivieren und das öffentliche Verständnis für Sicherheit, Gesundheits- und Umweltschutz sowie die Akzeptanz hierfür zu fördern.

Aspekte, die bei der Information/Berichterstattung berücksichtigt werden, sind:

- SGA-Politik, -ziele und -programme
- Darstellung der wesentlichen Gefährdungen und ihrer Absicherung
- Bewertung der SGA-Leistung und des SGA-Managementsystems
- Verbesserungen in der Vergangenheit und Verbesserungspotenzial

Das Unternehmen kommuniziert auf verschiedene Weise:

- extern durch ein Informationsblatt
- Jahresberichte der Betriebsbeauftragten für Strahlenschutz, Brandschutz und Gefahrgut an die Behörden
- durch „Tag-der-offenen-Tür“-Veranstaltungen (Industriepark-Fest)
- intern durch Informationen am Schwarzen Brett in der Messwarte, Besprechungsgremien und E-Mail-Nachrichten im Intranet

Die Informationen werden der Öffentlichkeit zugänglich gemacht:

- der IHK
- der Berufsgenossenschaft
- ausgewählten Auftraggebern
- den Anteilseignern

Im Abstand von einem Jahr werden die Informationen an Dritte auf Aktualität hin geprüft. Wahrheit und Transparenz in der Kommunikation sind Grundlagen unseres Geschäftserfolgs und positiven Images am Markt.

Sollten externe Anfragen an das Unternehmen gerichtet werden, so sind diese mit Prioritätscharakter zu behandeln. Anfragen werden an den AMB oder der SIFA zur Beantwortung weitergeleitet. Dieser verpflichtet sich, eine Antwort binnen 48 Stunden zuzuleiten, bei notwendigen Recherchen eine Zwischenmitteilung innerhalb dieser Frist zu erstellen.

Revision: Änderungsdatum: Seite 1 von 2

Die Sachlage sollte gründlich erläutert werden. Hierzu sind Gespräche mit der Geschäftsleitung als auch mit den betreffenden Verantwortungsträgern in den relevanten Bereichen zu führen.

Zu Auskünften in den Medien ist ausschließlich die Geschäftsleitung befugt.

Gegebenenfalls ist der persönliche Kontakt mit dem Beschwerdeführenden herzustellen bzw. ein Tag der offenen Tür abzuhalten.

Im Interesse der Unternehmenspolitik kann es nur liegen, eventuelle Mängel zu bereinigen oder, wo notwendig, den Konsens herbeizuführen. In jedem Fall ist der Standpunkt des Unternehmens schriftlich darzulegen und dem Anfragenden binnen 48 Stunden zuzuleiten.

Je nach Beschwerde kann es notwendig werden, einen Fachanwalt einzuschalten. Die Kontaktdaten des Anwalts unseres Vertrauens sind:

Kanzlei xy

Ansprechpartner

Anschrift

E-Mail

Telefon

In Zweifelsfällen ist immer Rücksprache mit dem Fachanwalt zu halten.

Anfragen, Beschwerden sind vom AMB zu registrieren. Hierüber wird eine Statistik mit folgenden Angaben erstellt:

- Art der Beschwerde
- Zeitpunkt
- betroffener verursachender Bereich
- Sachverhalt oder betroffener Prozess
- Maßnahmen zur Korrektur und zur Prävention
- Verantwortlichkeiten und Überwachungstermine

Mitgeltende Unterlagen

Informationsbroschüre

Aushänge

Revision: Änderungsdatum: Seite 2 von 2

Normabschnitt „7.5 Dokumentierte Information“

Zuordnung der Anforderungen DIN ISO 45001, OHSAS 18001, Normatives Regelwerk SCC und Safety Culture Ladder im Überblick:

DIN ISO 45001	OHSAS 18001	SCC*	SCC**	SCC^P	SCP	Safety Culture Ladder
7.5	–	–	–	–	–	–*
* Keine explizite Forderung, jedoch an verschiedenen Stellen werden schriftliche Nachweise gefordert.						

Anforderungen DIN ISO 45001, Normatives Regelwerk SCC und Safety Culture Ladder im Einzelnen:

Anforderungen DIN ISO 45001, Abschnitt 7.5
7.5 Dokumentierte Information **7.5.1 Allgemeines** Das SGA-Managementsystem der Organisation muss enthalten: a) die von diesem Dokument geforderte dokumentierte Information; b) dokumentierte Information, welche die Organisation als notwendig für die Wirksamkeit des SGA-Managementsystems bestimmt hat; ANMERKUNG Der Umfang dokumentierter Information für ein SGA-Managementsystem kann sich von Organisation zu Organisation unterscheiden, und zwar aufgrund: – der Größe der Organisation und der Art ihrer Tätigkeiten, Prozesse, Produkte und Dienstleistungen; – der Notwendigkeit, die Erfüllung der rechtlichen Verpflichtungen und anderen Anforderungen nachzuweisen; – der Komplexität ihrer Prozesse und deren Wechselwirkungen; – der Kompetenz der Beschäftigten. **7.5.2 Erstellen und Aktualisieren** Beim Erstellen und Aktualisieren dokumentierter Information muss die Organisation angemessene(s): a) Kennzeichnung und Beschreibung (beispielsweise Titel, Datum, Autor oder Referenznummer); b) Format (beispielsweise Sprache, Softwareversion, Graphiken) und Medium (beispielsweise Papier, elektronisch); c) Überprüfung und Genehmigung im Hinblick auf Eignung und Angemessenheit sicherstellen. **7.5.3 Lenkung dokumentierter Information** Die für das SGA-Managementsystem erforderliche und von diesem Dokument geforderte dokumentierte Information muss gelenkt werden, um sicherzustellen, dass sie: a) verfügbar und für die Verwendung geeignet ist, wo und wann sie benötigt wird; b) angemessen geschützt wird (beispielsweise vor Verlust der Vertraulichkeit, unsachgemäßem Gebrauch oder Verlust der Integrität). Zur Lenkung dokumentierter Information muss die Organisation, falls zutreffend, folgende Tätigkeiten berücksichtigen: – Verteilung, Zugriff, Auffindung und Verwendung; – Ablage/Speicherung und Erhaltung, einschließlich Erhaltung der Lesbarkeit; – Überwachung von Änderungen (beispielsweise Versionskontrolle); – Aufbewahrung und Verfügung über den weiteren Verbleib. Dokumentierte Information externer Herkunft, die von der Organisation als notwendig für Planung und Betrieb des SGA-Managementsystems bestimmt wurde, muss, soweit angemessen, gekennzeichnet und muss gelenkt werden. ANMERKUNG 1 Zugriff kann eine Entscheidung voraussetzen, mit der die Erlaubnis erteilt wird, dokumentierte Information lediglich zu lesen oder die Erlaubnis und Befugnis zum Lesen und Ändern dokumentierter Information. ANMERKUNG 2 Zugriff auf relevante dokumentierte Information umfasst Zugriff für Beschäftigte und, wo vorhanden, deren Vertreter.

Anforderungen Normatives Regelwerk SCC
Das Normative Regelwerk SCC weist keine vergleichbare Forderung im Standard aus. Allerdings wird an verschiedenen Stellen des Regelwerks von geforderten dokumentierten Verfahren gesprochen. Auch SCC kommt folglich nicht ohne Dokumentation aus. Geforderte dokumentierte Verfahren sind: – dokumentierte und von der Geschäftsleitung freigegebene SGU-Politik – schriftliche Bestellung des Betriebsarztes und der SIFA – Funktionsbeschreibung des Betriebsarztes und der SIFA – schriftlicher Jahresbericht des Betriebsarztes und der SIFA – Nachweise der Qualifikation – Darstellung der Organisationsstruktur des Unternehmens einschließlich beratender Funktionen – Festlegungen der SGU-Verantwortlichkeiten und Kompetenzen (Funktions- und Stellenbeschreibungen) – schriftliche Beurteilung der operativen Führungskräfte – **dokumentiertes Verfahren** zur Durchführung regelmäßiger SGU-Inspektionen – namentliche Auflistung der operativen und Führungskräfte – **festgelegtes dokumentiertes Verfahren** für interne SGU-Audits einschließlich abzuleitender Maßnahmen – jährliche Bewertung der Eignung des SGU-Managementsystems – Ziele und Maßnahmen zur Erreichung der Ziele – SGU-Aktionsplan – Gefährdungsbeurteilungen – festgelegtes Verfahren zur Ermittlung der Risiken und Gefährdungen – festgelegtes Verfahren der LMRA – Betriebsanweisungen zum Gebrauch der PSA – **festgelegtes dokumentiertes Verfahren** zur Sicherstellung der Qualifikation – Auflistung der operativ tätigen Mitarbeiter – Prüfungs- und Qualifikationsnachweise – **festgelegtes dokumentiertes Verfahren** zur Sicherstellung besonderer Qualifikationen bei besonderen gefährlichen Tätigkeiten im Zusammenhang mit Dokument 009 – Liste der notwendigen Unterweisungen – **festgelegtes dokumentiertes Verfahren** für Eintragungen in den Sicherheitspass – Liste der im Unternehmen vorhandenen Sprachen – festgelegtes und dokumentiertes Verfahren zur Planung von Unterweisungen – SGU-Betriebsanweisungen – Protokolle von ASA-Sitzungen und Toolbox-Meetings – festgelegtes Verfahren zur Vermeidung von Abfällen – Verzeichnis der Umweltgefährdungen – Alarm- und Gefahrenabwehrplan – **festgelegtes und dokumentiertes Verfahren** zu SGU-Inspektionen – Trendanalysen bei Inspektionen – Liste der Pflicht- und Angebotsuntersuchungen = Vorsorgekartei – festgelegtes Verfahren zum Einsatz von Leichtverletzten – **festgelegtes und dokumentiertes Verfahren** für Beschaffungsaktivitäten

- Prüfungssystem zur Überwachung prüfpflichtiger Geräte
- SCC-Zertifikate der Subunternehmer
- **festgelegtes und dokumentiertes Verfahren** zur Bewertung der SGU-Leistungen
- SCP-Zertifikate der Personaldienstleister
- **festgelegtes und dokumentiertes Verfahren** zur Unfallanalyse mit und ohne Arbeitsausfall
- **festgelegtes und dokumentiertes Verfahren** zur Erfassung der Unfallursachen
- **festgelegtes und dokumentiertes Verfahren** zur Meldung und Erfassung von Beinahe-Unfällen
- **festgelegtes und dokumentiertes Verfahren** zur Untersuchung von Beinahe-Unfällen
- festgelegtes Verfahren zur Führung der Unfallstatistik

Anforderungen Safety Culture Ladder
keine

Interpretation und betriebliche Umsetzung

Anders als in den Vorgängernormen wird im Normtext selbst nicht mehr von „Dokumentation“ oder der Lenkung von Aufzeichnungen gesprochen. Die neue Begrifflichkeit „dokumentierte Information“ wurde bereits mit dem Erscheinen der DIN EN ISO 9001:2015-11 eingeführt. Unter „dokumentierter Information“ versteht sich eine „Information, die von einer Organisation gelenkt und aufrechterhalten werden muss, und das Medium, auf dem sie enthalten ist“ (DIN ISO 45001:2018, Begriff 3.24).

Der Begriff „dokumentierte Information“ bezieht sich gemäß Anmerkungen zum Begriff 3.24 auf

- „das Managementsystem einschließlich damit verbundener Prozesse“;
- „Informationen, die für den Betrieb der Organisation geschaffen wurden“ (können als Dokumentation bezeichnet werden);
- „Nachweis erreichter Ergebnisse“ (können als Aufzeichnungen bezeichnet werden).

Damit impliziert der Begriff „Dokumentation“ das Sammelsurium an Informationen, Anweisungen und einzelnen Dokumenten. Ein Managementhandbuch im herkömmlichen Sinne ist nicht erwähnt. Die Migration der OHSAS 18001 zur DIN ISO 45001 orientiert sich an den vielerorts anzutreffenden und in der Praxis bereits durchgesetzten elektronischen Varianten der Dokumentation mit vielen Verlinkungen. Dennoch zeigen die Erfahrungen in der Praxis, dass Unternehmen an einem Handbuch als Rahmen für das SGA-Managementsystem festhalten, gerade jene Unternehmen, die bereits seit längerer Zeit ein solches Managementsystem führen oder ein integriertes Managementsystem leben (siehe hierzu Ausführungen unten).

Bereits vorhandene dokumentierte Informationen, die für andere Zwecke als dem SGA-Managementsystem geschaffen wurden, dürfen selbstverständlich verwendet werden, gleich welchen Ursprungs. Nur so kann die Dokumentation auf einem Mindestmaß hergestellt werden. Dies zielt vor allem auf die Integration verschiedenster Managementsysteme. Beispielsweise könnten Anweisungen zur Durchführung von internen Audits ursprünglich für ein Qualitätsmanagementsystem ausgerichtet gewesen sein und werden nur noch um Aspekte des SGA-Managementsystems erweitert. Ein anderes Beispiel könnte den Umgang mit Gefahrstoffen betreffen, der sowohl aus umwelt- als auch aus sicherheitsmäßiger Sicht zu regeln ist.

Die Integrationsmöglichkeit mit anderen Managementsystemen wird ausdrücklich erwähnt.

Unter „dokumentierter Information“ sind auch die bisher als Begriff etablierten „Aufzeichnungen“, also Nachweisführungen, zu verstehen.

Die in der revisionierten Norm verwendete neue Terminologie ist kein Dogma. Sollten sich Organisationen an die Verwendung anderer Begrifflichkeiten gewöhnt haben, so bleibt es, inhaltliche Kongruenz vorausgesetzt, dem Unternehmen überlassen, welche Begrifflichkeiten es wählt.

Dokumentierte Informationen, die die Organisation als notwendig für ihr SGA-Managementsystem erachtet, teilen sich aus Sicht der Autoren in drei verschiedene Kategorien von Informationen:

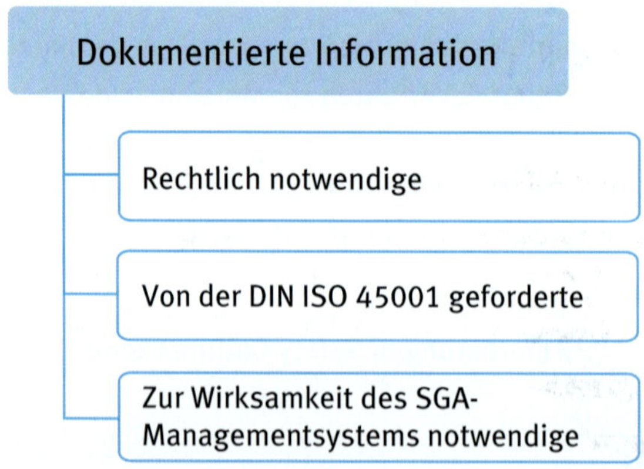

Dokumentierte Informationen umfassen selbstverständlich jene, die rechtlich gefordert werden. Hierzu gehören u. a.:

- Gefahrstoffliste gemäß Gefahrstoffverordnung
- Sicherheitsdatenblätter für Gefahrstoffe
- Betriebsanweisungen für Gefahrstoffe
- Genehmigungen, Anzeigen, Erlaubnisse
- geforderte Lärmmessungen und Lärmkataster
- geforderte Staubmessungen
- Beleuchtungsmessungen
- Prüf- und Messprotokolle, soweit die Messungen und Prüfungen rechtlich oder genehmigungsrechtlich vorgeschrieben sind
- Bestellurkunden für Betriebsbeauftragte, z. B. für Brandschutzbeauftragte, Gefahrgutbeauftragte
- Bestellurkunden für Sicherheitsfachkraft und Betriebsarzt
- Nachweise für Ausbildungen und Schulungen, z. B. für Sachkunde

Welche dokumentierten Informationen muss ein Unternehmen mindestens führen?

Im Einzelnen werden die Normabschnitte mit der konkreten Benennung der geforderten dokumentierten Information im Anhang B dieses Buches in einer Übersicht dargestellt.

Weiterhin betreffen die im SGA-Managementsystem nachzuweisenden dokumentierten Informationen auch jene, die das Unternehmen selbst für relevant hält. Dazu zählen:

- Sicherheitsanweisungen, z. B. zum Umgang mit Gefahrstoffen
- Anweisungen zum Notfallmanagement
- Anweisungen zur Überwachung sicherheitsrelevanter Anlagen (Anlagen mit hohem Gefährdungspotenzial)
- Anweisungen zur Durchführung von Messungen (Art und Weise der Durchführung, Frequenz usw.)
- Messergebnisse und Tendenzen
- Aufzeichnungen zu Besprechungen (ASA-Sitzungsprotokolle)
- Investitionspläne
- technologische Verfahrensschemata und vieles andere mehr

Hinweis

Besondere Betonung findet, dass mehr Gewicht auf die Umsetzung des SGA-Managementsystems in der Praxis gelegt wird und weniger auf ein „aufwendiges Lenkungssystem für dokumentierte Informationen“. Im Anhang wird explizit von einer Beschränkung auf das Mindestmaß gesprochen. Allerdings ist der Anhang zur Norm nur als Leitfaden zu sehen, er ist nicht verbindlich anzuwenden und gehört nicht zu den Normforderungen. Es wird sich zeigen, wie mit dieser Empfehlung in den externen Zertifizierungsverfahren tatsächlich umgegangen wird.

Art und Umfang dokumentierter Information müssen dem Zweck und der Größe der Organisation sowie der Komplexität der Gefährdungslage angemessen sein. Weder eine Überregulierung noch das Fehlen von Sicherheitsanweisungen und Nachweisen sind einem erfolgreichen SGA-Managementsystem förderlich.

Es ist zu erwarten, dass externe Auditoren künftig auch den Aspekt der Überregulierung und Kompliziertheit einer Dokumentation stärker der Kritik unterziehen werden.

Dokumentierte Informationen können in jeglichem Format vorliegen. Dies ist ein deutliches Signal in Richtung elektronische Führung von Nachweisen und Informationen sowie Anweisungen.

Hinweis

„Vertraulichkeit“, „unsachgemäßer Gebrauch“ oder auch „Verlust“ von Daten kann auch im Zusammenhang mit den Anforderungen des Datenschutzes stehen. Die Regelungen für den Datenschutz (Europäische Datenschutzgrundverordnung) sind für den Fall, dass personenbezogene Daten mit dokumentierten Informationen im SGA-Managementsystem verbunden sind, heranzuziehen und zu dokumentieren.

Personenbezogene Daten umfassen unter anderem:

- Name, Vorname, Geburtsdatum
- Adresse
- private Telefonnummern
- private Kontaktdaten (E-Mail-Adresse)
- privates Fahrzeugkennzeichen

Diese Angaben können beispielsweise in folgenden dokumentierten Informationen enthalten sein:

- Meldungen von Betriebsbeauftragten an zuständige Behörden (inklusive des Führungszeugnisses)
- Nachweise über Qualifizierungen, Schulungen (Zertifikate)
- Regelungen für die Erreichbarkeit im Rahmen von Notfällen
- Video- und Kameraaufzeichnungen für die Überwachung von Anlagen unter Aufnahme beteiligter Personen
- Kameraüberwachung von Anlieferungen

Hierunter fallen zum Beispiel folgende Regelungen:

- Übermittlung personenbezogener Daten
- Speicherung und Archivierung personenbezogener Daten
- Datenschutzerklärungen/-verpflichtungen
- Datensicherung

Dokumentationsaufbau:

Die Gestaltung des Dokumentationsaufbaus obliegt dem Unternehmen. Es kann sich hierbei um eine Loseblattsammlung, um ein internet- oder intranetbasiertes System oder auch ein Handbuch in einem Ordner handeln. Auch die Unterscheidung der Anweisungsebenen ist vom Unternehmen frei wählbar.

Viele Unternehmen, die bereits seit Jahren über ein SGA- oder integriertes Managementsystem verfügen, halten in der Praxis nach wie vor an dem Dokumentationsaufbau wie nachstehend abgebildet fest:

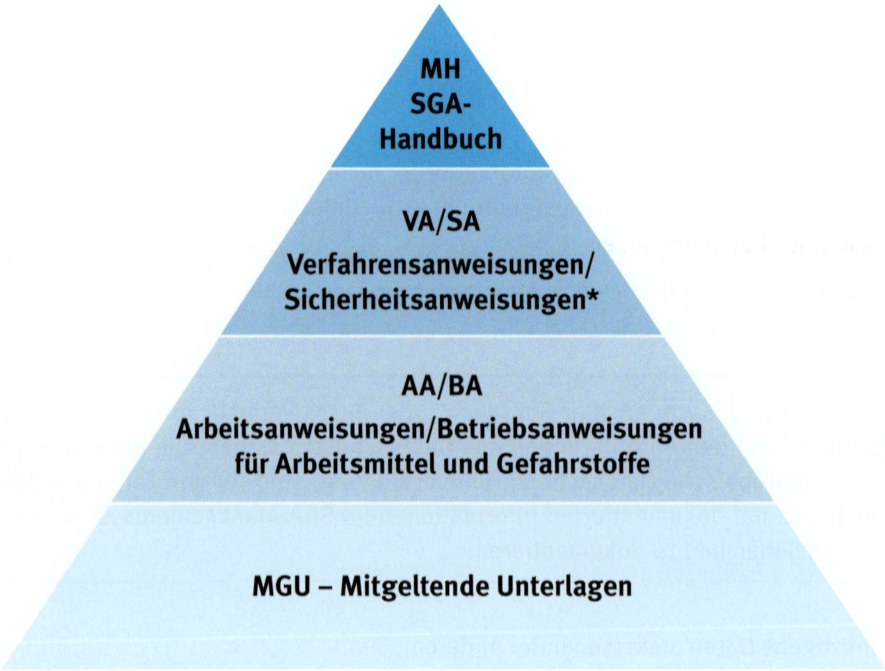

Im Teil des SGA-Managementhandbuchs werden oftmals folgende allgemeingültige Regelungen getroffen:

- Unternehmensdarstellung
- SGA-Politik
- Aufbauorganisation für Sicherheit, Arbeits- und Gesundheitsschutz
- Aufbau der Dokumentation für das SGA-Managementsystem
- Lenkung dokumentierter Informationen
- Überwachung des SGA-Managementsystems mittels interner Audits
- Managementbewertung
- fortlaufende Verbesserung

Das SGA-Managementhandbuch wird daher als Rahmen oder Klammer um weitere detailliertere dokumentierte Informationen verstanden.

Der Aufbau dieser Dokumentationsform folgt dem Prinzip **„vom Allgemeinen zum Besonderen“**. Das SGA-Managementhandbuch gibt nur eine relativ grobe Beschreibung der SGA-Leistung des Unternehmens. Dieser Teil des Handbuchs kann daher problemlos an Auftraggeber oder interessierte Parteien herausgegeben werden. Das interne Know-how eines Unternehmens spiegelt sich in den Anweisungsebenen wider.

Anweisungen oder Mitgeltende Unterlagen werden Dritten i. d. R. **nicht** herausgegeben:

Die Anweisungsebene wird häufig in Verfahrens-/Sicherheitsanweisungen, Arbeitsanweisungen, Betriebsanweisungen für Arbeitsmittel und Gefahrstoffe sowie mitgeltende Unterlagen unterteilt.

Verfahrens-/Sicherheitsanweisungen

= Anweisungen, die sich über mehrere Bereiche eines Unternehmens erstrecken und allgemeingültiger sind

Arbeitsanweisungen

= Anweisungen, die sehr spezifisch und detailliert umweltrelevante Tätigkeiten **an einem Arbeitsplatz** beschreiben

Betriebsanweisungen für Gefahrstoffe

= beziehen sich auf die Gefährdungen durch einen oder eine Gruppe von Gefahrstoffen sowie auf die abgeleiteten Schutz- und Notfallmaßnahmen

Betriebsanweisungen für Arbeitsmittel

= beziehen sich auf die Gefährdungen durch Arbeitsmittel sowie auf die abgeleiteten Schutz- und Notfallmaßnahmen

Mitgeltende Unterlagen umfassen

- Formblätter, wie z. B. Tabellen, Vordrucke, Pläne
- andere (zum Thema) in Beziehung stehende Anweisungen
- Gesetzestexte, externe Forderungen
- Nachweisdokumente (Aufzeichnungen)

Unternehmen können diese Strukturierung ihrer dokumentierten Information beibehalten, aber auch andere Formen wählen.

Praxistipps und Vorlagen

Im Weiteren wird eine mögliche Anweisung zur Lenkung dokumentierter Informationen vorgestellt.

Vorlage

Lenkung dokumentierter Informationen zu Sicherheit, Arbeits- und Gesundheitsschutz

1 Zweck

Die vorliegende Anweisung beschreibt den Umgang mit der rechtlich und der von der DIN ISO 45001 geforderten dokumentierten Information in Form von Dokumenten, Daten und Aufzeichnungen sowie den Umgang mit jener dokumentierten Information, die wir selbst für die Umsetzung unseres SGA-Managementsystems für notwendig erachten.

Die Anweisung umfasst Regelungen zur Erstellung, Aktualisierung und Lenkung dokumentierter Informationen.

2 Geltungsbereich

Sie ist für alle Mitarbeiter des Unternehmens verbindlich, die mit dokumentierten Informationen umgehen.

3 Begriffe

- Dokumentierte Informationen umfassen sowohl Aufzeichnungen als auch Dokumente und Daten.

Dokumentierte Informationen mit Anforderungscharakter umfassen beispielsweise:

- Vorgabedokumente, wie z. B. Handbuch, Anweisungen (Verfahrens-, Arbeits-, Betriebs- und Prüfanweisungen),

Revision: Änderungsdatum: Seite 1 von 4

- Formblätter für Aufzeichnungen
- Pläne und Programme, z. B. Auditprogramm, Schulungsplan
- Kataster (Lärm-, Gefahrstoff-, Rechtskataster)
- Gesetzestexte und Verordnungen
- Genehmigungen, Bescheide, Genehmigungskataster
- Listen, Übersichten

Dokumentierte Informationen umfassen Nachweise, wie z. B.:

- Prüfprotokolle (z. B. Abnahmeprotokoll)
- Nachweise über Lenkung von Fehlern, Havarien, Notfälle, Unfälle, Beinahe-Unfälle
- Nachweise über Korrektur- und Vorbeugungsmaßnahmen
- Nachweise über interne Sicherheitsaudits, Inspektionen, Begehungen (z. B. Auditberichte, Inspektionsprotokolle)
- Schulungsnachweise (z. B. Mitarbeiterunterweisung)

4 Zuständigkeiten

Die Zuständigkeiten für die Erstellung, Prüfung, Genehmigung, Herausgabe, Änderung und Archivierung von Dokumenten und Daten sowie die Lenkung von Nachweisen sind im Unternehmen mit einer Informationslenkungsmatrix geregelt.

5 Beschreibung

Erstellung, Prüfung und Genehmigung dokumentierter Informationen mit Anforderungscharakter (Handbuch, Verfahrens-, Arbeits-, Betriebsanweisungen, Prüfanweisungen, Formblätter, Kataster)

Die Erstellung, Prüfung und Genehmigung von dokumentierter Information mit Anforderungscharakter (Dokumente) und Daten erfolgen durch hierfür qualifizierte und autorisierte Personen entsprechend den festgelegten Zuständigkeiten.

Bei der Erstellung dokumentierter Information wird die Einhaltung von formellen (Layout, Kopf- und Fußzeile, Logo, Schriftart und Schriftgröße) unternehmensspezifischen Regelungen verpflichtend.

Dokumentierte Informationen mit Anforderungscharakter werden vor Herausgabe auf inhaltliche Richtigkeit und Angemessenheit geprüft und unter Einhaltung des 4-Augen-Prinzips genehmigt.

Revisionsstand und Gültigkeitsstand werden auf der dokumentierten Information erkennbar ausgewiesen.

Über die gültigen dokumentierten Informationen mit Anforderungscharakter wie Handbuch, Verfahrens- und Arbeits- und Betriebsanweisungen sowie relevante Formblätter wird eine aktuelle Liste geführt (Inhaltsverzeichnis).

Erstellung, Prüfung und Genehmigung dokumentierter Informationen in Form von Nachweisen

Nachweise müssen angemessen rückverfolgbar sein, den Ersteller, das Datum, eine Bezeichnung und, so notwendig, eine Referenz ausweisen. Nachweise sind vom Ersteller mit seiner Unterschrift zu versehen. Nachweise müssen vom Ersteller auf Plausibilität geprüft werden, um fehlerhafte Dokumentationen zu vermeiden.

Revision: Änderungsdatum: Seite 2 von 4

Für Notizen gelten folgende Regelungen:

Auf der Notiz sind mindestens folgende Angaben zu vermerken:

- Datum
- Uhrzeit
- Name
- Tel.-Nr.
- Vorgang
- Unterschrift (Kürzel)

Nachweise sind nur in dem Umfang zu erstellen, wie es durch Anweisungen vorgegeben wird oder gesetzlich erforderlich ist, um eine Angemessenheit der Sammlung dokumentierter Information zu gewährleisten.

Herausgabe und Archivierung

Herausgabe und Archivierung dokumentierter Informationen sind Aufgaben der hierfür autorisierten Personen entsprechend den festgelegten Zuständigkeiten.

Die Herausgabe von Dokumenten und Daten setzt deren vorherige Prüfung und Genehmigung voraus.

Die Archivierung dokumentierter Information erfolgt nach intern festgelegten und/oder gesetzlichen Vorgaben. Sie muss stets so erfolgen, dass eine Wiederauffindbarkeit bzw. ein Aufrufen der dokumentierten Information stets mit vertretbarem Aufwand möglich ist. Dies stellt Anforderungen an die Auswahl des Mediums und an die mit dem Medium verbundene Soft- und Hardware.

Die Wiederauffindbarkeit dokumentierter Information wird durch geeignete Datensicherungs- und Archivierungsverfahren sichergestellt.

Verfügbarkeit dokumentierter Information

Dokumentierte Informationen müssen vor Ort dem Zweck angemessen schnell verfügbar sein. Die Verfügbarkeit von dokumentierten Informationen, unter denen sich auch personenbezogene Daten befinden können, muss so erfolgen, dass datenschutzrechtliche Anforderungen erfüllt werden. Entsprechende Zugriffsregelungen sind beim EDV-Administrator hinterlegt und vom Datenschutzbeauftragten genehmigt. Verfahrensverzeichnisse im Sinne des gesetzlich verankerten Datenschutzes liegen vor.

Dokumentierte Informationen sind vor Verlust zu schützen, insbesondere, wenn sie sich auf mobilen Geräten und Datenträgern befinden. Jeder ist für den Schutz der gespeicherten dokumentierten Informationen in seinem Bereich verantwortlich und wird alle Sicherheitsmaßnahmen ergreifen, um einen Datenverlust oder eine unerlaubte Informationsweitergabe zu verhindern.

Änderung der dokumentierten Informationen und Daten

Für die Aktualität dokumentierter Informationen und eventuellem Aktualisierungsbedarf zeichnen die Leiter der Bereiche verantwortlich. Sie treten im Fall von Änderungsbedarf an den AMB heran, der die Änderungen mit dem Leiter des Bereichs bespricht, die Änderung vornimmt und die Herausgabe der revisionierten dokumentierten Information veranlasst. Der Änderungsgrund wird auf der jeweiligen dokumentierten Information in der Fußzeile festgehalten. Bei Änderungen von dokumentierten Informationen mit Anforderungscharakter wird die Revisionsnummer um 1 erhöht und das Änderungsdatum in der Fußzeile eingetragen. Bei Nachweisen wird eine Streichung mit Datum und Kürzel an der Stelle vorgenommen, an der der Nachweis geändert wurde.

Revision: Änderungsdatum: Seite 3 von 4

Änderungen von dokumentierten Informationen können von jedem Mitarbeiter angeregt werden. Der Leiter des Bereichs prüft den Änderungsvorschlag und entscheidet über Annahme oder Ablehnung.

Geänderte dokumentierte Informationen werden wie neue Dokumente und Daten von der gleichen Stelle geprüft und genehmigt, die bei der Erstausgabe tätig war. Diese informiert die betreffenden Stellen, die mit der dokumentierten Information umgehen, über die Änderung.

Die Empfänger von geänderten dokumentierten Informationen entfernen und vernichten die alten dokumentierten Informationen und ersetzen sie durch die neuen.

Der AMB archiviert die ungültigen dokumentierten Informationen gesondert.

6 Mitgeltende Unterlagen

Informationslenkungsmatrix

alle Verfahrensanweisungen

alle Arbeits- und Betriebsanweisungen

alle sicherheitsrelevanten Formulare

Nachweise

Revision: Änderungsdatum: Seite 4 von 4

Die eigentliche Übersicht über die Lenkung der dokumentierten Information bietet die Informationslenkungsmatrix.

Vorlage

Auszug aus einer Informationslenkungsmatrix

Dokumentierte Information	Ersteller	Prüfer	Freigeber	Archivierungsfrist	Verantwortlicher Archivierung	Verantwortlicher Vernichtung
Gefahrstoffkataster	PL	SIFA	AMB	6 Jahre	AMB	AMB
Genehmigungen	Behörde	GL	GL	nach Ablauf Genehmigung 10 Jahre	GL	GL

PL = Produktionsleiter
GL = Geschäftsleitung

Revision: Änderungsdatum: Seite 1 von 1

In vielen Fällen ergibt sich die Informationslenkung bereits aus den elektronisch verwalteten Freigabe-, Zugriffs-, Lese- und Änderungsrechten. Die elektronische Hinterlegung ist vollkommen ausreichend. Es bedarf keiner weiteren Dokumentation. Das Grundprinzip indes bleibt das gleiche.

Hierin drückt sich die Angemessenheit der Informationslenkung aus. In größeren Unternehmen sind keine manuellen Systeme mehr zu finden.

Normabschnitt „8 Betrieb“

Normabschnitt „8.1 Betriebliche Planung und Steuerung“

Normabschnitte „8.1.1 Allgemeines“, „8.1.2 Gefahren beseitigen und SGA-Risiken verringern“

Zuordnung der Anforderungen DIN ISO 45001, OHSAS 18001, Normatives Regelwerk SCC und Safety Culture Ladder im Überblick:

DIN ISO 45001	OHSAS 18001	SCC*	SCC**	SCC^P	SCP	Safety Culture Ladder
8.1.1 8.1.2	4.4.6	–	–	–	–	4: 4.10

Anforderungen DIN ISO 45001, Normatives Regelwerk SCC und Safety Culture Ladder im Einzelnen:

Anforderungen DIN ISO 45001, Abschnitte 8.1.1 und 8.1.2

8.1 Betriebliche Planung und Steuerung

8.1.1 Allgemeines

Die Organisation muss die Prozesse zur Erfüllung der Anforderungen des SGA-Managementsystems und zur Durchführung der unter Abschnitt 6 bestimmten Maßnahmen planen, durchführen, steuern und aufrechterhalten, indem sie:

a) Kriterien für die Prozesse festlegt;

b) die Steuerung der Prozesse in Übereinstimmung mit den Kriterien durchführt;

c) dokumentierte Information im notwendigen Umfang aufrechterhält und aufbewahrt, sodass darauf vertraut werden kann, dass die Prozesse wie geplant durchgeführt wurden;

d) die Arbeit an die Beschäftigten anpasst.

An Arbeitsplätzen mit mehreren Arbeitgebern muss die Organisation die relevanten Bestandteile des SGA-Managementsystems mit den anderen Organisationen koordinieren.

8.1.2 Gefahren beseitigen und SGA-Risiken verringern

Die Organisation muss Prozesse zur Beseitigung von Gefahren und Verringerung von SGA-Risiken festlegen, umsetzen und aufrechterhalten, indem sie folgende Maßnahmenhierarchie[N1)] anwendet:

a) Beseitigen der Gefahr;

b) Substitution durch weniger gefährliche Arbeitsprozesse, Betriebsabläufe, Arbeitsstoffe oder Arbeitsmittel;

c) Anwendung technischer Maßnahmen und Veränderung der Organisation der Arbeit;

d) Anwendung administrativer Maßnahmen, einschließlich Schulung;

e) Einsatz geeigneter persönlicher Schutzausrüstung.

ANMERKUNG In vielen Ländern beinhalten rechtliche Verpflichtungen und andere Anforderungen auch die Verpflichtung, Beschäftigten persönliche Schutzausrüstung (PSA) kostenlos zur Verfügung zu stellen.

N1) Nationale Fußnote: Die hier vorgestellte Vorgehensweise ist in § 4 des Arbeitsschutzgesetzes verankert und entspricht weitestgehend dem STOP-Prinzip (Substitution, technisch, organisatorisch, personell/persönliche Schutzausrüstung).

Anforderungen Normatives Regelwerk SCC
keine Entsprechung, da dieses Kapitel in der Planung bearbeitet wurde

Anforderungen Safety Culture Ladder

3.4 Unternehmensaspekt 4: Arbeitsplatz und Verfahren

4.10 Sicherheit am Arbeitsplatz

1. Anforderung

Stufe 2: Das Unternehmen hat Standards für verschiedene Arbeitsumgebungen definiert und wendet Standardarbeitsschutzmaßnahmen an. Verfahren und Maßnahmen werden als Teil des Arbeitsschutzmanagementsystems regelmäßig gemäß PDCA-Zyklus überprüft.

Stufe 3: Das Unternehmen wendet arbeitsumgebungsspezifische Standardarbeitsschutzmaßnahmen an und ergänzt diese bei Bedarf. Die Maßnahmen beziehen sich auch auf das Arbeitsschutzverhalten.

Stufe 4: Mitarbeiter haben Kenntnis von den Risiken ihrer Arbeit, Arbeitsumgebung, ihrer Ausrüstungen, Infrastruktur und den entsprechenden Kontrollmaßnahmen. Mitarbeiter verhalten sich entsprechend der Gefährdungslage und bewerten ihren eigenen Arbeitsplatz in Bezug auf Sicherheitsaspekte.

Stufe 5: Evaluation der Effektivität der Arbeitsschutzmethoden durch das Management gemeinsam mit dem Sektor

2. Anforderung:

Stufe 3: Anpassung der Standardarbeitsschutzmaßnahmen nach schweren Vorfällen (Personen- und Sachschäden) oder auf der Grundlage neuer Risiken

Stufe 4: Forderung des Managements, dass auch Vertragspartner die Standardarbeitsschutzmaßnahmen umsetzen, Überwachung des Arbeitsschutzverhaltens der Vertragspartner, Ergreifen von Maßnahmen, so Vertragspartner sich nicht an die Mindestanforderungen halten.

Stufe 5: Weiterentwicklung der Arbeitsschutzmethoden und -techniken durch das Management, Bemühung um kontinuierliche Verbesserung, Verzeichnen regelmäßiger Erfolge im Arbeitsschutz

3. Anforderung:

Stufe 2: –

Stufe 3: Bewertung der Arbeitsumgebung bzgl. Arbeitsschutz, angekündigte und nicht angekündigte Überprüfung der ergriffenen Maßnahmen zur Überprüfung der Effektivität, der angewandten Techniken und des Verhaltens

Stufe 4: Das Management sorgt bei Projekten für Sicherheit der Arbeitsumgebung, strukturelle Kontrolle, Überwachung und Anpassung der Maßnahmen.

Stufe 5: –

4.11 Verfahren

1. Anforderung:

Stufe 2: Sicherstellung und Überprüfung der Einhaltung spezifischer Arbeitsschutzanforderungen von Kunden. Dazu müssen die Kundenanforderungen klar herausgearbeitet werden.

Stufe 3: Abstimmung der Arbeitsschutzverfahren mit den Anwendern auf Anwendersituation, Kapazität, Sprachkenntnisse

Stufe 4: Beteiligung der Mitarbeiter an Verfahren und Best Practices zum Arbeitsschutz (Mitarbeit, Feedback)

Stufe 5: Abstimmung der Arbeitsschutzverfahren mit Sektor in regelmäßigen Beratungen

2. Anforderung:

Stufe 2: Management hat Arbeitsschutzverfahren in der Arbeitsumgebung eingeführt, Zugang zu den Verfahren ist ungehindert möglich

Stufe 3: Integration von aktualisierten Arbeitsschutzverfahren in Fortbildungen zum Arbeitsschutz

Stufe 4: Anwendung eines strukturellen Ansatzes für Abweichungen von den Arbeitsschutzvorschriften

Stufe 5: Mitarbeiter reichen eigene Verbesserungsvorschläge ein und sind an der Umsetzung beteiligt

3. Anforderung:

Stufe 2: –

Stufe 3: Überprüfung der Umsetzung der Arbeitsschutzverfahren, Einhaltung der Verfahren wird regelmäßig verifiziert

Stufe 4: systematische Umsetzung von Best Practices, Überprüfen und ggf. Adaptieren oder Verwerfen der Best Practices bezogen auf konkrete Arbeitsschutzverfahren

Stufe 5: –

Interpretation und betriebliche Anwendung

Um einen sicheren Betrieb zu gewährleisten, müssen nach DIN ISO 45001 die in der Gefährdungsbeurteilung ermittelten Maßnahmen in ihrer Maßnahmehierarchie umgesetzt werden:

1. Arbeits- und Gesundheitsschutz verbessern
2. Gefährdungen beseitigen und wo nicht möglich
3. Gefährdungen minimieren.

Hierzu ist es notwendig, Arbeitsschutzverhalten zu regeln. In welchem Maße und mit welchen dokumentierten Informationen dies geschehen muss, ist abhängig von der Komplexität der Prozesse und deren Gefährdungslage.

Im Anhang A.8.1.1 der Norm sind hierfür Beispiele benannt:

Beispiele für betriebliche Steuerung der Prozesse	Dokumentierte Information
a) die Verwendung von Arbeitsverfahren und -systemen;	Anweisungen für die Fahrweise von Anlagen (An- und Abfahren beispielsweise unter sicherheitstechnischen Vorkehrungen) Maschinen- und Geräteanweisungen, z. B. Umgang mit elektrischen Handwerkzeugen Anweisungen für Schweißverfahren
b) das Sicherstellen der Kompetenz der Beschäftigten;	Qualifizierungs- und Befähigungsnachweise, z. B. für Strahlenschutz, Brandschutz, Ersthelfer, befähigte Personen für die Prüfung von ...
c) Aufbau von vorbeugenden oder vorausschauenden Instandhaltungs- und Inspektionsprogrammen;	Überwachungskataster für prüfpflichtige Einrichtungen, z. B. elektrische Tore, Hebezeuge, Anschlagmittel ...
d) Spezifikationen für die Beschaffung von Waren und Dienstleistungen;	CE-Konformitätserklärungen Gebrauchsanweisungen Maschinen-/Anlagendokumentationen Nachweise für die Befähigung von Fremddienstleistern

Beispiele für betriebliche Steuerung der Prozesse	Dokumentierte Information
e) Anwendung von gesetzlichen Vorschriften und sonstigen Anforderungen oder Herstelleranweisungen für die Ausrüstung;	CE-Kennzeichnung GS-Zeichen
f) technische und administrative Steuerungen;	Handlungsanweisungen für die technische Einstellung, Regelung von Klimaanlagen, Kühlanlagen, Heizungen; Kompressorensteuerung, Steuerung der Überwachung von Grenzwerten usw.
g) Anpassen der Arbeit an die Beschäftigten, zum Beispiel durch: 1) Festlegung und Überprüfung der Organisation der Arbeit; 2) Neueinstellungen; 3) Anpassung oder Neuanpassung von Arbeitsprozessen und Arbeitsumgebungen; 4) Anwendung ergonomischer Grundsätze bei der Gestaltung neuer oder modifizierender Arbeitsplätze, Ausrüstung usw.	Regelungen zu Ruhepausen, Arbeitszeiten Projektpläne zu Ergonomie und altersgerechter Gestaltung von Arbeitsplätzen Projekte zur Anpassung von Arbeitsplätzen an die Bedingungen des Mutterschutzes

Regelungen sollten in Form von Betriebsanweisungen, Sicherheits- bzw. Verfahrensanweisungen beschrieben werden.

Betriebliche Kriterien können Verbote, Gebote, Expositionsgrenzwerte und Mengenbegrenzungen am Arbeitsplatz oder in Lägern sein.

Grundsätzlich sollten Regeln für den gesamten Betrieb und alle Mitarbeiter gelten. Nach einer Zeit sollte die Wirksamkeit der Maßnahmen hinterfragt werden, auch hier folgt man der Maßnahmenhierarchie, wie im Kapitel Planung bereits dargestellt wurde. Die Arbeit soll grundsätzlich an die Beschäftigten angepasst werden.

Gefährdungen beseitigen und verringern:

Im Arbeits- und Gesundheitsschutz, und dies gilt für alle Managementsysteme, hat die Beseitigung von Gefährdungen stets Vorrang. Hier noch einmal das Prinzip:

- Gefährdungen eliminieren vor
- Gefährdungen ersetzen (Austausch gegen geringere Gefährdung) vor
- technischen Steuerungen (Isolierung, trennende Schutzeinrichtungen, Lärmminderung) vor
- administrativen Steuerungen (Schulungen, Inspektionen, Wartungen, Prüfungen) vor
- persönlicher Schutzausrüstung

Maßnahmen im Arbeitsschutz unterliegen demnach einer Rangfolge. Wie aus den vorstehenden Ausführungen bereits bekannt, sind stets technische Maßnahmen organisatorischen oder der zu tragenden persönlichen Schutzausrüstung vorzuziehen. Der Arbeitgeber hat hier keine Wahl. Er hat vorrangig technische Möglichkeiten umzusetzen.

Unter der Überschrift „Sicherheit am Arbeitsplatz“ fordert Safety Culture Ladder die Definition von Standardarbeitsschutzmaßnahmen unter Berücksichtigung der Risiken der spezifischen Arbeitsumgebung. Hierzu zählt das System die Arbeitsbedingungen, Ausrüstungen, Infrastruktur, Arbeitsmittel und -verfahren. Schlussfolgerungen aus schweren Vorfällen, bei denen das System auch Sachschäden einbezieht, werden in die Standardarbeitsschutzmaßnahmen aufgenommen. Die Maßnahmen sollen vom Management angekündigt und nicht angekündigt kontrolliert und angepasst bzw. weiterentwickelt werden. Auch Vertragspartner sollen die Arbeitsschutzmaßnahmen umsetzen und diszipliniert werden, sofern sie die Mindestanforderungen an Sicherheit am Arbeitsplatz nicht erfüllen, bis hin zum Ausschluss vom Territorium. Auf der höchsten Stufe soll das Management gemeinsam mit dem Sektor die Effektivität des Arbeitsschutzes evaluieren und kontinuierlich fortentwickeln.

Safety Culture Ladder fordert darüber hinaus die Einhaltung der Kundenanforderungen an Sicherheit. Dazu sind diese aus den Verträgen heraus zu eruieren, auf die Gefährdungslage hin zu überprüfen und in Anweisungen an die Mitarbeiter umzusetzen. Die Arbeitsschutzverfahren sind mit den Anwendern und dem Sektor in regelmäßig stattfindenden Beratungen abzustimmen. Weiterhin sind die Mitarbeiter in die Erarbeitung, Überprüfung und Weiterentwicklung der Verfahren im Arbeitsschutz einzubeziehen bis hin zur Wahrnehmung und Behandlung von Verbesserungsvorschlägen aus Mitarbeiterkreisen.

Praxistipps und Vorlagen

Selbstverständlich können an dieser Stelle nur ausschnittweise Themen für Prozesslenkungen im Unternehmen vorgestellt werden. Grundsätzlich gilt, dass nur jene Abläufe schriftlich zu fixieren sind, die auch regelungsbedürftig erscheinen. Zu viele Anweisungen sind genauso schädlich wie zu wenige. Gradmesser der Regelungsbedürftigkeit sind u. a. das Ergebnis der Gefährdungsbeurteilung, Unfallhäufigkeiten, besondere Gefährdungen, selten auszuführende Tätigkeiten mit sicherheitskritischen Aspekten.

Exemplarisch seien hier einige Ablauflenkungen vorgestellt, von denen wir als Autoren ausgehen, dass sie viele Organisationen betreffen werden. Eine dieser Vorlagen beschreibt allgemeine Sicherheitshinweise für Mitarbeiter, Besucher und Fremdfirmen. Auch hier sind betriebliche Besonderheiten zu beachten. Die Vorlage erhebt damit keinen Anspruch auf Vollständigkeit.

Vorlage

Verfahrensanweisung: Allgemeine Sicherheitshinweise

I Allgemeines

1 Geltungsbereich

Die Werksicherheitsrichtlinie gilt für alle Mitarbeiter, Besucher und für alle auf dem Werksgelände der xy Unternehmung tätigen Mitarbeiter von Fremdfirmen.

2 Zuständigkeiten

Alle direkten Vorgesetzten haben die Pflicht, ihre Mitarbeiter zu belehren und zur Befolgung der Werksicherheitsrichtlinie anzuhalten. Dies gilt insbesondere für neue Mitarbeiter, welche zusätzlich eine sicherheitstechnische Erstunterweisung erhalten.

Die Sicherheitsbeauftragten haben auf Einhaltung der Sicherheitsvorschriften zu achten und auf Gefahrenquellen hinzuweisen.

Jede auf dem Werksgelände tätige Fremdfirma hat ihrerseits Sicherheitsbeauftragte zu benennen und diese der Fachkraft für Arbeitssicherheit schriftlich und namentlich zu melden.

Besucher sind vom verantwortlichen Mitarbeiter auf die jeweils erforderlichen Sicherheitsvorschriften hinzuweisen.

3 Sicherheitsvorschriften

Jeder ist verpflichtet, sich mit den Sicherheitsvorschriften vor Aufnahme seiner Arbeit vertraut zu machen und sie sich ggf. von seinem Vorgesetzten erklären zu lassen. Die berufsgenossenschaftlichen Regeln und Vorschriften sowie die Sicherheitsvorschriften, -richtlinien und -anweisungen im Organisationshandbuch des Unternehmens sind einzuhalten. Die Sicherheitsvorschriften liegen bei den Führungskräften sowie in den Messwarten aus.

4 Sicherheitseinrichtungen

Jeder ist verpflichtet, sich eigenständig über die Sicherheitseinrichtungen (Fluchtwege, Notduschen, Feuermelder, Feuerlöscher, Rettungswege u.a.) an seinem Arbeitsplatz zu unterrichten.

Die Flucht- und Rettungswege sowie die Zugänge zu Sicherheitseinrichtungen sind stets freizuhalten.

Die in den Gebäuden und Anlagen installierten Sicherheitsgeräte dürfen nur zur Abwehr von Gefahren benutzt werden. Nach Benutzung dieser Geräte ist unverzüglich die Fachkraft für Arbeitssicherheit zu verständigen.

5 Persönliche Schutzausrüstung

Jeder Mitarbeiter und Fremdfirmenmitarbeiter hat die Pflicht, sich mit den für seinen Arbeitsbereich vorgeschriebenen PSA auszurüsten und diese, wie vorgeschrieben, zu verwenden.

Die PSA für Mitarbeiter werden im Magazin vorgehalten.

Fremdfirmen haben ihre Mitarbeiter selbst mit geeigneten PSA auszurüsten.

Revision: Änderungsdatum: Seite 1 von 2

II Verhaltensregeln

1 Auf dem Werksgelände

1.1 Betreten

Als Werksgelände gelten alle Geländeflächen innerhalb der äußeren Werkszäune von:

- Wasserwerk
- Rückkühlwerk mit Deionatanlage, Abwasservorbehandlung, Dampferzeuger, Anlagen für technische Gase
- zentraler Abwasserbehandlungsanlage

Das Betreten ist nur mit einer gültigen Zugangsberechtigung oder der Erlaubnis des Schichtleiters gestattet.

1.2 Rauchverbot

Innerhalb des gesamten Werksgeländes ist das Rauchen untersagt; dies gilt gleichermaßen in den Fahrzeugen. Räume, in welchem das Rauchen gestattet ist, bedürfen der besonderen Genehmigung und Kennzeichnung.

1.3 Alkohol- und Drogenverbot

Der Genuss von alkoholischen Getränken oder Drogen einschließlich „alkoholfreiem“ Bier ist auf dem Werksgelände mit null Promille untersagt, ebenso die Arbeitsaufnahme im angetrunkenen Zustand oder mit Restalkohol.

1.4 Tragepflicht für Schutzhelm und Schutzschuhe

Schutzhelm:

Das Tragen des Schutzhelms auf dem Werksgelände ist Pflicht. Der Schutzhelm muss mit dem Namen des Trägers gekennzeichnet sein.

Von der Schutzhelmtragepflicht ausgenommen sind die Straße xy, das Kombigebäude und die externen Messwarten.

Schutzschuhe:

Für regelmäßig in den Produktionsanlagen tätige Personen ist das Tragen von Schutzschuhen vorgeschrieben. Das Tragen von Schuhen mit Eisenbeschlägen und/oder Nägeln ist verboten.

1.5 Ordnung und Sauberkeit

Jeder hat auf Ordnung und Sauberkeit zu achten, da dies Voraussetzung für das Vermeiden von Unfällen ist.

...

Revision: Änderungsdatum: Seite 2 von 2

Eine weitere Vorlage betrifft den Umgang mit Leitern. Fast in jedem Unternehmen werden Leitern verwendet. Nach wie vor kommt es in der Praxis zu Unfällen und sicherheitskritischen Situationen im Umgang mit Leitern. Dabei wird häufig der Anlegewinkel von Leitern nicht ausreichend berücksichtigt. Vielerorts werden ungeprüfte und damit sicherheitsbedenkliche Leitern verwendet. Eine eindeutige Sicherheitsanweisung sollte als Grundlage für Unterweisungen der Beschäftigten dienen.

Vorlage

Verfahrensanweisung: Umgang mit Leitern

1 Zweck

Diese Verfahrensanweisung beschreibt aus arbeitsschutz- und sicherheitstechnischer Sicht das Verfahren im Umgang mit Steh- und Anlegeleitern.

2 Geltungsbereich

Der Geltungsbereich erstreckt sich auf alle Tätigkeiten, bei denen Leitern zur Anwendung kommen.

3 Anwendungsbereich

Bei Ausführung von einfachen Montage- und Instandsetzungsarbeiten kann es bei der Verwendung von Anlegeleitern zu Unfällen kommen. Das geschieht, wenn die Leiter in den Boden einsinkt, wegrutscht oder umfällt.

Es kommt also darauf an, Anlegeleitern gegen Ausgleiten, Umfallen, Umkanten, Abrutschen und Einsinken zu sichern.

Um diese Gefahren zu vermeiden, ist es wichtig, den sicherheitstechnischen Forderungen der Vorgaben der Unfallversicherungsträger zum Thema „Leitern und Tritte“ nachzukommen.

Welche sicherheitstechnischen Anforderungen gelten für Anlegeleitern?

- Sprossenanlegeleitern müssen einen Anlegewinkel zwischen 65° und 75° aufweisen.
- Stufenanlegeleitern müssen einen Anlegewinkel zwischen 60° und 70° aufweisen.
- Leitern dürfen nur an sichere Stützpunkte angelegt werden und müssen mindestens 1 m über die Austrittstelle hinausragen.
- Anlegeleitern sind gegen Einsinken durch dem Untergrund angepasste Leiterfüße, z. B. durch Fußverbreiterungen, zu sichern.
- Gegen Umfallen und Abrutschen sind Leitern durch Einhängevorrichtungen oder durch Anbinden des Leiterkopfes zu sichern.
- Im Verkehrsbereich müssen Leitern durch Absperrungen gesichert werden.

Bei Arbeiten auf Anlegeleitern sind folgende Regeln einzuhalten:

- Bei Ausführung von einfachen Montage- und Instandsetzungsarbeiten darf kein höherer Standplatz als 7 m eingenommen werden.
- Bei einer Standhöhe von mehr als 2 m darf nicht länger als 2 Stunden gearbeitet werden.
- Das Gewicht des mitgeführten Materials darf 10 kg nicht überschreiten.
- Die Windangriffsfläche von mitgeführten Gegenständen darf 1 m^2 nicht überschreiten.

Welche Arbeiten dürfen von Anlegeleitern aus nicht ausgeführt werden?

Es handelt sich um Arbeiten

- mit vorhandenen oder benutzten Stoffen und Arbeitsverfahren, von denen zusätzliche Gefahren ausgehen, z. B. Arbeiten mit Säuren, Laugen, Heißbitumen oder Fehlersuche an aktiven elektrischen Anlagen,
- mit Maschinen und Geräten, die mit beiden Händen bedient werden müssen, z. B. Hochdruckreinigungsgeräte, Drucklufthämmer zum Schlitzen,
- bei denen Beschäftigte nicht mit beiden Beinen auf einer Sprosse stehen können.

Revision: Änderungsdatum: Seite 1 von 2

Stehleitern

Von Stehleitern gehen dann Gefahren aus, die zu folgenschweren Stürzen führen können, wenn sie nicht standsicher aufgestellt sind.

Wichtig für das sichere Arbeiten von Stehleitern aus ist, dass

- nur Stehleitern verwendet werden, die fest angebrachte Spreizsicherungen haben,
- Stehleitern standsicher aufgestellt sind,
- Stehleitern nicht als Anlegeleitern benutzt werden,
- die oberste Sprosse bzw. Stufe nicht bestiegen wird (Ausnahme: Sicherheitsbrücke und Haltevorrichtung sind gegeben),
- beim Einsatz von Schiebeleitern auf freie Beweglichkeit der Abweiser sowie auf Einrasten der Feststelleinrichtungen geachtet wird,
- die oberen vier Sprossen bei Stehleitern mit aufgesetzter Schiebeleiter nicht betreten werden dürfen.

Vor jedem Einsatz ist die Leiter, trotz regelmäßiger Prüfung, vom Monteur eigenverantwortlich auf Schadensfreiheit und Funktionstüchtigkeit zu prüfen. Bei Schäden darf die Leiter nicht eingesetzt werden. Persönliche Reparaturen sind verboten.

4 Mitgeltende Unterlagen

Leiternkontrollbuch

Revision: Änderungsdatum: Seite 2 von 2

In jedem Unternehmen wird mit Gefahrstoffen umgegangen. Gefahrstoffe sind mindestens mit ihrer Stoffbezeichnung und dem Gefahrensymbol, vorzugsweise nach GHS, zu kennzeichnen. Diese Mindestkennzeichnungspflicht gilt vor allem für das Umfüllen von Gefahrstoffen in andere Gebinde, um Verwechslungen auszuschließen. Viele Unfälle basieren auf dem fehlerhaften Umgang mit Gefahrstoffen, fehlender Schutzausrüstung oder auf mangelhaften Lagerbedingungen. Die Ermittlung der im Unternehmen verwendeten Gefahrstoffe sowie die Unterweisung der Beschäftigten vor Aufnahme ihrer Tätigkeit mit Gefahrstoffen sowie alsdann in regelmäßigen Abständen gehören zu den Grundpflichten von Unternehmen, auch auf europäischer Ebene.

Verfahrensanweisung: Umgang mit Gefahrstoffen

Vorlage

1 Zweck

Diese Anweisung dient der Vorbeugung von schweren gesundheitlichen Schäden während der Arbeit mit Gefahrstoffen.

2 Geltungsbereich

Gilt für alle Mitarbeiter, die mit Gefahrstoffen umgehen, auch für eventuell in Heimarbeit beschäftigte Personen, Schüler, Studierende u. Ä.

3 Beschreibung

Gefahrstoffe sind mit einer Stoffbezeichnung und dem entsprechenden Gefahrensymbol versehen (Mindestkennzeichnungspflicht). Unter „Gefahrstoffe“ fallen auch Stoffe und Zubereitungen, die explosionsfähig sind! Im Rahmen einer Gefährdungsbeurteilung hat der Arbeit-

Revision: Änderungsdatum: Seite 1 von 5

geber festzustellen, ob und inwieweit Beschäftigte mit Gefahrstoffen umgehen oder diesen ausgesetzt sind (Exposition). Ist dies der Fall, so hat er alle hiervon ausgehenden Gefährdungen der Gesundheit und Sicherheit der Beschäftigten zu beurteilen.

Kriterien hierfür sind:

1. Gefahreneigenschaften
2. Informationen des Herstellers/Inverkehrbringers
3. Expositionsart und -ausmaß
4. Möglichkeiten der Substitution
5. Arbeitsbedingungen und Verfahren, Arbeitsmittel, Gefahrstoffmenge
6. Arbeitsplatzgrenzwerte
7. Wirksamkeitskontrolle getroffener Maßnahmen
8. Arbeitsmedizinische Vorsorge

Der Arbeitgeber hat die Gefährdungsbeurteilung unabhängig von der Zahl der Beschäftigten erstmals vor Aufnahme der Tätigkeit zu dokumentieren. Die Gefährdungsbeurteilung darf nur von fachkundigen Personen durchgeführt werden. Fachkundig sind insbesondere die SIFA und der Betriebsarzt.

Ergibt sich aus der Gefährdungsbeurteilung, dass der Stoff

- mindergefährdend ist,
- mit einer geringen Stoffmenge verwendet wird,
- der Höhe und Dauer nach zu einer geringen Exposition führt,
- aufgrund der Arbeitsbedingungen nur eine geringe Gefährdung darstellt,

so müssen nur allgemeine Schutzmaßnahmen angewendet werden.

Allgemeine Schutzmaßnahmen sind:

1. geeignete Gestaltung des Arbeitsplatzes
2. Bereitstellung geeigneter Arbeitsmittel
3. Begrenzung des Personenkreises
4. Begrenzung der Exposition (Dauer, Höhe)
5. angemessene Hygienemaßnahmen
6. Mengenbegrenzung am Arbeitsplatz auf Minimum
7. Auswahl geeigneter Verfahren

Jeder Hersteller oder Händler von Gefahrstoffen ist verpflichtet, ein Sicherheitsdatenblatt für den jeweiligen Gefahrstoff zu entwickeln.

Der Arbeitgeber hat die Pflicht, sich die für die Gefährdungsbeurteilung notwendigen Informationen mit zumutbarem Aufwand (gemeint: das Sicherheitsdatenblatt) einzuholen.

Auch hat der Arbeitgeber zu prüfen, ob die verwendeten Stoffe, Zubereitungen oder Erzeugnisse zu Brand- oder Explosionsgefährdungen führen können.

Nur für Deutschland:

Auf der Grundlage des Sicherheitsdatenblatts muss durch das Unternehmen eine Betriebsanweisung für Gefahrstoffe erstellt werden.

In dieser Betriebsanweisung werden dem Anwender in verständlicher Sprache (und ggf. in mehreren Sprachen) wichtige Sicherheitshinweise gegeben.

Revision: Änderungsdatum: Seite 2 von 5

Sowohl die Sicherheitsdatenblätter als auch die Betriebsanweisungen (Betriebsanweisungen nur in Deutschland) müssen an den Arbeitsplätzen, hilfsweise in den Sozialräumen, ausliegen. Sicherheitsdatenblätter sollten nach Änderung der Gesetzgebung oder in der Regel alle 2 Jahre neu beschafft werden.

Einmal jährlich besteht eine Unterweisungspflicht gegenüber den Beschäftigten hinsichtlich des Umgangs mit Gefahrstoffen. Sie umfasst mindestens folgenden Inhalt:

Substitutionspflicht

Der Arbeitgeber hat **vorrangig** eine Substitution durchzuführen.

Der Unternehmer hat Gefährdungen durch Gefahrstoffe zunächst auszuschließen. Ist dies nicht möglich, hat er sie auf ein Minimum zu reduzieren.

Wo möglich sollen Gefahrstoffe durch andere Stoffe oder mindergefährdende Stoffe ersetzt werden. Recherchen für eine Substitution sind zu dokumentieren. Mengen sind auf ein Minimum zu beschränken. An den Arbeitsplätzen soll nur der Tagesbedarf verfügbar sein. Spraydosen sind mit der Schutzkappe zu verschließen, um unnötige Dämpfe zu vermeiden.

Anwendung

Die in der Betriebs- oder Sicherheitsanweisung angegebenen Sicherheitshinweise sind unbedingt zu befolgen, auch die Hinweise für die Entsorgung. Dosieranleitungen sind strikt einzuhalten.

Umfüllen

Das Umfüllen von Gefahrstoffen in andere Behältnisse darf nur unter größter Vorsicht erfolgen. Die Behelfsgebinde (Umverpackung) dürfen keine Lebensmittelgebinde sein, um Verwechslungen zu vermeiden. Die Umverpackung ist mindestens mit der Stoffbezeichnung und dem Gefahrensymbol zu kennzeichnen. Von Umverpackungen aus Glas ist abzusehen.

Lagerung

Am Arbeitsplatz darf nur die Tagesmenge gelagert werden. Toxische Stoffe müssen verschlossen bzw. vor dem Zugriff gesichert gelagert werden. Wassergefährdende Stoffe sollten in Auffangwannen lagern. Gebinde, die zum Transport geeignet sind, bedürfen keines besonderen Schutzes durch Auffangwannen.

Entsorgung

Es wird zwischen der Entsorgung von Gebinden mit Restanhaftung und entleerten Gebinden unterschieden. Gebinde mit Restanhaftung bedürfen einer gesonderten Entsorgung, beachten Sie die Hinweise im Sicherheitsdatenblatt.

Gefahrstoffkataster

Über alle im Unternehmen verwendeten Gefahrstoffe muss ein Kataster geführt werden (Liste). Das Gefahrstoffkataster gliedert sich mindestens wie folgt:

- Gefahrstoffbezeichnung
- Gefährdungsmerkmale
- Verbrauchsmenge/Jahr (bewertet die Exposition der Beschäftigten mit dem jeweiligen Gefahrstoff)
- durchschnittliche Lagermenge (bewertet Umweltgesichtspunkte, Brand- und Explosionsgefahren bei der Lagerung)
- Bezeichnung der Arbeitsbereiche, in denen mit den Gefahrstoffen umgegangen wird

Revision: Änderungsdatum: Seite 3 von 5

Meldepflicht

Sollten im Unternehmen andere oder weitere Gefahrstoffe als im Gefahrstoffkataster ausgewiesen angewendet werden, ist die Fachkraft für Arbeitssicherheit zu informieren.

Persönliche Schutzausrüstung

Beschäftigte **müssen** die bereitgestellte PSA **verwenden.**

Es gelten folgende Regeln:

- sachgerechte Aufbewahrung von PSA
- vor Gebrauch prüfen
- schadhafte PSA ausbessern oder austauschen

Kennzeichnungspflicht

- mindestens Gefahrensymbol (GHS) und Stoffbezeichnung
- Pflicht der Identifizierbarkeit aller Stoffe und Zubereitungen

Zutrittsverbot

Einschränkungen des Zutritts durch Begrenzung des Personenkreises, der mit dem Gefahrstoff umgeht.

Arbeitskleidung

Der Arbeitgeber hat getrennte Aufbewahrungsmöglichkeiten für die Arbeits- und Straßenkleidung zu stellen (Kontaminationsgefahr). Die Reinigung verunreinigter Arbeitskleidung obliegt dem Arbeitgeber!

Alleinarbeit

Zusätzliche Schutzmaßnahmen sind durch den Arbeitgeber bei Alleinarbeit zu ergreifen (oder angemessene Aufsicht zu wählen).

Maßnahmen bei Brand- und Explosionsgefährdungen

Gilt vor allem bei

- explosionsgefährlichen,
- brandfördernden,
- leicht entzündlichen,
- entzündlichen

Stoffen oder Zubereitungen einschließlich **Lagerung.**

Notfallübung

Durchführung von Sicherheitsübungen in regelmäßigen Abständen angeordnet.

Erste-Hilfe-Einrichtungen

In **geeignetem** Umfang und vor Ort sicherzustellen.

Unterweisung Beschäftigter

- anhand der Betriebsanweisungen bzw. der Sicherheitsdatenblätter vor Aufnahme der Tätigkeit und danach
- mindestens einmal jährlich
  - in verständlicher Sprache
  - möglichst mit Verständnistest
  - Dokumentation und Unterschrift notwendig

Revision: Änderungsdatum: Seite 4 von 5

Zusammenarbeit verschiedener Firmen

- bei erhöhter Gefährdung Koordinator bestellen
- wurde ein Baustellenkoordinator bestellt, entfällt der Fremdfirmenkoordinator
- keine Entbindung des Arbeitgebers von der Gesamtverantwortung

Zusammenlagerungsverbote

Folgende Stoffe dürfen gemäß Anlage nicht zusammen gelagert werden:

Umsetzung der Gefahrstoffverordnung im Betrieb Lagern von Gefahrstoffen

	 Explosions-gefährlich	 Brand-fördernd Gruppe 1	 Entzünd-lich F+/F	 Giftig T+/T	 Gesund-heits-schädlich	 Ätzend	Aerosole/ Spray-dosen	Karto-nagen, Papier usw.
	+	–	–	–	–	–	–	–
	–	+	–	–	O	–	–	–
	–	–	+	–	+	O	O	–
	–	–	–	+	+	+	O	–
	–	O	+	+	+	+	+	–
	–	–	O	+	+	+	+	O
Aerosole/ Spray-dosen	–	–	O	O	+	+	+	–
Kartona-gen, Papier usw.	–	–	–	–	–	O	–	+

– Zusammenlagerungsverbot
\+ Zusammenlagerung erlaubt
O Zusammenlagerung unter besonderen Bedingungen möglich

4 Mitgeltende Unterlagen

Gefahrensymbole nach GHS	Sicherheitsdatenblätter
Gefahrstoffkataster	Formblatt Gefährdungsanalyse für Gefahrstoffe
Betriebsanweisungen	Zusammenlagerungsverbote

Revision: Änderungsdatum: Seite 5 von 5

Eine spezielle Forderung des SCC-Regelwerks betrifft die Erstellung einer Anweisung zum Ausfüllen von Sicherheitspässen. An dieser Stelle wird eine Vorlage zur betrieblichen Anpassung aufgezeigt.

Die Liste der möglichen Verfahrens- oder Sicherheitsanweisungen ist sehr lang und würde den Rahmen dieser Veröffentlichung sprengen. Im Downloadbereich stehen daher weitere adaptierbare Vorlagen für den Leser zur Verfügung.

Normabschnitt „8.1.3 Änderungsmanagement"

Zuordnung der Anforderungen DIN ISO 45001, OHSAS 18001, Normatives Regelwerk SCC und Safety Culture Ladder im Überblick:

DIN ISO 45001	OHSAS 18001	SCC*	SCC**	SCC^{P}	SCP	Safety Culture Ladder
8.1.3	4.4.6	–	–	–	–	–

Anforderungen DIN ISO 45001, Normatives Regelwerk SCC und Safety Culture Ladder im Einzelnen:

Anforderungen DIN ISO 45001, Abschnitt 8.1.3
8.1.3 Änderungsmanagement Die Organisation muss Prozesse zur Umsetzung und Steuerung geplanter vorübergehender und dauerhafter Änderungen festlegen, die sich auf die SGA-Leistung auswirken, einschließlich: a) neuer Produkte, Dienstleistungen und Arbeitsprozesse oder Änderungen bestehender Produkte, Dienstleistungen und Arbeitsprozesse, einschließlich: – Orte des Arbeitsplatzes und Arbeitsumgebungen; – Arbeitsorganisation; – Arbeitsbedingungen; – Arbeitsmitteln; – Arbeitskräften; b) Änderungen von rechtlichen Verpflichtungen und anderen Anforderungen; c) Änderungen des Wissens oder der Informationen über Gefährdungen und SGA-Risiken; d) der Fortentwicklung des Wissens und der Technologie. Die Organisation muss die Folgen unbeabsichtigter Änderungen beurteilen und erforderliche Maßnahmen ergreifen, um jegliche negativen Auswirkungen abzuschwächen. ANMERKUNG Änderungen können zu Risiken und Chancen führen.

Anforderungen Normatives Regelwerk SCC
keine Entsprechung, da dieses Kapitel in der Planung bearbeitet wurde

Anforderungen Safety Culture Ladder
keine

Interpretation und betriebliche Anwendung

Das Änderungsmanagement soll Änderungen rund um den Arbeitsplatz berücksichtigen, ganz gleich, ob dies durch eine Neubewertung der Arbeitsplätze einhergeht oder durch Änderungen von Rahmenbedingungen. Dies kann zu Risiken und Chancen führen (siehe Kapitel 6 Planung).

Inputs für Änderungen sind insbesondere:

- neue Produkte, Dienstleistungen, Arbeitsverfahren, Arbeitsmittel
- Änderung der Gebäude/Infrastruktur
- Weggang von Schlüsselpersonen/Abgang von Schlüsselqualifikationen = Änderung des Wissens der Organisation
- Änderung von rechtlichen und anderen Anforderungen, auch von neuen Kunden
- Änderung des Wissens/Forschungsergebnisse

Die Gefährdungsbeurteilung muss diese sich ändernden Aspekte berücksichtigen. Präventionsmaßnahmen unterliegen einer Änderung/Anpassung. Was gestern richtig war, ist heute ggf. nicht mehr ausreichend. Änderungsprozesse bedürfen einer präzisen Planung, welche Auswirkungen diese zeitigen, sowie einer Projektsteuerung. Sie müssen in ihrem Wert und ihren Grenzen betrachtet werden. Hierzu ist die bereits vorgestellte Chancen- und Risikobetrachtung ein probates Mittel.

Praxistipps und Vorlagen

In der folgenden Anweisung wird prinzipiell beschrieben, wie mit Änderungen bezüglich Arbeits- und Gesundheitsschutz umgegangen werden soll.

VA: Planung von Änderungen

Vorlage

1. Zweck

Diese Verfahrensanweisung beschreibt die Vorgehensweise bei Änderungen, die sich auf das bestehende A&G-Managementsystem auswirken könnten.

2. Geltungsbereich

Der Geltungsbereich erstreckt sich auf das gesamte Unternehmen und ggf. haben Änderungen des A&G-Managementsystems Auswirkungen auf interessierte Parteien.

3. Zuständigkeiten

Geschäftsleitung und AMB

4. Durchführung

Änderungen, die sich auf das A&G-Managementsystem auswirken könnten, ergeben sich aus verschiedenen Sachverhalten wie beispielsweise:

- Auslagerung von Prozessen
- Change-Management
- Substitution von Gefahrstoffen
- Einsatz neuer Stoffe und Verfahren
- Unfallgeschehen mit Auswirkung auf Prozessgestaltung und Technikeinsatz usw.

Revision: Änderungsdatum: Seite 1 von 3

Die Inputs für Änderungsmanagement sind vielfältig. Sie haben Auswirkungen auf

- die Gefährdungslage, z. B. wird die Anpassung der Gefährdungsbeurteilung notwendig,
- die mit der Änderung verbundenen Risiken und Chancen,
- die Aufbauorganisation/Sicherheitsorganisation, z. B. Notwendigkeit der Stellung von gesetzlich Beauftragten, Verstärkung der Sicherheitsbeauftragten, Brandschutzhelfer oder Ersthelfer,
- Abläufe und deren Gestaltung, z. B. Abbrucharbeiten mit Asbest,
- die Qualifizierung der Beschäftigten (Einsatz geeigneten Personals), z. B. auf die Planung von Schulungsmaßnahmen,
- die Dokumentation, z. B. Aufstellung neuer oder erweiterter Anweisungen u. a. m.

Darstellung der Auswirkungen von Änderungen, das A&G-Managementsystem betreffend:

Revision: Änderungsdatum: Seite 2 von 3

Die Planung der hiervon ausgehenden Änderungen erfolgt in der Diskussion zwischen Geschäftsführung, AMB und Führungskräften in folgenden Schritten:

1. Überprüfung der Risiko- und Chancenbetrachtung	2. Überprüfung der Gefährdungsbeurteilung	3. Ableitung von Maßnahmen und Zuweisung von Verantwortungen	4. Wirksamkeitsüberprüfung
– veränderte Risiken – neue Risiken – erweiterte Chancen – neue Chancen – notwendige Information der interessierten Parteien	– veränderte Gefährdungen – neue Gefährdungen	– Auslagerung von Prozessen – Einsatz neuer Technik – Schulung von Mitarbeitern – Aufstellen geeigneter Präventionsmaßnahmen – Veränderung des Sicherheitskonzepts – Änderung Notfallmanagement – genehmigungsrechtliche Änderungen usw.	in geeignetem zeitlichen Abstand zur Maßnahmenumsetzung

Für die Festlegung der einzelnen Planungsschritte zeichnet die Geschäftsführung verantwortlich. Nach jedem Planungsschritt findet eine Überprüfung hinsichtlich des Erfolgs des Vorgehens statt, um womöglich Kurskorrekturen zu implementieren.

Im Rahmen der Ableitung konkreter Maßnahmen werden auch Verantwortlichkeiten und Termine und ggf. zur Verfügung zu stellende Ressourcen benannt. Die Umsetzung der Maßnahmenpläne wird vom AMB überwacht.

Nach abgeschlossenem Maßnahmenkonzept findet eine Wirksamkeitsprüfung statt.

5. Mitgeltende Unterlagen

Projektpläne

Risiko- und Chancenbetrachtungen

Gefährdungsbeurteilungen

Revision: Änderungsdatum: Seite 3 von 3

Normabschnitt „8.1.4 Beschaffung“

Zuordnung der Anforderungen DIN ISO 45001, OHSAS 18001, Normatives Regelwerk SCC und Safety Culture Ladder im Überblick:

DIN ISO 45001	OHSAS 18001	SCC*	SCC**	SCC^P	SCP	Safety Culture Ladder
8.1.4	4.4.6	10.1 11.1 11.3	5.1 5.2 5.3 5.4 5.5 10.1 11.1 11.3	5.1 5.2 5.3 5.4 5.5 10.1 11.1 11.3	5.1 5.2 5.3 5.4 5.5	3.3: 3.6

Anforderungen DIN ISO 45001, Normatives Regelwerk SCC und Safety Culture Ladder im Einzelnen:

Anforderungen DIN ISO 45001, Abschnitt 8.1.4

8.1.4 Beschaffung

8.1.4.1 Allgemeines

Die Organisation muss Prozesse zur Steuerung der Beschaffung von Produkten und Dienstleistungen festlegen, umsetzen und aufrechterhalten, um deren Konformität mit ihrem SGA-Managementsystem sicherzustellen.

8.1.4.2 Auftragnehmer

Die Organisation muss ihre Beschaffungsprozesse mit ihren Auftragnehmern koordinieren, um Gefährdungen zu ermitteln und die SGA-Risiken zu bewerten und zu kontrollieren, die sich ergeben aus:

a) den Tätigkeiten und Betriebsabläufen der Auftragnehmer, die sich auf die Organisation auswirken;

b) den Tätigkeiten und Betriebsabläufen der Organisation, die sich auf die Beschäftigten der Auftragnehmer auswirken;

c) den Tätigkeiten und Betriebsabläufen der Auftragnehmer, die sich auf andere interessierte Parteien am Arbeitsplatz auswirken.

Die Organisation muss sicherstellen, dass die Anforderungen ihres SGA-Managementsystems von Auftragnehmern und deren Beschäftigten erfüllt werden. Die Beschaffungsprozesse der Organisation müssen für die Auswahl der Auftragnehmer Kriterien der Sicherheit und Gesundheit bei der Arbeit (SGA-Kriterien) festlegen und anwenden.

ANMERKUNG Es kann hilfreich sein, die SGA-Kriterien für die Auswahl der Auftragnehmer in die Vertragsdokumente aufzunehmen.

8.1.4.3 Ausgliederung

Die Organisation muss sicherstellen, dass ausgegliederte Funktionen und Prozesse gesteuert werden. Die Organisation muss sicherstellen, dass ihre Regelungen zur Ausgliederung mit den rechtlichen Verpflichtungen und anderen Anforderungen und den beabsichtigten Ergebnissen des SGA-Managementsystems übereinstimmen. Die Art und der Grad der Steuerung dieser Funktionen und Prozesse müssen im SGA-Managementsystem festgelegt werden.

ANMERKUNG Die Abstimmung mit externen Anbietern kann einer Organisation beim Umgang mit Auswirkungen helfen, die Ausgliederung auf ihre SGA-Leistung hat.

Anforderungen Normatives Regelwerk SCC, SCC**, SCC^P, SCP 5.1, 5.2, 5.3, 5.4, 5.5, SCC*/SCC**, SCC^P 10.1, 11.1, 11.3, SCP 5.1, 5.2, 5.3, 5.4, 5.5
Beachten Sie: Die SCC-Fragen in Kapitel 5 unterscheiden sich von den SCP-Fragen inhaltlich! Projekte: – Erstellen von Kriterien, für welche Projekte ein SGU-Projektplan erforderlich ist – SGU-Projektpläne sollten beinhalten: • Gefährdungsbeurteilung • SGU-Organisation • Organisation der Sicherheitsinspektionen • Berichterstattung von Ereignissen (z. B. Unfälle, Beinahe-Unfälle) • Unterschrift der verantwortlichen Personen • ggf. Festlegung einer Person, die die Arbeiten aufeinander abstimmt (SGU-Koordination) – SGU-Unterweisung im Projekt: • alle im Projekt eingesetzten Mitarbeiter • Unterweisung der im Projekt eingesetzten Führungskräfte und Mitarbeiter von Subunternehmern – Abstimmung des Projektplans mit dem Auftraggeber, gemeinsame Festlegung von Maßnahmen – Bestellung eines SGU-Koordinators (eines Ansprechpartners) Verfahren für die Beschaffung muss folgende Punkte berücksichtigen: – Maschinen, Geräte, Ausrüstungen und Arbeitsstoffe müssen den Anforderungen des Arbeits- und Umweltschutzes genügen. – Maschinendokumentation: • Produktinformationsblätter • Sicherheitsdatenblätter • Bedienungs-/Betriebsanleitungen – Identifizierung und Auflistung von • Maschinen, Geräten, Ausrüstungen und Arbeitsstoffen – Ermitteln der gesetzlichen Anforderungen – Erstellen von Spezifikationen und deren Aktualisierung – Beteiligung von Sicherheitsfachkraft und Betriebsarzt Beschaffung von Subunternehmern und Personaldienstleistungen: – Einsatz von Subunternehmern, die ein gültiges SCC-Zertifikat vorlegen oder mindestens die Kriterien des Dokuments 010.1 erfüllen – Einsatz von Personaldienstleistern, die ein gültiges SCP-Zertifikat vorlegen oder mindestens die Kriterien des Dokuments 010.2 erfüllen Projektbetreuung durch den Personaldienstleister vor Projektbeginn: – Festlegung und Beschreibung der Personalqualifikation für den jeweiligen Einsatz – Nachweis der Qualifikation und arbeitsmedizinischen Tauglichkeit – Verfahren zur Behandlung abweichender Qualifikationen zu den gestellten Anforderungen im Projekt: – Die Leiharbeitnehmer werden vor Arbeitsbeginn beim Entleiher unterwiesen. – Projektbesuch durch den Entleiher – Projektnachbereitung

Anforderungen Safety Culture Ladder

3.3 Unternehmensaspekt: Organisation und Vertragspartner

3.6 Vertragspartner

1. Anforderung

Stufe 2: Management legt Arbeitsschutzverhalten der Vertragspartner als Kriterium für deren Auswahl fest. Mindestanforderungen sind klar formuliert, Unfallstatistiken werden abgefordert

Stufe 3: Abstimmung des Arbeitsschutzmanagements mit den Vertragspartnern

Stufe 4: Verbesserungsmaßnahmen werden mit den Vertragspartnern abgestimmt, regelmäßige Beratungen zwischen Linienmanager und anderen Managementebenen

Stufe 5: Abstimmung des eigenen Arbeitsschutzmanagements mit dem strategischen Partner, enge langfristige Beziehungen zu strategischen Partnern

2. Anforderung

Stufe 2: regelmäßige Prüfung der Leistungen im Arbeitsschutz beim Vertragspartner anhand klar formulierter Kriterien

Stufe 3: Vertragspartner werden einem formellen Auswahlverfahren unterzogen, Vertragspartner haben eine Richtlinie zur Senkung der Unfallzahlen, zu Verbesserungen im Arbeitsschutz

Stufe 4: Auswahl der Vertragspartner anhand des Arbeitsschutzverhaltens und dessen Bewertung

Stufe 5: Erarbeitung von Plänen für die Verbesserung im Arbeitsschutz gemeinsam mit Sektor, Ergreifen von Maßnahmen zur Verbesserung gemeinsam mit Kunden, Vertragspartnern

3. Anforderung

Stufe 2: –

Stufe 3: Das Thema Arbeitsschutz ist fester Bestandteil der Verträge mit Vertragspartnern. Gleiche Anforderungen wie an das eigene Unternehmen: anwendbare Arbeitsschutzstandards, Anforderungen des Arbeitsschutzmanagementsystems, Umsetzung und Abstimmung der Arbeitspläne zur Produktrisikoinventarisierung und -evaluation, Abstimmung, Beratung, Überwachung, Wissen, Fortbildung, Zertifikate, Regeln, Verfahren, Arbeitsanweisungen, Sanktionen

Stufe 4: Management nimmt Schwachstellen und Verbesserungen der Arbeitsschutzleistung des Vertragspartners ernst, Überwachung der Fortschritte, gemeinsames Vorgehen

Stufe 5: Abstimmung des Arbeitsschutzmanagementsystems mit dem Sektor. Arbeitsschutzmaßnahmen der Kunden und Vertragspartner in das eigene AMS integriert

4. Anforderung

Stufe 2: –

Stufe 3: Das Management hat dokumentiert, mit welchen Partnern nicht mehr zusammengearbeitet wird.

Stufe 4: –

Stufe 5: –

Interpretation und betriebliche Anwendung

Die Prozesse der Beschaffung sind zu beschreiben. Der Normabschnitt zum Thema Beschaffung beschäftigt sich im Wesentlichen mit zwei Aspekten:

- der Beschaffung von Fremdleistungen
- der Ausgliederung von Prozessen

Im Unterschied zu Vorgänger- oder Parallelstandards wird kein besonderes Augenmerk auf die Beschaffung der Maschinen, Ausrüstungen, PSA u. a. gelegt. Aber auch diese Prozesse sind für ein erfolgreiches SGA-Managementsystem entscheidend, wie folgende Ausführungen zeigen.

Beschaffung von Maschinen und Ausrüstungen:

Die Beschaffung von Maschinen, Geräten, Ausrüstungen und Arbeitsstoffen folgt den üblichen gesetzlichen Regelungen. Im Beschaffungsprozess spielen Maschinen- und Anlagen- oder Gerätedokumentationen eine große Rolle. Herstellerseitig werden viele Sicherheitshinweise gegeben, z. B.:

- zur sicheren Aufstellung und Inbetriebnahme
- zum sicheren Umgang
- zu Reparaturen
- zu auszuführenden Wartungen und Reinigungen
- zu Prüf- und Überwachungsintervallen

Die Angaben des Herstellers dienen auch der Planung wiederkehrender Prüfungen und Instandhaltungen (siehe auch das Kapitel Überwachung und Messung). Aus Sicht der Autoren erscheint es sinnvoll, bei größeren Maschinen und Geräten ein Lastenheft zu erstellen.

In vielen Unternehmen sind jedoch gerade die Maschinen- und Anlagendokumentationen der Hersteller nicht verfügbar. Es sollte ein zentraler Platz definiert werden, wo Herstellerunterlagen auch noch nach Jahren wiederauffindbar sind, z. B. in einem elektronischen Verzeichnis.

Bei der Beschaffung von Maschinen ist weiterhin die CE-Konformitätserklärung abzufordern, so die zu beschaffende Maschine der Maschinenrichtlinie unterliegt. Im Fall von verketteten Anlagen ist vor Auslösung der Bestellung sicherzustellen, dass später von einem der Lieferanten die Gesamtkonformitätserklärung erstellt wird.

Beschaffung von Gefahrstoffen:

Für die Beschaffung von Gefahrstoffen ist festzulegen:

1. Prüfung, inwiefern es sich um einen neuen Gefahrstoff handelt
2. Zulassungsverfahren für diesen Gefahrstoff einleiten, Substitution prüfen
3. Sicherheitsdatenblatt im Vorfeld abfordern
4. Plausibilitätsprüfung des Sicherheitsdatenblatts durchführen
5. Aufnahme in Gefahrstoffliste
6. Gefährdungsbeurteilung für den Umgang mit diesem Stoff durchführen
7. Betriebsanweisung für Gefahrstoffe erstellen
8. Unterweisung der Beschäftigten

Beschaffung von Fremddienstleistungen:

Auswahl von Dienstleistern für die Überwachung prüfpflichtiger Einrichtungen

Sollen Prüfdienste fremdvergeben werden, so trägt der Auftraggeber/Betreiber die Verantwortung für die korrekte Auswahl des Dienstleisters. Er hat im Vorhinein zu prüfen, inwiefern die Qualifikation für die zu erbringende Prüfdienstleistung gegeben ist. Dabei unterscheiden wir zwei unterschiedliche Fälle:

1. Die Qualifikation ist mit dem Unternehmen verbunden, z. B. Zulassungen für die Durchführung von bestimmten Ausbildungslehrgängen, Prüfungen nach WHG.
2. personengebundene Befähigungen, z. B. befähigte Person für die Prüfung von Anschlagmitteln, Hebezeugen, Leitern, Regalen usw.

In beiden Fällen ist die Qualifikation zu hinterfragen und möglichst zu dokumentieren. Die Überprüfung der personengebundenen Qualifikation muss spätestens vor Einsatz vorgenommen werden. Wechseln die handelnden Personen, so sind die Befähigungen wiederum nachzuhalten. Unternehmen sind gut beraten, den Nachweis der Befähigung/Qualifikation in der Einkaufsrichtlinie zu verankern.

Auch beim Einsatz des Fremddienstleisters kann sich noch herausstellen, dass keine Eignung vorliegt. Grundsätzlich bleibt der Betreiber in der Verantwortung hinsichtlich der Plausibilitätsprüfung von Prüfprotokollen. Zur Plausibilitätsprüfung zählen:

Ist der Name des Prüfers und das Datum angegeben (Zeitraum der Prüfung)?

Ist die Prüfvorschrift angegeben und korrekt?

Wurden nur Sichtprüfungen durchgeführt oder auch Messungen?

Ist das Mess-/Prüfgerät angegeben?

Wurden auch die Sicherheitseinrichtungen mitgeprüft und ist diese Prüfung dokumentiert? usw.

Einfluss der Beschaffung auf den betrieblichen Ablauf:

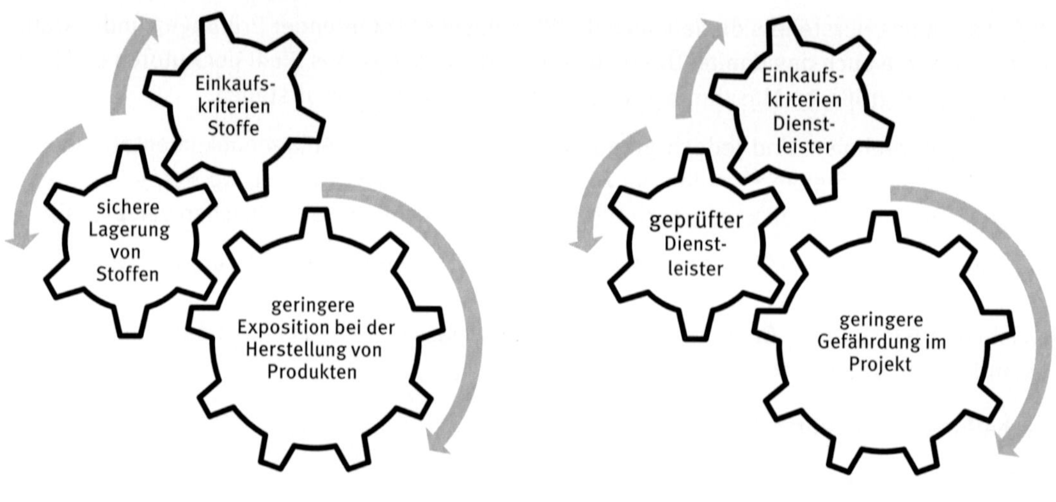

Beschaffung von Fremdleistungen:

Die Beschaffung von Fremdleistungen erstreckt sich auf unterschiedlichste Tätigkeiten. Wie im Anhang A.8.1.4.2 zur Norm ausgeführt, umfassen Fremddienstleistungen Reinigung, Wartung, Prüfung, IT-Dienstleistungen usw. Aus sicherheitstechnischer Sicht könnte man sie in Gruppen von Auftragnehmern unterscheiden, die

- Leistungen in den Produktionsgebäuden
- Leistungen auf dem Gelände des Auftraggebers
- Leistungen ausschließlich in der Verwaltung
- Leistungen in der Verwaltung mit gelegentlichen Rundgängen durch die Fertigung in Begleitung des Auftraggebers.

Letztere Gruppe könnte man den Besuchern eines Werks gleichstellen. Die im jeweiligen Unternehmen formulierten Besucherregeln für Sicherheit und Gesundheit sollten auch für jene Auftragnehmer gelten.

Auftragnehmer, die ausschließlich in der Verwaltung tätig sind, sollten mindestens über folgende Sachverhalte, ggf. mit Unterschrift des Vertrags, unterwiesen werden:

- ausschließliche Nutzung der gekennzeichneten Wege
- eventuell zu tragende PSA auf dem Weg zur Verwaltung
- Umgang mit elektrischen Geräten
- Umgang mit Notfallsituationen
- Erste Hilfe und brandschutztechnische Einrichtungen
- An- und Abmeldung beim Verantwortlichen

Im Rahmen der Beschaffung von Fremdleistungen (Auftragnehmer), die in den Produktionsgebäuden oder auf dem Werksgelände tätig werden, ist der Regelungsbedarf für folgende Punkte zu ermitteln:

- die gegenseitige Gefährdung bei Einsatz von Auftragnehmern auf dem Territorium des Auftraggebers (Beachtung von Gefährdungsüberlappungen)
- die Auswahlkriterien der Auftragnehmer (Welche Kriterien sind dies und sind sie vertraglich festgelegt?)
- Ausmaß und Einfluss auf die Betriebsabläufe, die Beschäftigten der Organisation und die interessierten Parteien
- Chancen und Risiken

Um die Gefährdungen koordinieren zu können, muss eine Gefährdungsbeurteilung seitens des Auftragnehmers vorliegen, die jene Tätigkeiten, Stoffe und Arbeitsmittel umfasst, die zur Erfüllung des Vertrags notwendig sind. Auf der Grundlage dieser Gefährdungsbeurteilungen ist in Absprache mit dem Auftragnehmer die Beurteilung vorzunehmen,

- inwiefern Verkehrssicherungsmaßnahmen zu treffen sind (Von wem? Welche?),
- inwiefern es sich um erlaubnisscheinpflichtige Tätigkeiten handelt (Erlaubnisscheinverfahren einleiten),
- inwiefern sich durch benachbarte Tätigkeiten oder Stoffe Gefährdungsverschärfungen oder -überlappungen für die Beschäftigten, ggf. für andere Auftragnehmer, entwickeln können, die ggf. eine besondere PSA, Gesundheitsvorsorge, Absperrung, Beräumung, Sicherung o.Ä. erforderlich machen,
- inwiefern das Einbringen bestimmter unerwünschter Stoffe erlaubt wird (z.B. in der Lebensmittelindustrie von Gefahrstoffen) oder Alternativen gesucht werden müssen,
- inwiefern Tätigkeiten auf höher gelegenen Arbeitsplätzen die Stellung von Gerüsten notwendig machen oder ggf. den Einsatz von Transportmitteln (Gabelstapler, Kran),
- inwiefern besondere Brand- und Explosionsgefahren entstehen können oder andersherum, welche Vorkehrungen durch den Auftragnehmer zu erbringen sind, um in explosionsgefährdeten Bereichen tätig werden zu können,
- welche besondere PSA zu tragen ist,
- inwiefern Beschäftigte des Auftraggebers durch die Tätigkeiten, Arbeitsmittel oder Stoffe einer besonderen oder anderen Gefährdung ausgesetzt werden,
- inwiefern weitere Gesundheitsvorsorge zu treffen wäre,
- inwiefern andere/weitere Notfallszenarien installiert werden müssen,
- inwiefern Aufsichtspersonen zu stellen sind,
- inwiefern Nachbarn von Notfallsituationen oder dem Abschalten von Medien, z.B. für Reparaturen betroffen sein könnten (und mit welchen Folgen) usw.

Die Liste ist bei weitem nicht erschöpfend. Die aus der Beurteilung sich ergebenden abzustimmenden Sachverhalte und Maßnahmen sollten aus rechtlichen Gründen stets verschriftlicht werden, obwohl dies in der DIN ISO 45001 nur nahegelegt wird.

Aus dem vorher beschriebenen Vorgehen wird deutlich, dass Arbeitsschutz beim Einsatz von Auftragnehmern kein Selbstläufer ist, sondern unbedingt einer Koordinierung bedarf. Grundvoraussetzung für Sicherheit beim Einsatz von Auftragnehmern ist die richtige Auswahl. Nicht allein der Preis ist ausschlaggebend, sondern ebenso die Arbeitsschutzleistung des Auftragnehmers. Dies beginnt mit dessen sicherheitstechnischer Organisation (Nachweis SIFA, Arbeitsmediziner, Sicherheitsbeauftragte, Ersthelfer, Brandschutzhelfer) und erstreckt sich über

- den Nachweis von Gefährdungsbeurteilungen,
- Unterweisungen der Beschäftigten nach DGUV V1, zu PSA, Gefahrstoffen,
- die Vorlage der Sicherheitsdatenblätter und Betriebsanweisungen für die einzusetzenden Gefahrstoffe,
- ggf. den Nachweis über arbeitsmedizinische Untersuchungen,
- Befähigungsnachweise, z. B. für das Führen von Gabelstaplern,
- Qualifizierungsnachweise für den Status als befähigte Person usw.

Kriterien für die Auswahl der Auftragnehmer sollten vertraglich festgehalten werden.

Mit einem Zertifikat für die Einführung eines Arbeits- und Gesundheitsschutzmanagementsystems kann man sich aus heutiger Sicht nicht allein begnügen. Zertifizierungen sind Momentaufnahmen. Es empfiehlt sich aus Sicht der Autoren, die sicherheitstechnische Leistung der Auftragnehmer regelmäßig zu bewerten, um gegen Fehlverhalten gemeinsam vorgehen zu können zum Schutz aller.

Diesem Vorgehen schließt sich auch Safety Culture Ladder an. Bereits auf Stufe 2 unter 3.6 Vertragspartner wird ein konsequentes Auswahlverfahren bezüglich des Arbeitsschutzverhaltens bei Auftragnehmern gefordert, das ggf. zum Ausschluss des Dienstleisters führen kann. Arbeitsschutz soll Vertragsbestandteil sein. Auf anderen Stufen werden die regelmäßige Bewertung des Verhaltens des Auftragnehmers und das gemeinsame Abstimmen und Beraten als Kriterium gesehen. Safety Culture Ladder stellt überdies heraus, dass die Unfallzahlen des Auftragnehmers allein kein Indiz für ein gutes Arbeitsschutzverhalten sind.

Die Safety Culture Ladder zeigt sich viel konsequenter und dezidierter in den Forderungen an die Bindung von Auftragnehmern. So z. B. werden regelmäßige und anlassbezogene Beratungen mit den Auftragnehmern zur Abstimmung gefordert. Schwachstellen oder auch Verbesserungspotenziale des Auftragnehmers sollen angesprochen werden. Notwendige Verbesserungen im Arbeitsschutz werden seitens des Auftraggebers konsequent hinterfragt. Das Arbeitsschutzverhalten stellt ein wichtiges Bewertungskriterium für die Auswahl des Auftragnehmers dar (und Aufrechterhaltung des Vertrags).

Nicht zuletzt sind die Risiken und Chancen der Auswahl und des Einsatzes von Auftragnehmern zu bewerten. Risiken ergeben sich beispielsweise aus

- der falschen Auswahl des Vertragspartners aus fachlicher Sicht (z. B. keine Befähigungsnachweise, mangelnde Kenntnisse oder Qualifikationen handelnder Personen, die zu sicherheitstechnischen Problemen führen)
- der falschen Auswahl des Vertragspartners unter dem Aspekt mangelnden Arbeitsschutzverhaltens
- der falschen Auswahl des Vertragspartners aufgrund von Verständigungsproblemen (und dadurch Missinterpretationen)
- der falschen Auswahl des Vertragspartners aufgrund fehlender sicherheitstechnischer Ausrüstungen/PSA
- der falschen Auswahl des Vertragspartners aufgrund fehlender arbeitsmedizinischer Vorsorge u. a. m.

Chancen hingegen ergeben sich aus

- der Möglichkeit des Profitierens vom Wissensstand Dritter

- der Zuverlässigkeit und Kompetenz der eingesetzten Auftragnehmer über Jahre hinweg
- der langjährigen und bewährten Zusammenarbeit (in guten wie in kritischen Situationen) und der Möglichkeit des
- voneinander Lernens
- der Gewährleistung eines geringen Unfallrisikos aufgrund einer guten Partnerschaft u. a. m.

Personaldienstleister und Subunternehmer:

Das SCC-Regelwerk hat die Themen Outsourcing, Subunternehmer und Beschaffung von Personaldienstleistungen ausführlich behandelt. Daher sind die Autoren der Meinung, auch dem Leserkreis, der ausschließlich an der DIN ISO 45001 interessiert ist, das Thema aus SCC-Sicht zu verdeutlichen.

Eine Besonderheit des SCC-Regelwerks war es, dass die Personaldienstleister mit ihren Arbeitsunfällen in die Unfallstatistik des Entleihers einfließen. Aus Sicht der Autoren ist das auch für die DIN ISO 45001 zu empfehlen. Die Überprüfung der sicherheitstechnischen Zuverlässigkeit des Personaldienstleisters erscheint daher sinnvoll. Gemäß Vorgabe des SCC-Regelwerks ist dabei folgendes Prüfschema in Anwendung zu bringen.

Prüfschema für die Ermittlung der Zuverlässigkeit von Personaldienstleistern:

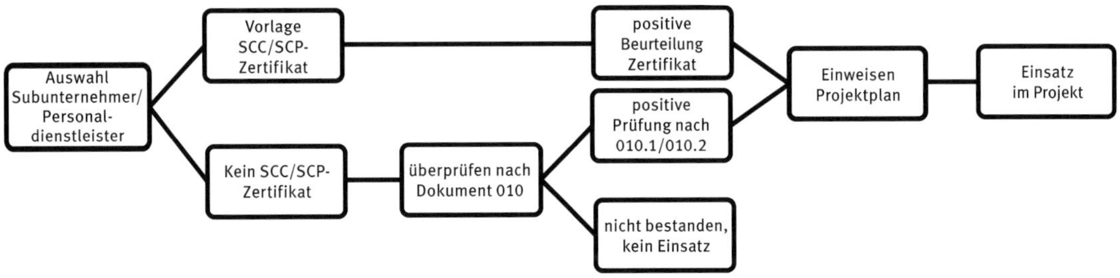

Das gleiche Prüfschema gilt analog für Subunternehmer und kann auch auf die DIN ISO 45001 angepasst werden.

Das SCC-Regelwerk beschreibt einen zusätzlichen Koordinierungsbedarf für die Projektabwicklung:

Projektabwicklung:

Die Projektabwicklung greift auf die tätigkeitsbezogene Gefährdungsbeurteilung zurück. Darüber hinaus entsteht in einem Projekt auch weiterer Koordinierungsbedarf, da in der Regel parallel auch andere Gewerke beauftragt sind. Hier muss mit dem Hauptauftraggeber und allen anderen Subunternehmern ein Projektplan (zeitlich und inhaltlich) abgestimmt werden.

Für die Koordination der Tätigkeiten sollten immer die gleichen SGU-Koordinatoren eingesetzt werden, um in den Besprechungen Kommunikationsdefizite und Missverständnisse zu vermeiden (aus einer Hand!). Im Hinblick auf eine bessere Kommunikation und Koordination erscheint es sinnvoll, stets einen schriftlichen Bericht mit konkreten Festlegungen bzw. Maßnahmen und Verantwortlichkeiten sowie Terminen zu erstellen.

Projektabwicklungen können auf verschiedene Weise erfolgen.

Beispiel 1

Unterprojekt ist Teil eines Hauptprojekts

Dies bedeutet, der Subunternehmer fügt sich mit seinem Teil-/Unterprojekt in die Organisation ein.

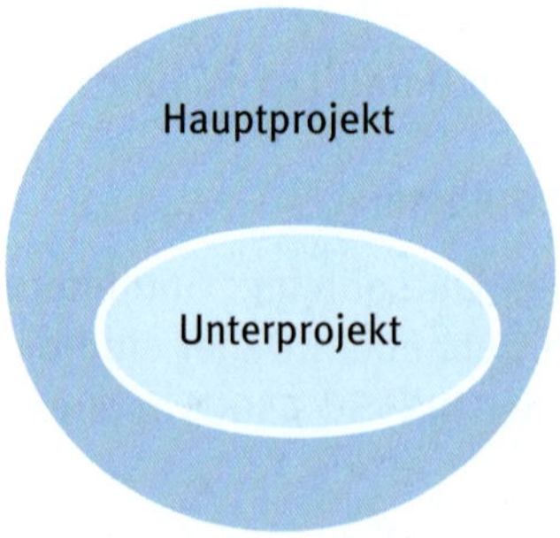

Beispiel 2

Projekte werden zeitgleich abgewickelt

Projekte A, B und C finden zeitgleich statt und beeinflussen sich gegenseitig. Eine Koordination ist unerlässlich.

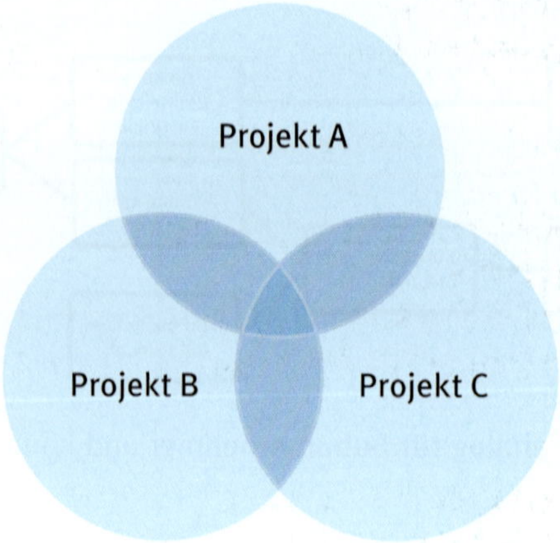

Beispiel 3

Zeitliche Abfolge von verschiedenen Projekten

Projekte 1, 2 und 3 folgen aufeinander, eine Abstimmung ist in der Übergangsphase notwendig.

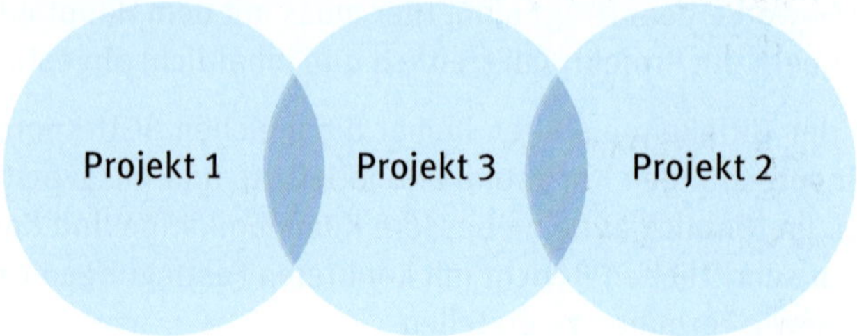

In der Regel wird es bei größeren Projekten eine Mischform aus den drei geschilderten Situationen geben.

In allen drei Projektbeispielen ist eine Koordination der Gewerke unabdingbar. Die Gefährdungen der Einzelgewerke oder Projekte sind zu ermitteln und in ihrer inhaltlichen und zeitlichen Abwicklung abzustimmen. Dazu ist eine Gefährdungsermittlung für das Gesamtprojekt zu erstellen, um Gefährdungsüberlappungen rechtzeitig erkennen zu können. Die Koordination von Projekten bedarf einer großen Erfahrung und einer entsprechenden Qualifikation.

Das Vorgehen der Projektkoordination ist in einer Verfahrensanweisung zu beschreiben, die Gefährdungsermittlung für das Gesamtprojekt sowie die daraus resultierenden Maßnahmen sind schriftlich festzuhalten.

Die richtige Anwendung des Dokuments 010:

Fragen im Dokument 010.1 bzw. 010.2:

Das Dokument 010 erfüllt den Zweck, die Qualifikation von Subunternehmern zu überprüfen, um sie in Projekten auch ohne SCC-Zertifikat einsetzen zu können. Gewöhnlich liegt das Beschäftigungsfeld der betreffenden Subunternehmer nicht im Umfeld von SCC-Anwendern.

Die Fragen folgen den Kapiteln der entsprechenden Checklisten Dokument 003 und Dokument 023. Alle Fragen müssen positiv beantwortet werden. Fragen, die mit einem D gekennzeichnet sind, müssen mit Dokumenten belegt werden, alle Fragen mit A bei einem Audit vor Ort.

Vorgehensweise zur Überprüfung einer Firma nach Dokument 010:

1. Checkliste von der Homepage des DGMK herunterladen.
2. Alle Fragen der Checkliste, die mit einem D gekennzeichnet sind, mit einem Dokument belegen. Wenn alle Fragen beantwortet sind, Kopie der Dokumente an den Auftraggeber senden.
3. Dokumente und Checkliste werden vom Auftraggeber geprüft. Alle Fragen müssen, wie bei SCC üblich, positiv beantwortet werden.
4. Sollten nicht alle Fragen positiv beantwortet sein, muss nachgebessert werden. Erneute Prüfung
5. Vorübergehende Freigabe auf Dokumentenbasis Einweisung in das Projekt
6. Zur endgültigen Freigabe die offenen Fragen (A) durch Audit vor Ort bestätigen. Freigabe ist gültig für 3 Jahre.

Die Checkliste kann auf der Homepage vom DGMK heruntergeladen werden.

Das Dokument 010 dient nicht dazu, eine SCC-Zertifizierung zu ersetzen.

Mitgeltende Unterlagen:

SCC-Dokument 010

- Formular 010.1
- Formular 010.2

Eine allgemeine Anweisung zum Thema Beschaffung aus umwelt- und sicherheitsmäßiger Sicht ist Anhang A4 dieses Buches zu entnehmen.

Ausgliederung (8.1.4.3)

In der DIN ISO 45001 wird zum Thema Ausgliederung unter 8.1.4.3 von Prozessen gefordert, dass

- eine Steuerung ausgegliederter Prozesse dennoch gegeben ist,

- die getroffene vertragliche Vereinbarung zwischen den Parteien mit den gesetzlichen und anderen Rechtsforderungen vereinbar ist (Unterbringung, Entlohnung, zu stellende PSA ...)
- die beabsichtigten Ergebnisse des Managementsystems erreicht werden.

Das Management soll Verantwortung beweisen, indem es ausgelagerte Prozesse im Rahmen der Möglichkeiten steuert. Soziale und sicherheitstechnische Verantwortung soll wahrgenommen werden. Das Management soll sich ihr nicht entziehen.

Der Grad der Steuerung ist von unterschiedlichen Faktoren abhängig. In DIN ISO 45001, Anhang A.8.1.4.3 wird hierzu Folgendes formuliert:

Die Organisation sollte das Ausmaß des Einflusses auf die ausgegliederten Funktionen oder Prozesse festlegen, basierend auf Faktoren wie:
- der Fähigkeit der externen Organisation, die Anforderungen des SGA-Managementsystems der Organisation zu erfüllen;
- der technischen Kompetenz der Organisation, angemessene Maßnahmen festzulegen oder die Eignung von Maßnahmen zu bewerten;
- der potentiellen Auswirkung der ausgegliederten Prozesse bzw. der Funktion auf die Fähigkeit der Organisation, die beabsichtigten Ergebnisse ihres SGA-Managementsystems zu erreichen;
- dem Maße, in dem der ausgegliederte Prozess oder die Funktion gemeinsam ausgeführt wird;
- die Fähigkeit der Organisation, die erforderliche Kontrolle über die Durchführung des Beschaffungsprozesses zu erreichen;
- Möglichkeiten zur Verbesserung.

Anders gesagt: Je komplexer der ausgelagerte Prozess, je geringer der Organisationsgrad des Auftragnehmers, desto größer der Steuerungsgrad des Auftraggebers. Auch in diesem Fall ist es dringend anzuraten, den Steuerungsgrad zu fixieren (z. B.: Wer hat welche Eingriffsmöglichkeiten? Welche sicherheitstechnischen Voraussetzungen muss der Auftragnehmer mindestens erfüllen? Wie wird das kontrolliert? Welche Befähigungen muss er mindestens nachweisen? usw.).

Normabschnitt „8.2 Notfallplanung und Reaktion“

Zuordnung der Anforderungen DIN ISO 45001, OHSAS 18001, Normatives Regelwerk SCC und Safety Culture Ladder im Überblick:

DIN ISO 45001	OHSAS 18001	SCC*	SCC**	SCC^P	SCP	Safety Culture Ladder
8.2	4.4.7	7.1	7.1	7.1	–	–

Anforderungen DIN ISO 45001, Normatives Regelwerk SCC und Safety Culture Ladder im Einzelnen:

Anforderungen DIN ISO 45001, Abschnitt 8.2
8.2 Notfallplanung und Reaktion Die Organisation muss Prozesse festlegen, umsetzen und aufrechterhalten, die sie für die Vorbereitung und Reaktion auf mögliche Notfallsituationen nach 6.1.2.1 benötigt, einschließlich: a) der Festlegung einer geplanten Reaktion auf Notfallsituationen, einschließlich der Versorgung durch Erste Hilfe; b) der Bereitstellung von Schulungen für die geplante Reaktion; c) der wiederkehrenden Überprüfung und Übung der geplanten Reaktionsfähigkeit; d) der Leistungsbewertung und, soweit notwendig, Anpassung der geplanten Reaktion, einschließlich nach der Überprüfung und insbesondere nach dem Eintritt von Notfallsituationen; e) der Kommunikation und Bereitstellung relevanter Informationen an alle Beschäftigten bezüglich ihrer Pflichten und Verantwortlichkeiten; f) der Kommunikation relevanter Informationen an Auftragnehmer, Besucher, Notfalldienste, Behörden und, soweit angemessen, die Ortsgemeinde; g) den Bedürfnissen und Fähigkeiten aller relevanten interessierten Parteien Rechnung tragen und ihre Einbeziehung an der Entwicklung geplanter Reaktionen, soweit angemessen, sicherstellen. Die Organisation muss dokumentierte Information zu den Prozessen und zu den Notfallplänen aufrechterhalten und aufbewahren.

Anforderungen Normatives Regelwerk SCC, 7.1 (SCC*/SCC** und SCC^{P})
SCC Vorbereitung auf Notfallsituationen: – Erstellung eines Alarm- und Gefahrenabwehrplans für Notfälle im Unternehmen (inkl. Verwaltung) und auf Baustellen – Bereitstellung der erforderlichen Erste-Hilfe-Mittel, Feuerlöscher und Rettungsmittel in ausreichender Anzahl – Kenntnis der Beschäftigten über das Verhalten im Notfall – Durchführung und Auswertung von Notfallübungen – Entsprechend sind Pläne und Maßnahmen für Projekte und Baustellen gesondert zu erstellen und mit dem Auftraggeber abzustimmen. SCP Es gibt für SCP keine direkten Fragen zur Notfallplanung. Leiharbeitnehmer sind in die Organisation des Entleihers eingebunden. Damit wäre in der Frage 5.2 (Dokument 023) auch das Thema Notfallsituation und Gefahrenabwehr zu hinterfragen.

Anforderungen Safety Culture Ladder
keine

Interpretation und betriebliche Anwendung

Für alle benannten Arbeits- und Gesundheitsschutzsysteme gelten nahezu die gleichen Forderungen im Umgang mit Notfallsituationen bzw. zu deren Prävention.

Im ersten Schritt müssen die potenziellen Risiken für Notfälle ermittelt werden. Zum einen geht es um Eintrittswahrscheinlichkeiten solcher Notfälle und zum anderen um die potenzielle Tragweite der Auswirkungen.

Beispiel

Auch wenn die Wahrscheinlichkeit eines Brandes relativ gering ist, werden viele präventive Maßnahmen getroffen, um im Fall eines Brandes katastrophale Auswirkungen zu vermeiden.

Erster Schritt: Ermitteln potenzieller Notfallsituationen

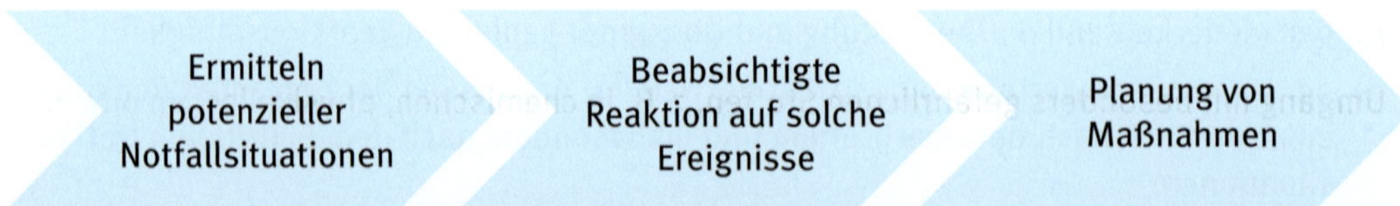

Im Rahmen der Gefährdungsbeurteilung werden die Risiken von Maschinen und Anlagen für den Normalbetrieb hinsichtlich Instandhaltung ermittelt. Jetzt kommt die Frage hinzu, was in Notfällen, bei Havarien und anderen Abweichungen vom Normalbetrieb passiert?

Potenzielle Notfallsituationen:

1. Galvanik: Was passiert, wenn ein Behälter mit Säure in einer Galvanik birst?
   a) Wenn sich Personen dort aufhalten, wo sie nicht sein dürften?
   b) Wenn die geplanten Schutzmaßnahmen nicht wirken, da die PSA nicht getragen wird?
2. Produktionsbetrieb: Was passiert, wenn es in der Produktion brennt?
   a) Werden alle Mitarbeiter informiert?
   b) Auch die Fremdfirmenmitarbeiter?
   c) Wie kann überhaupt festgestellt werden, wer anwesend ist und wer nicht?
3. Banken und öffentliche Verwaltungen: Was passiert bei einer Bedrohung durch einen Kunden?
   a) Wie benachrichtige ich die Kollegen?
   b) Wie verhält man sich in einem solchen Fall richtig?
4. Baustelle: Was passiert bei einem Unfall?
   a) Wo ist das nächste Krankenhaus?
   b) Wie ist die richtige Notfallnummer?
   c) Wie verhalte ich mich im Ausland?

Solche und ähnliche Fragen sind zu stellen, um potenzielle Notfallsituationen und Notfallszenarien zu identifizieren.

Gefährliche Arbeiten bergen ein hohes Risiko.

Gefährliche Arbeiten sind beispielsweise:

- Arbeiten mit Absturzgefahr
- Arbeiten in Silos, Behältern oder engen Räumen
- Schweißen in engen Räumen
- Feuerarbeiten in brand- oder explosionsgefährdeten Bereichen oder an geschlossenen Hohlkörpern

- Gasdruckproben und Dichtigkeitsprüfungen an Behältern
- Erprobung von technischen Großanlagen, wie Kesselanlagen
- Sprengarbeiten
- Fällen von Bäumen
- Arbeiten im Bereich von Gleisen während des Bahnbetriebs
- Einsatz bei der Feuerwehr
- Vortriebsarbeiten im Tunnelbau
- Arbeiten an offenen Einfüllöffnungen von Ballenpressen, die mit Stetigförderern beschickt werden, und deren ungesicherten Aufgabestellen
- Arbeiten in gasgefährdeten Bereichen
- Hebezeugarbeiten bei fehlender Sicht des Kranführers auf die Last
- Umgang mit besonders gefährlichen Stoffen, z. B. in chemischen, physikalischen oder medizinischen Laboratorien

Um das potenzielle Risiko für eine Notfallsituation zu ermitteln, müssen verschiedene Aspekte betrachtet werden:

1. Handelt es sich um eine Routinetätigkeit?
   a) Die Gefährdung wird als solche nicht mehr wahrgenommen.
   b) Maßnahmen wirken nicht.
2. Handelt es sich um eine seltene Tätigkeit?
   a) Keine Erfahrung
   b) Risiko wird unterschätzt
3. Wie groß ist die Unwissenheit eventuell Betroffener?
   a) über physikalische Eigenschaften von Stoffen und Systemen
   b) über Verhalten im Notfall, Retten und Bergen, ohne sich in Gefahr zu bringen

Abstimmung mit Feuerwehr, Nachbarschaft und Auftraggeber:

Feuerwehr:

Eine Begehung des Betriebs mit der Feuerwehr ist immer ratsam. Die Feuerwehr kann aufgrund ihrer Erfahrung und Ausbildung Hinweise zur Notfallvorsorge geben.

Nachbarschaft:

Mindestens sollten Notfallübungen mit der Nachbarschaft abgestimmt werden. Es ist auch sinnvoll zu prüfen, ob Gefährdungen aus der Nachbarschaftsbebauung auf das Unternehmen in einem Notfall einwirken und umgekehrt. Wenn zum Beispiel die Tankstelle an der Grundstücksgrenze brennt, dann kann dieser Brand immense Auswirkungen auf ein nachbarschaftlich angesiedeltes Unternehmen haben.

Auftraggeber:

Eine Abstimmung mit dem Auftraggeber (SCC wird gefordert von der chemischen und petrochemischen Industrie) ist zwingend erforderlich. Der Auftraggeber hat den besseren Überblick, welche Gefährdungen von den Anlagen ausgehen.

Zweiter Schritt: Notfallübung

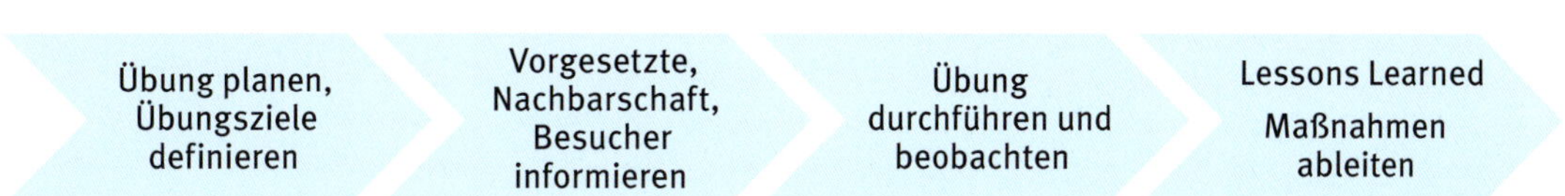

Die Notfallübung ist zu planen. Insbesondere ist es wichtig, im Vorfeld der Notfallübung die Übungsziele festzulegen.

Beispiel

Ziel: Ein Gebäude oder ein Betrieb in einer bestimmten Zeit unter Berücksichtigung behinderter Mitarbeiter zu evakuieren

Hinweis

Vorgesetzte, Nachbarschaft und Besucher sollten rechtzeitig vor Beginn der Notfallübung informiert werden. Dies vermeidet Missverständnisse, die auch teuer werden könnten.

Überwachung der Notfallübung:

Mit der Prämisse, aus der Notfallübung konkrete Schlüsse für die Verbesserung des Ablaufs von Notfallszenarien zu ziehen, ist die gesamte Notfallübung zu beobachten.

Wie war der Ablauf?

Wo sind kritische Stellen?

Konnte die korrekte Mitarbeiterzahl ermittelt werden?

Sind alle Mitarbeiter anwesend, oder befindet sich noch jemand im Betrieb?

Die Informationen sollten nach der Übung zusammengetragen und analysiert werden. Gegebenenfalls sind Maßnahmen abzuleiten und erneut zu erproben.

Die Notfallvorsorge und Gefahrenabwehr ist insbesondere nach einem Vorfall zu hinterfragen.

Nachweise:

- Notfallpläne
- Notfallszenarien
- Gefährdungsbeurteilungen

Normabschnitt „9 Bewertung der Leistung“

Normabschnitt „9.1 Überwachung, Messung, Analyse und Leistungsbewertung“

Normabschnitt „9.1.1 Allgemeines“

Zuordnung der Anforderungen DIN ISO 45001, OHSAS 18001, Normatives Regelwerk SCC und Safety Culture Ladder im Überblick:

DIN ISO 45001	OHSAS 18001	SCC*	SCC**	SCC^P	SCP	Safety Culture Ladder
9.1.1	4.5.1	9.2 9.3 (optional) 9.4 (optional) 10.2 11.2 12.6	1.4 (optional) 1.5 9.2 9.3 (optional) 9.4 (optional) 10.2 11.2 12.6	1.4 (optional) 1.5 9.2 9.3 (optional) 9.4 (optional) 10.2 11.2 12.6	1.5 6.2 7.1 6.3 6.4 (optional)	3.5: 5.15* 3.6: 6.17 3.6: 6.18

* Ausführungen dazu vgl. Kapitel 9.2

optional bedeutet: Ergänzungsfrage. **Für die erfolgreiche Erfüllung des SCC-Standards muss eine ausreichende Anzahl an Ergänzungsfragen richtig und vollständig beantwortet werden.**

Anforderungen DIN ISO 45001, Normatives Regelwerk SCC und Safety Culture Ladder im Einzelnen:

Anforderungen DIN ISO 45001, Abschnitt 9.1.1

9.1.1 Allgemeines

Die Organisation muss Prozesse zur Überwachung, Messung, Analyse und Leistungsbewertung festlegen, umsetzen und aufrechterhalten.

Die Organisation muss bestimmen:

a) was überwacht und gemessen werden muss, einschließlich:
   1) des Ausmaßes, in dem rechtliche Verpflichtungen und andere Anforderungen erfüllt werden;
   2) ihrer Tätigkeiten und Abläufe bzgl. ermittelter Gefährdungen, Risiken und Chancen;
   3) des Fortschritts der SGA-Zielerreichung der Organisation;
   4) der Wirksamkeit von betrieblichen und anderen Maßnahmen;
b) die Methoden zur Überwachung, Messung, Analyse und Leistungsbewertung, soweit zutreffend, um gültige Ergebnisse sicherzustellen;
c) die Kriterien, nach denen die Organisation ihre SGA-Leistung bewertet;
d) wann die Überwachung und Messung durchzuführen ist;
e) wann die Ergebnisse der Überwachung und Messung zu analysieren, zu bewerten und zu kommunizieren sind.

Die Organisation muss die SGA-Leistung bewerten und die Wirksamkeit des SGA-Managementsystems bestimmen.

Die Organisation muss sicherstellen, dass Überwachungs- und Messgeräte, soweit angemessen, kalibriert oder geprüft und in geeigneter Weise verwendet und gewartet werden.

ANMERKUNG Es können rechtlichen Verpflichtungen und andere Anforderungen (beispielsweise nationale oder Internationale Normen) zur Kalibrierung oder Prüfung von Überwachungs- und Messgeräten existieren.

Die Organisation muss angemessene dokumentierte Information aufbewahren:

- als Nachweis der Ergebnisse der Überwachung, Messung, Analyse und Leistungsbewertung;
- über die Wartung, Kalibrierung oder Prüfung der Messgeräte.

Anforderungen Normatives Regelwerk SCC, SCC*/SCC und SCC^P Kapitel 9.2, 10.2, 11.2, 12.6 und optional 9.3, 9.4 sowie im SCC**, SCC^P 1.4 (optional) und 1.5 und im SCP Kapitel 6.2, 7.1 und optional 6.3, 6.4**

Die Fragen beziehen sich auf folgende Sachverhalte:

Arbeitsmedizinische Untersuchungen

- Auf Grundlage der Frage 9.1 (SCC) und 6.1 (SCP) wurden die Notwendigkeit an arbeitsmedizinischen Untersuchungen sowie der Bedarf an freiwilligen Untersuchungen ermittelt. Arbeitsmedizinische Untersuchungen werden durch einen qualifizierten Arbeitsmediziner durchgeführt.
- Vor Arbeitsantritt sind arbeitsmedizinische Untersuchungen zu veranlassen.
- Wiederholungsuntersuchungen müssen systematisch geplant werden. Gegebenenfalls sind arbeitsmedizinische Untersuchungen nach Krankheit und Unfall erneut durchzuführen.
- Bei Einsatz von krebserzeugenden Stoffen sind Meldungen entsprechend geltendem Recht vorzunehmen.
- Führen einer Vorsorgekartei
- Optional sollten Mitarbeiter einen Arbeitsmediziner konsultieren dürfen.
- Optional soll Leichtverletzten ein Schonarbeitsplatz angeboten werden (Achtung: Gesetzliche Regelung beachten!)

Prüfung von Geräten und Arbeitsmitteln

- Erstellen eines Prüfsystems zur Überwachung von Geräten und Arbeitsmitteln:
  - Erfassung und Verfolgung von Prüffristen
  - Übersicht relevanter Maschinen
  - Festlegung von Prüfkriterien und Intervallen
- Beauftragung von befähigten Personen
- Verhindern des Wiedereinsatzes von defekten und ungeprüften Maschinen

Unfallstatistik

- Registrieren und Melden von Unfällen mit und ohne Arbeitsausfall gemäß Dokument 06
- Aktive Beteiligung des Managements am SGU
- Jährliche Bewertung der Führungskräfte

Anforderungen Safety Culture Ladder

3.6 Unternehmensaspekt 6: Prüfungen und Statistiken

6.17 Prüfungen und Kontrollen

1. Anforderung

Stufe 2: Durchführung verhaltensbezogener Arbeitsschutzüberprüfungen zur Verbesserung des Arbeitsschutzbewusstseins

Stufe 3: aktive Beteiligung des Managements an den Überprüfungen

Stufe 4: Nutzung verhaltensbezogener Arbeitsschutzprüfungen zur Überprüfung aller Aspekte der Betriebsprozesse

Stufe 5: Durchführung von Arbeitsschutzprüfungen gemeinsam mit dem Sektor auf regelmäßiger Basis, Zusammenarbeit zwischen Prüferteam und Sektor sowie Kunden und Vertragspartnern

2. Anforderung:

Stufe 2: –

Stufe 3: Definition und Dokumentation der Kompetenzen des Prüferteams im Hinblick auf Hintergrund, Aus- und Fortbildung, Erfahrung

Stufe 4: Bewertung der Projekte auf Arbeitsschutzverhalten

Stufe 5: Anwendung verschiedener Methoden zur Überprüfung des erwünschten Arbeitsschutzverhaltens (Umfragen, Wahrnehmungsmessungen, Selbsteinschätzungen)

3. Anforderung:

Stufe 2: –

Stufe 3: –

Stufe 4: Kompetenzeinschätzung durch Drittparteien

Stufe 5: Abstimmung der Arbeitsschutzkompetenzen mit dem Sektor

4. Anforderung:

Stufe 2: –

Stufe 3: –

Stufe 4: –

Stufe 5: systematische Nutzung von Austrittsgesprächen zur Identifizierung von Verbesserungsbedarf im Arbeitsschutz und deren Dokumentation, ausreichende Berücksichtigung des Begriffs „Arbeitsschutzkultur“

6.18 Trends und Statistiken

1. Anforderung

Stufe 2: Das Management erhält regelmäßig Statistiken zum Arbeitsschutz, Abstimmung auf verschiedene Empfänger

Stufe 3: Nutzung der Statistiken für die Verbesserung der Arbeitsschutzleistung, Definition operativer Ziele als wichtige Leistungsindikatoren, Fortschrittsmonitoring

Stufe 4: Beratung des Vorstands mit den Managern über Statistiken und Benchmarks

Stufe 5: Orientierung der eigenen Arbeitsschutzleistung an der Leistung des Besten, z. B. Partei aus dem Sektor oder sektorübergreifende Partei

2. Anforderung:

Stufe 2: regelmäßige Information des Sektors durch Vorstand (Inhalte und Verteilung werden festgelegt)

Stufe 3: Vergleich der eigenen Statistiken mit denen des Sektors, z. B. Unfallstatistiken, Unfälle mit und ohne Arbeitszeitausfall, schwere Vorfälle mit Sachschäden usw.)

Stufe 4: Verwendung von Leistungsindikatoren zur Einflussnahme auf Vertragspartner mit dem Ziel der Identifizierung von Verbesserungsbedarf

Stufe 5: Verbesserung der Leistungsindikatoren gemeinsam mit dem Sektor zur Erzielung einer Einheitlichkeit im Sektor

Hinweis

Im Gegensatz zum SCC-Regelwerk gibt es in der DIN ISO 45001 keine klare Aussage zur Beschaffenheit der Unfallstatistik. Für die Erfüllung der Anforderungen des SCC-Regelwerks ist unbedingt das Dokument 006 „Unfallstatistik und Unfallhäufigkeit" zu beachten.

Interpretation und betriebliche Anwendung

Einzuleitende Maßnahmen zur regelmäßigen Überwachung und Messung betreffen die Leistungen der Organisation im Arbeits- und Gesundheitsschutz. Messungen sollen objektive Daten liefern, um eine Aussage über die Leistung des implementierten Managementsystems treffen zu können. Ein wesentlicher Bestandteil dieser Messungen betreffen Erkrankungen und Vorfälle einschließlich der Beinahe-Unfälle und Unfälle.

Messungen und Überwachungen können sowohl in quantitativer als auch qualitativer Hinsicht erfolgen.

Quantitativ werden beispielsweise die Anzahl der Unfälle, der Beinahe-Unfälle, Lärmpegel, Stoffkonzentrationen in der Luft usw. gemessen.

Je nach Zielsetzung der Überwachung sind Messungen in bestimmten festgelegten Zeitabständen notwendig, z. B.:

- ständige Messung einer Konzentration in der Raumluft
- tägliche Messung des Verbrauchs an Stoffen
- wöchentliche Überwachung der Brandschutzeinrichtungen
- monatliche Überprüfung der Unfallstatistik
- jährliche Zielerreichungen

Qualitative Überwachungen betreffen vor allem:

- Bewertungen des Systemfortschritts
- die Erhöhung der Bewusstseinsbildung bei Beschäftigten
- die Bewertung von Schulungserfolgen und des Leistungsfortschritts

Weiterhin wird zwischen proaktiver bzw. reaktiver Leistungsmessung zur Überwachung unterschieden. Das englische Wort „proactive" umschreibt im Deutschen eine vorbeugende Handlung. Reaktiv sind hingegen Handlungen, die einem Vorfall folgen, d. h., auf die reagiert werden muss. „Leistungsmessung" steht für das Messen des Erfüllungsgrads der festgelegten Maßnahmen und Programme, aber auch der betrieblichen Rahmenbedingungen.

Beispiel

In einem Jour fixe wird monatlich der Erfüllungsgrad festgelegter Maßnahmen zum Arbeits- und Gesundheitsschutz durch die Geschäftsleitung überprüft:

Arbeitsmedizinische Untersuchungen werden für die Beschäftigten geplant (proaktiv), um berufsbedingte Erkrankungen zu vermeiden.

Regelmäßig werden sicherheitskritische Situationen, Bagatellverletzungen und einzelne Unfälle betrachtet (reaktiv).

Maßnahmen zur Prävention von Erkrankungen und Unfällen werden besprochen und mit konkreten Terminen und Verantwortlichkeiten festgelegt. Ihr Umsetzungsgrad wird in regelmäßigen Abständen gemessen (Leistungsmessung).

Safety Culture Ladder schließt sich inhaltlich den Anforderungen an „Überwachung und Messung“ an, fordert darüber hinaus jedoch die aktive Beteiligung des Managements im Prüferteam. In der höchsten Stufe sollen Überprüfungen durch den Sektor in regelmäßigen Abständen erfolgen. Weiterhin wird der Anwender von SCL verpflichtet, verschiedene Methoden der Überwachung zu nutzen, beispielsweise Selbsteinschätzungen, Beobachtungen, Befragungen, Wahrnehmungsmessungen. Auch die Kompetenzen des Prüferteams sind (ähnlich den Auditoren) schriftlich festzulegen. Messungen bzw. Leistungseinschätzungen im Arbeitsschutz sollen auch bei Austrittsgesprächen eine Rolle spielen. Sie dienen vor allem der Aufdeckung von Verbesserungspotenzialen und sollen die Entwicklung einer Arbeitsschutzkultur fördern.

Die Messung und Überwachung von Leistungen im Arbeits- und Gesundheitsschutz-Managementsystem stellen die Grundlage für die Ableitung konkreter Korrektur- und Präventionsmaßnahmen zur Feststellung eines Ergebnisfortschritts und der Einleitung eines fortlaufenden Verbesserungsprozesses dar. Wie die nachstehende Abbildung verdeutlicht, ist die Sammlung von Messergebnissen allein nicht ausreichend. Mess- und Überwachungsergebnisse bedürfen der Analyse und Interpretation.

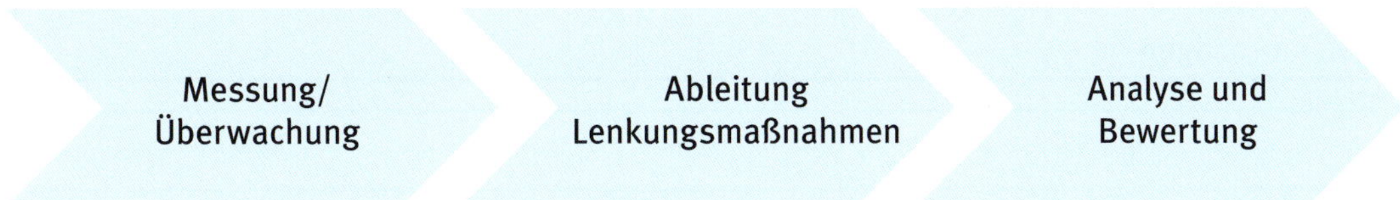

Aus Erfahrungen der Buchautoren werden zwar in einzelnen Unternehmen vielfältige Messungen unternommen, eine Auswertung jedoch erfolgt zumeist nur statistisch ohne Ableitung der notwendigen Maßnahmen zur Situationsänderung und -verbesserung. Welche Statistiken konkret zu führen sind, lassen die Arbeitsschutz-Managementsysteme weitestgehend offen. DIN ISO 45001 und SCC (siehe Erläuterung weiter unten im Text) verlangen die Erfassung der Unfälle einschließlich der Beinahe-Unfälle, SCL spricht von der Erfassung schwerer Vorfälle (Sachschäden inkludiert) und von Unfällen mit und ohne Arbeitsausfall. Andere denkbare Statistiken wären:

- Fluktuationsstatistik,
- Anwesenheitsquote,
- Gesundheitsquote,
- Anzahl der Verstöße gegen die Mindestanforderungen im Arbeitsschutz durch eigene Mitarbeiter oder Vertragspartner,
- Statistik der Auditabweichungen,
- Anzahl Ersthelfer/Brandschutzhelfer.

Um Messungen und Überwachungen steuern zu können, müssen im Vorfeld Leistungsindikatoren bestimmt und bekanntgemacht werden.

- Welche sind die Zielgrößen der Organisation?
- Mit welchen Mitteln wollen wir diese Kennzahlen erreichen?
- Welche Unterstützungen benötigen wir dabei (z. B. Schulungen, Fortbildungen)?

Damit wird sichtbar, dass das Normkapitel Messung und Überwachung (gleich in welchem Managementsystem) in engem Zusammenhang mit den Zielen im Arbeitsschutz steht. SCL fordert diese Leistungsparameter auch für ihre Vertragspartner.

Safety Culture Ladder fordert neben der Eigeninterpretation von Statistiken auch den Austausch mit dem Sektor. In der höchsten Stufe wird die Orientierung an der Bestleistung im Arbeitsschutz auch sektorübergreifend gefordert.

Insbesondere empfiehlt es sich, die Bewertung der Mess- und Überwachungsergebnisse im Team vorzunehmen, um unterschiedliche Sichtweisen bei der Festlegung von Korrektur- und Präventionsmaßnahmen realisieren zu können. Die Unterscheidung zwischen Maßnahmen zur Korrektur und Maßnahmen zur Vermeidung einer Fehlerwiederholung erscheint wesentlich. Häufig werden zwar Lenkungsmaßnahmen zur Korrektur des Problems getroffen, eine ausreichende Vorsorge zur Fehlervermeidung wird jedoch nicht berücksichtigt. Maßnahmenpläne sollten daher bereits in diese zwei unterschiedlichen Sichtweisen unterteilen:

Beispiel

Korrekturmaßnahmen

Problem	Korrektur	Verantwortlich	Termin	Erledigt	Wirksamkeitsüberprüfung am: durch:
Schnittwunden durch Gebrauch von Messern zum Aufschneiden von Kartonagen	Beschaffung von Sicherheitsmessern	Leiter Produktion	bis 10.03.20..	07.03.20.. Schmitt	30.03.20.. Gruber

Beispiel

Präventionsmaßnahmen

Problem	Vorbeugende Maßnahme zur Vermeidung von Fehlerwiederholungen	Verantwortlich	Termin	Erledigt	Wirksamkeitsüberprüfung am: durch:
Schnittwunden durch Gebrauch von Messern zum Aufschneiden von Kartonagen	Unterweisung zum Umgang mit Kartonagen, Sensibilisierung von Mitarbeitern	Schichtleiter			

Wie beide Tabellen zeigen, ist die Wirksamkeit der getroffenen Maßnahmen in Zeitabständen zu verifizieren. Es könnte sein, dass die beschlossenen Maßnahmen zur Korrektur oder Prävention die beabsichtigten Ziele nicht erreichen. In diesen Fällen ist die Analyse unter Berücksichtigung der gewonnenen Erkenntnisse erneut zu wiederholen. Die Wirksamkeitsüberprüfung getroffener Maßnahmen ist ein wesentlicher Bestandteil des fortlaufenden Verbesserungsprozesses.

Beispiel

Im Ergebnis der Gefährdungsbeurteilung wurde Helmpflicht mit den Mitarbeitern eines Unternehmens vereinbart. Die Mitarbeiter folgen der Anweisung nur teilweise. Wie sich herausstellt, sind die Helme für die Erbringung der Arbeitsleistung ungeeignet. Die Schutzmaßnahme erweist sich als unwirksam.

Eine erneute Bewertung der Analyseergebnisse ist daraufhin durchzuführen. Geeignete Maßnahmen sind abzuleiten und erneut auf Wirksamkeit hin zu überprüfen.

Weiterhin gehen die DIN ISO 45001 und OHSAS 18001 auf die Überwachung der Prüf- und Messtechnik sowie auf die Qualitätsmanagement-Norm DIN EN ISO 9001 ein. Messergebnisse sind nur dann verlässlich, wenn auch die Prüftechnik einer entsprechenden Inspektion (z.B. Sicht- und Funktionskontrolle), Kalibrierung oder ggf. Eichung unterliegt. Die Intervalle zur Überwachung von Prüf- und Messmitteln ergeben sich zumeist aus den Hinweisen des Herstellers. Weitere Instruktionen zur Art und Weise der Überprüfung der Mess- und Prüftechnik sind in den Bedienungsanleitungen des Herstellers enthalten. Diese umfassen auch, inwieweit die Prüf- und Messmittel eigen- oder fremdüberwacht werden müssen. Aus Sicht der Autoren empfiehlt es sich, falls nicht bereits im Qualitätsmanagement des Unternehmens geregelt, eine Inventarisierung der Prüf- und Messtechnik vorzunehmen und ihre Überwachung anhand einer Übersicht zu lenken.

Beispiel

Nr.	Prüf- und Messmittel	Art der Überwachung	Prüf-institut	Intervall	Zugelassene Toleranz	Letzte Überprüfung	Nächste Überprüfung
1	Thermometer	Fremdüberwachung	Kontrollinstanz	monatlich	±0,5 °C	07.03.20..	06.04.20..

Im SCC-Regelwerk bezieht sich die Überwachung und Messung explizit auf die Überwachung arbeitsmedizinischer Untersuchungen mit dem Ziel der Vermeidung berufsbedingter Verletzungen und Erkrankungen.

Welche arbeitsmedizinischen Untersuchungen für den Arbeitnehmer verpflichtend sind, welche Angebotsuntersuchungen er annehmen kann und welche freiwilligen Untersuchungen ihm zur Verfügung stehen, stellt das Ergebnis einer umfassenden Gefährdungsbeurteilung dar.

Beispiel

Name, Vorname	Geburtsdatum	Tätigkeit	Umgang mit Gefahrstoffen	Pflichtuntersuchung	Angebotsuntersuchung	Freiwillige Untersuchungen
Muster, Will	xx.yy.zzzz	Anlagenfahrer im Lärmbereich	Säuren, Laugen	G 20	G 25	Grippeschutz

Wie bereits dargestellt wird zwischen

- Pflichtuntersuchungen,
- Angebotsuntersuchungen und
- freiwilligen Untersuchungen

unterschieden. Die Einteilung ergibt sich aus der europäisch geltenden Arbeitsmedizinischen Vorsorgeverordnung.

Pflichtuntersuchungen müssen demnach vom Arbeitgeber für den Arbeitnehmer kostenfrei angeboten werden. Der Arbeitnehmer muss die arbeitsmedizinische Untersuchung wahrnehmen. Angebotsuntersuchungen müssen vom Arbeitgeber angeboten werden. Die Wahrnehmung des Angebots ist für den Arbeitnehmer freiwillig.

Freiwillige Untersuchungen sind für Arbeitgeber und Arbeitnehmer nicht verpflichtend, stellen jedoch eine sinnvolle Maßnahme zur Verbesserung von Gesundheit und Wohlbefinden der Arbeitnehmer dar.

Gegebenenfalls sollte die optionale Konsultation des Arbeitsmediziners in einer Betriebsvereinbarung geregelt werden.

Auszug aus der Arbeitsmedizinischen Vorsorgeverordnung

§ 4 Abs. 1: Der Arbeitgeber hat nach Maßgabe des Anhangs Pflichtvorsorge für die Beschäftigten zu veranlassen.

§ 5 Abs. 1: Der Arbeitgeber hat den Beschäftigten Angebotsvorsorge nach Maßgabe des Anhangs anzubieten.

Die Aufteilung der Pflicht- und Angebotsuntersuchungen ist im deutschen Recht in der ArbmedVV im Anhang geregelt. Ähnliches gilt auch für andere europäische Länder.

Für bestimmte Tätigkeiten darf aus arbeitsmedizinischer Sicht ausschließlich medizinisch geeignetes Personal eingesetzt werden. Vor Arbeitsbeginn ist die physische und psychische Eignung des Arbeitnehmers durch arbeitsmedizinische Untersuchung zu ermitteln.

Die arbeitsmedizinische Eignung kann, gern auch projektbezogen, in einer Matrix geführt werden. Mit dieser Übersicht könnte auch die Wiederholungsuntersuchung gelenkt werden. Eine Vorlage hierfür ist dem Teil „Praxistipps und Vorlagen“ zu entnehmen.

Die arbeitsmedizinischen Untersuchungen sind in den Sicherheitspass einzutragen.

Hinweis

Es gibt Stoffe, die entsprechend ihrer Gefährdung einer Meldepflicht und einer besonderen arbeitsmedizinischen Untersuchung unterliegen.

Im Fall eines Arbeitsunfalls sollte gemäß Anforderung des SCC-Regelwerks Leichtverletzten die Möglichkeit eines Schonarbeitsplatzes gegeben werden. Unbedingt muss hierzu die gesetzliche Regelung beachtet werden.

SCC erhebt weiterhin konkrete Forderungen hinsichtlich der Überwachung von Arbeitsmitteln. Auf der Grundlage diverser rechtlicher Anforderungen sind die Überwachungsfristen für Arbeitsmittel zu lenken. Dabei ist zwischen Fremd- und Eigenüberwachung zu unterscheiden. Bei Fremdüberwachungen ist zunächst die Eignung bzw. Zulassung der beauftragten Prüfinstanz zu eruieren. Ohne ein Vorliegen entsprechender Befähigungsnachweise kann keine rechtsgültige Überwachung von prüfpflichtigen Geräten, Maschinen, Transportmitteln und Vorrichtungen stattfinden.

Hinweis

Die Befähigungsnachweise sind oftmals zeitlich begrenzt und unterliegen einer Re-Qualifizierung. Die Überwachung obliegt grundsätzlich dem Auftraggeber.

Eine Vorlage für die Überwachung von prüfpflichtigen Arbeitsmitteln wird im Abschnitt „Praxistipps und Vorlagen“ gegeben.

Nachweise:

Unfallmeldungen

Unfallauswertungen

Verbandsbücher

Unfallstatistiken

Korrektur- und Vorbeugungsmaßnahmen

Prüfmittelbescheinigungen

Eich- und Kalibriernachweise

Überwachungskataster prüfpflichtiger Einrichtungen

Prüf- und Messmittelkataster

Lärmkataster

Praxistipps und Vorlagen

In der Folge werden einige Muster und Vorlagen für Messungen und Überwachungen vorgestellt, die für die eigenen Belange gut adaptierbar sind. Des Weiteren befinden sich im Anhang A5 dieses Buches Gliederungen für Berichte der SIFA, des Betriebsarztes und ausgewählter gesetzlicher Beauftragter sowie weitere Anweisungen zur Überwachung und Messung. Ein Formblatt zu Unfalluntersuchungen und weitere Ausführungen finden Sie unter 10.1/10.2 dieses Buches.

Vorlage

Handbuchkapitel: Meldung, Registrierung und Untersuchung von Unfällen/ Zwischenfällen und unsicheren Situationen

1 Meldung und Untersuchung

Alle Ereignisse mit Personenschaden sind als Unfälle zu werten. Bei Eintritt eines Unfalls ist wie folgt vorzugehen:

- Der Mitarbeiter, der den Unfall feststellt, sorgt dafür, dass die Unfallstelle gesichert, der Verletzte geborgen und Erste Hilfe geleistet wird. Er verständigt seinen unmittelbaren Vorgesetzten.
- Der bauleitende Monteur benachrichtigt einen Arzt, sorgt für die Hilfeleistung bis zum Eintreffen des Arztes, informiert den Geschäftsführer, den Auftraggeber und ggf. andere externe Stellen (Feuerwehr, Polizei o. Ä.) und leitet die Sofortmaßnahmen zum Abstellen der Unfallursache ein.
- Die SIFA nimmt den Unfall auf (siehe Unfallmeldung – Unfalluntersuchungsbericht) und leitet die Meldung an den Geschäftsführer weiter.
- Die SIFA ist für die Unfalluntersuchung verantwortlich.
- Die SIFA legt in Zusammenarbeit mit der Geschäftsleitung langfristige Maßnahmen zur Beseitigung der Ursachen des eingetretenen Unfalls fest, um das Auftreten ähnlicher Unfälle zu verhindern.

Der Geschäftsführer prüft, ob der Unfall meldepflichtig ist. Grundlage dazu sind die Bestimmungen der Unfallversicherungsträger der Beschäftigten. Für einen meldepflichtigen Unfall wird ein amtliches Unfallformular ausgefüllt, von einem Handlungsbevollmächtigten freigegeben und an den Unfallversicherungsträger geschickt. Alle Unfallmeldungen werden durch die SIFA in einem Ordner erfasst und archiviert.

Revision: Änderungsdatum: Seite 1 von 3

Die Sicherheitskraft greift für die jährliche Auswertung des Unfallgeschehens im Unternehmen auf diesen Ordner zurück.

Ereignisse ohne Personenschaden können Beinahe-Unfälle, Umwelt- und Sachschäden, Brände oder unsichere Situationen sein.

Alle im Unternehmen auftretenden Ereignisse sind dem zuständigen Vorarbeiter zu melden. Sofern die Mitarbeiter vor Ort noch nicht für eine Schadensbegrenzung gesorgt haben, veranlasst der Mitarbeiter die notwendigen Sofortmaßnahmen.

Unfälle, Umwelt- und Sachschäden sowie Brände werden in einer Vorfall-Meldung erfasst.

Der Mitarbeiter informiert den Vorgesetzten und ggf. den Auftraggeber. Gemeinsam werden die erforderlichen Maßnahmen für die unmittelbare Schadensabwendung bzw. für eine spätere Schadensvermeidung festgelegt und auf der Vorfall-Meldung mit Verantwortlichkeiten und Terminen vermerkt.

Kritische Situationen und Beinahe-Unfälle, deren Ursachen der Mitarbeiter nicht abstellen kann, trägt er in ein Formular ein. Die Sicherheitsfachkraft entscheidet darüber, durch welche Maßnahmen die unsichere Situation oder Schadensquelle zu beseitigen ist. Solch eine Maßnahme kann auch u. a. die Erarbeitung einer Arbeitsanweisung für das Unternehmen sein.

2 Unfall- und Schadensauswertung

Die Realisierung der im Unfalluntersuchungsbericht, in der Vorfall-Meldung und in den Abweichungsprotokollen festgelegten Maßnahmen und ihre Wirksamkeit werden regelmäßig durch die Sicherheitsfachkraft und den Geschäftsführer bzw. im Arbeitsschutzgremium überprüft. Sollte sich die festgelegte Maßnahme als nicht wirkungsvoll erweisen, sind nach Abstimmung mit den Handlungsbevollmächtigten weitere Maßnahmen einzuleiten. Diese Vorgehensweise gilt auch für die Überprüfung der aufgrund eines Abweichungsprotokolls eingeleiteten Maßnahmen betroffener Subunternehmen. Die erfolgreiche Umsetzung der Maßnahmen wird durch Abzeichnen der jeweiligen Unterlage dokumentiert.

Zusätzliche Maßnahmen können sich auch aus der halbjährlichen Analyse der Unfälle und Vorfälle ergeben, für die die Sicherheitsfachkraft verantwortlich ist. Lang- und mittelfristige Maßnahmen werden in den SGU-Jahresplan aufgenommen, kurzfristige Maßnahmen durch den bauleitenden Monteur veranlasst und deren Umsetzung überwacht.

Die Auswertung von Unfällen und Vorfällen ist Bestandteil der Sitzungen des Arbeitsschutzgremiums, der regelmäßigen Arbeitsberatungen, der Jahresabschlussberatungen sowie der Unterweisungen. Mit der Auswertung sollen Häufungen von unsicheren Situationen und mögliche Ursachen aufgedeckt werden, um rechtzeitig entsprechende Gegenmaßnahmen treffen zu können.

Die bei Subunternehmen festgestellten Abweichungen gehen in deren jährliche Bewertung ein.

3 Unfallstatistik

Jahr	20..	20..	20..	20..
Tödliche Unfälle				
Anzahl der Arbeitsunfälle mit Arbeitszeitausfall (größer einen Tag)				
geleistete Arbeitsstunden				
Anzahl Mitarbeiter				

Revision: Änderungsdatum: Seite 2 von 3

Unfallaufkommen/Unfallhäufigkeit

	20..	20..	20..	20..
$(UH) = \frac{\text{Anzahl der Arbeitsunfälle} \cdot 10^6}{\text{geleistete Arbeitsstunden (tatsächlich)}}$				
$(TMQ) = \frac{\text{Anzahl der Unfälle} \cdot 10^3}{\text{Anzahl der Mitarbeiter}}$				

4 Mitgeltende Unterlagen

Unfalluntersuchungsbericht

Vorfall-Meldung

Abweichungsprotokolle

BG-Unfallformular

Schadensmeldung an externe Stellen

Unfall-/Vorfallanalyse

Revision: Änderungsdatum: Seite 3 von 3

Unfallkennzahlen

Zur Messung eines Leistungsfortschritts im Rahmen des Arbeits- und Gesundheitsschutzes ist je nach Art und Größe des Unternehmens die Bildung von Kennzahlen erforderlich. Einige der wichtigsten Kennzahlen beziehen sich auf

- die Unfallhäufigkeit und
- die Unfallschwere.

Sie werden häufig als Benchmark zum Vergleich verschiedener Unternehmen der gleichen Branche oder mit vergleichbaren Leistungsbereichen genutzt.

Berechnung der Unfallkennzahlen

Unfallhäufigkeit = Anzahl der Unfälle × 1 000 000 Stunden/geleistete Arbeitsstunden für den Zeitraum

Unfallschwere = Anzahl der Ausfalltage × 1 000 000 Stunden/geleistete Arbeitsstunden für den Zeitraum

Bagatelle – Häufigkeit = Anzahl der Einträge Verbandsbuch × 1 000 000 Stunden/geleistete Arbeitsstunden für den Zeitraum

Die Liste ist beliebig fortsetzbar.

Hinweis

Ein Vergleich zwischen Unternehmen verschiedener Länder ist nur dann erfolgreich, wenn auch die gleiche Definition der Begrifflichkeit „Unfall“ verwendet wird. Beispielsweise wird als meldepflichtiger Unfall in Deutschland erst jener Unfall betrachtet, der eine unfallbedingte Abwesenheit des Beschäftigten von drei Tagen nach sich zieht. In anderen Ländern und in anderen Organisationen wird jeder Unfall gezählt. Eine Vergleichbarkeit der Unfallrate ist nur auf gleicher Grundlage möglich.

Zur Auswertung von Beinahe-Unfällen und Vorfällen siehe auch 10.1/10.2 in diesem Buch.

Arbeitsmedizinische Vorsorge

Ein Muster für die Lenkung und Überwachung arbeitsmedizinischer Vorsorgeuntersuchungen, auch arbeitsmedizinische Vorsorgekartei genannt, ist nachstehend zur Adaption an eigene betriebliche Belange abgebildet.

Vorlage

Arbeitsmedizinische Vorsorgekartei

Name	Vorname	Erforderliche Tätigkeiten	Eignung	Letzte Überprüfung	Nächste Überprüfung	Nachweis durch
Kletter	Max	Arbeiten in Höhen	Ja	dd.mm.yyyy	dd.mm.yyyy	Betriebsarzt

Revision: Änderungsdatum: Seite 1 von 1

Prüfung von Geräten und Arbeitsmitteln

Zur Überwachung von prüfpflichtigen Arbeitsmitteln empfiehlt es sich, ein entsprechendes Überwachungskataster zu führen. Das Überwachungskataster sollte mindestens enthalten:

- das prüfpflichtige Arbeitsmittel
- die Identifikation bzw. Kennzeichnung
- die Prüffrist
- die letzte Überwachung
- den Termin der nächsten Überprüfung

Vorlage

Überwachungskataster prüfpflichtiger Arbeitsmittel

Arbeitsmittel	Inventar-nummer	Rechts-vorschrift	Prüffrist	Prüfdatum	Nächste Prüfung	Prüfer
Winkelschleifer	010303	BGV A3	6 Monate	dd.mm.yyyy	dd.mm.yyyy	Elektriker

Revision: Änderungsdatum: Seite 1 von 1

Das Überwachungskataster kann selbstverständlich den betrieblichen Belangen angepasst werden.

Ein Handbuchtext wie nachstehend abgebildet sollte die Überprüfung überwachungspflichtiger Einrichtungen klar regeln. Ob nun als Handbuchtext verfasst oder als Verfahrensanweisung ist letztlich der Praktikabilität im Unternehmen geschuldet.

Handbuchtext: Geräteprüfung und -überwachung

Vorlage

Sicherheitsrelevante Maschinen, Geräte und Ausrüstungen werden in der xy GmbH gemäß geltenden Vorschriften überwacht.

Sie unterliegen einer regelmäßigen Überprüfung durch entsprechende Fachfirmen. Die Überprüfung wird dokumentiert.

Zu den prüfpflichtigen Einrichtungen gehören im Einzelnen die in den mitgeltenden Unterlagen aufgeführten Geräte.

Die prüfpflichtigen Einrichtungen sind mit ihren Prüffristen, Prüfinstanzen und der Form der Nachweisführung in einer Liste zusammengestellt.

Über die Aufnahme neuer Geräte und Einrichtungen in den Überwachungszyklus entscheidet die Führungskraft, ggf. in Absprache mit der Sicherheitsfachkraft.

Die Durchführung der Überprüfung wird durch den SGU-Koordinator veranlasst. Zu diesem Zweck führt er entsprechende Terminübersichten. Die Führungskräfte sind dafür verantwortlich, dass die festgelegten Prüffristen eingehalten, Einrichtungen mit Prüfplakette rechtzeitig vor Ablauf der jeweiligen Frist überprüft und Einrichtungen mit abgelaufenem Prüfdatum nicht mehr eingesetzt werden. Die Ergebnisse der Überprüfung sind jeweils zu protokollieren. Der Prüfzustand der elektrischen Betriebsmittel und Feuerlöscher ist außerdem mit einem Aufkleber bzw. einer Prüfplakette kenntlich zu machen.

Die Beseitigung der während der Überprüfung festgestellten Mängel ist fristgemäß durch den SGU-Koordinator zu veranlassen. Falls erforderlich, müssen die Maßnahmen mit der Sicherheitsfachkraft abgestimmt werden.

Mitgeltende Unterlagen

Liste der zugelassenen Lieferanten und Händler

Zertifikate und Prüfbescheinigungen

Liste der Betriebsanweisungen

Liste der prüfpflichtigen Einrichtungen

Karteien, Prüfbücher, Prüfprotokolle

Revision: Änderungsdatum: Seite 1 von 1

Eine Verfahrensanweisung zur Überwachung von Prüfmitteln erscheint in diesem Kontext sinnvoll und soll die Beschaffung und Aufrechterhaltung der Mess- und Prüftechnik regeln.

Verfahrensanweisung: Überwachung von Prüfmitteln

Vorlage

1 Zweck

Regelung für die Planung und Beschaffung von Prüfmitteln sowie Festlegung der Forderungen an die Überwachung von Prüfmitteln, um sicherzustellen, dass alle geplanten Prüfmittel auch vorhanden und alle verwendeten Prüfmittel in einem forderungsgerechten Zustand sind

2 Geltungsbereich

Der Geltungsbereich umfasst alle Stellen, an denen Prüfmittel zum Einsatz kommen.

3 Zuständigkeiten

Für die Prüfmittelüberwachung zeichnen der Managementbeauftragte und der Leiter Produktion und Technik verantwortlich.

Revision: Änderungsdatum: Seite 1 von 2

4 Begriffe

Prüfhilfsmittel: Zusätzlich zu den Prüfgeräten unmittelbar erforderliche Hilfsmittel zur Feststellung des Prüfergebnisses. Bei der Beschaffung von Prüfhilfsmitteln wird auf den Einkauf von Qualitäts-Messmitteln geachtet.

Prüfintervall: Das Prüfintervall ist der Abstand zwischen zwei Prüfungen. Es kann als Zeitabstand, als Begrenzung der Anzahl der Benutzungen oder als Kombination aus beiden festgelegt werden.

Prüfmittelüberwachung: Sicherstellen, dass die Maßnahmen der Prüfmittelinstandhaltung, Prüfmittelkennzeichnung und Prüfmitteleichung unter Berücksichtigung des Prüfmitteleinsatzes zeitgerecht durchgeführt werden

5 Ablauf

Prüfmittel werden vom Managementbeauftragten (MB) und dem Leiter Produktion und Technik (LPT) in einem Prüfmittelüberwachungskataster gelistet und mit den Fristen und Verantwortlichkeiten für die wiederkehrende Prüfung verwaltet. Die Auswahl der Lieferanten bzw. deren Zulassung für die Beschaffung und Überprüfung von Prüfmitteln (Kalibrierung) obliegt dem MB/LPT.

Defekte Prüfmittel werden vom MB/LPT als solche gekennzeichnet und sofort ausgesondert. Der MB/LPT stellt sicher, dass nur geprüfte Prüfmittel im Umlauf sind und eine entsprechende Kennzeichnung der Gültigkeit auf dem Prüfmittel erkennbar ist. Prüfmittel sind zur Identifikation fortlaufend nummeriert.

Die Prüfprotokolle (Kalibriernachweise, Eichdokumente) werden beim MB/LPT gehalten.

Ggf. werden am Prüfmittel die Toleranzbereiche ausgewiesen, hilfsweise am Ort der Verwendung.

Prüfhilfsmittel unterliegen keiner Kalibrierungsmöglichkeit und müssen, wenn sie defekt sind, vernichtet werden. Über die Vernichtung wird Protokoll geführt.

6 Mitgeltende Unterlagen

Prüfmittelüberwachungskataster

Kalibrier- und Eichprotokolle

Revision:	Änderungsdatum:	Seite 2 von 2

Ein Beispiel für die Inspektion und Überwachung von Regaleinrichtungen wird nachstehend dargestellt. In der Übersicht werden sowohl der Standort des Regals mit der Regalnummer (hier mit „x“ bezeichnet), die festgestellte Gefährdung mit Bildnachweis als auch die getroffenen Maßnahmen mit Erledigungsvermerk aufgeführt. Damit gibt die Tabelle sowohl die Feststellungen als auch die Korrekturmaßnahmen wieder.

Vorlage

Inspektionsprotokoll zur Überwachung von Regaleinrichtungen

Standort	Gefährdung	Bild	To-do-Liste	Erledigt am: Durch:
X 1 Lagerbereich 1 Halle 2 (linker Durchgang, linke Seite)	– kein Anfahrschutz vorhanden – Stütze in Richtung der Rahmenaussteifung beschädigt		– Anfahrschutz installieren. – **Gefährliche Beschädigung** **Innerhalb von 4 Wochen nach erster Kennzeichnung instand setzen oder austauschen.** [1] – **Bei nicht erfolgter Instandsetzung bzw. nicht durchgeführtem Austausch Regal sofort entladen und sperren, bis die Instandsetzung oder der Austausch erfolgt ist.** [1]	
X 4 Vorderseite Cast 6 (Durchgang Lager – Cast Anlage; rechts)	– kein Anfahrschutz vorhanden – Horizontalverband um 15 mm eingedrückt		– Anfahrschutz installieren. – **Gefährliche Beschädigung** **Innerhalb von 4 Wochen nach erster Kennzeichnung instand setzen oder austauschen.** [2] – **Bei nicht erfolgter Instandsetzung bzw. nicht durchgeführtem Austausch Regal sofort entladen und sperren, bis die Instandsetzung oder der Austausch erfolgt ist.** [2]	
X 8 gegenüber X 7 Rechte Seite Anladebereich	– kein Anfahrschutz vorhanden – Horizontalverband rechts unten 25 mm eingedrückt – Stütze in Richtung der Rahmenaussteifung beschädigt	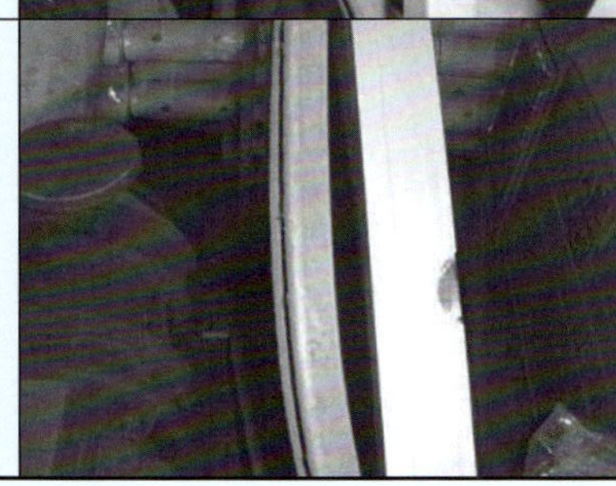	– Anfahrschutz installieren. – **Kritische Gefährdung** **Regal sofort entladen und sperren, bis die Instandsetzung oder der Austausch erfolgt ist.** [3]	

Legende Gefährdungsbeurteilung
[1] Überwachung [2] Austausch innerhalb 4 Wochen [3] umgehendes Handeln

Revision: Änderungsdatum: Seite 1 von 1

Führungskräfte sollen im SCC-Standard regelmäßig hinsichtlich ihres Engagements im Arbeitsschutz bewertet werden. Die Beurteilung soll schriftlich erfolgen und die Stärken und Schwächen im sicherheitstechnischen Führungsverhalten aufzeigen. Ein Beispiel, wie ein solcher Beurteilungsbogen aussehen könnte, wird hier dargestellt.

Vorlage

Beurteilung von Führungskräften aus sicherheitstechnischer Sicht, Engagement für Arbeitssicherheit

Zu beurteilende Person: ______________________

Bewertung durch: ______________________

Datum: ______________________

1. Beurteilungsskala

Beurteilungsskala	Erfüllung in %
1. Wahrnehmung der übertragenen Unternehmerverantwortung	
2. Aktivitätsgrad/Engagement im Rahmen der Verfolgung von SGU	
3. Wahrnehmung der Kontroll- und Überwachungspflichten	
4. Führen von Aufzeichnungen	
5. Durchsetzung der Sicherheitsbestimmungen vor Ort	

Beurteilungsskala: 96–100 % = 1 = in vollem Umfang
95–90 % = 2 = in angemessenem Umfang
85–89 % = 3 = in noch zulässigem Umfang

2. Verbale Einschätzung der Führungsstärken

____

3. Verbale Einschätzung der Führungsschwächen

____

Revision: Änderungsdatum: Seite 1 von 2

____

____

____

____

____

4. Zur weiteren Spezifizierung der aufgestellten Beurteilungskriterien sollten folgende Fragestellungen dienen:

1. Wissen Führungskräfte, dass sie ihre Führungsaufgaben für Arbeitssicherheit erfüllen müssen? (Ist die Bereitschaft vorhanden? Ist das notwendige Führungsinstrumentarium bekannt? Sind Kenntnisse in der Geschäftsführung im Hinblick auf Motivation und Argumentation für die Sicherheit vorhanden? Wird Aufsicht geführt? Wird „nachgehakt“?)
   - Wissen sie, dass jeder Einzelne verpflichtet ist, sich verantwortungsbewusst zu verhalten, also pflichtgemäß zu handeln, um den Vorwurf der Fahrlässigkeit auszuschließen?
   - Wissen sie, welche rechtlichen Konsequenzen sich bei Nichterfüllung ihrer Führungsaufgaben ergeben und welche Anforderungen die Gerichte stellen?

   Speziell zur Verantwortung für Arbeitssicherheit:
   - Welche Einstellung haben Führungskräfte zur Arbeitssicherheit, und wie verschaffen sie sich Gewissheit?
   - Wie handhaben die Führungskräfte ihre Fach- und Führungsverantwortung gegenüber Mitarbeitern?
2. Wissen Führungskräfte, was der Begriff „Garantenstellung“ bedeutet (dass sie nicht nur das Richtige tun müssen, sondern nichts unterlassen dürfen, „was hätte getan werden müssen“)?
   - Besitzen die Führungskräfte die erforderlichen Führungseigenschaften, um Mitarbeiter (und unterstellte Vorgesetzte) führen zu können (Umgangston, Respekt, die Fähigkeit zu unterweisen, zu beraten, Gespräche zu führen usw.)?
   - Gehen Führungskräfte ihren Mitarbeitern mit gutem Beispiel voran?
3. Kontrollieren die Führungskräfte den ihnen unterstellten Bereich? Ziehen sie die richtigen führungsgemäßen Konsequenzen? Beispiele:
   - Durchsetzungsvermögen
   - Kenntnisstand
   - Vorbildwirkung
   - Bereitschaft, auch unbequeme Forderungen durchzusetzen
   - Verständnis für Mitarbeiter
   - Bewusstseinsgrad für Belange der Arbeitssicherheit

______________________	______________________
Ort, Datum	Unterschrift

Revision: Änderungsdatum: Seite 2 von 2

Die aktive Beteiligung des Managements umfasst auch Inspektionstätigkeiten, die in regelmäßig geplanten Abständen und bei besonderen Vorkommnissen durchgeführt werden müssen. Eine Vorlage für die Durchführung einer systematischen Inspektion ist nachstehend abgebildet.

Vorlage

Sicherheitscheckliste

Verantwortlicher für Inspektion:

Abteilung/Baustelle:

Räume:

	Ja/Bemerkungen	Nein
Verkehrswege beeinträchtigt? Fluchtwege und Notausgänge richtig gekennzeichnet? Notausgänge offen und zugänglich? Treppen, Stufen, Geländer in Ordnung?		
Feuerlöscher geprüft und einsatzbereit? Aufstellungsort des Feuerlöschers richtig gekennzeichnet? Prüffristen für Anlagen eingehalten? Sind Leitern und Tritte in Ordnung und geprüft?		
Elektrische Zuleitung ohne äußere Mängel? Maschinen und Geräte elektrisch und mechanisch mängelfrei? Beleuchtung am Arbeitsplatz in Ordnung? Notbeleuchtung in Ordnung?		
Durch örtliche Gefährdungen notwendige Aushänge vorhanden? Falls vorhanden, örtlichen SIGE-Plan ausgehändigt und eingewiesen – Arbeitsplatz aufgeräumt? Alarmplan und Notfallplan sichtbar ausgehängt? Persönliche Schutzausrüstung vorhanden und gepflegt? Wird die Schutzausrüstung auch benutzt?		
Materiallagerung vorschriftsmäßig? Sammlung, Entsorgung, Abfalltrennung vorschriftsmäßig?		

Revision: Änderungsdatum: Seite 1 von 2

Verbandskästen vollständig, Verbandsbuch	☐ ja	☐ nein
Feuerlöscher geprüft, ordnungsgemäß angebracht	☐ ja	☐ nein
Aushang Alarm- und Notfallpläne	☐ ja	☐ nein
Betriebsanweisungen vorhanden	☐ ja	☐ nein
Einhaltung der Sicherheitsvorschriften und -regeln	☐ ja	☐ nein
Ordnung und Sauberkeit	☐ ja	☐ nein
Kennzeichnung der Flucht- und Rettungswege Fluchtfreiheit gegeben?	☐ ja	☐ nein
Prüfpflichtige Geräte und Ausrüstungen geprüft, Nachweis?	☐ ja	☐ nein
Umgang mit Gefahrstoffen (Umverpackungen gekennzeichnet?)	☐ ja	☐ nein
Benutzung von PSA ausreichend vorhanden?	☐ ja	☐ nein
Materiallagerung vorschriftsmäßig	☐ ja	☐ nein
Alkohol- und Drogenverbot erklärt? Einhaltung?	☐ ja	☐ nein
Sammlung und Entsorgung von Abfällen/ Entsorgungsnachweise? Abfalltrennung?	☐ ja	☐ nein
Unfall-/Vorfallmeldung, Nachweis?	☐ ja	☐ nein
Unterweisung vollständig, monatlich?	☐ ja	☐ nein
Unsichere bzw. gefährliche Situationen vorhanden?	☐ ja	☐ nein

Datum | Unterschrift

Abweichung	Maßnahme	Verantwortlich	Erledigt am: Kürzel:	Überprüft am: durch:

Datum | Unterschrift zuständiger Mitarbeiter

Revision: | Änderungsdatum: | Seite 2 von 2

Normabschnitt „9.1.2 Bewertung der Compliance“

Zuordnung der Anforderungen DIN ISO 45001, OHSAS 18001, Normatives Regelwerk SCC und Safety Culture Ladder im Überblick:

DIN ISO 45001	OHSAS 18001	SCC*	SCC**	SCC^P	SCP	Safety Culture Ladder
9.1.2	4.5.2	–	–	–	–	–

Anforderungen DIN ISO 45001, Normatives Regelwerk SCC und Safety Culture Ladder im Einzelnen:

Anforderungen DIN ISO 45001, Abschnitt 9.1.2
9.1.2 Bewertung der Compliance Die Organisation muss Prozesse zur Bewertung der Compliance mit rechtlichen Verpflichtungen und anderen Anforderungen (siehe 6.1.3) festlegen, umsetzen und aufrechterhalten. Die Organisation muss: a) die Häufigkeit und Methoden zur Bewertung der Compliance bestimmen; b) die Compliance bewerten und, falls notwendig, Maßnahmen ergreifen (siehe 10.2); c) Kenntnisse und Verständnis ihres Status hinsichtlich der Compliance aufrechterhalten; d) dokumentierte Information zu den Ergebnissen der Compliance-Bewertung aufbewahren.

Anforderungen Normatives Regelwerk SCC
keine

Anforderungen Safety Culture Ladder
keine

Interpretation und betriebliche Anwendung

Während die DIN ISO 45001 und die OHSAS 18001 klare Forderungen zur Compliance mit geltenden Rechtsvorschriften und Selbstverpflichtungen formuliert, gibt es im SCC-Regelwerk oder bei Safety Culture Ladder keine Anforderungen dazu.

In der praktischen Umsetzung der Forderung nach einer Einschätzung zur Compliance gibt es typische Schwarz-weiß-Szenarien. Entweder wird das Statement zu Compliance in einem Satz angegeben, ohne dass ersichtlich wird, worauf diese Einschätzung beruht oder wie die Übereinstimmung mit gültigen Rechtsvorschriften überhaupt ermittelt wurde, oder die Bewertung der Rechtskonformität wird sehr detailgenau und zumeist mithilfe umfangreicher Checklisten vorgenommen. Das richtige Maß zu finden, scheint schwierig. In vielen Unternehmen werden im Laufe des Geschäftsjahres Sachstände ermittelt, Berichte erstellt, Daten gesammelt. Die abschließende Bewertung der Einhaltung von gültigen Rechtsvorschriften und Selbstverpflichtungen sollte diese Aufzeichnungen aufgreifen und evaluieren. Berichte der Sicherheitsbeauftragten oder der Sicherheitsfachkraft, des Brandschutzbeauftragten oder des Experten für

Explosionsschutz sollten die Grundlage der Einschätzung von Compliance sein. Somit kann doppelte Arbeit an diesem Thema vermieden werden.

In den vorangegangenen Kapiteln zu „6.1 Maßnahmen zum Umgang mit Risiken und Chancen“ und „4 Kontext der Organisation“ wird der Grundstein für dieses Kapitel „9.1.2 Bewertung der Compliance“ gelegt. Im Rahmen der Einführung und Etablierung des Arbeits- und Gesundheitsschutz-Managementsystems wurden notwendige Lenkungsmaßnahmen zur Erfüllung rechtlicher Anforderungen getroffen. Dieses Kapitel stellt den Basisbezug getroffener Lenkungsmaßnahmen infrage:

Sind die rechtlichen Anforderungen bekannt und aktuell gehalten?

Entsprechen die betrieblichen Maßnahmen den rechtlichen Anforderungen?

Der nachstehend aufgeführte Regelkreis kann Ihnen helfen, die richtige Methodik zur Findung von Rechtssicherheit anzuwenden.

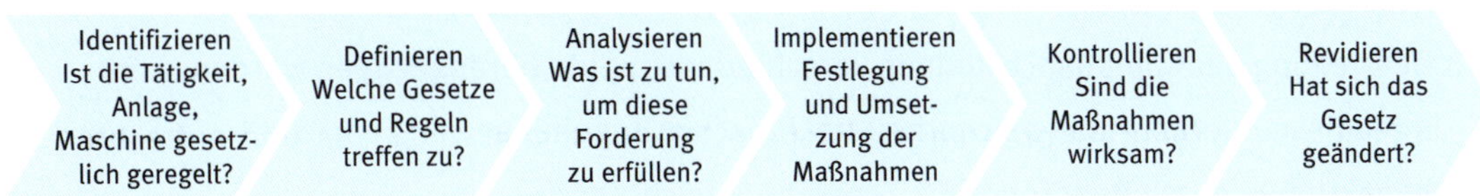

Identifizieren:

- Überprüfung, ob eine Tätigkeit, Maschine, Anlage einer gesetzlichen Regelung unterliegt.

Hinweis

> Erfahrungsgemäß kann man davon ausgehen, dass es eine gesetzliche Regelung gibt, wenn die potenzielle Schadensgröße hoch ist.

Definieren:

- Zuordnung einschlägiger Gesetze und Regelungen zu den Maschinen, Tätigkeiten, Anlagen, Stoffen
- Listung der rechtlichen Vorschriften
- Festlegung der ständigen Überwachung (Wer?, Was?, Änderungsdienste aus dem Internet)

Analysieren:

- Welche Inhalte regelt die Rechtsvorschrift? Welche Forderungen sind noch nicht umgesetzt? Was sind meine Betreiberpflichten? (Z. B. ... der Unternehmer hat zu unterweisen ...) Welche Regeln sind strafbewährt? Hier ist ein Ist-Soll-Vergleich durchzuführen.

Implementieren:

- Die rechtlichen Forderungen wurden ermittelt und müssen umgesetzt werden.

Kontrollieren:

- Je nach Rechtsforderung gestalten sich die Kontrollen unterschiedlich.
- Wenn das Risiko hoch ist und die Rechtsforderung nicht erfüllt, muss bis zur vollständigen Mängelbeseitigung die Arbeit bzw. der Betrieb eingestellt werden.
- Bei technischen Maßnahmen sollte die Wirksamkeit, z. B. bei (Wieder-)Inbetriebnahme, erfolgen (durch einen Test oder Sachverständigen usw.).
- Organisatorische Maßnahmen sind ständig und in zeitlichen Abständen zu überprüfen, z. B. während Inspektionen, Betriebsbegehungen und interner Audits. Beispielsweise sind Schulungsnachweise, Prüfbücher und Unterweisungen zu überprüfen.

Revidieren:

- Es muss in regelmäßigen Abständen geprüft werden, ob gesetzliche Anforderungen geändert wurden. Dies kann durch einen Änderungsdienst erfolgen oder mithilfe eines Wiedervorlagesystems.

Das Unternehmen muss ein Verfahren einführen, verwirklichen und aufrechterhalten, um die Compliance mit geltenden Rechtsvorschriften und eventuelle Forderungen Dritter (Öffentlichkeit, Konzernvorschriften) messen und damit sicherstellen zu können. Das Verfahren, d.h. die Verantwortlichkeiten, die Methodik, Häufigkeit und der Ablauf, muss schriftlich, z.B. in einer Anweisung, fixiert werden. Die Häufigkeit richtet sich nach der Größe der Organisation und Komplexität der rechtlichen Anforderungen oder auch nach anlagenspezifischen Gefährdungen o.Ä.

Die Bewertung der Einhaltung von Rechtsvorschriften kann sowohl intern als auch durch externe Sachkundige durchgeführt werden. Hierfür eignen sich Personen, die auf dem Gebiet des Arbeitsschutzes über gute Rechtskenntnisse verfügen.

Zur Beurteilung der Compliance können verschiedene Inputs herangezogen werden, z.B.:

- Ergebnisse interner Audits sicherheitstechnischer Begehungen
- Inspektionen durch Behörden (BG, Gewerbeaufsichtsamt)
- Sitzungsprotokolle der Gremien für Arbeitssicherheit
- Erfüllungsstand von Maßnahmenplänen, To-do-Listen
- Jahresbericht der SIFA und des Betriebsarztes
- Auswertung von Unfällen, Beinahe-Unfällen, sicherheitskritischen Situationen
- Stand der Gefährdungsbeurteilung
- Stand der Qualifizierung der Funktionsträger
- Analyse rechtlicher Anforderungen

Die Methodik zur Bewertung der Einhaltung von Rechtsvorschriften ist nicht vorgeschrieben, sollte jedoch plausibel sein und nachvollziehbar dokumentiert werden. Die Form der Berichterstattung über die Einhaltung von Rechtsvorschriften ist ebenfalls frei wählbar. Das Ergebnis der Bewertung kann in einem eigenen Compliance-(Audit-)Bericht oder im jährlich zu erstellenden Management-Review seinen Niederschlag finden.

Eine alleinige Aussage über Compliance ohne nähere Erörterung, wie die Organisation zu dieser Beurteilung gelangt ist, gilt als nicht ausreichend.

Die Bewertung der Einhaltung von Rechtsvorschriften sollte in regelmäßigen Abständen, mindestens einmal jährlich und infolge von Änderungen der Anlagentechnik, betrieblichen Aufbau- und Ablauforganisation, nach schweren Unfällen/Vorfällen, erfolgen. Die Häufigkeit der Compliance-Bewertung ist schriftlich festzuhalten.

Abhängigkeit der Häufigkeit von Bewertungen auf Einhaltung der Verpflichtungen:

Vielerorts wird von der notwendigen Durchführung eines Compliance Audits gesprochen. Die DIN ISO 45001 wie auch die OHSAS 18001 sehen die Bewertung der Einhaltung von Rechtsvorschriften in Form eines Audits nicht explizit vor. Die Organisation kann frei entscheiden, auf welche Weise sie die Rechtskonformität überprüfen will.

Wie in der nachstehenden Verfahrensanweisung beschrieben, wird zum Compliance Audit ein Bericht erstellt. Der Compliance-Auditbericht kann je nach Größe und rechtlicher Komplexität des Unternehmens sehr unterschiedlich ausfallen. Liegen Berichte der Betriebsbeauftragten vor und sind die Inputs für die Ermittlung der Compliance in weiteren Aufzeichnungen aussagefähig dokumentiert, kann auf diese im Compliance-Auditbericht verwiesen werden. Der eigentliche Auditbericht fällt dann relativ kompakt aus. Es ist jedoch empfehlenswert, die gesichteten dokumentierten Informationen aufzulisten. Die Liste eingesehener dokumentierter Informationen stellt den Nachweis dafür dar, auf welcher Grundlage das Statement zur Compliance abgeleitet wurde.

Nachweise sind beispielsweise:

- Compliance-Audit-Berichte
- Management-Review
- Rechtsvorschriften und Selbstverpflichtungen
- Genehmigungen, Auflagen
- Statements der Behörden
- Gutachten
- Berichte der Betriebsbeauftragten, z. B. für Gefahrgut, Strahlenschutz, Brandschutz
- Messprotokolle, Aufzeichnungen
- Explosionsschutzdokument
- Maschinen- und Anlagendokumentationen
- Berichte der SIFA und des Betriebsarztes

- Sitzungsprotokolle der Gremien für Arbeitsschutz
- Gefährdungsbeurteilungen
- Maßnahmenpläne, To-do-Listen

Der Compliance-Auditbericht kann wie nachstehend aufgezeigt gestaltet werden. Formvorschriften gibt es neben dem Datum, den Teilnehmern, einer Kurzbeschreibung der Methodik und Feststellungen nicht.

Beispiel

Compliance Audit vom xx.yy.20..

Ort:

Uhrzeit von bis

Auditor: Person A

Teilnehmer: Person B
Person C

Methodologisches Vorgehen zur Bewertung der Einhaltung von Rechtsvorschriften

Die Bewertung der Einhaltung von Rechtsvorschriften basiert auf:

- den Ergebnissen der internen Audits und Begehungen
- der Aktualisierung des Rechtskatasters
- den Mess- und Prüfprotokollen
- den Berichten der Beauftragten für Brandschutz und Gefahrgut
- dem Explosionsschutzdokument
- der Genehmigungssituation
- den Gefährdungsbeurteilungen
- sich ändernden Anforderungen von Kunden

Feststellungen zur Compliance:

Die in den Auditberichten getätigten Feststellungen wurden in Korrekturmaßnahmen umgesetzt. Die Korrekturmaßnahmen enthalten sowohl Termine als auch Verantwortlichkeiten. Die Maßnahmen wurden vor dem Zertifizierungs-Audit geschlossen.

Aus dem Explosionsschutzdokument, den vorliegenden Katastern für Gefahrstoffe und Gefahrgut, dem Bericht des Gefahrgutbeauftragten geht hervor, dass keine Abweichungen vom bestehenden Recht vorliegen.

Änderungen in den zutreffenden Rechtsvorschriften wurden im Internet verfolgt und vom AMB nachgehalten. Änderungen ergaben sich seit dem letzten Jahr durch ______ Diese wurden in den entsprechenden Bereichen umgesetzt.

Die Genehmigungen für den Standort xy liegen vollständig vor und sind in einem Kataster mit den betreffenden Auflagen und Hinweisen erfasst. Das Genehmigungskataster wird jährlich auf Erfüllung der Auflagen geprüft.

Die Mitarbeiter wurden regelmäßig geschult bzw. unterwiesen.

Aus den vorliegenden Berichten und Unterlagen sowie Rundgängen lässt sich ableiten, dass das Unternehmen am Standort xy in Übereinstimmung mit dem geltenden Recht arbeitet.

Anlage:

Liste der eingesehenen dokumentierten Informationen

______________	______________	______________
Ort	Datum	Auditor

Praxistipps und Vorlagen

Zur Umsetzung der Normforderungen ist ein Verfahren festzulegen und zu dokumentieren. Anregungen hierfür können der nachstehend abgedruckten Verfahrensanweisung entnommen werden. Sie beschreibt die wesentlichen Verantwortlichkeiten und die Methodik für die Bewertung der Compliance. Je nach Größe und Art des Unternehmens variieren vor allem die Inputs zur Feststellung, ob und inwieweit Rechtsvorschriften und Selbstverpflichtungen umgesetzt wurden.

Verfahrensanweisung: Bewertung der Einhaltung von Verpflichtungen

Vorlage

1 Zweck

Gemäß Normforderung ist die Einhaltung der Rechtsvorschriften und anderer Verpflichtungen in regelmäßigen Abständen zu überprüfen.

2 Geltungsbereich

Der Geltungsbereich erstreckt sich auf alle Bereiche. Das Compliance Audit obliegt dem AMB, der seinerseits Teilaufgaben delegieren kann, auch an externe Rechtsexperten.

3 Verfahren

Die Einhaltung der geltenden Rahmenbedingungen und sonstigen Verpflichtungen wird in unserem Unternehmen mindestens einmal jährlich in Form eines Compliance Audits überprüft. Grundlage für die Überprüfung der Rechtskonformität (Compliance) stellen

- das Rechtskataster, Kataster sonstiger Verpflichtungen,
- die Genehmigungsübersicht (Genehmigungskataster),
- das Überwachungskataster prüf- und überwachungspflichtiger Anlagen und Geräte,
- das Gefahrstoffkataster,
- die Berichte der gesetzlichen Beauftragten,
- die Einschätzung der Sicherheitsfachkraft und des Arbeitsmediziners zum Stand der SGA-Leistung,
- die Ergebnisberichte von Rundgängen und Inspektionen,
- die Ergebnisse interner Audits,
- die Änderung rechtlicher Rahmenbedingungen,
- behördliche Überwachungsprotokolle,
- Gutachten von Fachexperten, z. B. Explosionsschutzdokument, Lärmgutachten, Messprotokolle

und andere rechtsrelevante Dokumente dar.

Im Rahmen des Compliance Audits, welches von mehreren Auditoren begleitet werden sollte, findet sowohl eine Dokumentenprüfung als auch eine Inspektion statt. Insbesondere wird der Erledigungsstand notwendiger Korrekturmaßnahmen in Gutachten, Protokollen sowohl anhand der Aufzeichnungen als auch vor Ort verifiziert.

Die Ergebnisse des Compliance Audits werden in einem Auditbericht gegenüber der Geschäftsleitung festgehalten. Ein abschließendes Statement zur Compliance wird im Management-Review getroffen.

Sollten sich während des Audits Nichtkonformitäten herausstellen, sind unverzüglich Maßnahmen mit konkreten Terminen und Verantwortlichkeiten zu treffen und umzusetzen.

Revision:	Änderungsdatum:	Seite 1 von 2

Je nach Dringlichkeit ist die Geschäftsleitung von der Abweichung rechtlicher Rahmenbedingungen und sonstiger Verpflichtungen zu informieren. Gegebenenfalls sind Kontakte zur bewilligenden Behörde aufzunehmen und Maßnahmen gemeinsam abzustimmen.

Die Verantwortung hierfür trägt der AMB in enger Abstimmung mit der Geschäftsleitung.

4 Mitgeltende Unterlagen

Inputs für das Compliance Audit

Compliance-Auditbericht

Management-Review

Berichte der gesetzlich Beauftragten

Bericht der Sicherheitsfachkraft

Bericht des Arbeitsmediziners

externe Gutachten

Kataster und Übersichten

Revision: Änderungsdatum: Seite 2 von 2

Vorlage

Liste der eingesehenen dokumentierten Informationen

Dokument/Nachweis	Ausgabestand/Datum	Bemerkung

Revision: Änderungsdatum: Seite 1 von 1

Die Bewertung der Einhaltung von Verpflichtungen kann teilweise auch im Genehmigungs- oder Rechtskataster vorgenommen werden. Die geltenden Rechtsvorschriften und eventuellen anderen Verpflichtungen werden in einem Rechtskataster unter konkreter Benennung der zu erfüllenden Einzelforderungen sowie in einem Genehmigungskataster mit den einzelnen Auflagen dargestellt. Wird die Tabelle um eine Spalte zur Bewertung der Compliance erweitert, so kann ein Teil der Überprüfung der Rechtskonformität ohne größeren Aufwand realisiert werden.

Vorlage

Rechtskataster

Rechtsvorschrift	Letzte Aktualisierung	Inhalte	Konsequenzen für das Unternehmen	Wo geregelt?	Bewertung der Einhaltung von Rechtsvorschriften

Revision: Änderungsdatum: Seite 1 von 1

Berichtsvorlagen ausgewählter gesetzlicher Beauftragter und der SIFA als auch des Arbeitsmediziners sind Anhang A5 dieses Buches zu entnehmen.

Normabschnitt „9.2 Internes Audit“

Zuordnung der Anforderungen DIN ISO 45001, OHSAS 18001, Normatives Regelwerk SCC und Safety Culture Ladder im Überblick:

DIN ISO 45001	OHSAS 18001	SCC*	SCC**	SCC^P	SCP	Safety Culture Ladder
9.2	4.5.5	1.6	1.6 8.1 8.2	1.6	1.6	3.5: 5.15

Anforderungen DIN ISO 45001, Normatives Regelwerk SCC und Safety Culture Ladder im Einzelnen:

Anforderungen DIN ISO 45001, Abschnitt 9.2

9.2 Internes Audit

9.2.1 Allgemeines

Die Organisation muss in geplanten Abständen interne Audits durchführen, um Informationen darüber zu erhalten, ob das SGA-Managementsystem:

a) die Anforderungen:
   1) der Organisation an ihr SGA-Managementsystem, einschließlich der SGA-Politik und der SGA-Ziele;
   2) dieses Dokuments

   erfüllt;

b) wirksam verwirklicht und aufrechterhalten wird.

9.2.2 Internes Auditprogramm

Die Organisation muss:

a) ein oder mehrere Auditprogramme planen, aufbauen, verwirklichen und aufrechterhalten, einschließlich der Häufigkeit von Audits, Methoden, Verantwortlichkeiten, Konsultation, Anforderungen an die Planung sowie Berichterstattung, welche die Bedeutung der betroffenen Prozesse und die Ergebnisse vorheriger Audits berücksichtigen;

b) für jedes Audit die Auditkriterien sowie den Umfang festlegen;

c) Auditoren so auswählen und Audits so durchführen, dass die Objektivität und Unparteilichkeit des Auditprozesses sichergestellt sind;

d) sicherstellen, dass die Ergebnisse der Audits den zuständigen Führungskräften sowie relevante Auditergebnisse den Beschäftigten und, wo vorhanden, deren Vertretern sowie den anderen relevanten interessierten Parteien berichtet werden;

e) Maßnahmen ergreifen, um Nichtkonformitäten zu behandeln, und ihre SGA-Leistung fortlaufend verbessern (siehe Abschnitt 10);

f) dokumentierte Information als Nachweis der Verwirklichung des Auditprogramms und der Ergebnisse der Audits aufbewahren.

ANMERKUNG Weitere Informationen zur Auditierung und der Kompetenz von Auditoren siehe ISO 19011.

Anforderungen Normatives Regelwerk SCC, Kapitel 1.6, 8.1, 8.2 (SCC, SCC^P^) und Kapitel 1.6 (SCP)
Die Fragen in den Kapiteln 1.6, 8.1 und 8.2 (SCC*/SCC** und SCC^P^) bzw. im Kapitel 1.6 (SCP) beziehen sich auf: – festgelegtes Verfahren für die Durchführung von internen Audits – Das Verfahren muss dokumentiert sein. – Alle Niederlassungen sollen einmal jährlich auditiert werden. – SGU-Auditoren müssen kompetent sein. – Zentralfunktion des AMB muss geregelt sein. – Planung der Audits muss nachgewiesen werden.

Anforderungen Safety Culture Ladder
3.5 Unternehmensaspekt 5: Abweichungen und Kommunikation **5.15 Tägliche Kontrolle** **1. Anforderung** Stufe 2: nach schweren Unfällen besondere Aufmerksamkeit in den Arbeitsschutzinspektionen (Prüfung auf vergleichbare Ursachen und Schwachstellen) Stufe 3: Manager mit Linienverantwortung terminieren Arbeitsschutzinspektionen (Häufigkeit und Schwerpunkte) Stufe 4: Management führt unangekündigte Arbeitsschutzinspektionen durch Stufe 5: Durchführung von Arbeitsschutzinspektionen gemeinsam mit dem Sektor, mit Kunden und Vertragspartnern, Arbeitsschutzinspektionen auch in Projektumgebungen unter Teilnahme eines Vertreters des Vertragspartners, Planung basiert auf Risikoanalysen, Sektoranalysen berücksichtigen Schwachstellen und die Wirksamkeit getroffener Maßnahmen **2. Anforderung:** Stufe 2: Manager mit Linienverantwortung überwachen die Einhaltung der Verfahren während der Arbeitsschutzinspektionen Stufe 3: Berichterstattung gemäß fester Struktur über Ergebnisse der Arbeitsschutzinspektionen Stufe 4: Überwachung des Bewusstseins während der Arbeitsschutzinspektionen, Interview der Beschäftigten Stufe 5: operative Mitarbeiter führen Arbeitsschutzinspektionen durch, Berichterstattung an Manager mit Linienverantwortung **3. Anforderung:** Stufe 2: – Stufe 3: Überwachung der Umsetzung der Maßnahmen aus Arbeitsschutzinspektionen Stufe 4: Management kontrolliert die Berichte bzw. die aus ihnen resultierenden Abweichungen im Rahmen der Arbeitsschutzinspektionen täglich Stufe 5: Verbesserung der Effektivität der Arbeitsschutzinspektionen durch Vorstand und Sektor **4. Anforderung:** Stufe 2: – Stufe 3: Arbeitsschutzinspektoren sind geschult Stufe 4: Das Management vergleicht die Qualität der Arbeitsschutzinspektionen mit denen Dritter Stufe 5: systematische Nutzung von Austrittsgesprächen zur Identifizierung von Verbesserungsbedarf im Unternehmen

Interpretation und betriebliche Anwendung

Interne Audits dienen der Evaluation der SGA-Leistung in Bezug auf die Umsetzung der Normforderungen der DIN ISO 45001, der eigenen Festlegungen in der Managementdokumentation und der Einhaltung rechtlicher Vorgaben sowie der Erwartungen der interessierten Parteien, soweit sie zu internen Themen wurden. Die Bewertung zur Wirksamkeit des SGA-Managementsystems schließt die Verwirklichung der SGA-Politik sowie der gesetzten Ziele ein.

Folgende Anforderungen werden dazu im Normabschnitt 9.2 gestellt:

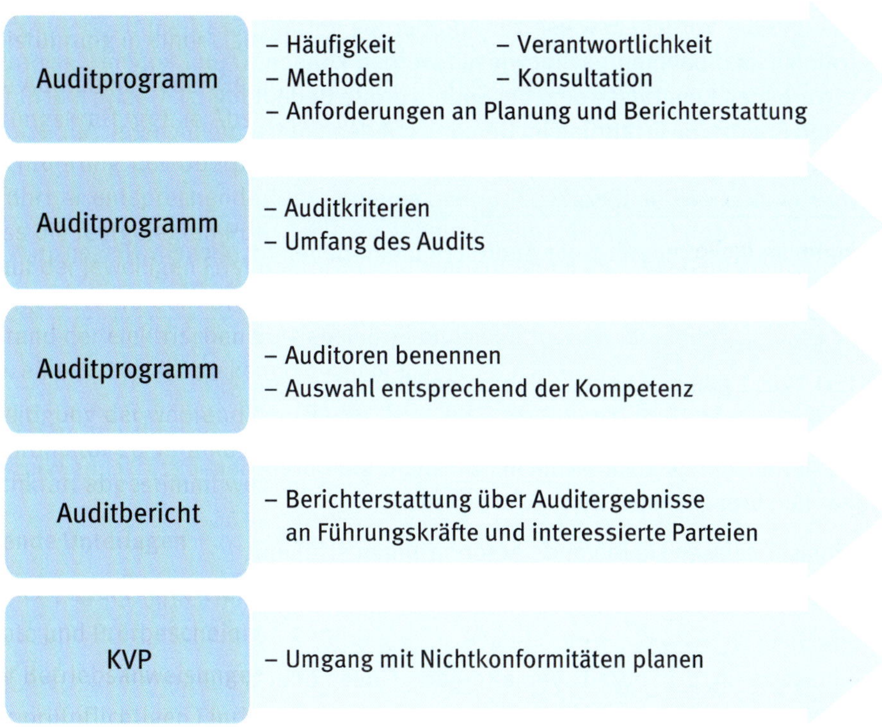

Interne Audits müssen regelmäßig, wir empfehlen einmal jährlich, mindestens jedoch einmal innerhalb von drei Jahren, für jeden Organisationsbereich bzw. -prozess unter Abdeckung aller Normforderungen der DIN ISO 45001 durchgeführt werden. Baustellen sollten zusätzlich regelmäßigen Sicherheitsbegehungen durch die Fachkraft für Arbeitssicherheit unterliegen.

Die Audithäufigkeit richtet sich nach der Größe des Unternehmens, der Größe und Anzahl der Baustellen und nach dem Ergebnis der Risikobewertung der im Unternehmen oder auf den Baustellen zu auditierenden Tätigkeiten und verwendeten Arbeitsmittel sowie Stoffe.

Interne Audits und Sicherheitsbegehungen müssen geplant und aufeinander abgestimmt werden. In der Regel sollen sich Inspektionstätigkeiten und interne Audits inhaltlich ergänzen. Neben dem einmal jährlich aufzustellenden Auditprogramm muss ein Detailplan für den Auditablauf der zu auditierenden Organisationseinheiten und -prozesse rechtzeitig bekannt gegeben werden. Dabei bleibt zu beachten, dass der Auditor nicht dem zu auditierenden Bereich oder Prozess vorstehen darf, um eine Unparteilichkeit in der Bewertung der SGA-Leistung sicherstellen zu können.

Die Audithäufigkeit folgt:

- den Ergebnissen der Risikobewertung
- dem Umfang und der Komplexität der zu auditierenden Organisationsbereiche und -prozesse bzw. der Arbeitsverfahren
- den festgestellten Defiziten
- dem zeitlich zur Verfügung stehenden Budget (1-Tages-Audit oder Mehrtages-Audit)

Nicht durchgeführte Audits sind zu begründen.

Auditoren müssen unabhängig von dem zu auditierenden Prozess oder der zu auditierenden Organisationseinheit sein. Diese Anforderung stellt gerade in kleinen Unternehmen eine große Herausforderung dar. Nicht selten ist der SGA-Beauftragte auch der Leiter einer Organisationseinheit. Ein Unternehmen muss daher mindestens über zwei interne Auditoren verfügen oder sich eines externen Auditors bedienen.

Qualifikation von Auditoren:

Auditoren müssen ausreichend für ihre Aufgaben qualifiziert sein. Neben kommunikativen Fähigkeiten und Führungsqualitäten sind vor allem fachliche Kenntnisse, vertiefte Kenntnisse der Standards und der Vorgehensweise zur Auditierung gefragt. Die Qualifikation sollte durch geeignete Trainingsmaßnahmen nachgewiesen werden können. Dabei kommt der praktischen Übung der erworbenen Kenntnisse eine besonders große Bedeutung zu. Übung macht bekanntlich den Meister. Praktische Erfahrung im Umgang mit den unterschiedlichsten Auditsituationen ist für einen guten Auditor daher unerlässlich.

Hinweis

> Anforderungen an die Kompetenz der Auditoren meint neben fachlichem Wissen zu Normanforderungen auch soziale Kompetenz: Objektivität und Unparteilichkeit

Die DIN EN ISO 19011 gibt hierzu klare Kompetenzanforderungen vor:

In ihrer Eigenschaft als interner Auditor sind Auditoren schriftlich bestellt und verfügen über ausreichende Normkenntnisse. In fachlicher Hinsicht, über branchenspezifisches Wissen sowie über disziplin- und branchenspezifische Fertigkeiten.

In sozialer Hinsicht müssen sie folgende Anforderungen erfüllen:

- dem Berufsethos entsprechen, d.h. fair, wahrheitsliebend, aufrichtig, ehrlich und diskret sein;
- aufgeschlossen sein, d.h. bereit sein, alternative Ideen oder Standpunkte zu erwägen;
- diplomatisch sein, d.h. taktvoll im Umgang mit Menschen;
- aufmerksam sein, d.h. aktiv die physische Umgebung und die Tätigkeiten beobachten;
- aufnahmefähig sein, d.h. sich der Situationen bewusst sein und diese verstehen;
- flexibel sein, d.h. sich leicht an verschiedene Situationen anpassen;
- hartnäckig sein, d.h. ausdauernd und auf das Erreichen von Zielen fokussiert sein;
- entscheidungsfähig sein, d.h. rechtzeitig Schlussfolgerungen basierend auf logischem Denken und auf der Grundlage von Analysen ziehen können;
- selbstsicher sein, d.h. selbstständig handeln und agieren können, während man mit anderen wirksam zusammenarbeitet;
- standhaft handeln, d.h. verantwortungsvoll und ethisch handeln können, selbst wenn dieses Handeln nicht immer populär ist und manchmal sogar zu Uneinigkeit oder Konfrontation führen mag;
- offen für Verbesserungen sein, d.h. bereit sein, aus Situationen zu lernen, nach besseren Auditergebnissen zu streben;
- kulturell sensibel sein, d.h. die Kultur der zu auditierenden Organisation zu beachten und sie zu respektieren;
- teamfähig sein, d.h. effektiv mit anderen interagieren, einschließlich mit den Auditteammitgliedern und dem Personal der zu auditierenden Organisation.

Als Leiter eines Auditteams ist ihnen Wissen eigen, wie ein Auditteam zu führen ist.

Es empfiehlt sich, klare Kriterien und Anforderungen an die Qualifikation von Auditoren schriftlich zu verankern und eine Liste der zugelassenen Auditoren zu führen.

Sollte es sich um ein Auditorenteam handeln, müssen vor Auditbeginn die Rollen klar festgelegt werden, u. a.:

Wer ist leitender Auditor?

Wer ist für die Erstellung des Auditberichts zuständig?

Wer führt das Einführung- und Abschlussgespräch?

Wer auditiert welche Prozesse/Dokumente?

Der Auditbericht muss neben den Angaben zu Ort, Zeitpunkt, Teilnehmern am Audit, auditierten Organisationseinheiten und Auditoren auch die Normgrundlage (DIN ISO 45001, SCC oder bei integrierten Audits ggf. andere Standards) und die zu auditierenden Kapitel bzw. Normpunkte oder Fragen im SCC-Standard ausweisen. Vielen Unternehmen fällt gerade dieser Verweis häufig schwer. Aus den Erfahrungen der Buchautoren heraus sind jedoch letztlich jene im Vorteil, die sich einmal mit den Standards und ihren konkreten Forderungen auseinandergesetzt haben. Die Audits gewinnen in der Regel an Aussagekraft.

Neben den eingesehenen Dokumenten, die als Nachweis für die Durchführung des Audits und die Auditqualität dienen, müssen die Auditergebnisse protokolliert werden. Es handelt sich bei den Auditergebnissen stets um wertungsfreie Feststellungen. Es geht in internen oder auch externen Audits nie um Schuldzuweisungen, sondern lediglich um Verbesserungs- und Entwicklungsnotwendigkeiten und -möglichkeiten. Eine offene Kommunikation über den Sinn interner Audits und deren Wert für die Unternehmung im Vorfeld der Audits hat sich als sehr sinnvoll erwiesen, um Missverständnisse von vornherein zu vermeiden.

In den Feststellungen sollte zur Norm- und Standardklarheit der Bezug auf die Normforderung der DIN ISO 45001 bzw. auf die jeweilige Frage im SCC-Regelwerk hergestellt werden.

Sollten vom Auditorenteam Abweichungen formuliert werden, so wird ein Abweichungsbericht ausgefüllt. Der leitende Auditor notiert die Abweichung unter Bezugnahme auf die Normforderung der DIN ISO 45001/auf die Frage des SCC-Standards. Der Leiter des Bereichs formuliert die Korrekturmaßnahme.

Hinweis

Eine Abweichung bedeutet die Nichterfüllung einer Anforderung des jeweiligen heranzuziehenden Standards. Das sind beispielsweise systemische Fehler oder die Ignoranz einer jeweiligen Standardanforderung oder rechtliche Verstöße mit systemischem Hintergrund.

Beispiel

Die Prüfung ortsveränderlicher Geräte nach rechtlicher Anforderung (in Deutschland DGUV V3) hat nicht stattgefunden. Es besteht eine potenzielle, aber erhebliche Verletzungs- bzw. Brandgefahr durch defekte elektrische Geräte.

= Abweichung

In der Abteilung xy wurde ein nicht geprüftes elektrisches Gerät vorgefunden. Alle anderen ortsveränderlichen elektrischen Geräte waren ordnungsgemäß mit einer Prüfplakette versehen. Die Prüfung war gültig.

= keine Abweichung, kein Systemfehler, sondern eine Empfehlung zur Verbesserung

Hinweise und Empfehlungen sind als Verbesserungspotenzial zu werten. Ob und inwieweit der Leser zwischen Hinweisen oder Empfehlungen überhaupt unterscheidet und wie er beides voneinander abgrenzt bzw. definiert, bleibt ihm selbst überlassen. Aus Erfahrung der Buchautoren sollte auch hier dem Prinzip Folge geleistet werden: „KISS – Keep it short and simple.“

Je komplizierter das Auditsystem, desto weniger werden es die Mitarbeiter in ihrem Tagesgeschäft annehmen.

Mit der Protokollierung der Auditergebnisse endet die Tätigkeit der Auditoren. Den abzuleitenden Maßnahmenplan erarbeitet die auditierte Organisationseinheit selbst und legt den Maßnahmenplan dem Auditorenteam zur Begutachtung vor.

Das Auditteam prüft die Angemessenheit der formulierten Korrektur- und Präventionsmaßnahmen. Die To-do-Liste (Maßnahmenplan) muss mindestens die Angaben zu Verantwortlichkeiten, Art der Maßnahmen und Terminen enthalten. Die Erledigung der Maßnahmen und die Überprüfung der Wirksamkeit getroffener Maßnahmen kann gesondert erfolgen.

Führungskräfte und interessierte Parteien sind über relevante Ergebnisse der SGA-Audits zu informieren. Sie spiegeln den Grad der Umsetzung des Managementsystems wider. Die Auditprogramme und -berichte einschließlich der Nachweise zur Umsetzung der Korrekturmaßnahmen müssen als dokumentierte Information verfügbar gehalten werden.

Die Aufbewahrungsfristen sind frei zu wählen, i. d. R. werden die dokumentierten Informationen in der Praxis zwei bis drei Jahre aufgehoben.

Nachweise

- Verfahrensbeschreibung zur Durchführung interner SGA-Audits
- Auditprogramm inkl. der Durchführung von Sicherheitsbegehungen
- Auditberichtsvorlage
- Auditberichte inkl. Maßnahmenkonzepte (To-do-Listen)
- Abweichungsbericht
- Liste der Auditoren

Ausführlich wird das Vorgehen bei internen Arbeitsschutzaudits im Buch „Arbeitsschutzaudits. Leitfaden für die betriebliche Praxis“ von Josef Merdian beschrieben. Hier wird auch der Unterschied zwischen Inspektion und internen Audits deutlich herausgestellt und dient damit zur Klarstellung der Forderungen sowohl bei OHSAS 18001 als auch im SCC-Standard.

Ein Beispiel für einen internen Auditbericht für die Auditierung eines SGA-Managementsystems nach DIN ISO 45001 ist an dieser Stelle abgebildet. In gleicher Form können auch interne Sicherheitsaudits für den SCC-Standard protokolliert werden. Anstelle der Normabschnitte werden dann die Nummern der SCC-Fragestellungen angegeben.

Beispiel

Internes SGA-Audit (Auszug)

Datum: xx.yy.20..
Uhrzeit: 10.00 – 14.00 Uhr
Anwesende: Person x
Person y
Auditor: Person z
Bereich: SGA-Managementbeauftragter
Normgrundlage: DIN ISO 45001

Geprüfte Fragestellungen:	DIN ISO 45001
Lenkung dokumentierter Information	7.5
SGA-Managementsystem	4.4
Notfallplanung und -reaktion	9.2
Betriebliche Planung und Steuerung	8.1
Internes Audit	9.2
Überwachung, Messung und Leistungsbewertung	9.1
Managementbewertung	9.3

Feststellungen: (vom Auditor auszufüllen)

- Der erste meldepflichtige Unfall im Jahr ereignete sich am 12.10.20.. Beim Entladen von Werkzeug fasste Person xy in eine Steinzeugplattenscherbe. Es entstand eine Schnittwunde, die genäht werden musste.

Ausfallzeit: 12.–25.10.20.. (10 Arbeitstage = 80 h). (4.5.3)

Der Mitarbeiter wurde nochmals unterwiesen.

- Keine Beinahe-Unfälle im letzten Berichtszeitraum. (4.5.3)
- Die internen Sicherheitsaudits sind geplant. Die Auditoren sind für die einzelnen Audits benannt. Sie sind in ihrer Eigenschaft neutral. Eine Liste der internen Auditoren liegt jedoch nicht vor. Die Qualifikationen der einzelnen Auditoren sind nicht in den Personalakten enthalten. (4.5.5)
- Die Maßnahmenpläne der internen Auditberichte sind in zeitlichem Abstand auf ihre Effizienz hin zu überprüfen. Das Formblatt sollte entsprechend erweitert werden. (4.5.4)
- Die Gefährdungsbeurteilungen sind beim SGA-Beauftragten dokumentiert. Nach Sichtung der Gefährdungsbeurteilungen fiel auf, dass diese eine unterschiedliche Methodik aufweisen. Es wird empfohlen, die Herangehensweise zu vereinheitlichen, z. B. mit der KINNEY-Methode. (4.4.5)
- Die Methodik zur Erarbeitung der Gefährdungsbeurteilungen für Arbeitsplätze, Arbeitsmittel und Gefahrstoffe sollte im Handbuch konkreter beschrieben werden. Beispiel: Wie erfolgt die Risikobewertung? Welche Kriterien werden herangezogen? (4.4.5)

____

Unterschrift Auditor

Maßnahmenplan: (von der auditierten Stelle auszufüllen)

Lfd. Nr.	Maßnahme	Verantwortlich	Termin	Erledigt	Überprüft am:
01	Liste der internen Auditoren und ihrer Qualifikationen aufstellen	SGA-MB			
02	Nachweise für die Qualifikation der internen Auditoren in die Personalakten aufnehmen	SGA-MB			
03	Aufnahme der Überprüfung getroffener Maßnahmen auf Effizienz und Erfolg in den Maßnahmenplan	SGA-MB			
04	Vereinheitlichung der Methodik der Gefährdungsbeurteilung	SGA-MB, SIFA			
05	Beschreibung der Herangehensweise zur arbeitsplatz-, arbeitsmittel- und stoffbezogenen Gefährdungsbeurteilung im Handbuch	SGA-MB, SIFA			
06	...				

Unterschriften:

____________________ ____________________

Anwesende Anwesende

Maßnahmenplan geprüft und für angemessen befunden:

Datum:

____

Auditor

Das Beispiel für diesen Auditbericht kann sehr einfach auf eigene Belange adaptiert werden.

Umstellung auf DIN ISO 45001 bzw. Durchführung eines Systemaudits nach DIN ISO 45001:

Viele Unternehmen sind gegenwärtig damit beschäftigt, ihr bestehendes Arbeits- und Gesundheitsschutz-Managementsystem auf der Basis der OHSAS 18001 auf die Normanforderungen der DIN ISO 45001 umzustellen. Hierzu wird erwartet, dass die Organisation genau jene Forderungen identifiziert, die über das bestehende SGA-Managementsystem nach OHSAS 18001 hinausgehen. In der Regel wird dazu ein sogenanntes GAP-Audit durchgeführt, auch Differenzaudit genannt.

Mithilfe dieses GAP-Audits kann die Organisation nachweisen, inwiefern sie sich mit den Neuerungen der Norm auseinandergesetzt und entsprechende Maßnahmen zur Vervollständigung und Veränderung ihres Managementsystems getroffen hat.

Ein Beispiel eines solchen Audits sei an dieser Stelle angeführt. Es umfasst alle Normforderungen der DIN ISO 45001 und zeigt die Defizite anhand eines Beispielbetriebes auf. Das Audit kann als Maßnahmenplan zur Umsetzung der neuen Norm verwendet werden. Die im Auditbericht aufgeführten Defizite werden in To-do-Listen übernommen mit konkreten Terminen und Verantwortlichkeiten.

Selbstverständlich kann diese Auditvorlage auch zur Durchführung eines Systemaudits nach Einführung der DIN ISO 45001 dienen.

Das GAP-/System-Audit befindet sich im Anhang A6 dieses Buches und steht als Download zur Verfügung.

Safety Culture Ladder spricht nur von Inspektionen, nicht von internen Audits. Dennoch sind Parallelen zu sehen, da in den Inspektionen auch die Überwachung des Systems umgesetzt werden soll.

Auf täglicher Basis sollen Arbeitsschutzinspektionen zur Überwachung des Arbeitsschutzverhaltens der eigenen und von Vertragspartnern führen. Arbeitsschutzinspektionen sollen je nach Stufe von den Managern mit Linienverantwortung, den eigenen Mitarbeitern oder vom Vorstand mit dem Sektor, den Kunden und Vertragspartnern zur Aufdeckung von Verbesserungspotenzialen und zur Ausrichtung an Best Practices durchgeführt werden. Die Berichterstattung soll in einem festgelegten Format erfolgen. Maßnahmen werden durch die Manager täglich überwacht.

Die Arbeitsschutzinspektionen zur Überwachung der Verfahren und des Bewusstseins für den Arbeitsschutz sollen risikobasiert geplant und vor allem schwere Unfälle oder vergleichbare Situationen berücksichtigen. Sie sollen je nach Stufe geplant oder außerplanmäßig erfolgen.

Auch im SCC-Standard werden regelmäßige Inspektionen durch alle Führungskräfte gefordert, siehe nachstehende Praxisbeispiele.

Praxistipps und Vorlagen

Das Vorgehen zur internen Auditierung sollte Bestandteil des Handbuchs sein oder als Verfahrensanweisung formuliert werden. Das Verfahren zur Planung, Durchführung und Dokumentation interner Audits ist dokumentationspflichtig. Eine Textvorlage für ein Handbuchkapitel soll dem Leser helfen, seine eigene Methodik zur Durchführung interner SGA-Audits zu beschreiben.

Handbuchkapitel: Planung, Durchführung und Dokumentation interner SGA-Audits

Vorlage

1 Zweck

Dieses Handbuchkapitel beschreibt, wie in unserem Unternehmen interne SGA-Audits geplant, durchgeführt und aufgezeichnet werden.

2 Geltungsbereich

Der Geltungsbereich erstreckt sich auf den SGA-Management-Beauftragten, auf alle Auditoren und Leiter der Bereiche.

3 Durchführung

Planung interner SGA-Audits

Einmal jährlich wird ein Auditprogramm für SGA-Audits aufgestellt, das alle Tätigkeiten und Gefährdungen im Unternehmen abdeckt. Der Plan enthält sowohl eine zeitliche Planungsdimension (auf monatlicher Basis mit Soll- und Ist-Vorgabe), die Angabe der Auditart, der Auditkriterien als auch die verantwortlichen Auditoren.

Auf der Grundlage der Jahresplanung (Auditprogramm) findet vier Wochen vor dem eigentlichen Durchführungstermin des internen Audits eine Feinplanung durch den leitenden Auditor statt. Teilnehmer, Dauer des Audits, Ort der Durchführung, Normabschnitt und Fragestellungen werden den zu auditierenden Personen detaillierter bekannt gegeben.

Nach Abschluss des SGA-Audits wird im Auditprogramm das Audit als „done“ mit dem Realisierungstermin eingetragen.

Qualifikation der Auditoren

Auditoren sind Personen, die zur Durchführung von Audits qualifiziert sind. Neben persönlichkeitsbezogenen Voraussetzungen wie

- analytische Denkfähigkeit,
- rasche Auffassungsgabe,
- Fähigkeit kritischen Hinterfragens,
- Kontaktfähigkeit,
- psychologisches Einfühlungsvermögen,
- sachliche Argumentationsfähigkeit,
- unbedingte Verschwiegenheit und
- Gewissenhaftigkeit

sind organisatorische und fachliche Voraussetzungen zu erfüllen. Hierzu zählen:

- personelle Unabhängigkeit des Auditors bzw. der Auditoren von der zu auditierenden Organisationseinheit
- Beherrschung der Interview- und Audittechniken
- Kenntnisse der Führungs- und Organisationsprinzipien
- Kenntnisse der arbeitsplatz-, arbeitsmittel- und gefahrstoffbezogenen Gefährdungen im Unternehmen sowie entsprechender Regelwerke und Rechtsvorschriften
- Kenntnisse und Erfahrungen in der grundsätzlichen Vorgehensweise bei der Leistungserbringung

Revision: Änderungsdatum: Seite 1 von 4

Die im Unternehmen zugelassenen internen Auditoren werden in einer Liste der Auditoren geführt.

Entsprechend der Zielrichtung des Audits und abhängig vom Auditobjekt ist für jedes einzelne Audit zu entscheiden, ob ein einzelner Auditor oder ein Auditorenteam tätig wird. Im Fall eines Auditteams müssen alle beteiligten Auditoren die o. g. Voraussetzungen erfüllen, wobei bezüglich der fachlichen Erfahrungen und Kenntnisse eine gegenseitige Ergänzung angestrebt werden soll.

Vor Beginn des Audits sind vor allem die einzelnen Rollen im Auditorenteam zu klären:

Wer ist Auditleiter?

Wer führt das Einführungsgespräch durch?

Wer dokumentiert die eingesehenen Dokumente?

Wer stellt die Auditfragen?

Wer protokolliert?

Das Abschlussgespräch führt in der Regel der Auditleiter.

Auditdurchführung

Die Planung, Durchführung und Dokumentation interner SGA-Audits folgen dem Grundsatz Plan-Do-Check-Act (PDCA):

- Vorbereiten des Audits
- Ausführen des Audits
- Bewerten der Auditergebnisse und, falls notwendig
- Einleiten von Korrekturmaßnahmen zur Beseitigung von Abweichungen

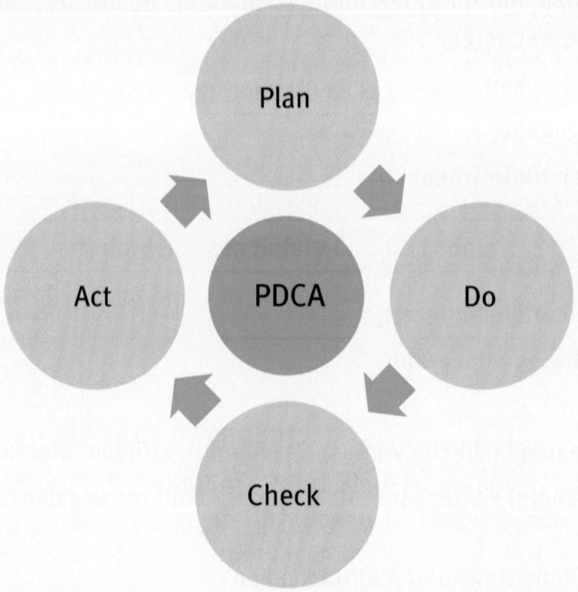

Der PDCA-Zyklus stellt einen geschlossenen Regelkreis dar, dessen Durchlaufen ein zweites Mal erfolgt, wenn durch das folgende Audit der Erfolg oder Nichterfolg der zuvor eingeleiteten Korrekturmaßnahmen bewertet wird. Die Wirksamkeitsmessung von Korrekturmaßnahmen ist zwingend notwendig. Sie erlaubt das rechtzeitige Ausführen von Richtungskorrekturen auf dem Weg zum Erreichen der Unternehmensziele und ermöglicht die ständige Verbesserung der SGA-Leistungen.

Revision: Änderungsdatum: Seite 2 von 4

Auditvorbereitung

Das Vorbereiten des Audits umfasst neben der persönlichen Vorbereitung durch die Auditoren eine zeitliche und inhaltliche Planung unter Berücksichtigung der konkreten Gefährdungen der zu auditierenden Arbeitsplätze, Tätigkeiten und Arbeitsmittel.

Auditablauf

Nach einem Einführungsgespräch, in dem alle Teilnehmer des Audits über dessen Verlauf und die Vorgehensweise der Auditoren informiert werden, erfolgen entsprechend dem Auditplan die Befragung der Mitarbeiter an den Arbeitsplätzen, die Einsichtnahme in dort verwendete Unterlagen sowie die Verfolgung von Einzelprozessen. Grundlage dafür stellen die Anforderungen des Standards sowie die eigenen Festlegungen in der SGA-Dokumentation dar. Eingesehene Dokumente werden durch den Auditor in einer Liste geführt.

Für eine zielgerichtete Auditdurchführung und das Erreichen konstruktiver Ergebnisse ist die Zusammenarbeit des Auditorenteams und des auditierenden Bereichs unerlässlich.

Bezüglich festgestellter Abweichungen ist zwischen diesen beiden Partnern immer ein Konsens anzustreben.

Abweichungen werden in einem Abweichungsbericht geführt.

Das Gesamtergebnis des Audits wird durch die Menge der einzelnen Abweichungsberichte und sonstigen Feststellungen (Hinweise und Empfehlungen) dargestellt. Während des Abschlussgesprächs werden den für den auditierten Bereich zuständigen Führungskräften sowie den Auditteilnehmern schwerpunktmäßig die einzelnen Abweichungsberichte sowie das Gesamtergebnis erläutert, offene Fragen zum Audit können des Weiteren noch erörtert werden.

Bewertung des Auditergebnisses und Durchführung von Korrekturmaßnahmen

Das Feststellen der Ursachen von Abweichungen sowie das Festlegen von Korrekturmaßnahmen erfolgt entweder bereits gemeinsam im Rahmen des Auditabschlussgesprächs oder unter Regie des fachlich zuständigen Bereichsleiters nach dem Audit bis zu einem festgelegten Termin. Der Auditor bzw. das Auditorenteam prüfen die vorgeschlagenen Maßnahmen auf Plausibilität und geben den Maßnahmenplan zur Umsetzung frei. Die Maßnahmen werden durch den verantwortlichen Bereich umgesetzt und in der Tabelle als „erledigt“ vermerkt. Der Auditor/Das Auditorenteam überprüft in zeitlichem Abstand die Wirksamkeit der getroffenen Maßnahme und dokumentiert dies im Maßnahmenplan.

Erst dann ist der Auditbericht „geschlossen“.

Revision: Änderungsdatum: Seite 3 von 4

Schaubild: **Ablauf interner SGA-Audits**

Phasen	**Aktivitäten**
Auswahl der Auditoren	– nach Ausbildung und Kenntnissen – nach Fähigkeiten und Erfahrungen – nach Unabhängigkeit
Planung und Vorbereitung	– langfristige Auditplanung (ein Jahr umfassend, Auditprogramm) – detaillierte Auditablaufplanung – Erstellung der Frageliste (optional) – Bekanntgabe des Audits
Durchführung	– Dokumentenprüfung – Interviews mit Einführungsgespräch – Vor-Ort-Erfassung – Beschreibung von Abweichungen oder Empfehlungen zur Verbesserung – Auswertungsgespräch
Dokumentation	– Führen der Liste der eingesehenen Dokumente – Erstellung des Auditberichts – ggf. Erstellung von Abweichungsberichten
Folgemaßnahmen	– Freigabe von Korrekturmaßnahmen – ggf. Durchführung von Überprüfungsaudits – ggf. Durchführung von Wiederholungsaudits zur Wirksamkeitsüberprüfung

4 Mitgeltende Unterlagen

Auditprogramm

Auditplan

Auditbericht

Abweichungsbericht

Maßnahmenplan

Liste der eingesehenen Dokumente

Liste der Auditoren

Revision: Änderungsdatum: Seite 4 von 4

Im Folgenden wird ein Auszug eines Auditplans dargestellt, wie er für ein Unternehmen gelten könnte.

Auditjahresprogramm für interne SGA-Audits Jahr 20..

Vorlage

Bereich/ Organisationseinheit	Arbeitsplatz/ Tätigkeit/ Gefahrstoffe	Gefährdung	Auditor	Januar Soll	Januar Ist	Februar Soll	Februar Ist
Produktion	Reinigen von Silos	Arbeiten in engen Räumen Sicherungsverfahren	H. Müller	x	xx.yy.20..		
	Verwendung von Bioziden	Umgang mit Gefahrstoffen					
Gefahrstofflager	Umfüllen Lagern	Verätzungen Brandgefährdung	Fr. Meier			x	
...							

Revision: Änderungsdatum: Seite 1 von 1

Ca. vier Wochen vor dem Audittermin wird ein Auditdetailplan aufgestellt, der wie folgt aussehen könnte:

Auditdetailplan

Vorlage

Datum: xx.yy.20..

Ort: Produktion, Silobereich

Uhrzeit: von – bis

Leiter des Bereichs: Person xy

Teilnehmer des Audits: A
B
C

Auditor: Person xy

Uhrzeit	Aktivität	Auditierte Personen	Forderungen des Standards (Auditkriterien)
8.00 Uhr	Eröffnungsgespräch: Klärung des Auditablaufs, eventuelle Änderungen, Klärung offener Fragen	alle Beteiligten	–
8.30 Uhr	Umgang mit Gefährdungspotenzialen im Silobereich Steuerung im Bereich	Mitarbeiter Silobereich	5.3 5.4 8.1 8.2 9.1 10.2 10.3

Revision: Änderungsdatum: Seite 1 von 2

Uhrzeit	Aktivität	Auditierte Personen	Forderungen des Standards (Auditkriterien)
9.30 Uhr	Gefahrstofflager: rechtliche Forderungen Gefährdungsbeurteilung Betrieb und Steuerung Unterweisung Notfallplanung	Verantwortlicher Mitarbeiter Gefahrstofflager, Mitarbeiter des Bereichs	5.3 5.4 7.1–7.4 8.1 8.2 9.1 10.2 10.3
...			

Revision: Änderungsdatum: Seite 2 von 2

Zur Auditberichterstellung kann folgende Vorlage vom Leser übernommen werden:

Vorlage

Formblatt Auditbericht

Datum: ____________________

Uhrzeit: ____________________

Anwesende: ____________________

Auditor: ____________________

Bereich/Prozess: ____________________

Normgrundlage/Standard: ____________________

Geprüfte Fragestellungen (Normforderung):	DIN ISO 45001	SCC-Frage	Kriterium Safety Culture Ladder

Feststellungen:

–

–

–

–

____

Auditor

Revision: Änderungsdatum: Seite 1 von 2

Maßnahmenplan:

Lfd. Nr.	Maßnahme	Verantwortlich	Termin	Erledigt	Überprüft am:
01					

Unterschriften Teilnehmer:

____________________ ____________________

____________________ ____________________

Maßnahmenplan angemessen:

Datum:

____

Auditor:

____

Revision: Änderungsdatum: Seite 2 von 2

Im Weiteren wird dargestellt, wie eine Liste der im Audit eingesehenen Dokumente (dokumentierter Informationen) gestaltet werden könnte. Sie dient vor allem dem Nachweis, welche Dokumente im Audit tatsächlich mit welchem Ergebnis verifiziert wurden (und ggf. welche nicht).

Vorlage

Liste eingesehener dokumentierter Informationen

Nr.	Dokumentierte Information	Revision/ Ausgabedatum	Bemerkung
1			
2			
3			
4			
5			
6			
7			
8			
9			
10			

Revision: Änderungsdatum: Seite 1 von 1

Im Rahmen der Umsetzung der Forderungen von SCC fällt die Organisation der Inspektionstätigkeit in der Praxis nicht leicht. Nachstehend ist das betriebliche Vorgehen zu Inspektionen einer Montageunternehmung in der Größenordnung von 40 Monteuren beschrieben.

Vorlage

SGU-Inspektionen/Beobachtungen

Durchführung von Inspektionen

In der xy GmbH werden regelmäßig Inspektionen der Arbeitsplätze (mindestens jedoch einmal monatlich) durchgeführt. Die Inspektionen erfolgen sowohl durch die Führungskräfte als auch durch die Sicherheitsfachkraft. Dabei ist zwischen folgenden Inspektionen zu unterscheiden:

- tägliche Inspektion durch die bauleitenden Monteure
- regelmäßige Kontrolle durch die SIFA
- ggf. Fremdüberwachung durch den Auftraggeber.

Die Ordnung und Sicherheit am Leistungsort werden täglich durch den Verantwortlichen auf der Baustelle überprüft. Die Überprüfung weisen sie mit ihrer Unterschrift im Bautagebuch nach. Bestehende Mängel trägt der Mitarbeiter in (soweit vorhanden) das Bautagebuch o.Ä. ein. Bei kleineren Baustellen ist das Führen eines Bautagebuches nicht erforderlich.

Überprüfungsschwerpunkte sind:

- Ordnung und Sauberkeit
- Zustand der Erste-Hilfe- und Feuerlöscheinrichtungen
- Handhabung der persönlichen Schutzausrüstung
- Vorhandensein von Anweisungen und Vorschriften
- Einhaltung der Sicherheitsvorschriften und -regeln

Revision: Änderungsdatum: Seite 1 von 2

- Umgang mit Gefahrstoffen
- Zustand von Werkzeugen, Geräten und Maschinen
- Vorhandensein von unsicheren bzw. gefährlichen Situationen

Der verantwortliche Leiter legt gleichzeitig fest, in welcher Weise die bestehenden Mängel beseitigt werden (ggf. nach Konsultation mit der Sicherheitsfachkraft), und überprüft die eingeleiteten Maßnahmen. Er sorgt auch für eine kurzfristige Behebung der vom Mitarbeiter festgestellten Unzulänglichkeiten.

Die Betriebsbegehungen durch die Sicherheitsfachkraft erfolgen bei jedem Betriebsbesuch. Die Begehungen der Leistungsorte werden operativ festgelegt. Grundlage ist der Begehungsplan für das Unternehmen. Festgestellte Mängel werden in einem Protokoll erfasst.

Die Sicherheitsfachkraft kontrolliert die Abarbeitung der festgelegten Maßnahmen sowie deren Wirksamkeit und vermerkt beides im Abweichungsprotokoll.

Die Fremdüberwachung ist vom jeweiligen Auftraggeber abhängig. Er legt die Häufigkeit der Begehungen fest. Je nach Notwendigkeit werden durch die Auftraggeber Auflagen erteilt, die durch die zuständigen Führungskräfte umzusetzen sind.

Beobachtungen

Jeder Mitarbeiter ist verpflichtet, festgestellte Mängel im Arbeits-, Gesundheits- und Umweltschutz sowie unsichere und gefährliche Situationen dem Vorgesetzten, dem SGU-Koordinator/der Sicherheitsfachkraft zu melden.

Ursachenforschung nach Abweichungsfeststellung

Die im Rahmen von Inspektionen und durch Beobachtungen festgestellten Mängel werden durch die zuständige Führungskraft ggf. in Zusammenarbeit mit der Sicherheitsfachkraft auf ihre Ursachen hin untersucht. Die Nachkontrolle der eingeleiteten Maßnahmen obliegt der zuständigen Führungskraft. Sollte sich die festgelegte Maßnahme als nicht wirkungsvoll erweisen, sind nach Abstimmung mit der Sicherheitsfachkraft weitere Maßnahmen einzuleiten. Die erfolgreiche Umsetzung der Maßnahme wird durch Abzeichnen des jeweiligen Dokuments dokumentiert.

Alle Berichte, die aufgrund von Inspektionen und Beobachtungen erstellt wurden, erhält die Sicherheitsfachkraft. Sie kontrolliert und wertet die Aufzeichnungen aus. Bei Unternehmensschwerpunkten erfolgt eine gemeinsame Auswertung im Unternehmen und eine Nachkontrolle durch die Sicherheitsfachkraft.

Die Analyse der betrieblichen Inspektionen ist Aufgabe der SIFA im Gespräch mit der Geschäftsführung.

Lang- und mittelfristige Maßnahmen werden in den SGU-Jahresplan aufgenommen, kurzfristige Maßnahmen durch den jeweiligen bauleitenden Monteur veranlasst und deren Umsetzung beobachtet und dokumentiert.

Mitgeltende Unterlagen

Bautagebücher

Gefahrstoffkataster

Inspektionspläne

Abweichungsprotokolle

Begehungsplan der Sicherheitsfachkraft

Revision: Änderungsdatum: Seite 2 von 2

Normabschnitt „9.3 Managementbewertung"

Zuordnung der Anforderungen DIN ISO 45001, OHSAS 18001, Normatives Regelwerk SCC und Safety Culture Ladder im Überblick:

DIN ISO 45001	OHSAS 18001	SCC*	SCC**	SCC^P	SCP	Safety Culture Ladder
9.3	4.6	1.6	1.6	1.6	1.6	–

Anforderungen DIN ISO 45001, Normatives Regelwerk SCC und Safety Culture Ladder im Einzelnen:

Anforderungen DIN ISO 45001, Abschnitt 9.3

9.3 Managementbewertung

Die oberste Leitung muss das SGA-Managementsystem der Organisation in geplanten Abständen bewerten, um dessen fortdauernde Eignung, Angemessenheit und Wirksamkeit sicherzustellen.

Die Managementbewertung muss folgende Aspekte behandeln:

a) den Status von Maßnahmen vorheriger Managementbewertungen;
b) Veränderungen bei externen und internen Themen, die das SGA-Managementsystem betreffen, einschließlich:
   1) der Erfordernisse und Erwartungen interessierter Parteien;
   2) rechtlicher Verpflichtungen und anderer Anforderungen;
   3) Risiken und Chancen;
c) das Ausmaß, in dem die SGA-Politik erfüllt und die SGA-Ziele erreicht wurden;
d) Informationen über die SGA-Leistung, einschließlich Entwicklungen bei:
   1) Vorfällen, Nichtkonformitäten, Korrekturmaßnahmen und fortlaufender Verbesserung;
   2) Ergebnissen von Überwachungen und Messungen;
   3) Ergebnissen der Bewertung der Compliance mit rechtlichen Verpflichtungen und anderen Anforderungen;
   4) Auditergebnissen;
   5) Konsultation und Beteiligung von Beschäftigten;
   6) Risiken und Chancen;
e) Angemessenheit der Ressourcen zur Aufrechterhaltung eines wirksamen SGA-Managementsystems;
f) die relevante Kommunikation mit interessierten Parteien;
g) Möglichkeiten zur fortlaufenden Verbesserung.

Die Ergebnisse der Managementbewertung müssen Entscheidungen enthalten zu:

- der fortdauernden Eignung, Angemessenheit und Wirksamkeit des SGA-Managementsystems beim Erreichen seiner beabsichtigten Ergebnisse;
- Möglichkeiten zur fortlaufenden Verbesserung;
- jeglichem Änderungsbedarf am SGA-Managementsystem;
- erforderlichen Ressourcen;
- Maßnahmen, falls erforderlich;

- Möglichkeiten, die Integration des SGA-Managementsystems mit anderen Geschäftsprozessen zu verbessern;
- jeglichen Auswirkungen auf die strategische Ausrichtung der Organisation.

Die oberste Leitung muss die relevanten Ergebnisse der Managementbewertungen den Beschäftigten und, wo vorhanden, deren Vertretern mitteilen (siehe 7.4).

Die Organisation muss dokumentierte Information als Nachweis der Ergebnisse der Managementbewertungen aufbewahren.

Anforderungen Normatives Regelwerk SCC **Indirekte Anforderungen**
Das Normative Regelwerk SCC weist keine vergleichbare Forderung im Standard aus. Allerdings wird unter den Punkten 1.8 und 1.6 auf ein Statement in der Managementbewertung, z. B. für UM und QM, hingewiesen. Dabei handelt es sich für SCC** und SCP um freiwillig zu behandelnde Fragen und bei SCC^{P} um Pflichtfragen. 1.6 fordert: – die Bewertung der Eignung und Angemessenheit des SGA-Managementsystems gemäß Anforderungen des SCC-Regelwerks, beispielsweise evaluiert und dokumentiert im Rahmen der Managementbewertung.

Anforderungen Safety Culture Ladder
keine

Während in der DIN ISO 45001 und der OHSAS 18001 genaue Eingaben und Ergebnisse für die Einschätzung der jährlichen SGA-Leistung durch die Geschäftsleitung vorgegeben sind, gibt das SCC-Regelwerk hierfür nur wenig Anhaltspunkte. Die Pflicht, eine Bewertung durchzuführen, ergibt sich stärker aus Punkt 1.6. Hier wird die Compliance mit dem SCC-Standard gefordert.

Es sei an dieser Stelle darauf hingewiesen, dass die Forderung des SCC-Regelwerks nach Überprüfung der Compliance in Punkt 1.6 nicht in erster Linie auf die Erfüllung rechtlicher Rahmenbedingungen zielt, sondern die Erfüllung der SCC-Forderungen meint. Der Begriff „Compliance“ erhält damit eine andere Zielrichtung als in der DIN ISO 45001 oder in der OHSAS 18001.

Eine Formgebundenheit für den Bericht besteht indes nicht. Punkt 1.8 des SCC-Standards bezieht sich lediglich auf die Einschätzung der Erfüllung des Aktionsplans und die daraus abzuleitenden Korrektur- oder Vorbeugungsmaßnahmen. Der BS OHSAS 18001 hingegen ist viel konkreter. Es empfiehlt sich, die Inputs und Outputs als Checkliste für das zu erstellende Management-Review zu verwenden, um alle Punkte zu berücksichtigen.

Wesentliche Eingaben für das Management-Review sind vor allem die Berichte der Sicherheitsfachkraft und des Arbeitsmediziners sowie ggf. bestellter Betriebsbeauftragter, sofern sie den Arbeits- und Gesundheitsschutz tangieren. Es ist daher ratsam, die Jahresberichte der Verantwortungsträger zeitnah vor dem Zeitpunkt der Erstellung des Management-Reviews verfügbar zu halten. Konkrete Termine für die Abgabe der Berichte sollten im Rahmen der Dokumentenlenkung festgelegt werden.

Interpretation und betriebliche Anwendung

Die DIN ISO 45001 lehnt sich in Abschnitt 9.3 Managementbewertung eng an die revisionierten Normen DIN EN ISO 9001:2015 und DIN EN ISO 14001:2015 an. Inputs für die Bewertung sind gleichermaßen:

- der Status vorangegangener Managementbewertungen
- Veränderungen bei externen und internen Themen, die das Managementsystem betreffen mit den
  - Erfordernissen und Erwartungen interessierter Parteien
  - rechtlichen Anforderungen
  - Risiken und Chancen
- der Grad der Zielerreichung
- Informationen über die SGA-Leistung und der Entwicklungen
- die Angemessenheit der Ressourcen zur Aufrechterhaltung des SGA-Managementsystems
- Möglichkeiten für eine laufende Verbesserung.

Abweichend von der Qualitäts- und Umweltmanagementnorm wird Gewicht auf die Konsultation und Beteiligung der Beschäftigten und relevante Kommunikation mit interessierten Parteien gelegt.

In der folgenden Darstellung sind konkrete Beispiele für den Input in die Managementbewertung aufgeführt, wie sie typischerweise im Unternehmen vorhanden sind:

- Liste der Erwartungen interessierter Parteien
- Rechtskataster, Genehmigungskataster
- Risiko- und Chancenbewertung der externen und internen Themen
- Aktualität der Politik, Zielabrechnungen
- Jahresberichte der gesetzlichen Beauftragten, der SIFA und des Arbeitsmediziners, Compliancebewertung
- Ergebnisse interner Audits, Inspektionen, Ergebnisse von Behördenbesuchen, Beschwerden
- Unfall-, Vorfallanalysen
- Ergebnisse der Mitbestimmung und Beratung, Vorschläge zur Verbesserung
- Risiken und Chancen

Hinweis

Die SGA-Politik des Unternehmens ist in jährlichem Abstand auf Aktualität zu prüfen. Auch wenn keine Änderungen notwendig sind, ist die Prüfung zu dokumentieren, vorzugsweise im Management-Review.

Hinweis

Die in der Managementbewertung geforderte Einschätzung der SGA-Leistung des Unternehmens sollte u. a. auf den Ergebnissen der Jahresberichte der betrieblichen Beauftragten (z. B. Brandschutzbeauftragter) und der Fachkraft für Arbeitssicherheit sowie des Arbeitsmediziners basieren.

Die Outputseite gleicht den zitierten Normen. Im Unterschied jedoch müssen die Ergebnisse der Managementbewertung den Beschäftigten oder ihren Vertretern mitgeteilt werden. Auf welche Weise diese Mitteilung erfolgen soll, ob über das Intranet, per Aushang, in Betriebsversammlungen, über den Betriebsrat, bleibt dem Unternehmen überlassen.

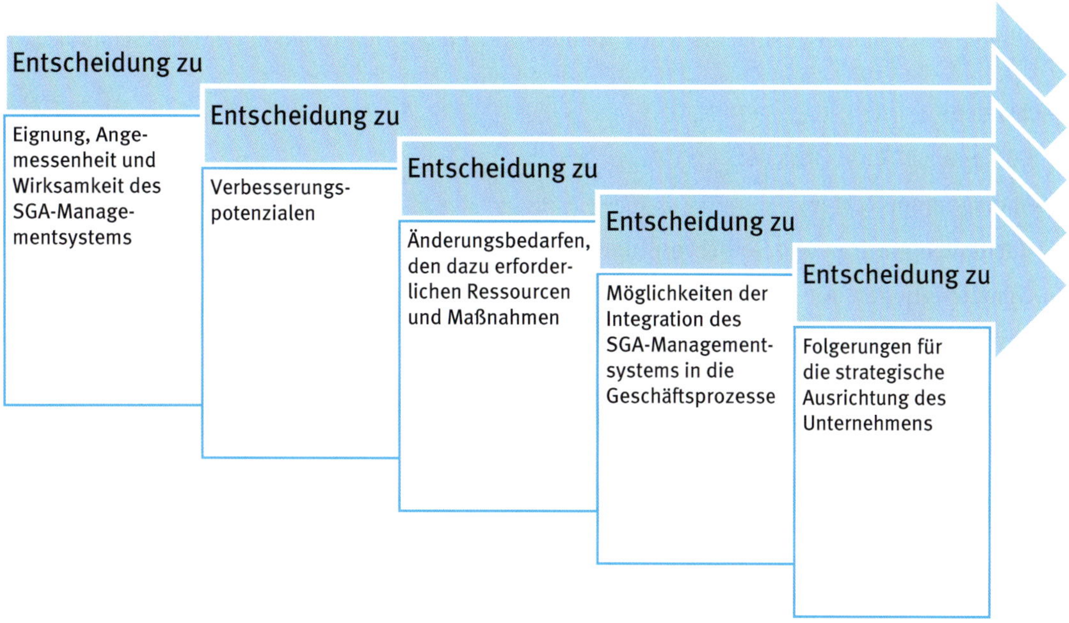

Die in der DIN ISO 45001 benannten Inputs und Outputs fungieren als Gradmesser für ein gut dokumentiertes Management-Review.

Fehlen Aussagen zu den benannten Inputs oder Outputs bzw. sind diese nicht anderweitig dokumentiert, kann dies als Normverstoß und mit einer „Non-Konformität“ bewertet werden. Daher erscheint es sinnvoll, eine Gliederung für das jährlich vom Management zu erstellende Management-Review zu entwickeln, die alle Pflichtangaben bereits enthält. Sie kann auf andere Quellen der im Management-Review zu behandelnden Themen verweisen. Wie im Anhang A.9.3 der zur Norm deutlich wird, müssen nicht alle Inputs in der Managementbewertung behandelt werden.

Sinn und Zweck des Management-Reviews stellt die Bewertung des vorhandenen SGA-Managementsystems sowie der SGA-Leistungen, deren fortdauernde Eignung und Angemessenheit sowie Wirksamkeit dar.

Definition Eignung, Angemessenheit und Wirksamkeit:

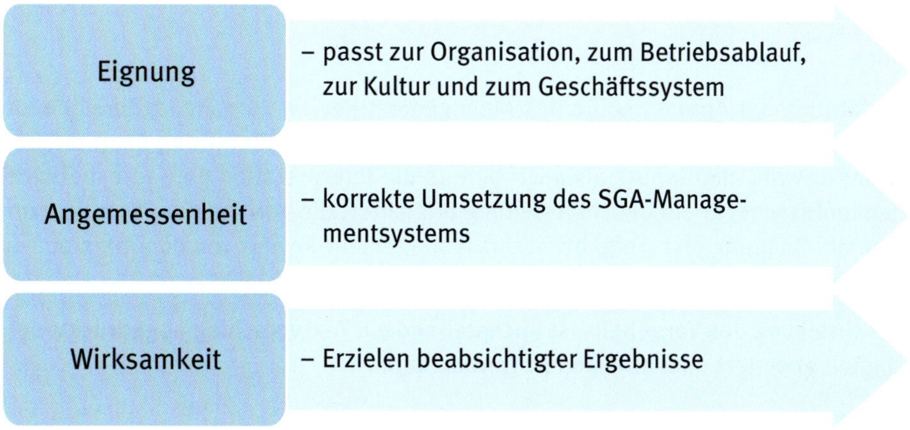

Die Bewertung des Managementsystems soll in geplanten Abständen erfolgen. Aus der Auditierungspraxis heraus wird ein jährlicher Rhythmus empfohlen. Die Managementbewertung, auch

„Management-Review“ genannt, stellt den Rückblick der Geschäftsführung auf das zurückliegende Geschäftsjahr dar. Mit dem Management-Review wird der Stand der A&G-Leistungen einer Organisation bewertet. Damit stellt ein fehlendes Management-Review ein K.O.-Kriterium für die Zertifizierungsfähigkeit eines Unternehmens dar. Liegt kein dokumentiertes Management-Review vor, ist eine positive Zertifizierung oder Überwachung des Management-Systems nicht möglich, vgl. hierzu auch Liste der dokumentierten Informationen in der DIN ISO 45001.

Nachweise:

- Compliance-Audit-Berichte
- Management-Review
- Rechtsvorschriften und Selbstverpflichtungen
- Genehmigungen, Auflagen
- Statements der Behörden
- Gutachten
- Berichte der Betriebsbeauftragten, z. B. für Gefahrgut, Strahlenschutz, Brandschutz
- Messprotokolle, Aufzeichnungen
- Explosionsschutzdokument
- Berichte der SIFA und des Betriebsarztes
- Sitzungsprotokolle der Gremien für Arbeitsschutz
- Gefährdungsbeurteilungen
- Maßnahmenpläne, To-do-Listen
- Audit- und Inspektionsberichte
- Schulungsplan
- Ergebnisse der Überwachung und Messung

Praxistipps und Vorlagen

Das Vorgehen zur Bewertung der Eignung und Angemessenheit des SGA-Managementsystems sollte dokumentiert werden. Die Dokumentation kann in Form eines Handbuchtexts oder auch als separate Verfahrensanweisung erfolgen. Sie sollte

- das Vorgehen zur Managementbewertung,
- die wesentlichen Grundlagen,
- die Verantwortlichkeiten und
- Fristen

beschreiben.

Aus der Erfahrung der Autoren sollte das Management-Review vom Managementbeauftragten für Arbeits- und Gesundheitsschutz vorbereitet werden. Die Vorbereitung kann die Sammlung und Sichtung sowohl aller Inputs als auch bereits die Interpretation der Jahresberichte, Daten und Fakten umfassen. Für die Geschäftsleitung erleichtert die Vorlage das Prozedere erheblich. Als Zeichen der Billigung und Freigabe ist das Management-Review von der obersten Leitung zu unterschreiben.

Für die Beschreibung des Vorgehens ist nachstehend ein Textvorschlag abgedruckt, der je nach Notwendigkeit erweitert oder abgeändert werden kann.

Handbuchkapitel: Bewertung des SGA-Managementsystems durch die Geschäftsleitung

Vorlage

1 Zweck

Es sollen Maßnahmen durch die oberste Leitung getroffen werden, die sicherstellen, dass das implementierte SGA-Managementsystem periodisch evaluiert wird.

2 Geltungsbereich

Der Geltungsbereich erstreckt sich auf die Geschäftsleitung.

3 Beschreibung

Die Leitung des Unternehmens bewertet das SGA-Managementsystem in festgelegten Abständen, einmal jährlich, um seine

- Eignung,
- Angemessenheit und
- Wirksamkeit

sicherzustellen.

Das Bewertungsverfahren gewährleistet, dass die notwendigen Informationen verfügbar sind, um eine objektive Einschätzung zu ermöglichen. Sie wird in Form von einem Management-Review (Protokoll) dokumentiert.

Inputs für die Managementbewertung sind im Formblatt „Management-Review“ gelistet.

Im Rahmen der stattfindenden Bewertung werden eventuell konkret notwendige Änderungen angesprochen bezogen auf:

- die SGA-Politik
- die Sicherheitsziele
- Programme und Aktionspläne zur Erreichung dieser Ziele
- das Handbuch
- die Organisationsrichtlinien
- Verfahrensanweisungen
- Sicherheitsanweisungen
- Stellenbeschreibungen
- Gestaltungsmuster für Dokumente/Formblätter
- Notfallpläne
- Mitgeltende Unterlagen (z. B. Genehmigungskataster, Rechtskataster)

Eine Bewertung des Systems erfolgt gemäß nachstehendem Ablaufplan.

Verantwortlichkeit des Managementbeauftragten (auf freiwilliger Basis bestellt):

- Sammlung und Aufbereitung von sicherheitsrelevanten Informationen für das SGA-Managementsystem gemäß gelisteter Inputs im Formblatt „Management-Review“, z. B.
  - Auditergebnisse
  - Erfüllungsgrad des SGA-Programms bzw. SGA-Aktionsplans
  - Compliance mit rechtlichen Anforderungen und Selbstverpflichtungen
  - Ergebnisse von Korrektur- und Vorbeugungsmaßnahmen
  - geänderte Rahmenbedingungen (rechtliche, genehmigungsrechtliche Änderungen)

Revision: Änderungsdatum: Seite 1 von 2

- Überprüfung und Bewertung des SGA-Managementsystems auf fortlaufende Eignung, Angemessenheit und Wirksamkeit u. a. über Kennzahlen, Auswertung von Unfällen, Vorfällen, ermittelte Qualifizierungsbedarfe, Ressourcenbedarfe (Einrichtungen, Maschinen, Personal)
- Schlussfolgerungen ziehen und Entscheidungsvorlagen zu ggf. erforderlichem Handlungsbedarf erarbeiten
- Dokumentation der Bewertung als Vorschlag an die Geschäftsleitung

Verantwortlichkeit der Geschäftsleitung:

- Schlussfolgerungen und Entscheidungen im Hinblick auf die ggf. erforderlichen Maßnahmen durch die Geschäftsleitung
- Inkraftsetzung/Freigabe durch Unterschrift der Geschäftsleitung
- Bekanntgabe der Beschlüsse an die Mitarbeiter über Jahresversammlung und Intranet

4 Mitgeltende Unterlagen

Compliance-Audit-Berichte

Management-Review

Rechtsvorschriften und Selbstverpflichtungen

Genehmigungen, Auflagen

Statements der Behörden

externe Gutachten

Berichte der Betriebsbeauftragten für Brandschutz

Messprotokolle, Aufzeichnungen

Berichte der SIFA und des Betriebsarztes

Sitzungsprotokolle der Gremien für Arbeitsschutz

Gefährdungsbeurteilungen

Maßnahmenpläne, To-do-Listen

Audit- und Inspektionsberichte

Schulungsplan

Ergebnisse der Überwachung und Messung

Revision: Änderungsdatum: Seite 2 von 2

Für die Erstellung des Review-Berichts kann eine Vorlage mit allen geforderten Inputs und Outputs sinnvoll sein. Eine Möglichkeit, das Management-Review zu strukturieren, wird im nachstehenden Vordruck gezeigt. Zu den eigentlichen Forderungen der DIN ISO 45001 wurde zusätzlich die Frage nach dem Stand und Bedarf an Unterweisungen und Schulungen auf dem Gebiet des Arbeits- und Gesundheitsschutzes eingefügt. Erfahrungsgemäß fließen solche Aspekte auch in die Zielsetzungen und den Planungsprozess mit ein und sollten daher Berücksichtigung finden.

Auch wenn die nachstehende Vorlage den Forderungen der DIN ISO 45001 entspringt, stellt sie ein gutes Instrumentarium auch für den SCC-Standard dar und könnte auch von den Anwendern des SCC-Regelwerks genutzt werden.

Management-Review gemäß ISO 45001:2018

Vorlage

Management-Review vom

Anwesende:

Ort:

Datum:

Input:

- Status vorangegangener Managementbewertungen
- Veränderungen bei internen und externen Themen, die das SGA-Managementsystem betreffen, einschließlich
  - der Erfordernisse und Erwartungen interessierter Parteien,
  - rechtlicher und anderer Verpflichtungen
  - Risiken und Chancen
- Bericht über den erreichten Erfüllungsgrad der Politik und Ziele
- Informationen über die SGA-Leistung, einschließlich Entwicklungen und Indikatoren bei
  - Nichtkonformitäten, Vorfällen, Korrekturmaßnahmen und fortlaufender Verbesserung,
  - Ergebnissen von Überwachungen und Messungen,
  - Ergebnissen der Überwachung rechtlicher und bindender Verpflichtungen sowie der Bewertung der Compliance,
  - Auditergebnissen,
  - Konsultation und Beteiligung von Beschäftigten,
  - Risiken und Chancen
- Angemessenheit von Ressourcen für die Aufrechterhaltung des SGA-Managementsystems
- die relevante Kommunikation mit interessierten Parteien
- Wirksamkeit von Maßnahmen und Behandlung von Risiken und Chancen
- Möglichkeiten der Verbesserung

Output:

- Schlussfolgerungen zur fortdauernden Eignung, Angemessenheit und Wirksamkeit des integrierten Managementsystems
- Entscheidungen und Maßnahmen zu
  - Chancen der fortlaufenden Verbesserung
  - jeglichem Änderungsbedarf das integrierte Managementsystem betreffend
  - Bedarf personeller Ressourcen
- Möglichkeiten der Verbesserung der Integration des SGA-Managementsystems in die Geschäftsprozesse
- jegliche Auswirkungen auf die strategische Ausrichtung der Organisation.

Unterschrift:

____

Revision: Änderungsdatum: Seite 1 von 1

Vorlage

Integriertes Management-Review ISO 9001:2015, ISO 14001:2015, ISO 45001:2018

Management-Review vom:

Anwesende:

Ort:

Datum:

Input:

- Status vorangegangener Managementbewertungen
- Veränderungen bei internen und externen Themen, die das Qualitäts-, Umwelt- und SGA-Managementsystem betreffen, einschließlich
  - der Erfordernisse und Erwartungen interessierter Parteien,
  - rechtlicher und anderer/bindender Verpflichtungen
  - Risiken und Chancen
- Veränderungen bei bedeutenden Umweltaspekten und dem Risiko in Verbindung mit Gefahren und Chancen
- Bericht über den erreichten Erfüllungsgrad der Politik und Ziele
- Informationen über die Qualitäts-, Umwelt- und SGA-Leistung, einschließlich Entwicklungen und Indikatoren bei
  - Nichtkonformitäten, Vorfällen, Korrekturmaßnahmen und fortlaufender Verbesserung,
  - Ergebnissen von Überwachungen und Messungen,
  - Ergebnissen der Überwachung rechtlicher und bindender Verpflichtungen sowie der Bewertung der Compliance,
  - Auditergebnissen,
  - Kundenzufriedenheit und Rückmeldungen von relevanten interessierten Parteien,
  - der Leistung von externen Anbietern
  - Prozessleistung und Konformität von Produkten und Dienstleistungen,
  - Konsultation und Beteiligung von Beschäftigten,
  - Risiken und Chancen
- Angemessenheit von Ressourcen für die Aufrechterhaltung des IMS
- die relevante Kommunikation mit interessierten Parteien
- Wirksamkeit von Maßnahmen und Behandlung von Risiken und Chancen
- Möglichkeiten der Verbesserung

Revision: Änderungsdatum: Seite 1 von 2

Output:

- Schlussfolgerungen zur fortdauernden Eignung, Angemessenheit und Wirksamkeit des integrierten Managementsystems
- Entscheidungen und Maßnahmen zu
  - Chancen der fortlaufenden Verbesserung
  - jeglichem Änderungsbedarf das integrierte Managementsystem betreffend
  - Bedarf personeller Ressourcen
- jegliche Auswirkungen auf die strategische Ausrichtung der Organisation.

Unterschrift:

____

Revision: Änderungsdatum: Seite 2 von 2

Integriertes Management-Review ISO 9001:2015, ISO 14001:2015, ISO 45001:2018, ISO 50001:2018

Vorlage

Management-Review vom:

Anwesende:

Ort:

Datum:

Input:

- Status vorangegangener Managementbewertungen
- Veränderungen bei internen und externen Themen, die das Qualitäts-, Umwelt-, Energie- und SGA-Managementsystem betreffen, einschließlich
  - der Erfordernisse und Erwartungen interessierter Parteien,
  - rechtlicher und anderer/bindender Verpflichtungen,
  - Risiken und Chancen
- Veränderungen bei bedeutenden Umweltaspekten und dem Risiko in Verbindung mit Gefahren und Chancen
- Bericht über den erreichten Erfüllungsgrad der Politik und Ziele
- Informationen über die Qualitäts-, Umwelt-, Energie- und SGA-Leistung, einschließlich Entwicklungen und Indikatoren bei
  - Nichtkonformitäten, Vorfällen, Korrekturmaßnahmen und fortlaufender Verbesserung,
  - Ergebnissen von Überwachungen und Messungen,
  - Ergebnissen der Überwachung rechtlicher und bindender Verpflichtungen sowie der Bewertung der Compliance,
  - Auditergebnissen,
  - Kundenzufriedenheit und Rückmeldungen von relevanten interessierten Parteien,
  - der Leistung von externen Anbietern

Revision: Änderungsdatum: Seite 1 von 2

  - Prozessleistung und Konformität von Produkten und Dienstleistungen,
  - Konsultation und Beteiligung von Beschäftigten,
  - Risiken und Chancen,
  - der energiebezogenen Leistung und ihrer Verbesserung auf Grundlage der Überwachungs- und Messergebnisse, einschließlich der EnPIs,
  - dem Status der Aktionspläne
- Angemessenheit von Ressourcen für die Aufrechterhaltung des IMS
- die relevante Kommunikation mit interessierten Parteien
- Wirksamkeit von Maßnahmen und Behandlung von Risiken und Chancen
- Möglichkeiten der Verbesserung, auch im Hinblick auf die Kompetenz

Output:

- Schlussfolgerungen zur fortdauernden Eignung, Angemessenheit und Wirksamkeit des integrierten Managementsystems
- Entscheidungen und Maßnahmen zu(r)
  - Chancen der fortlaufenden Verbesserung
  - jeglichem Änderungsbedarf das integrierte Managementsystem betreffend
  - Energiepolitik
  - EnPIs und der EnB
  - Zielen, Energiezielen, Aktionsplänen und Korrekturmaßnahmen
  - Möglichkeiten der Verbesserung der Einbettung des IMS in die Geschäftsprozesse
  - Bedarf personeller und anderer Ressourcen
  - Verbesserung von Kompetenz, Bewusstsein und Kommunikation.
- jegliche Auswirkungen auf die strategische Ausrichtung der Organisation.

Unterschrift:

____

Revision: Änderungsdatum: Seite 2 von 2

Normabschnitt „10 Verbesserung“

Normabschnitte „10.1 Allgemeines“ und „10.2 Vorfall, Nichtkonformität und Korrekturmaßnahme“

Zuordnung der Anforderungen DIN ISO 45001, OHSAS 18001, Normatives Regelwerk SCC und Safety Culture Ladder im Überblick:

DIN ISO 45001	OHSAS 18001	SCC*	SCC**	SCC^P	SCP	Safety Culture Ladder
10.1	4.5.3.1	12.1	12.1	12.1	7.1	3.2: 2.4
10.2	4.5.3.2	12.2	12.2	12.2	7.2	3.5: 5.12
		–	12.3 (optional)	12.3	7.3 (optional)	3.5: 5.13
		–	12.4	12.4	7.4	3.5:5.14
		–	12.5	12.5	7.5	
		12.6	12.6	12.6	–	

optional bedeutet: Ergänzungsfrage. **Für die erfolgreiche Erfüllung des SCC-Standards muss eine ausreichende Anzahl an Ergänzungsfragen richtig und vollständig beantwortet werden.**

Anforderungen DIN ISO 45001, Normatives Regelwerk SCC und Safety Culture Ladder im Einzelnen:

Anforderungen DIN ISO 45001, Abschnitt 10: 10.1 und 10.2

10 Verbesserung

10.1 Allgemeines

Die Organisation muss Möglichkeiten zur Verbesserung (siehe Abschnitt 9) bestimmen und notwendige Maßnahmen durchführen, um die beabsichtigten Ergebnisse ihres SGA-Managementsystems zu erreichen.

10.2 Vorfall, Nichtkonformität und Korrekturmaßnahmen

Die Organisation muss Prozesse festlegen, umsetzen und aufrechterhalten, die Berichterstattung, Untersuchung und Ergreifung von Maßnahmen umfassen, um Vorfälle und Nichtkonformitäten zu bestimmen und zu behandeln.

Wenn ein Vorfall oder eine Nichtkonformität auftritt, muss die Organisation:

a) rechtzeitig auf den Vorfall oder die Nichtkonformität reagieren und, falls zutreffend:
   1) Maßnahmen zur Überwachung und zur Korrektur ergreifen;
   2) mit den Folgen umgehen;

b) unter Beteiligung der Beschäftigten (siehe 5.4) und Einbeziehung anderer relevanter interessierter Parteien, die Notwendigkeit von Korrekturmaßnahmen zur Beseitigung der Ursachen von Vorfällen oder Nichtkonformitäten bewerten, damit diese nicht erneut oder an anderer Stelle auftreten, und zwar durch:
   1) Untersuchen des Vorfalls oder Überprüfen der Nichtkonformität;
   2) Bestimmen der Ursachen des Vorfalls oder der Nichtkonformität;
   3) Bestimmen, ob vergleichbare Vorfälle aufgetreten sind, Nichtkonformitäten bestehen oder diese möglicherweise auftreten könnten;

c) die bestehenden Bewertungen von SGA-Risiken und anderen Risiken, soweit angemessen (siehe 6.1), überprüfen;

d) jegliche erforderlichen Maßnahmen, einschließlich Korrekturmaßnahmen, bestimmen und durchführen, in Übereinstimmung mit der Maßnahmenhierarchie (siehe 8.1.2) und dem Änderungsmanagement (siehe 8.1.3);

e) vor dem Ergreifen von Maßnahmen die SGA-Risiken bewerten, die sich auf neue oder geänderte Gefährdungen beziehen;

f) die Wirksamkeit jeglicher ergriffener Maßnahme, einschließlich Korrekturmaßnahmen, überprüfen;

g) sofern erforderlich, das SGA-Managementsystem ändern.

Korrekturmaßnahmen müssen den Auswirkungen oder möglichen Auswirkungen der aufgetretenen Vorfälle oder Nichtkonformitäten angemessen sein.

Die Organisation muss dokumentierte Information aufbewahren, als Nachweis:

- der Art der Vorfälle oder Nichtkonformitäten sowie jeglicher daraufhin getroffenen Maßnahmen;
- der Ergebnisse jeder Maßnahme und Korrekturmaßnahme, einschließlich ihrer Wirksamkeit.

Die Organisation muss diese dokumentierte Information den betroffenen Beschäftigten und, wo vorhanden, deren Vertretern sowie anderen relevanten interessierten Parteien übermitteln.

ANMERKUNG Durch die Berichterstattung über Vorfälle und deren Untersuchung ohne unangemessene Verzögerung können schnellstmöglich Gefährdungen beseitigt und damit verbundene SGA-Risiken minimiert werden.

Anforderungen Normatives Regelwerk SCC, Kapitel 12 (SCC, SCC^P) und Kapitel 7 (SCP)

Die Fragen im Kapitel 12 (SCC*/SCC** und SCC^P) bzw. im Kapitel 7 (SCP) beziehen sich auf:

- die Meldung, Registrierung und Untersuchung von Unfällen, Beinahe-Unfällen und unsicheren Situationen (12.1/7.1)
- die Untersuchung aller Unfälle mit und ohne Arbeitsausfall (12.2/7.2)
- die anzuwendenden Methoden zur Unfalluntersuchung (12.3/7.3)
- die Meldung und Erfassung von Beinahe-Unfällen und unsicheren Situationen (12.4/7.4)
- die Untersuchung von Beinahe-Unfällen und unsicheren Situationen (12.5/7.5)
- die Veröffentlichung einer Unfallstatistik unter Einhaltung des SCC-Schwellenwerts aus Dokument 006 (12.6)

Anforderungen Safety Culture Ladder

3.2 Unternehmensaspekt 2: Leitbild und Strategie

2.4 Unfallursachen

1. Anforderung:

Stufe 2: Festlegen von Präventionsstrategien zur Vermeidung der Wiederholung von Unfällen

Stufe 3: Einführung einer Richtlinie zum Arbeitsschutzverhalten

Stufe 4: Integration des erwünschten Arbeitsschutzverhaltens in den Managementzyklus

Stufe 5: kontinuierliche Verbesserung des Arbeitsschutzbewusstseins in Kooperation mit dem Sektor

2. Anforderung:

Stufe 2: –

Stufe 3: Aufstellung eines Plans zur Verbesserung des Arbeitsschutzverhaltens

Stufe 4: Kontrolle des Arbeitsschutzverhaltens auf Seiten der Vertragspartner

Stufe 5: Kontrolle des Arbeitsschutzverhaltens auf allen Ebenen

3. Anforderung:

Stufe 2: –

Stufe 3: –

Stufe 4: Messen des Arbeitsschutzverhaltens und des -bewusstseins

Stufe 5: operative Mitarbeiter sprechen sich gegenseitig auf unerwünschtes Arbeitsschutzverhalten an

3.5 Unternehmensaspekt 5: Abweichungen und Kommunikation

5.12 Meldung von Vorfällen

1. Anforderung:

Stufe 2: Management meldet alle schweren Unfälle und Prozessunterbrechungen, auch potenzielle, Erfassung der Meldung gemäß Kundenvorgabe

Stufe 3: Management meldet alle Unfälle

Stufe 4: Die Mitarbeiter melden eigene Vorfälle und Unfälle, Anzahl der Meldungen ist angemessen, wenn 1:50-Verhältnis eingehalten wird (Unfälle : Vorfälle)

Stufe 5: Mitarbeiter kommunizieren Lösungen, wenn sie Vorfälle melden, Verhältnis Unfälle : Vorfälle 1:100

2. Anforderung:

Stufe 2: –

Stufe 3: Das Management meldet alle potenziell schweren Unfälle von Auftragnehmern

Stufe 4: Das Management erfasst die gemeldeten Vorfälle strukturell, einschließlich der externer Parteien, in einem Informationssystem

Stufe 5: Der Vorstand leitet Statistiken und Analysen zu schweren Unfällen/Vorfällen an den Sektor weiter

5.13 Untersuchung von Vorfällen

1. Anforderung:

Stufe 2: Das Management untersucht alle potenziell schweren Unfälle. Untersuchungen werden nach 6 Wochen abgeschlossen.

Stufe 3: Das Management untersucht alle Unfälle hinsichtlich der tiefer liegenden Ursachen.

Stufe 4: Das Management untersucht den Großteil an Vorfällen.

Stufe 5: Analyse der Vorfälle gemeinsam mit dem Sektor

2. Anforderung:

Stufe 2: Das Management wendet feste Verfahren zum Umgang mit potenziell schweren Unfällen an (Deklaration von Verantwortlichkeiten, Notfallmanagement).

Stufe 3: Das Management wendet feste Verfahren zum Umgang mit Unfällen an.

Stufe 4: Das Management untersucht potenziell schwere Unfälle von Kunden.

Stufe 5: –

3. Anforderung:

Stufe 2: –

Stufe 3: –

Stufe 4: Das Management untersucht Vorfälle systematisch und wendet eine feste Untersuchungsmethode an.

Stufe 5: –

5.14 Nachbereitung von Unfällen

1. Anforderung:

Stufe 2: Das Management berät sich mit operativen Mitarbeitern zu schweren Unfällen und ergriffenen Maßnahmen.

Stufe 3: Das Management ergreift nach Unfällen Maßnahmen auf Grundlage der Ursachenanalysen.

Stufe 4: Die Mitarbeiter kommunizieren Problemstellungen und Verbesserungen.

Stufe 5: Der Vorstand besucht binnen 24 h Orte, an denen sich Unfälle oder Beinahe-Unfälle ereignet haben.

2. Anforderung:

Stufe 2: Der Vorstand ergreift Maßnahmen nach (potenziell) schweren Unfällen. Er erhält Berichte über alle (potenziell) schweren Unfälle.

Stufe 3: Das Management informiert Mitarbeiter über Unfälle und die ergriffenen Maßnahmen.

Stufe 4: Das Management ergreift nach Vorfällen Maßnahmen auf der Grundlage der Untersuchungsergebnisse.

Stufe 5: Der Vorstand leitet die Untersuchung.

3. Anforderung:

Stufe 2: Der Vorstand informiert die beteiligten Parteien über den Unfall und die ergriffenen Maßnahmen. Beteiligte Parteien sind Opfer, Kollegen ...

Stufe 3: –

Stufe 4: Das Management sorgt dafür, dass den Opfern Hilfe und Unterstützung gewährt wird (auch psychologische).

Stufe 5: Der Vorstand informiert den Sektor über Vorfälle.

4. Anforderung:

Stufe 2: Das Management zeigt Anteilnahme für Dritte, die einen Schaden erlitten haben.

Stufe 3: –

Stufe 4: Das Management berät sich mit Mitarbeitern über Vorfälle und entsprechende Maßnahmen.

Stufe 5: Der Vorstand untersucht (potenzielle) schwere Unfälle zusammen mit dem Sektor.

3. Anforderung:

Stufe 2: –

Stufe 3: –

Stufe 4: Die Mitarbeiter werden über Vorfälle Dritter informiert.

Stufe 5: –

Hinweis

Die neue Normforderung der DIN ISO 45001 nimmt 4.5.3.1 und 4.5.3.2 aus OHSAS 18001 auf.

Interpretation und betriebliche Anwendung

Der Normabschnitt 10.1 schließt an 5.1 und 5.2 der Norm an, in denen die Verantwortung für die Aufrechterhaltung und den Erfolg sowie für die Weiterentwicklung des SGA-Managementsystems an die oberste Leitung delegiert wird. Vom Unternehmen sind daher Maßnahmen zu ergreifen, mit denen eine fortlaufende Verbesserung des SGA-Managementsystems sichergestellt werden kann. Hier wird auch der Zusammenhang mit den Normabschnitten zu Überwachung und Messung deutlich.

Im Normabschnitt 10.2 wird ein Prozess gefordert, der

- die Berichterstattung,
- die Untersuchung und
- das Ergreifen von Maßnahmen zum Ermitteln und Verwalten von Vorfällen und Nichtkonformitäten

umfasst. Im Unterschied dazu differenziert Safety Culture Ladder noch die Hierarchiestufen hierfür (Manager, Vorstand).

Hierzu zunächst ein Überblick über die Anwendung der Begrifflichkeiten in den unterschiedlichen Standards:

Im SCC^{P} werden „Vorfälle“ bereits konkreter als „Unfälle“, „Beinahe-Unfälle“ und „unsichere Situationen“ erfasst. Für die OHSAS 18001 wurden diese und weitere Begrifflichkeiten, z. B. Notfälle und Fälle von Erkrankungen, im Leitfaden für die Implementierung von OHSAS 18001:2007 genannt.

OHSAS 18001 ging über den Begriff des Unfalls hinaus und beschrieb den Vorfall wie folgt:

Vorfall
arbeitsbezogenes Ereignis, das eine Verletzung oder **Erkrankung** (3.8) (ohne Berücksichtigung der Schwere) oder einen tödlichen Unfall zur Folge hatte/zur Folge haben kann

Anmerkung 1: Ein Unfall ist ein Vorfall, der eine Verletzung, Erkrankung oder den Tod zur Folge hatte.

Anmerkung 2: Ein Vorfall, der keine Verletzung, Erkrankung oder keinen Tod zur Folge hatte, wird auch als ‚Beinahe-Unfall‘, ‚Beinahe-Treffer‘, ‚Beinahe-Notfall‘ oder ‚Gefährliches Ereignis‘ bezeichnet.

*Anmerkung 3: Eine Notfallsituation (**siehe 4.4.7**) ist ein ‚spezifischer Vorfall‘.*

[Quelle: BS OHSAS 18001:2007 – Deutsche Übersetzung, TÜV Media GmbH, 2008]

Die DIN ISO 45001 spricht hingegen von einem Vorfall und einer Nichtkonformität. Unter Nichtkonformität wird dabei die Nichterfüllung einer Forderung des Standards verstanden. Der Begriff „Vorfall“ wird abweichend von bisherigem verwendet. Unterschiede werden vor allem sichtbar, wenn von Vorkommnissen auch außerhalb des Arbeitsablaufs gesprochen wird. Der Begriff „Notfallsituation“ wird in diesem Zusammenhang nicht mehr angewendet.

Vorfall

Vorkommnis, das durch die Arbeit oder während der Arbeit auftritt und zu Verletzungen und Erkrankungen führt oder führen könnte

Anmerkung 1 zum Begriff: Ein Vorfall, bei dem Verletzungen und Erkrankungen auftreten, wird mitunter als „Unfall" bezeichnet.

Anmerkung 2 zum Begriff: Ein Vorfall, der keine Verletzung und Erkrankung zur Folge hat, bei dem jedoch die Möglichkeit dazu besteht, kann als „Beinahe-Unfall" oder „kritische Situation" bezeichnet werden.

Anmerkung 3 zum Begriff: Obwohl ein Vorfall im Zusammenhang mit einer oder mehreren Nichtkonformitäten stehen kann, kann ein Vorfall auch ohne Vorliegen einer Nichtkonformität eintreten.

[Quelle: DIN ISO 45001:2018-06, 3.35]

Im System Safety Culture Ladder wird von Unfällen (schwer und potenziell) sowie Vorfällen mit Personen- und Sachschaden gesprochen.

Wir verwenden im Folgenden den Begriff Vorfälle/Nichtkonformität, um alle Anforderungen gleichermaßen zu berücksichtigen. Das Vorgehen ist weitestgehend gleich.

Umgang mit Vorfällen/Nichtkonformitäten:

Die Organisation muss ein Verfahren zur Registrierung und Untersuchung von Vorfällen implementieren und aus den Analyseergebnissen Maßnahmen zur Prävention ableiten. Safety Culture Ladder unterscheidet in den verschiedenen Niveaustufen, wer welche Rolle dabei einnehmen soll, mit wem die Untersuchungen erfolgen sollen, z. B. mit dem Sektor. Die Ableitung der Maßnahmen soll gemäß Systemforderung unter Einbeziehung der Mitarbeiter oder der beteiligten Personen erfolgen. Prinzipiell jedoch folgt Safety Culture Ladder den in der DIN ISO 45001 genannten Vorgehensweisen.

Vorfalluntersuchungen sind ein wichtiges Instrument zur Vermeidung von Wiederholungen bestimmter Gefahren für Mensch und Umwelt. Jeder noch so kleine Vorfall, auch Beinahe-Unfall, birgt die Potenz für einen tödlichen oder schweren Unfall, langfristige Ausfallzeiten von Kollegen und langwierige Genesungsprozesse.

Alle Vorfälle, d. h.

- Unfälle (Bagatellverletzungen, kleinere und größere Unfälle mit und ohne Arbeitsausfall),
- Beinahe-Unfälle,
- kritische oder unsichere Situationen

unterliegen daher einer Untersuchung.

Gerade für international agierende Unternehmen ist es von Bedeutung, hierfür ein einheitliches Prozedere festzulegen. Während in Deutschland ein Arbeitsunfall erst ab drei Tagen Arbeitsunfähigkeit meldepflichtig ist, muss in Luxemburg, d. h. in einem anderen europäischen Land, jeder Unfall angezeigt werden. Arbeitsschutz-Managementsysteme eröffnen hier einen viel größeren und zielführenden Ansatz, Unfallprävention zu betreiben, und lösen sich von jeglichen Meldepflichten.

Das Verfahren zur Meldung, Erfassung und Auswertung von Vorfällen muss dokumentiert und gelenkt werden, Verantwortlichkeiten und Entscheidungsbefugnisse müssen determiniert sein. Kriterien der Unparteilichkeit und Objektivität sind bei der Auswahl der Verantwortlichen unbedingt zu berücksichtigen.

Hinweis

Das zu etablierende Verfahren muss die Antworten auf die vorliegenden Fragen beinhalten:

- Wie werden Beinahe-Unfälle, Vorfälle, sicherheitskritische Situationen, Bagatellunfälle, Unfälle registriert?
- Wer sind die Beteiligten? (Sicherheitsfachkraft, A&G-Managementbeauftragter, Betriebsarzt, Vertreter des Betriebsrats, verantwortlicher Leiter ...)
- Wie werden Vorfälle erfasst, um Tendenzen ableitbar zu machen?
- Wie werden abgeleitete Maßnahmen mit Verantwortlichkeiten, Terminen verfolgt?
- Wie wird sichergestellt, dass eine Vorfalluntersuchung objektiv und unparteiisch erfolgen kann?
- Welche Aufzeichnungen werden geführt und wie lange aufbewahrt?
- Wie fließen Erkenntnisse aus den Vorfalluntersuchungen in die Gefährdungsbeurteilung, in die A&G-Dokumentation und in konkrete Sicherheitsanweisungen ein?

Abweichend von OHSAS 18001 und DIN ISO 45001 fordern die SCC-Standards die Veröffentlichung einer Unfallstatistik gemäß Dokument 006 mindestens einmal jährlich. Safety Culture Ladder fordert die Information der Beschäftigten bis hin des Sektors.

In den Standards SCC*, SCC** und SCC^P wird zudem gefordert, dass die ermittelten Unfallhäufigkeiten unter den SCC-Schwellenwerten liegen (SCC-Dokument 006, Version 2011).

Die SCC-Schwellenwerte sind der Tabelle 006-2 im Dokument 006 zu entnehmen. Sie weisen einerseits die Schwellenwerte und andererseits die Möglichkeiten der Zertifikatsvergabe und Zertifikatserhaltung bei Überschreitung der Schwellenwerte aus. Weiterführende Erläuterungen sind aus dem Dokument 006 und der Webseite des DGMK zu entnehmen.

UH (SCC*, SCC, SCC^P)**	**UH ≤ 20**	**20 < UH ≤ 40**	**UH > 40 und UH ≤ BG**	**UH > 40**
Erstzertifizierung	Zertifikat	Zertifikat	Zertifikat	kein Zertifikat
Rezertifizierung	Zertifikat	Zertifikat, wenn UH in den letzten 3 Jahren um 20 % gesenkt	Zertifikat, wenn UH in den letzten 3 Jahren um 20 % gesenkt	kein Zertifikat
Überwachung	keine Aktion erforderlich	Maßnahmenplan ausgerichtet auf akzeptable UH bei nachfolgendem Audit	Maßnahmenplan ausgerichtet auf akzeptable UH bei nachfolgendem Audit	Maßnahmenplan ausgerichtet auf akzeptable UH bei nachfolgendem Audit

Für die Analyse der Unfallursachen sollen gemäß SCC-Anforderung spezielle wissenschaftliche Methoden genutzt werden. Das Ursache-Wirkungs-Diagramm nach Ishikawa sowie die 5W-1H-Methode werden explizit genannt.

Die OHSAS 18001 und die DIN ISO 45001 als auch Safety Culture Ladder lassen das Vorgehen hierzu offen.

Ishikawa-Diagramme, nach ihrem Erfinder bezeichnet und auch Fischgräten-, Fehlerbaum- oder Tannenbaum-Diagramme genannt, fördern das bessere Verständnis von Problemen und ihren vielfältigen Ursachen. Sie stellen Ursache-Wirkungs-Zusammenhänge plastisch dar und eignen sich vor allem als Diskussionsgrundlage bzw. zum Brainstorming im Team. Die Methode bietet sich für die Unfall-Ursachen-Analyse an. Ishikawa-Diagramme lassen sowohl die Darstellung von Haupt- als auch Nebenursachen zu. Sie differenzieren die Bedeutung und Einflussnahme potenzieller Ursachen. Anhand der Visualisierung lässt sich die Vollständigkeit der genannten Ursachen für einen Unfall in der Gruppe leicht diskutieren.

Bei der 5W-1H-Kipling-Methode handelt es sich um eine bestimmte Fragetechnik, die aus folgenden Fragen besteht und beliebig erweitert werden kann:

- Was ist das Problem?
- Wo ist es passiert?
- Wann ist es passiert?
- Warum ist es passiert?
- Wie können wir das Problem lösen?
- Wen brauchen wir, um das Problem zu lösen?
- Wann wird das Problem voraussichtlich gelöst sein?

Auch diese Methode lässt sich sehr einfach auf das Thema Unfallanalyse anwenden. Eine Vorlage hierfür ist unter „Praxistipps und betriebliche Umsetzung" abgedruckt.

Antizipieren potenzieller Vorfälle/Nichtkonformitäten:

Potenzielle Vorfälle/Nichtkonformitäten müssen antizipiert werden, um eine wirksame Prävention im Unternehmen sicherstellen zu können. Die Ermittlung potenzieller Vorfälle/Nichtkonformitäten erfolgt über viele Wege, z. B.:

- Eruieren von Änderungen rechtlicher Anforderungen, aus denen die Nichtkonformitäten hervorgehen
- Durchführung von internen Audits und Safety Walks
- Durchführung von Compliance Audits
- Behördenbesuche, Besuche externer Parteien
- Unfallanalysen, Analysen von Beinahe-Unfällen und kritischen Situationen
- Verbesserungsvorschläge, Anregungen der Belegschaft

Die Betrachtung der Unfallursachen oder potenzieller Schwachstellen führt zu einer systematischen Ableitung notwendiger Korrektur- und Vorbeugungsmaßnahmen, die in die Gefährdungsbetrachtung des Unternehmens einfließen müssen.

Letztlich gilt es, genau diese Aktivitäten in der dargestellten Reihenfolge betrieblich zu organisieren. Konkrete Anweisungen, ein festgelegtes Prozedere und klare Verantwortlichkeiten sind für eine wirksame Unfallprävention unabdingbar. Ein Muster für eine solche Anweisung ist unter der Überschrift „Praxistipps und betriebliche Umsetzung" nachstehend abgedruckt.

Alle vorstehend genannten Arbeitsschutz-Managementsysteme verfolgen das gemeinsame Ziel, durch eine lückenlose Erfassung von Vorfällen, deren Auswertung und Ursachenanalyse zu einer Vermeidung von Wiederholungsfällen wirksam beitragen zu können. Dabei ist es unerheblich, ob hierfür eine gesetzliche Meldepflicht und eine gesetzlich vorgeschriebene Untersuchungspflicht von Unfällen bestehen.

Die Ableitung der Korrekturmaßnahmen muss der Nichtkonformität entsprechend ausfallen. Wichtig ist die Erfolgsbeobachtung, ob die veranlassten Korrekturen tatsächlich die Ursache beseitigen können. Unter Umständen sind weitere oder andere Korrekturmaßnahmen einzuleiten. Aus Erfahrung der Autoren empfiehlt es sich, im Team zu arbeiten, um möglichst viele

Gesichtspunkte und Perspektiven berücksichtigen zu können. Im Ergebnis stehen To-do-Listen, die folgende Informationen enthalten:

- das konkrete Problem
- die Ursachenbeschreibung
- die abgeleiteten Korrekturmaßnahmen
- die Vorbeugungsmaßnahmen
- Verantwortlichkeiten
- Termine
- die Überprüfung des Erfolgs eingeleiteter Korrekturmaßnahmen

Auch das Follow-up für Nichtkonformitäten folgt dem PDCA-Zyklus, der einen fortlaufenden Verbesserungsprozess begründet.

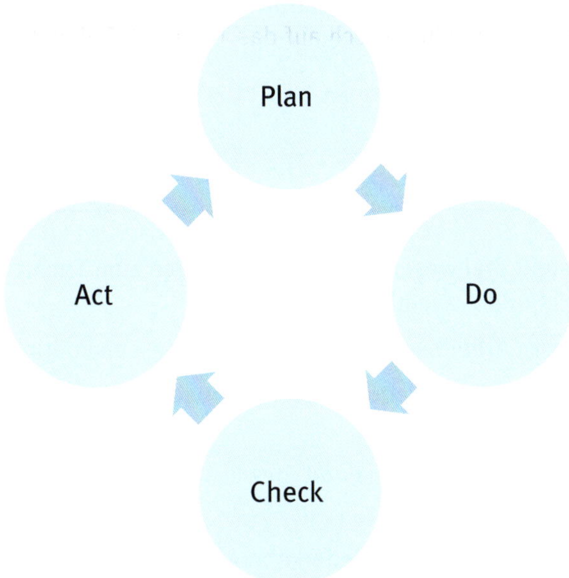

Das Vorgehen zum Umgang mit Korrektur- und Vorbeugemaßnahmen kann in einer Verfahrens- oder Sicherheitsanweisung dargestellt werden:

Ablauf/Tätigkeit	**Verantwortlich**	**Bemerkung**	**Dokumente/ Nachweise**
Bedarf an Korrektur oder Prävention erkennen	Führungskraft	als Ergebnis von Audits, Sicherheitschecks, Unfällen, Vorfällen, Änderungen rechtlicher Basis u. a. m.	Auditberichte behördliche Stellungnahmen Unfallbögen Auswertung Checklisten Genehmigungen Rechtskataster neue Gefahrstoffe
Problemanalyse	Führungskraft ASA Management	schriftliche Analyse systematisches Vorgehen bei der Analyse	8-D-Report
Diskussion in Besprechungsrunden	ASA	Maßnahmenplanung	To-do-Liste

Ablauf/Tätigkeit	Verantwortlich	Bemerkung	Dokumente/ Nachweise
Präventionsmaßnahmen möglich?	Führungskräfte	Festlegungen treffen, Anweisungen ändern und durchsetzen	Verfahrens-/Sicherheitsanweisungen
Korrekturmaßnahmen einleiten und überwachen	Führungskräfte	Umsetzung der Maßnahmen Inspektion	Inspektionsprotokolle
Wirksamkeitskontrolle	Führungskräfte	Durchführung in zeitlichem Abstand: Hat die Maßnahme die versprochene Wirkung entfaltet?	Aufzeichnung Wirksamkeitskontrolle
Entweder Änderung der Korrektur- und Präventionsmaßnahme oder Korrektur abgeschlossen	Führungskräfte ASA		ASA-Protokoll

Safety Culture Ladder stellt drei wesentliche Anforderungen zum Thema „Unfallursachen“ (und im Weiteren zur Korrektur und Prävention) auf:

- Leben des gewünschten Arbeitsschutzverhaltens und dessen kontinuierliche Verbesserung
- Kontrolle des Arbeitsschutzverhaltens von Mitarbeitern, Vertragspartnern bis zu allen Ebenen
- Messung des Arbeitsschutzverhaltens und -bewusstseins bis hin zur gegenseitigen Ermahnung

Ausgehend von Unfalltätigkeiten sollen wiederkehrende unerwünschte Verhaltensweisen unterbunden werden und Präventionsmaßnahmen ergriffen werden. Dazu bedarf es neben der Analyse einer Strategie, wie Defizite im Arbeitsschutz stufenweise minimiert werden können. In der höheren Stufe sollen bereits Standards für sicherheitskonformes Verhalten definiert werden. In einem Strategie- und Aktionsplan wird das Vorgehen hierfür dezidiert festgelegt. Langfristige Ziele werden determiniert. Voraussetzung hierfür ist die Durchführung von Unfallanalysen, Gefährdungsbeurteilungen, ASA-Sitzungen u. a. m., die als Beleg für ein solches Vorgehen dienen können.

Mit Stufe 4 wird eine andere Dimension angesprochen: Integration des Arbeitsschutzverhaltens in den Managementzyklus. Dies bedeutet, dass es langfristige Ziele für positives Verhalten gibt untersetzt mit einem Strategie- und Aktionsplan. Die wichtigsten Arbeitsschutzverhaltensweisen sind in den SMART-Zielen verankert.

Stufe 5 zielt auf die kontinuierliche Verbesserung des Bewusstseins gemeinsam mit dem Sektor. Sektorweite Programme sollen aufgestellt und umgesetzt werden.

Eine weitere Anforderung unter der Überschrift „Unfallursachen“ zielt auf die Aufstellung eines Plans zur Verbesserung des Arbeitsschutzverhaltens mit dort enthaltenen Zielen, Aus- und Fortbildungen, klaren Kommunikationsrunden (Stufe 3). In Stufe 4 soll das Vorgehen auf die Kontrolle des Arbeitsschutzverhaltens von Vertragspartnern ausgedehnt werden. Demnach müssen in den Zielen auch solche für Vertragspartner enthalten sein. Weiterhin soll das Management eine Vorreiterrolle bei der Kontrolle des Arbeitsschutzverhaltens übernehmen.

Auf der höchsten Stufe hat das Management die Kontrolle des Arbeitsschutzverhaltens auf allen Ebenen der Organisation integriert durch:

- aktive Beteiligung aller Managementebenen
- Kontrolle des Arbeitsschutzverhaltens, in tägliche Abläufe und in die tägliche Kommunikation integriert
- gegenseitiges Ansprechen auf Missstände.

Die dritte Anforderung unter der Überschrift „Unfallursachen“ beginnt auf Stufe 4 mit der Forderung nach Messung des Arbeitsschutzverhaltens und des -bewusstseins, beispielsweise durch

- Messung des vereinbarten Zielerreichungsgrads
- Monitoringmaßnahmen (Umfragen zur Wahrnehmung des Arbeitsschutzbewusstseins, Umfragen zur Zufriedenheit mit dem Arbeitsschutz).

Die erhöhte Forderung bezieht sich auf die Kommunikation zwischen den operativen Arbeitnehmern über Arbeitsschutzverhalten. Indikatoren für die Wirksamkeit sind

- Ansprechen der Manager oder anderer Führungskräfte auf risikoreiches Verhalten
- Mitarbeiter übernehmen selbst Verantwortung für den Arbeitsschutz. Sie erhalten Befugnis, entsprechend zu handeln.

Safety Culture Ladder unternimmt damit einen anderen Versuch, nämlich vor allem über die Bewusstseinsbildung bei Arbeitnehmern, Unfälle zu vermeiden.

Nachweise:

- Handbuchtext „Meldung, Registrierung und Untersuchung von Unfällen, Vorfällen und unsicheren Situationen“
- Verfahrensanweisung zur Registrierung von Vorfällen
- Verfahrensanweisung zur Unfallauswertung
- Unfallauswertungen, Auswertungen von Beinahe-Unfällen, unsicheren Situationen, Verbandsbüchern
- Unfallstatistik
- Festlegungen zu abgeleiteten Korrektur- und Präventionsmaßnahmen
- Nachweise zur Bekanntmachung von Untersuchungsergebnissen von Unfällen, Vorfällen sowie zu abgeleiteten Maßnahmen
- Handbuchtext zum Umgang mit Vorfällen und Nichtkonformitäten
- Verfahrensanweisung zum Umgang mit Vorfällen und Nichtkonformitäten
- To-do-Listen und Maßnahmenpläne

Praxistipps und Vorlagen

Eine Möglichkeit, das Thema in einem Handbuch zum Arbeits- und Gesundheitsschutz zu beschreiben, wird dem Leser nachstehend vorgestellt. Neben den Ausführungen im Handbuch empfiehlt es sich, eine spezifische Anweisung zu Art und Ablauf der Unfall- und Vorfalluntersuchungen zu erlassen. Eine Möglichkeit, das Vorgehen und die Verantwortlichkeiten bei der Analyse der Unfälle und Vorfälle zu beschreiben, ist die folgende Vorlage zur Adaption an Ihre betrieblichen Belange. Weitere Informationen wurden bereits unter dem Normabschnitt 9.1 aufgeführt.

Vorlage

Sicherheitsanweisung Unfall- und Vorfalluntersuchungen

1 Zweck

Diese Sicherheitsanweisung beschreibt die Verantwortlichkeiten und das Vorgehen bei Vorfalluntersuchungen. Die Aufdeckung von Ursachen für Unfälle und Vorfälle stellt ein wesentliches Instrumentarium für die Unfallprävention dar.

2 Geltungsbereich

Der Geltungsbereich dieser Sicherheitsanweisung erstreckt sich auf:

- die Geschäftsführung
- die Leiter der Bereiche
- das Arbeitsschutzteam
- den AMB
- die Sicherheitsfachkraft

3 Beschreibung

Unfälle werden in Unfallmeldeformularen durch den direkten Vorgesetzten des Verunfallten erfasst. Bagatellunfälle werden durch den Verletzten möglichst unter Nennung eines Zeugen in Verbandsbüchern dokumentiert. Vorfälle werden durch jeden Mitarbeiter in Vordrucken für Vorfallmeldungen aufgezeichnet.

Alternativ: Beinahe-Unfälle und unsichere Situationen werden von jedem Mitarbeiter in Meldebüchern erfasst.

Alle Meldungen, gleich welcher Art oder Kategorie, laufen beim AMB/Arbeitsschutzteam/bei der Sicherheitsfachkraft zusammen.

Eine Auswertung von Unfällen erfolgt direkt im Nachgang zum Geschehnis durch das Arbeitsschutzteam. Für die Unfallanalyse wird die Kipling-Methode unter Nutzung des Formblatts xy angewendet. Die Ursachenermittlung findet unter Beteiligung der Sicherheitsfachkraft statt, die mit ihrer Erfahrung und ihrem Kenntnisstand die Analysetätigkeit wirksam unterstützt. Bestandteil des Formblatts sind Maßnahmenpläne für einzuleitende Korrekturmaßnahmen. Diese stellen die Grundlage für die Ableitung von Präventionsmaßnahmen dar, um weitere Unfalltätigkeiten am Standort verhindern zu können. Die Dokumentation der Präventionsmaßnahmen ist Bestandteil des Formblatts.

Die Auswertung von Vorfällen erfolgt spätestens eine Woche nach Meldung im Arbeitsschutzteam mit Unterstützung der Sicherheitsfachkraft. Das Formblatt zur Meldung von Vorfällen enthält abzuleitende Korrektur- und Vorbeugungsmaßnahmen und wird vom Team entsprechend ausgefüllt.

Verbandsbucheintragungen werden einmal monatlich im Arbeitsschutzteam unter Beteiligung der Sicherheitsfachkraft analysiert und auf Korrektur- und Präventionsmaßnahmen geprüft. Diese werden in Maßnahmenplänen mit konkreten Verantwortlichkeiten und Terminen dokumentiert.

Gleiches gilt für Beinahe-Unfälle.

Wirksamkeitsüberprüfungen für getroffene Maßnahmen werden terminiert und verfolgt. Sollte die Wirksamkeit getroffener Maßnahmen infrage stehen, ist das Arbeitsschutzteam erneut zusammenzurufen, um weiterreichende Maßnahmen abzuleiten.

Revision: Änderungsdatum: Seite 1 von 2

Im Ergebnis getroffener Korrektur- und Präventionsmaßnahmen können folgende Aktivitäten erforderlich werden:

- Änderung von Anweisungen
- erneute Unterweisung von Mitarbeitern zur Sensibilisierung
- Vermittlung differenter Inhalte im Rahmen der Unterweisung der Mitarbeiter
- Anpassung/Weiterentwicklung des AMS

Die Geschäftsleitung wird über die getroffenen Maßnahmen und Verfahrensänderungen durch die Sicherheitsfachkraft und den AMB regelmäßig informiert.

Die Leiter der Bereiche sind im Arbeitsschutzteam einbezogen.

Die einmal jährlich zu erstellende Unfallstatistik wird von der Sicherheitsfachkraft erarbeitet und dem AMB zur Verfügung gestellt.

4 Mitgeltende Unterlagen

Unfallmeldeformular

Vorfallmeldung

Verbandsbucheinträge

Beinahe-Unfall-Meldebuch

Unfallstatistik

Revision: Änderungsdatum: Seite 2 von 2

Eine Möglichkeit, Unfallanalysen nach der Kipling-Methode 5W-1H durchzuführen, wird nachstehend abgebildet.

Formblatt Unfallanalyse nach 5W-1H

Vorlage

Datum:

Bearbeitendes Team:

Unfallursachenanalyse

1. Was ist passiert?

___

___

___

2. Wann passierte der Unfall/Beinahe-Unfall/Vorfall/die sicherheitskritische Situation?

___

___

___

Revision: Änderungsdatum: Seite 1 von 2

3. Wo trat der Unfall/Beinahe-Unfall/Vorfall/die sicherheitskritische Situation auf?

____

____

____

4. Wen betrifft der Unfall/Beinahe-Unfall/Vorfall/die sicherheitskritische Situation?

____

____

____

5. Wie wurde der Unfall/Beinahe-Unfall/Vorfall/die sicherheitskritische Situation ausgelöst?

____

____

____

6. Wie häufig kann diese Situation wieder auftreten?

____

____

____

Welche Korrekturmaßnahmen können wir einleiten?

Maßnahmenplan für Korrekturmaßnahmen

Mangel	**Korrektur-maßnahme**	**Verantwort-lich**	**Termin**	**Erledigt am:** **Unterschrift:**	**Wirksamkeit überprüft am:** **Unterschrift:**

Stand: xx.yy.20..

Welche Präventionsmaßnahmen können wir ableiten?

Maßnahmenplan für Präventionsmaßnahmen

Gefährdung	**Präventions-maßnahme**	**Verantwort-lich**	**Termin**	**Erledigt am:** **Unterschrift:**	**Wirksamkeit überprüft am:** **Unterschrift:**

Stand: xx.yy.20..

Revision: Änderungsdatum: Seite 2 von 2

Der Auswertung von Bagatellunfällen sollte besonderes Augenmerk gewidmet werden. Bagatellunfälle, zumeist eingetragen in Verbandsbüchern, zeigen Unfallquellen und sicherheitskritische Situationen auf. Eine regelmäßige Auswertung der Verbandsbücher ist daher für eine wirksame Unfallprävention sehr wichtig. Die Auswertung kann unter verschiedenen Aspekten erfolgen. Aus Sicht der Autoren haben sich in der Praxis folgende Aspekte als sinnvoll erwiesen und damit durchgesetzt:

- Auswertung nach Bereich/Ort/Anlage/Maschine
- Auswertung nach Art der Verletzung (Hand, Fuß, Kopf ...)
- Auswertung nach Beteiligten (eigene Mitarbeiter, Leiharbeitnehmer, Fremdfirmenmitarbeiter, Auszubildende)

Als Hilfestellung für den Leser wird an dieser Stelle eine mögliche Vorlage für die Auswertung von Verbandsbüchern abgebildet.

Vorlage

Verbandsbuchauswertung im Zeitraum x von y

Verbandsbucheintragungen gesamt:

Eintragung der Anzahl Bagatellunfälle:

Bereich	Maschine/ Anlage (falls zutreffend)	Mitarbeiter	Leiharbeit-nehmer	Fremdfirmen-mitarbeiter	Auszubildende

Art der Verletzung (Kopf, Fuß, Hand ...)	Anzahl der Bagatellunfälle

Datum

Unterschrift

Revision: Änderungsdatum: Seite 1 von 1

In einigen Unternehmen haben sogenannte Beinahe-Unfall-Meldebücher einen hohen Praxiswert erzielt. Die Meldebücher werden an jeden Mitarbeiter ausgegeben und bestehen aus Formularen mit 2-fach-Durchschlag. Der Mitarbeiter beobachtet eine unsichere Situation, schreibt seine Beobachtung in das Meldebuch mit Durchschlag ein und trennt eine Seite aus dem Buch. Die Meldung wirft er entweder unter Nennung seines Namens und seiner Funktion oder anonym in einen speziell dafür geschaffenen Briefkasten. Der Briefkasten wird regelmäßig geleert, die darin enthaltenen Beobachtungen systematisch ausgewertet.

Andere Unternehmen verbinden die Erfassung von Beinahe-Unfällen mit einem betrieblichen Vorschlagswesen und mit Prämiensystemen.

Das Beinahe-Unfall-Meldebuch kann wie folgt aufgebaut sein:

Vorlage

Beinahe-Unfall-Meldebuch

Datum:

Bereich/Ort/Anlage:

Beinahe-Unfall/unsichere Situation/unsicherer Zustand

Das fiel mir auf:

____

____

____

____

____

Lösungsvorschlag (falls Idee dazu vorhanden)

Mein Vorschlag ist:

____

____

____

____

____

Name (nicht zwingend erforderlich):

Funktion/Abteilung (nicht zwingend erforderlich):

Revision: Änderungsdatum: Seite 1 von 1

Vorfallmeldungen können auf unterschiedlichem Weg erfasst werden. Eine Vorlage hierzu, die auch Sach- und Umweltschäden mitberücksichtigt, wird dem Leser an dieser Stelle vorgestellt. Die Vorfallmeldung enthält auch das sogenannte Follow-up, d. h. die abzuleitenden Korrekturmaßnahmen, die dazugehörigen Verantwortlichkeiten und Erledigungsvermerke.

MGU Vorfall-Meldung

Vorlage

☐ Beinahe-Unfall ☐ Sachschaden ☐ Sonstiges
☐ Umweltschaden ☐ Brand

Operative Führungskraft: ____________ Einsatzobjekt/Projekt: ____________

Datum: ____________

Ist die Arbeit eingestellt worden? ☐ nein ☐ ja ____________ später/Uhrzeit

Zeitpunkt des Vorfalls: ____________

Ort (genaue Bezeichnung): ____________

Art des Schadens: ____________

____

Sofortmaßnahmen: ____________

____

Schadensumfang: ____________

Beteiligte Personen: ____________

Verletzte Personen: ____________

Zeugen: ____________

Vorfallhergang: ____________

____

____

____

Vorfall-Meldung

Vorgesetzter

____
Datum/Unterschrift

____

Vorfallursache: ____________

____

____

____

____

Revision: Änderungsdatum: Seite 1 von 2

Eingeleitete bzw. einzuleitende Maßnahmen:

Maßnahme	**Verantwortlich**	**Termin**	**Erledigt am:** **durch:**

Operative Führungskraft: ______________________
Datum/Unterschrift

SIFA: ______________________
Datum/Unterschrift

Revision: Änderungsdatum: Seite 2 von 2

Gemäß Normativem SCC-Regelwerk ist eine Unfallstatistik im Unternehmen zu führen. Form und Inhalt der Unfallstatistik ergeben sich aus dem Dokument 006. Eine Vorlage für die Unfallstatistik ist an dieser Stelle aufgeführt.

Vorlage

MGU Unfallstatistik (Jahr)

Jahr	2018	2019	2020
Zahl tödlich Verunglückter pro 1 000 Mitarbeiter			
Zahl der Unfälle mit Arbeitszeitausfall (absolut)			
gearbeitete Stunden			
Zahl der Unfälle mit Arbeitszeitausfall pro 1 000 000 gearbeiteter Stunden (Häufigkeit)			
Personalbestand			

Unfallaufkommen/Unfallhäufigkeit

	2018	2019	2020
$(UH) = \frac{\text{Anzahl der Arbeitsunfälle} \cdot 10^6}{\text{geleistete Arbeitsstunden (tatsächlich)}}$			
$(TMQ) = \frac{\text{Anzahl der Unfälle} \cdot 10^3}{\text{Anzahl der Mitarbeiter}}$			
gearbeitete Stunden			

Revision: Änderungsdatum: Seite 1 von 1

Normabschnitt „10.3 Fortlaufende Verbesserung“

Zuordnung der Anforderungen DIN ISO 45001, OHSAS 18001, Normatives Regelwerk SCC und Safety Culture Ladder im Überblick:

DIN ISO 45001	OHSAS 18001	SCC*	SCC**	SCC^P	SCP	Safety Culture Ladder
10.3	–	–	–	–	–	–

Anforderungen DIN ISO 45001, Normatives Regelwerk SCC und Safety Culture Ladder im Einzelnen:

Anforderungen DIN ISO 45001, Abschnitt 10.3

10.3 Fortlaufende Verbesserung

Die Organisation muss die Eignung, Angemessenheit und Wirksamkeit ihres SGA-Managementsystems fortlaufend verbessern durch:

a) das Steigern der SGA-Leistung;

b) das Fördern einer Kultur, die ein SGA-Managementsystem unterstützt.

c) das Fördern der Beteiligung der Beschäftigten an der Durchführung von Maßnahmen zur fortlaufenden Verbesserung des SGA-Managementsystems.

d) die Vermittlung der relevanten Ergebnisse der fortlaufenden Verbesserung an die Beschäftigten und, wo vorhanden, deren Vertreter.

e) das Aufrechterhalten und Aufbewahren dokumentierter Information als Nachweis der fortlaufenden Verbesserung.

Anforderungen Normatives Regelwerk SCC

keine direkte Entsprechung

Anforderungen Safety Culture Ladder

keine

Interpretation und betriebliche Anwendung

Die oberste Leitung zeichnet für die fortlaufende Weiterentwicklung und Verbesserung des SGA-Managementsystems verantwortlich. Im Normabschnitt 10.3 wird die Verpflichtung der Geschäftsleitung wieder aufgegriffen. Die fortlaufende Verbesserung des SGA-Managementsystems, seiner Eignung, Angemessenheit und Wirksamkeit besteht in folgenden Dimensionen:

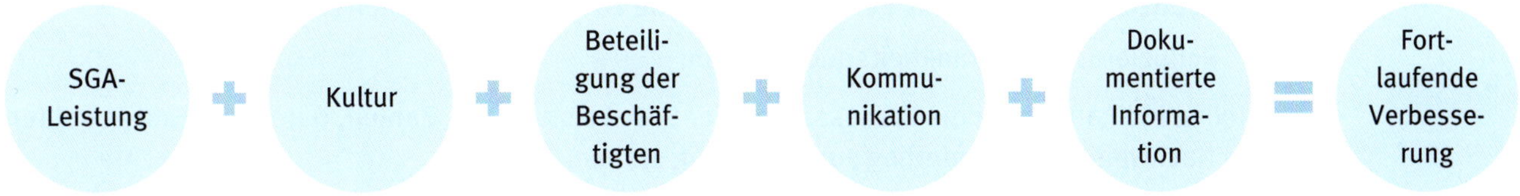

Eine fortlaufende Verbesserung kann nur über die Beteiligung der Beschäftigten, ihre ausreichende Information, über Kommunikation und letztlich über eine Kultur der Verantwortung und Veränderungswilligkeit gegenüber Missständen und Entwicklungspotenzialen realisiert werden.

Was so allgemein gefordert wird, findet im Anhang A.10.3 der Norm eine Konkretisierung anhand von Beispielen für fortlaufende Verbesserungen.

Möglichkeiten und Beispiele für Treiber des Fortschritts von SGA-Management:

Verbesserungsprozesse müssen messbar gestaltet werden. Somit ist vor jedem Veränderungs-/Verbesserungsprozess zunächst die Frage zu stellen, wie der Fortschritt bewiesen und überwacht werden kann (Methode der Überprüfung). Diese Frage hat sich bereits bei der Formulierung der SGA-Ziele gestellt. Kennzahlen, wie z. B.

- Verbesserung der Unfallrate,
- Verminderung der ungeplanten Ausfallzeiten aufgrund von Störungen (steigendes Verletzungsrisiko),
- Anzahl substituierter Gefahrstoffe,
- Reduzierung des Anteils gefährlicher Abfälle zu nicht gefährlichen Abfällen,
- Reduzierung der Krankheitsquote u. a. m.

stellen Indikatoren für die Verbesserung der SGA-Leistung dar. Zahlen, Daten und Fakten sollten als Nachweis der Veränderung zur Verfügung stehen.

Eine Verfahrensbeschreibung zur fortlaufenden Verbesserung ist nicht gefordert, jedoch die Nachweise dafür.

Die häufigsten Auditabweichungen bei der Umstellung auf die DIN ISO 45001

Auch wenn die Auditpraxis zur Auditierung von SGA-Managementsystemen nach DIN ISO 45001 noch recht jung ist, lassen sich bereits Tendenzen bei der Häufigkeit festgestellter Nichtkonformitäten feststellen. Hier sollen die häufigsten Nichtkonformitäten aufgezeigt werden:

- Die Geschäftsleitung hat keine geänderte SGA-Politik erlassen.
- Der Kontext der Unternehmung mit den internen und externen Themen sowie sonstigen Verpflichtungen ist nicht dargestellt.
- Die interessierten Parteien wurden nicht benannt.
- Die internen und externen Themen sowie anderen Verpflichtungen wurden nicht mit Chancen und Risiken bewertet.
- Die Beschäftigtengruppen wurden nicht identifiziert.
- Verantwortlichkeiten im SGA-Managementsystem wurden nicht benannt oder dokumentiert.
- Das Management-Review wurde vor dem Zertifizierungsaudit Stufe 1 nicht durchgeführt und liegt nicht als dokumentierte Information vor.
- Es wurden keine internen Audits durchgeführt.
- Das Auditprogramm wurde nicht aufgestellt.
- Eine Anweisung zur Planung und Durchführung interner Audits liegt nicht vor.
- Die Geschäftsleitung hat keine Ziele formuliert, um einen fortlaufenden Verbesserungsprozess darzustellen, oder die Ziele resultieren nicht aus der Chancen- und Risikobetrachtung der externen und internen Themen.
- Die Gefährdungen, ausgehend von Arbeitsplätzen, Tätigkeiten, Arbeitsmitteln, Stoffen, seltenen Tätigkeiten, aus ergonomischer, alterns- und altersgerechter Sicht, für Instandhaltungstätigkeiten usw., wurden nicht identifiziert, die mit ihnen verbundenen Chancen und Risiken nicht bewertet.
- Es findet keine Überwachung und Messung von SGA-Risiken statt. Kennzahlen zur Messung der SGA-Leistung sind nicht aufgestellt.
- Gesetzlich oder behördlich geforderte Beauftragte sind nicht qualifiziert oder schriftlich bestellt.
- Berichte über die Tätigkeit der gesetzlich Beauftragten liegen nicht vor.
- Die für die Organisation geltenden genehmigungsrechtlichen Vorschriften wurden nicht identifiziert. Ihr Einfluss auf die Gefährdungslage im Unternehmen wurde nicht ermittelt und bewertet.
- Die Konsultation und Beteiligung der Beschäftigten wurde nicht betrachtet.
- Es wurden keine Notfallszenarien für sicherheitsrelevante Vorfälle dokumentiert und installiert.
- Es liegt kein dokumentiertes SGA-Managementsystem vor (beispielsweise als einzelne dokumentierte Informationen) oder es bleibt unklar, welche dokumentierten Informationen Bestandteil des SGA-Managementsystems sein sollen.
- Es wurden keine Festlegungen zur internen oder externen Kommunikation getroffen.
- Unfälle oder Vorfälle wurden nicht auf Ursachen untersucht. Ein geschlossener Korrekturkreislauf kann nicht nachgewiesen werden.
- Maßnahmen aus Berichten von externen Überwachungen wurden nicht oder nicht nachweislich umgesetzt.

Liste der dokumentierten Informationen

Nachfolgend werden jene dokumentierten Informationen entsprechend den Normabschnitten benannt, die es mindestens vorzubereiten gilt. Darüber hinaus sollte jedoch geprüft werden, welche weiteren dokumentierten Informationen für das betreffende Unternehmen sinnvoll sind.

Normabschnitt	Geforderte dokumentierte Information
4.3	Definition des Anwendungsbereichs des SGA-Managementsystems
5.2	Dokumentierte SGA-Politik
6.1.1	dokumentierte Informationen zu Gefährdungen und Chancen, zu Prozessen und Maßnahmen zum Umgang mit Chancen und Risiken
6.1.2.2	dokumentierte Information zur Verfahrensweise zur Ermittlung und Bewertung der Gefährdungen und den Kriterien dafür
6.1.3	dokumentierte Information zu gesetzlichen und sonstigen Anforderungen, deren Aktualisierung und Änderung
6.2.2	SGA-Ziele und Pläne zu deren Erreichung
7.2	Nachweise der Kompetenz
7.4.1	Nachweise der internen und externen Kommunikation
7.5	dokumentierte Informationen, die von der Norm gefordert werden und solche, die die Organisation für notwendig erachtet, auch externer Herkunft, die dazu dienen, die Wirksamkeit des SGA-Managementsystems zu bestimmen
8.2	dokumentierte Informationen zum Prozess der Notfallplanung, zu Reaktionsplänen auf mögliche Notfallsituationen
9.1.1	Nachweise zu Ergebnissen der Überwachung, Messung, Analyse und Leistungsbewertung der SGA-Leistung sowie über Wartung, Kalibrierung und Verifizierung der Messausrüstung
9.1.2	dokumentierte Information zur Bewertung der Einhaltung von rechtlichen und anderen Verpflichtungen
9.2	dokumentierte Informationen als Nachweis der Umsetzung des Auditprogramms und zu Auditergebnissen
9.3	dokumentierte Information zu Ergebnissen des Management Reviews
10.2	Nachweis über Art der Vorkommnisse und getroffener Maßnahmen, zu Ergebnissen jeder Maßnahme inklusive der Wirksamkeitsüberprüfung dokumentierte Informationen sind den betroffenen Beschäftigten und relevanten interessierten Parteien zur Verfügung zu stellen
10.3	Führen dokumentierter Informationen zum Nachweis der fortlaufenden Verbesserung

Anhang

A Ergänzende Vorlagen zu den einzelnen Normabschnitten

A1 Ergänzende Vorlagen zu Normabschnitt „4.2 Verstehen der Erfordernisse und Erwartungen von Beschäftigten und anderen interessierten Parteien“

Vorlage

Managementhandbuch – Dokumentierte Informationen – MGU: Externe und interne Themen

Interessierte Partei	Anforderung/ externes Thema	Relevanz hoch/ mittel/ niedrig	internes Thema	Risikofaktor	EWS	TA	Ermitteltes Risiko	Prävention	Verantwortlich	EWS	TA	Risiko II	Korrekturmaßnahme	Verantwortlichkeit	Chancen	bindende Verpflichtung
Gesetzgeber/ BG/Gewerbeaufsicht	Einhaltung Arbeitsschutzgesetz	3	ja	Nichterfüllung durch Unkenntnis d. Anforderungen	2	3	6	Schulungen der Führungskräfte u. MA, Beratung durch SIFA	GF	1	3	3	weitere Schulungen	GF	höhere Bewusstseinsbildung	ja
	Einhaltung Arbeitssicherheitsgesetz	3	ja	Keine Beratung durch SIFA und Arbeitsmediziner	2	3	6	Kontrolle d. Beratungstätigkeit	AMB	1	3	3	Wechsel von SIFA und Arbeitsmediziner.	GF/AMB	verbesserte Zusammenarbeit	ja
	Einhaltung Betriebssicherheitsverordnung	3	ja	keine GBU für Arbeitsmittel	3	3	9	Beratung durch Externe	GF	2	3	6	Erstellung GBU f. AM	SIFA/AMB	Minderung v. Risiken	ja
	Einhaltung Betriebssicherheitsverordnung	3	ja	Nichteinhaltung v. Prüfpflichten	2	3	6	Überwachungskataster prüfpflichtiger Einrichtungen	Fr. xy	1	3	3	Erfassung der prüfpflichtigen Einrichtungen u. Nachprüfung	Fr. xy	Verbesserung des Überwachungssystems	ja
	Einhaltung der DGUV	3	ja	Unkenntnis der DGUV	2	3	6	Schulungen der Führungskräfte u. MA, Beratung durch SIFA	GF	1	3	3	Schulungen der Führungskräfte u. MA, Beratung durch SIFA	GF	höhere Bewusstseinsbildung	ja

Revision: Änderungsdatum: Seite 1 von 3

Interessierte Partei	Anforderung/ externes Thema	Relevanz hoch/ mittel/ niedrig	internes Thema	Risikofaktor	EWS	TA	Ermitteltes Risiko	Prävention	Verantwortlich	EWS	TA	Risiko II	Korrekturmaßnahme	Verantwortlichkeit	Chancen	bindende Verpflichtung
	Einhaltung StrahlenschutzVO	3	ja	Gesundheitsschädigung	2	2	4	Weiterbildung Strahlenschutzbeauftragter und Vorsorgeuntersuch.	GF	1	2	2	Ergreifen notwendiger Maßnahmen	GF	Erhaltung der Arbeitskraft der MA	ja
	Einhaltung GefahrstoffVO	3	ja	Gesundheitsschädigung/ Umweltschädigung	2	2	4	Gefahrstoffunterweisungen, GBU, Installation von Auffangwannen. Einhaltung Zusammenlagerungsverbote, Erstellen von BA	GF	1	2	2	erhöhte Kontrollen	GF	Erhöhung d. Bewusstseins/Substitution von Gefahrstoffen	ja
	Einhaltung ArbeitsstättenVO	3	ja	keine ausreichende Beleuchtung, Verstellen von Fluchtwegen, keine oder ungeeignete Löschmittel vorhanden	1	3	3	Begehungen, GBU	SIFA	1	3	3	Beleuchtungsmessungen, Überprüfung der Löscheinheiten	SIFA	Verbesserung der Arbeitsbedingungen	ja
	Einhaltung PSA-BenutzungsVO	3	ja	Gesundheitsschädigung/ Unfall	2	3	6	Unterweisung der MA/BA für PSA	SIFA/PSA Verantwortlicher	1	3	3	Unterweisungen/BA für PSA/Austausch v. PSA	SIFA/PSA Verantwortlicher	Erhaltung der AK	ja

Revision: Änderungsdatum: Seite 2 von 3

Interessierte Partei	Anforderung/ externes Thema	Relevanz hoch/ mittel/ niedrig	internes Thema	Risikofaktor	EWS	TA	Ermitteltes Risiko	Prävention	Verantwortlich	EWS	TA	Risiko II	Korrekturmaßnahme	Verantwortlichkeit	Chancen	bindende Verpflichtung
Standortverwalter	Einhaltung der Standortrichtlinien:	3	ja	Verletzung der Standortrichtlinien durch Unkenntnis	2	3	6	Unterweisungen zum Standort	Fremdfirmenkoordinator/ eigene Führungskräfte	1	3	3	Unterweisung der MA	GF	Erhöhung des Sicherheitsbewusstseins	ja
Kunde 1	Vertrag vom 29.07.2010: BundesbergVO, VOB, TRGI-, DVGW-Richtlinien, DIN-Normen	3	ja	Vertragsverletzung durch Unkenntnis	2	3	6	inh. Vertragsprüfung/Rechtskataster	AMB	1	3	3	Herstellung von Compliance und Vertragskonformität	AMB/GF	Wissensmanagement	ja
Kunde 2	Vertrag vom 9.02.2018: Einhaltung Gewerberecht, Mindestlohn, keine Schwarzarbeit, Abgabe Sozialversicherungsleistungen, kein Eintrag im Berliner Korruptionsregister, Betriebshaftpflichtversicherung gefordert	3	ja	Vorstrafe, Auftragsentzug, Negativimage	2	3	6	Einhaltung der Rechtsvorschriften, Korruptionsrichtlinie	GF	1	3	3	Herstellung von Compliance und Vertragskonformität	AMB/GF	Wertschätzung der MA, positives Image	ja

Revision: Änderungsdatum: Seite 3 von 3

A2 Ergänzende Vorlagen zu Normabschnitt „5.3 Rollen, Verantwortlichkeiten und Befugnisse in der Organisation“

Vorlage

Bestellung zum/zur Sicherheitsbeauftragten

Hiermit bestellen wir Person ________________ zum/zur Sicherheitsbeauftragten mit der Maßgabe, die betrieblichen Vorgesetzten bei der Durchführung des Arbeitsschutzes zu unterstützen.

Zu den Aufgaben gehören:

- fortlaufende Kontrolle aller vorgeschriebenen Schutzvorrichtungen und persönlichen Schutzausrüstungen auf Vorhandensein und ordnungsgemäße Benutzung
- Ansprechen der Arbeitskollegen/-kolleginnen, bei denen Sie sicherheitswidriges Verhalten feststellen
- Überprüfung, ob ausgegebene „persönliche Schutzausrichtung“ benutzt wird
- Ermittlung von Unfall- und Gesundheitsgefahren in Ihrem Bereich
- Vorschläge zur Verbesserung des betrieblichen Arbeitsschutzes
- Untersuchung von Unfällen in Zusammenarbeit mit der Fachkraft für Arbeitssicherheit Kenntnisnahme von Unfallanzeigen

____

Ort, Datum

______________________________ ______________________________

Geschäftsführer Sicherheitsbeauftragter

Revision: Änderungsdatum: Seite 1 von 1

Bestellung zur beauftragten Person für Lagersicherheit

Vorlage

Hiermit bestellen wir Person _______________ in Erweiterung der Stellenbeschreibung zur beauftragten Person für Lagersicherheit.

Sie sind in Erweiterung Ihrer Stellenbeschreibung für die Sicherheit von Regaleinrichtungen verantwortlich. In diesem Zusammenhang obliegen Ihnen folgende Aufgaben:

- Tägliche Inspektion der Regaleinrichtungen auf äußere Beschädigungen, Beschädigungen des Anfahrschutzes, beschädigte Paletten, falsche Lastverteilung, Beschädigungen der Regalböden
- Meldung der Beschädigungen an die SIFA oder die Führungskraft im Bereich
- Sperren des Regals und lediglich Zulassung der Entladung des Regals (Verbot des weiteren Beladens der Lagereinrichtung)
- Sperrung und Entladung des Regals bei Gefahren für Leib und Leben (Gefahr im Verzug), sofortige Information der befähigten Person für die Prüfung von Stahlregalen
- Überwachung der Reparatur und Prüfungen
- Freigabe der Regaleinrichtung nach erfolgter Reparatur

Bestandteil der Verantwortung sind nicht nur die Regaleinrichtungen, sondern auch die eingelagerten Güter und zu verwendenden Hilfsmittel für Lagerung und Transport mit ihren eventuellen Beschädigungen.

Ort, Datum:

_______________ _______________

Geschäftsleitung | Beauftragte Person für Lagersicherheit

Revision: | Änderungsdatum: | Seite 1 von 1

Bestellung zum Gerätebeauftragten für automatisierte Defibrillatoren im Betrieb

Vorlage

Gemäß den Bestimmungen der Medizinprodukte-Betreiberverordnung (MPBtreibV) ist für die Vorhaltung und den Betrieb der automatisierten Defibrillatoren vom Unternehmer eine beauftragte Person zu benennen.

Hiermit bestellen wir Sie ab _____ zur „Beauftragten Person für automatisierte Defibrillatoren“.

Ihre Aufgabe umfasst insbesondere, die vorhandenen automatisierten Defibrillatoren regelmäßig zu überprüfen, um deren Einsatzbereitschaft sicherzustellen (Akku, Batterie, Klebeelektroden). Außerdem haben Sie das Medizinproduktebuch zu führen, in dem die Gerätedaten, die eingewiesenen Personen und die sicherheitstechnischen Kontrollen zu dokumentieren sind.

Ort:

Datum:

_______________ _______________

Geschäftsführer | Gerätebeauftragter

Revision: | Änderungsdatum: | Seite 1 von 1

Vorlage

Bestellung zur befähigten Person für Leiterprüfungen §§ 3 und 10 der BetrSichV

Hiermit bestellen wir Person ____________ mit Wirkung vom ________ zur befähigten Person für Leiterprüfungen bei ____________.

Die Bestellung tritt mit Wirkung vom _____ in Kraft.

Sie verfügen gem. § 2 BetrSichV in Verbindung mit TRBS 1208 durch Ihre Berufsausbildung, Ihre Berufserfahrung und Ihre zeitnahe berufliche Tätigkeit über die erforderlichen Fachkenntnisse zur Prüfung der oben genannten Arbeitsmittel.

Sie unterliegen bei Ihrer Prüftätigkeit keiner fachlichen Weisung und dürfen wegen Ihrer Tätigkeit nicht benachteiligt werden.

Die Dokumentation erfolgter Arbeitsmittelprüfungen ist unverzüglich weiterzuleiten an:

____

Bei Gefahr in Verzug oder erheblichen Mängeln sind die beschädigten Arbeitsmittel sicher vor der weiteren Benutzung wegzuschließen. Dazu treten Sie mit der Produktionsleitung und der Geschäftsführung in Verbindung und lassen geeignete Maßnahmen einleiten.

Weitergehende Weisungsrechte oder Kompetenzen hinsichtlich erforderlicher Reparaturen oder Ersatzteilbeschaffungen obliegen Ihnen nicht.

Ich bin mit der Bestellung einverstanden:

____________________	____________________	____________________
Ort, Datum	Unterschrift	Unterschrift

Revision:	Änderungsdatum:	Seite 1 von 1

Vorlage

Bestellung zum Kesselwärter

Als Betreiber von Dampfkesselanlagen bestellen wir in Erweiterung des Arbeitsvertrags/der Stellenbeschreibung Person ____________ zum Kesselwärter (beauftragte Person für Dampfkesselanlagen).

Sie verfügen über die notwendige Berufsausbildung, Berufserfahrung und über die erforderlichen Fachkenntnisse zur Prüfung von Arbeitsmitteln im Sinne § 2 Abs. 6 BetrSichV.

Als erforderliche Berufsausbildung erachten wir die technische Ausbildung als

- Maschinenschlosser, Kesselschmieder, Heizungsmonteur oder verwandte Berufsgruppen.

Weiterhin müssen Sie über eine Berufserfahrung von mindestens 1 Jahr als Kesselwärter verfügen und eine gültige Qualifizierung zum geprüften Kesselwärter vollzogen haben.

Wesentliche rechtliche Grundlagen für Ihre Tätigkeit sind:

- die Betriebssicherheitsverordnung (BetrSichVO)
- Technische Regeln für Dampfkessel (außer Kraft seit 2012)
- VDI-Richtlinie 4068: Befähigte Personen
- Bundesarbeitsblatt Teil Arbeitsschutz Nr. 4 Dampfkessel (beschreibt Ausbildungsinhalte)

Ich nehme die Bestellung hiermit an.

____________________	____________________	____________________
Ort, Datum	Unterschrift Befähigte Person	Unterschrift Geschäftsführer

Revision:	Änderungsdatum:	Seite 1 von 2

Anlage

Auszug aus TRBS 1203:

2 Anforderungen an die Fachkunde der befähigten Person

Aufgrund der Fachkenntnisse aus Berufsausbildung, Berufserfahrung und zeitnaher beruflicher Tätigkeit muss ein zuverlässiges Verständnis sicherheitstechnischer Belange gegeben sein, damit Prüfungen ordnungsgemäß durchgeführt werden können. In Abhängigkeit von der Komplexität der Prüfaufgabe (Prüfumfang, Prüfart, Nutzung bestimmter Messgeräte) können die erforderlichen Fachkenntnisse variieren.

2.1 Berufsausbildung

Die befähigte Person muss eine Berufsausbildung abgeschlossen haben, die es ermöglicht, ihre beruflichen Kenntnisse nachvollziehbar festzustellen. Als abgeschlossene Berufsausbildung gilt auch ein abgeschlossenes Studium. Die Feststellung soll auf Berufsabschlüssen oder vergleichbaren Qualifikationsnachweisen beruhen.

2.2 Berufserfahrung

Berufserfahrung setzt voraus, dass die befähigte Person eine nachgewiesene Zeit im Berufsleben praktisch mit den zu prüfenden, vergleichbaren Arbeitsmitteln umgegangen ist und deren Funktions- und Betriebsweise im notwendigen Umfang kennt. Dabei hat sie genügend Anlässe kennengelernt, die Prüfungen auslösen, z. B. im Ergebnis der Gefährdungsbeurteilung und aus arbeitstäglicher Beobachtung.

Durch Teilnahme an Prüfungen von Arbeitsmitteln hat sie Erfahrungen über die Durchführung der anstehenden Prüfung oder vergleichbarer Prüfungen gesammelt und die erforderlichen Kenntnisse im Umgang mit Prüfmitteln sowie hinsichtlich der Bewertung von Prüfergebnissen erworben.

Berufserfahrung schließt ein, beurteilen zu können, ob ein vorgeschlagenes Prüfverfahren für die durchzuführende Prüfung des Arbeitsmittels geeignet ist. Hierzu gehört auch, dass die Gefährdungen durch die Prüftätigkeit und das zu prüfende Arbeitsmittel erkannt werden können.

2.3 Zeitnahe berufliche Tätigkeit

Eine zeitnahe berufliche Tätigkeit im Sinne von § 2 Abs. 7 BetrSichV umfasst eine Tätigkeit im Umfeld der anstehenden Prüfung des Prüfgegenstandes sowie eine angemessene Weiterbildung.

Zur zeitnahen beruflichen Tätigkeit gehört die Durchführung von mehreren Prüfungen pro Jahr (Erhalt der Prüfpraxis).

Bei längerer Unterbrechung der Prüftätigkeit müssen durch die Teilnahme an Prüfungen Dritter erneut Erfahrungen mit Prüfungen gesammelt und die notwendigen fachlichen Kenntnisse erneuert werden.

Die befähigte Person muss über Kenntnisse zum Stand der Technik hinsichtlich des zu prüfenden Arbeitsmittels und der zu betrachtenden Gefährdungen verfügen und diese aufrechterhalten. Sie muss mit der Betriebssicherheitsverordnung und deren technischem Regelwerk sowie mit weiteren staatlichen Arbeitsschutzvorschriften für den betrieblichen Arbeitsschutz (z. B. ArbSchG, GefStoffV) und deren technischen Regelwerken sowie Vorschriften mit Anforderungen an die Beschaffenheit (z. B. ProdSG, einschlägige ProdSV), mit Regelungen der Unfallversicherungsträger und anderen Regelungen (z. B. Normen, anerkannte Prüfgrundsätze) so weit vertraut sein, dass sie den sicheren Zustand des Arbeitsmittels beurteilen kann.

Revision:	Änderungsdatum:	Seite 2 von 2

Vorlage

Bestellung zur befähigten Person für die Prüfung von Ladebrücken und fahrbaren Rampen

Als Betreiber von Ladebrücken und fahrbaren Rampen bestellen wir in Erweiterung des Arbeitsvertrags/der Stellenbeschreibung Person ____________ zur befähigten Person für die Prüfung von Ladebrücken und fahrbaren Rampen.

Beim Einsatz von Ladebrücken, -blechen und -rampen gibt es einige Gefährdungen und es kommt immer wieder zu Unfällen. Die Gefährdungsbeurteilung nach § 3 BetrSichV, § 3 ArbStättV in Verbindung mit der DGUV Regel 108-006 und die DGUV Vorschrift 73 legen den betrieblichen Handlungsbedarf fest.

Ladebrücken und fahrbare Rampen, Ladebleche und Andockstationen sind naturgemäß ständig extrem starken mechanischen Beanspruchungen und Belastungen ausgesetzt.

Sofern durch diese Belastungen Schäden entstehen, die zu gefährlichen Situationen führen können, müssen Ladebrücken, -bleche und -rampen durch befähigte Personen überprüft werden.

Bei Ladebrücken haben sich für wiederkehrende Prüfungen Fristen von längstens einem Jahr bewährt. Hinweise zu Prüfungen finden sich auch in den Betriebsanleitungen der Hersteller.

Qualifikation

Sie verfügen über eine abgeschlossene Berufsausbildung, eine einschlägige Berufserfahrung im Zusammenhang mit Hubarbeitsbühnen und eine zeitnahe berufliche Tätigkeit. Sie besitzen weiterhin ausreichende Kenntnisse zur DGUV Vorschrift 73.

Prüfungen

Neben der jährlichen Prüfung schreibt der Gesetzgeber in folgenden Fällen weitere Prüfungen vor, die über die routinemäßigen Sichtkontrollen hinausgehen:

- Schäden verursachende Einflüsse
- Unfälle
- Veränderungen an den Arbeitsmitteln
- Längere Zeiträume der Nichtbenutzung der Arbeitsmittel
- Naturereignisse

Die Prüfungen sind zu dokumentieren. Werden Mängel festgestellt, sind sie vor der nächsten Inbetriebnahme zu beheben.

Der Betreiber gewährt Ihnen jede Unterstützung bei der Ausführung Ihrer Prüftätigkeiten, insbesondere was den Befähigungsaspekt betrifft.

Ich nehme die Bestellung hiermit an.

____________________	____________________	____________________
Ort, Datum	Unterschrift Befähigte Person	Unterschrift Geschäftsführer

Anlage[1]

[1] Es gelten die Anforderungen an die befähigte Person aus der TRBS 1203 wie in voranstehender Vorlage.

Revision: Änderungsdatum: Seite 1 von 1

Bestellung zur befähigten Person für die Prüfung von Hubarbeitsbühnen

Vorlage

Als Betreiber von Hubarbeitsbühnen bestellen wir in Erweiterung des Arbeitsvertrags/der Stellenbeschreibung Person ____________ zur befähigten Person für die Prüfung von Hubarbeitsbühnen.

Qualifikation

Sie verfügen über eine abgeschlossene Berufsausbildung, eine einschlägige Berufserfahrung im Zusammenhang mit Hubarbeitsbühnen und eine zeitnahe berufliche Tätigkeit. Sie besitzen weiterhin ausreichende Kenntnisse zum DGUV Grundsatz 308-002 „Prüfung von Hebebühnen" (Die befähigte Person muss Kenntnisse vom aktuellen Stand der Technik von Hubarbeitsbühnen besitzen und die Arbeitsschutzvorschriften kennen und anwenden.).

Prüfungen

Es sind drei Prüfungen zu unterscheiden, die im Zuständigkeitsbereich des Betreibers einer Hubarbeitsbühne liegen:

Die Prüfung vor der ersten Inbetriebnahme einer Hubarbeitsbühne ist nur dann erforderlich, wenn die Plattform nicht betriebsbereit geliefert und erst durch den Betreiber montiert werden muss.

Nach Unfällen oder anderen außergewöhnlichen Ereignissen muss eine außerordentliche Prüfung durch einen Sachverständigen erfolgen.

Regelmäßige Prüfungen, im Abstand von höchstens einem Jahr, dienen dem Nachweis des Sicherheitsniveaus. Sie erfolgen durch die befähigte Person im Rahmen des § 3 der Betriebssicherheitsverordnung.

Prüfumfang

Der Umfang der regelmäßigen Prüfung nach § 3 Betriebssicherheitsverordnung wird sich im Allgemeinen auf eine Sicht- und Funktionsprüfung beschränken.

Sie sollte sich auf den Zustand der Bauteile und Einrichtungen, auf die Vollständigkeit und Funktionsweise der Sicherheitseinrichtungen und auf die Vollständigkeit des Prüfbuches erstrecken.

Die Prüfungen sind zu dokumentieren. Werden Mängel festgestellt, sind sie vor der nächsten Inbetriebnahme der Hubarbeitsbühne zu beheben.

Der Betreiber gewährt Ihnen jede Unterstützung bei der Ausführung Ihrer Prüftätigkeiten, insbesondere was den Befähigungsaspekt betrifft.

Ich nehme die Bestellung hiermit an.

____________________	____________________	____________________
Ort, Datum	Unterschrift Befähigte Person	Unterschrift Geschäftsführer

Anlage[1]

[1] Es gelten die Anforderungen an die befähigte Person aus der TRBS 1203 wie in voranstehender Vorlage.

Revision: Änderungsdatum: Seite 1 von 1

Vorlage

Bestellung zur befähigten Person für die Prüfung von Winden, Hub- und Zugeinrichtungen

Als Betreiber von Winden, Hub- und Zugeinrichtungen bestellen wir in Erweiterung des Arbeitsvertrags/der Stellenbeschreibung Person ____________ zur befähigten Person für die Prüfung von Winden, Hub- und Zugeinrichtungen.

Sie verfügen über die notwendige Berufsausbildung, Berufserfahrung und über die erforderlichen Fachkenntnisse zur Prüfung von Arbeitsmitteln im Sinne § 2 Abs. 6 BetrSichV.

Der Berufsgenossenschafts-Grundsatz 956 „Hinweise zur Prüfung von Winden, Hub- und Zuggeräten" gibt wichtige Informationen für die Prüfungen von Winden. Danach müssen von Ihnen Prüfungen zu 4 verschiedenen Prüfungsanlässen durchgeführt werden:

- vor der erstmaligen Inbetriebnahme
- bei gravierenden Änderungen
- mindestens einmal im Jahr
- bei außergewöhnlichen Ereignissen und nach Instandsetzungsarbeiten

Der Betreiber gewährt Ihnen jede Unterstützung bei der Ausführung Ihrer Prüftätigkeiten, insbesondere was den Befähigungsaspekt betrifft.

Ich nehme die Bestellung hiermit an.

____________	____________	____________
Ort, Datum	Unterschrift Befähigte Person	Unterschrift Geschäftsführer

Anlage[1)]

---

1) Es gelten die Anforderungen an die befähigte Person aus der TRBS 1203 wie in voranstehender Vorlage.

Revision: Änderungsdatum: Seite 1 von 1

Vorlage

Bestellung zur befähigten Person (bP) für die Prüfung von elektrischen Arbeitsmitteln

Person	____________	(Vorname Name)
beschäftigt bei	____________	(Firma)
Abteilung	____________	(Abteilung)

wird hier auf Grundlage seiner erlangten, belegbaren Befähigung zur eigenverantwortlichen Prüfung von elektronischen Arbeitsmitteln gemäß Betriebssicherheitsverordnung (BetrSichV) und Technischen Regeln für Betriebssicherheit TRBS 1203 zur

befähigten Person für die o. g. Prüfungen

bestellt.

Revision: Änderungsdatum: Seite 1 von 2

Grundlagen der Bestellung:

- § 9 OWiG (Handeln für einen anderen)
- § 13 ArbSchG (Verantwortliche Person)
- DGUVV 1 (Verantwortliche Person)
- § 2 BetrSichV (Begriffsbestimmungen, u. a. befähigte Person)
- TRBS 1203 (Befähigte Personen – besondere Anforderungen/elektrische Gefährdungen)
- DGUVV 3 (Elektrische Anlagen und Betriebsmittel)

Die befähigte Person untersteht in fachlicher Hinsicht der verantwortlichen Elektrofachkraft. Die beauftragte Person unterliegt bei ihrer Prüftätigkeit keinen fachlichen Weisungen und darf wegen dieser nicht benachteiligt werden, d. h., sie trifft für den Arbeitsbereich und die Prüfungen selbstständige Entscheidungen (z. B. bezüglich Prüfablauf, Ergebnis- und Zustandsbeurteilung, Prüffristenbeurteilung), welche durch direkte Vorgesetzte nicht aufgehoben werden können.

Der Beauftragte ist verpflichtet, selbstständig

- die prüfpflichtigen Arbeitsmittel gemäß den gesetzlichen Bestimmungen (Betriebssicherheitsverordnung, Technische Regeln für Betriebssicherheit und DGUV) sowie ggf. gemäß den Betriebsanleitungen der jeweiligen Hersteller innerhalb der durch Gefährdungsermittlung festgelegten Fristen zu prüfen;
- nicht vorschriftsmäßige Arbeitsmittel der weiteren Verwendung zu entziehen, zu reparieren oder der Entsorgung zuzuführen und dies zu dokumentieren;
- Ersatzbeschaffung gemäß den internen Richtlinien einzuleiten;
- sich mindestens alle zwei Jahre durch den Besuch eines speziellen Fachseminars zum Themengebiet und den aktuellen Stand der Technik weiterzubilden → BetrSichV und TRBS 1203;
- einen jährlichen Statusbericht zu erstellen und dem direkten Vorgesetzten vorzulegen.

Der Unternehmer stellt die Mittel (geeignete Mess- und Prüfeinrichtungen sowie Software gemäß dem Stand der Technik), die für die Ausübung der oben genannten Verantwortlichkeit benötigt werden, zur Verfügung.

Eine Kopie dieser Bestellung wurde der befähigten Person ausgehändigt. Eine weitere Kopie wurde in den Personalakten hinterlegt. Diese Bestellung ist beidseitig in regelmäßigem Rhythmus auf Aktualität zu prüfen und gilt bis auf schriftlichen Widerruf.

Die oben genannte regelmäßige Weiterbildung wird durch den Arbeitgeber ermöglicht.

______________	______________	______________
Ort, Datum	Unterschrift Unternehmer/ Verantwortliche Elektrofachkraft	Unterschrift befähigte Person

Revision: Änderungsdatum: Seite 2 von 2

Vorlage **Bestellung als elektrisch unterwiesene Person mit festgelegten Tätigkeiten**

Person ______________________________

beschäftigt bei ______________________________

wird hiermit als elektrisch unterwiesene Person bestellt und darf in diesem Rahmen folgende festgelegte Tätigkeiten ausüben:

- FI-Schutzschalter zurücksetzen
- Motorschutzschalter quittieren (max. 2× innerhalb von 1 h)

Bestehen fachliche Zweifel oder Unsicherheiten, ist der nächste fachliche Vorgesetzte anzurufen, d. h. Elektrofachkraft oder Verantwortliche Elektrofachkraft.

Mit meiner Unterschrift bestätige ich, dass ich in dem beschriebenen Bereich mit der Abwicklung von Schalthandlungen in den aufgeführten Anlagen und Netzen vertraut bin und mir die fachlichen Inhalte zur Schaltberechtigung vermittelt wurden.

Weiterhin bestätige ich, dass ich bei der Abwicklung von Schalthandlungen die einschlägigen Unfallverhütungsvorschriften (DGUV Vorschrift 1, Vorschrift 3) und VDE-Bestimmungen, insbesondere die 5 Sicherheitsregeln (VDE 0105-100), beachten werde.

Ich bestätige weiterhin, dass ich eine Schulung zur elektrisch unterwiesenen Person und für die festgelegten Tätigkeiten erhalten habe.

______________________ ______________________

Ort, Datum Unterschrift elektrisch unterwiesene Person

______________ ______________ ______________

Ort, Datum Unterschrift verantwortliche Elektrofachkraft Unterschrift disziplinarischer Vorgesetzter

---

Revision: Änderungsdatum: Seite 1 von 1

Vorlage **Bestellung zum Fremdfirmenkoordinator**

Hiermit bestellen wir Person ___________ mit Wirkung vom _____ zum Fremdfirmenkoordinator. ___________ verfügt über die entsprechenden sicherheitstechnischen Kenntnisse, die erforderliche Berufserfahrung und wurde für seine Aufgaben als Fremdfirmenkoordinator geschult.

Ihm obliegen folgende Aufgaben und Befugnisse:

1. Ermittlung und Gefährdung im Rahmen des Zusammenwirkens von Fremdfirmen auf dem Betriebsgelände, deren Wichtung und die Ableitung erforderlicher sicherheitstechnischer Präventivmaßnahmen, wie z. B.
   - Information der betroffenen Betriebsbereiche über das Einwirken von Fremdfirmen,
   - Absperren von sicherheitstechnischen Bereichen,
   - Festlegung der Abfolge von Fremdarbeiten,
   - Aufheben von gesperrten Bereichen,
   - Festlegen der Art zu verwendender Geräte (z. B. explosionsgeschützte Geräte).

Revision: Änderungsdatum: Seite 1 von 2

2. Ermittlung von Gefährdungen im Rahmen des Zusammenwirkens von betrieblichen Arbeiten und Arbeiten durch Fremdfirmen:
   - Information der betroffenen Betriebsbereiche,
   - Absperren von sicherheitstechnischen Bereichen,
   - Festlegung der Abfolge von Arbeiten,
   - Aufheben gesperrter Bereiche,
   - Festlegung der Art zu verwendender Geräte.
3. Ansprechpartner für alle Belange der Fremdfirmen und der von Fremdfirmenarbeiten betroffenen Bereiche.
4. Einweisung der Koordinatoren der Fremdfirmen in die Gefährdungssituation im Unternehmen anhand der Gefährdungsanalyse, Antizipation eventueller Gefährdungsverstärkungen (-überlappungen) und Ableiten entsprechender Präventionsmaßnahmen (mit schriftlichem Nachweis).
5. Antizipation von Notfallszenarien und Bereitstellung entsprechender Notfallausrüstung.
6. Kontrolle der Fremdfirmenarbeiten durch regelmäßige Inspektion.
7. Anlaufstelle der Fremdfirmen für An- und Abmeldung.
8. Überzeugen davon, dass Fremdfirmen bereits ihre Mitarbeiter in die spezifischen Gefahren auf dem Gelände eingewiesen haben.
9. Stichprobenartige Kontrolle der erforderlichen Schutzausrüstung und Werkzeuge auf eventuelle Prüfnotwendigkeiten, Verschleiß, Ablegereife.
10. Sperrung von Arbeitsmitteln oder auch von persönlicher Schutzausrüstung, die nicht den sicherheitstechnischen Regeln entsprechen.
11. Verweisen von Mitarbeitern der Fremdfirma vom Gelände bei sicherheitswidrigem Verhalten.
12. Einstellen der Arbeiten der Fremdfirma bei Erkennen von Sicherheitsrisiken.

Die Bestellung wird erst wirksam, sobald der Nachweis eines Seminars zur Fremdfirmenkoordination erbracht wurde.

Ich bin mit der Bestellung einverstanden.

Ort, Datum

______________________	______________________
Geschäftsleitung	Fremdfirmenkoordinator

Revision: Änderungsdatum: Seite 2 von 2

Vorlage

Bestellung zum Strahlenschutzbeauftragten

Hiermit wird Person ____________ zum Strahlenschutzbeauftragten bestellt. Er hat die im § 33 der Strahlenschutzverordnung genannten Pflichten zu erfüllen.

Person ____________ ist verpflichtet, sämtliche Mängel bezüglich des Strahlenschutzes sofort dem Strahlenschutzverantwortlichen anzuzeigen. Wird kein Konsens über entsprechende Abstellmaßnahmen erzielt, so hat der Strahlenschutzbeauftragte die Pflicht, darüber einen schriftlichen Bericht gegenüber dem Betriebsrat und der zuständigen Behörde zu erstellen.

Der Strahlenschutzverantwortliche hat den Strahlenschutzbeauftragten über alle Maßnahmen den Strahlenschutz betreffend zu informieren.

Im Rahmen des Strahlenschutzes ist eine konsequente Zusammenarbeit zwischen Strahlenschutzverantwortlichem und dem Betriebsrat sowie dem Strahlenschutzbeauftragten anzustreben. Betriebsrat und Strahlenschutzverantwortlicher sind über alle Maßnahmen zu unterrichten.

Der Strahlenschutzbeauftragte darf wegen seiner Tätigkeit nicht behindert oder benachteiligt werden.

Person ____________ ist sich darüber im Klaren, dass die zuständige Strahlenschutzbehörde jederzeit die Bestellung zum Strahlenschutzbeauftragten widerrufen kann, wenn wesentliche Pflichten verletzt werden.

Person ____________ legt ein Führungszeugnis vor und versichert, dass keine Bedenken hinsichtlich seiner Person strafrechtlich vorliegen. Er versichert weiterhin, über die erforderliche Fachkunde zu verfügen, um den Aufgaben des Strahlenschutzbeauftragten gerecht werden zu können.

Jährlich ist vom Strahlenschutzbeauftragten ein schriftlicher Bericht über die Tätigkeit und die Situation im Unternehmen bezüglich des Strahlenschutzes anzufertigen und dem Strahlenschutzverantwortlichen sowie dem UMB und der SIFA zu übergeben.

Anlagen

Strahlenschutzverordnung

Ort

____________________	____________________
Geschäftsleitung	Strahlenschutzbeauftragter

Revision: Änderungsdatum: Seite 1 von 1

Bestellung zum Brandschutzbeauftragten

Vorlage

Person ____________________

wird hiermit für

die ____________________

mit Wirkung vom _____ zum Brandschutzbeauftragten bestellt.

Sie sind in der Funktion des Brandschutzbeauftragten unmittelbar dem Arbeitgeber unterstellt. Sie werden zu allen den Brandschutz betreffenden Fragestellungen des Unternehmens – schon bei der Planung – rechtzeitig eingebunden. Sie beraten und unterstützen den Arbeitgeber in allen Fragen des Brandschutzes.

Die Gesamtverantwortung des Arbeitgebers bleibt unberührt.

Die für Ihre Tätigkeit als Brandschutzbeauftragter erforderlichen Fachkenntnisse gemäß der DGUV-Informationen 205-003 „Aufgaben, Qualifikation, Ausbildung und Bestellung von Brandschutzbeauftragten“ haben Sie nachgewiesen.

Ihnen werden für die Erfüllung Ihrer Aufgaben die erforderliche Arbeitszeit, die benötigten Arbeitsmittel und Fortbildungen gemäß der o. g. DGUV-Information unter Berücksichtigung der betrieblichen Belange ermöglicht. Ihre konkreten Aufgaben als Brandschutzbeauftragter und der zeitliche Umfang Ihrer Tätigkeit sind den Anlage 1 und 2 zu entnehmen, die Bestandteile der Bestellung sind.

Sie sind bei der Anwendung Ihrer brandschutztechnischen Fachkunde weisungsfrei. Sie dürfen wegen der Erfüllung der Ihnen übertragenen Aufgaben nicht benachteiligt werden. Die mit Ihrer Bestellung verbundenen Aufgaben sind rückseitig aufgeführt.

Jeder Änderung dieser Tätigkeiten ist schriftlich zu fixieren und von den Unterzeichnern zu bestätigen.

Ort, ____________________

(Datum)

____________________ ____________________

(Arbeitgeber) (Brandschutzbeauftragter)

Verteiler:

____

____

____

Revision: Änderungsdatum: Seite 1 von 2

Anlage

Ein Brandschutzbeauftragter ist zu bestellen, der folgende Aufgaben durchzuführen hat:

Nr.	**Aufgaben/Tätigkeit** (aus 3.)	**Zeitbedarf** (h/a)
1	Fortschreiben der Brandschutzordnung (Teile A, B, C)	20
2	Mitwirken bei der Ausarbeitung von Betriebsanweisungen, soweit sie den Brandschutz betreffen	15
3	Mitwirken bei baulichen, technischen und organisatorischen Maßnahmen, soweit sie den Brandschutz betreffen	15
4	Mitwirken bei der Umsetzung behördlicher Anordnungen und bei Anforderungen des Feuerversicherers	10
5	Mitwirken bei der Einhaltung von Brandschutzbestimmungen bei Neu-, Um- und Erweiterungsbauten, Nutzungsänderungen, Anmietungen und Beschaffungen	betriebsspezifischer Bedarf
6	Beratung bei der Ausstattung der Arbeitsstätten mit Feuerlöscheinrichtungen und Löschmitteln	5
7	Kontrollieren, dass Flucht- und Rettungspläne, Feuerwehrpläne, Alarmpläne usw. aktuell sind, ggf. Aktualisierung veranlassen, dabei mitwirken	40
8	Planen, organisieren und durchführen von Brandschutzbegehungen	10
9	Teilnahmen an bzw. Durchführen von Brandschutzbegehungen	35
10	Aus- und Fortbilden von Beschäftigten in der Handhabung von Feuerlöscheinrichtungen und von Beschäftigten mit besonderen Aufgaben in einem Brandfall (Brandschutzhelfer)	15
11	Unterstützen der Führungskräfte bei den regelmäßigen Unterweisungen der Beschäftigten im Brandschutz	in (10)
12	Kontrollieren der Sicherheitskennzeichnungen im Brandschutz und für die Rettung	in (9)
13	Überwachen der Benutzbarkeit von Flucht- und Rettungswegen	in (9)
14	Organisation und die Sicherstellung der Prüfung und Wartung von brandschutztechnischen Einrichtungen	15
15	Kontrollieren, dass Brandschutzregeln insbesondere bei feuergefährlichen Arbeiten eingehalten werden	betriebsspezifischer Bedarf
	Summe	**mindestens 180 plus Nr. 5 und 15**

Tabelle: Beispiel für die Bemessung der Einsatzzeit von Brandschutzbeauftragten

Revision: Änderungsdatum: Seite 2 von 2

Die folgende beispielhafte Vorlage, in der die Verantwortungen wesentlich konkreter auf die Spezifik des Unternehmens heruntergebrochen wurden, könnte der Leser leicht für eigene Zwecke adaptieren.

Vorlage

Übertragung von Unternehmerpflichten

Sehr geehrter Herr/Sehr geehrte Frau __________,

Ihnen werden als Führungskraft und Verantwortungsträger für den Bereich xy wesentliche Unternehmerpflichten entsprechend den geltenden rechtlichen Bestimmungen übertragen:

- Initiierung, Führung und Kontrolle der Prozesse im Einklang mit geltenden Sicherheitsvorschriften in Ihrem Verantwortungsbereich
- Durchsetzung der Einhaltung des Arbeitszeitgesetzes
- personelle Besetzung der Arbeitsplätze entsprechend der Qualifikation und persönlichen Reife, um Unfälle wirksam zu vermeiden
- Unterweisung der Beschäftigten entsprechend geltenden Vorschriften
- Erstellung notwendiger sicherheitstechnischer Anweisungen einschließlich Maschinen- und Betriebsanweisungen für Gefahrstoffe
- Durchsetzung der Anweisungen im täglichen Geschehen
- Verantwortung für das Tragen persönlicher Schutzausrüstung
- Erteilung von Reparaturaufträgen im Zusammenhang mit der Verantwortung für die Abstellung sicherheitstechnischer Mängel
- Kontrolle der erforderlichen Sicherheitsstandards
- Freigabe gefährlicher Arbeiten
- sofortiges Handeln und Treffen geeigneter Maßnahmen bei Notfällen, Meldung gemäß Notfallplan

...

______________________	______________________	______________________
Ort, Datum	Unterschrift Unternehmer	Unterschrift Führungskraft

Revision: Änderungsdatum: Seite 1 von 1

Vorlage

Erläuterungen zur Übertragung von Unternehmerpflichten

In der Folge werden beispielhaft (und nicht vollständig) Erläuterungen zu den Ausführungen in Ihrer Urkunde zur Übertragung von Unternehmerpflichten gegeben. Sie sollen das Verständnis der Aufgabenübertragung fördern und Ihnen exemplarisch verdeutlichen, worin Ihre Pflichten im Einzelnen bestehen.

Einrichtungen (Arbeitsplatzgestaltungen, Maschinen, Geräte) und technische Sicherungen erhalten oder diese im Rahmen der Handlungsmöglichkeiten schaffen bedeutet u. a.:

- Prüfung, Wartung und Reparatur über die Koordinatoren oder die Instandhaltung sicherstellen

sicherheitstechnische Probleme, Schwachstellen, Gefährdungen beseitigen oder an die übergeordnete Führungsebene melden bedeutet u. a.:

- Stilllegung von Maschinen bei Gefährdung von Leib und Leben
- Absperren von Gefahrenbereichen (Verkehrssicherungspflichten)
- Gegen Wiederinbetriebnahme sichern

Sorge tragen für wirksame Erste Hilfe, Brandbekämpfung und Evakuierung der Beschäftigten bedeutet u. a.:

- Sicherstellen einer ausreichenden Anzahl von Ersthelfern, Brandschutz- und Evakuierungshelfern, Sicherheitsbeauftragten
- Freihalten von Flucht- und Rettungswegen
- Freihalten von Brandschutztüren
- Sicherstellung der Unversehrtheit und wiederkehrenden Prüfung von Feuerlöscheinrichtungen
- Sicherstellung von Verbandsmaterial und Notfallkits

Sorge tragen für die Einhaltung der Sicherheits- und Umweltvorschriften/Aufsicht führen (auch gegenüber Leiharbeitnehmern) bedeutet u. a.:

- Unterbinden der Manipulation von Schutzeinrichtungen
- Unterbinden von Änderungen an Maschinen und Einrichtungen
- Sicherstellen des bestimmungsgemäßen Gebrauchs von Arbeitsmitteln
- Sicherstellung der Aufbewahrung von Maschinen- und Anlagendokumentation
- Kontrolle der Einhaltung der Arbeitsschutz- und Unfallverhütungsvorschriften und umweltrelevanten Anweisungen und Dokumentation der Inspektionsergebnisse
- nicht sicherheitskonformes Verhalten unterbinden
- Verstöße ahnden, insbesondere bei Nichtanwendung persönlicher Schutzausrüstung

Schulung und Unterweisung der Mitarbeiter bedeutet u. a.:

- Sicherstellung der jährlichen Unterweisung aller Mitarbeiter gemäß DGUV V1, Gefahrstoffverordnung (anhand der Betriebsanweisungen), Betriebssicherheitsverordnung, Explosionsschutz, Brandschutz
- Sicherstellen, dass Mitarbeiter vor Einsatz unterwiesen werden
- Durchführung anlassbezogener Schulungen zu Unfallursachen, Beinahe-Unfällen, neuen Themen, insbesondere zu Änderungen von Rechtsvorschriften
- Sicherstellung der fachlichen Fortbildung

Revision: Änderungsdatum: Seite 1 von 3

Verpflichtung zur Unfallanalyse und der Ableitung von Präventionsmaßnehmen bedeutet u. a.:

- arbeits-, gesundheitsschutz- und umweltbezogene Vorfälle im Team analysieren und dokumentieren
- Erarbeitung von Präventions- und Korrekturmaßnahmen in Abstimmung mit der HSE-Abteilung
- Erkennen von Gefahren und Tendenzen

Verpflichtung zur Durchführung von Gefährdungsbeurteilungen bedeutet u. a.:

- Erstellen von bereichs-, tätigkeits-, arbeitsmittel-, gefahrstoffbezogener GBU inkl. ergonomischer, psychischer und alters- und alternsgerechter Faktoren im Team
- Aktualisierung der GBU jährlich oder bei Veränderungen
- fachliche Unterstützung durch HSE-Abteilung abfordern
- Unterweisung durchführen auf Grundlage der GBU
- regelmäßige Überprüfung der Wirksamkeit getroffener Schutzmaßnahmen

Sicherstellung der Überprüfung von Arbeitsmitteln und Einrichtungen bedeutet u. a.:

- enge Kooperation mit Koordinatoren und befähigten Personen
- Realisierung des Überwachungskatasters für prüfpflichtige Einrichtungen mit Hilfe der Koordinatoren
- Ermöglichen der Prüfungen von Arbeitsmitteln und Einrichtungen in den festgelegten Zeiträumen
- Kontrolle der Durchführung von Prüfungen im Bereich
- Melden von ungeprüften Arbeitsmitteln und Einrichtungen
- ggf. Einleitung von Eskalationsverfahren
- Veranlassen von Prüfungen von Arbeitsmitteln vor erster Benutzung
- Überwachung der Mängelbeseitigung geprüfter Arbeitsmittel
- Prüfen der Prüfprotokolle auf Plausibilität (Umfang, Güte)

Sicherstellung der Umsetzung der Genehmigungsauflagen im Bereich bedeutet u. a.:

- In Kenntnis sein der Genehmigungsauflagen
- Betreiben der Anlagen im Einklang mit den genehmigungsrechtlichen Bestimmungen (z. B. Einhaltung von Grenzwerten, Dokumentationspflichten)
- Veranlassen der Prüfungen von prüfpflichtigen Anlagen über den Koordinator
- Überwachung der notwendigen Prüffristen
- Melden von nicht-genehmigungskonformen Betriebszuständen

Verpflichtung zur Erprobung der Notfallszenarien bedeutet u. a.:

- Festlegung von Notfallszenarien
- Auswahl der Ersthelfer, Brandschutz- und Evakuierungshelfer sowie Sicherheitsbeauftragten im Bereich inkl. Vertretern
- Regelmäßiger Erprobung der Notfälle in Abstimmung mit HSE-Abteilung und Werkleitung, z. B. Simulation von Unfällen mit Gefahrstoffen, Brand, Explosion, Austritt von Gas, usw.

Verpflichtung zur Aufsichtsführung bedeutet u. a.:

- Beaufsichtigung der Mitarbeiter, Leiharbeitnehmer

Revision: Änderungsdatum: Seite 2 von 3

- Besondere Sorgfaltspflicht gegenüber Auszubildenden, neuen oder bereichsfremden Mitarbeitern
- Sicherstellung der Beaufsichtigung von Fremdfirmen im Bereich
- Sicherstellung der Sicherheit für Besucher, Werksfremde, saisonal tätige Mitarbeiter

Verpflichtung zur Einhaltung des Gefahrstoffrechts bedeutet u. a.:

- höchstmögliche Substitution von Gefahrstoffen
- Umsetzung der Kennzeichnungspflichten auch bei Umverpackungen
- Expositionsbegrenzung
- nur Lagerung von Tagesmengen im Arbeitsbereich
- Ordnungsgemäße Lagerung (in Auffangwannen, Gefahrstoffschränken ggf. mit Abzug)
- Vermeiden des offenen Umgangs, Arbeiten unter Abzügen
- Umsetzung der Gefahrstoffanweisungen
- Vorhalten der PSA für den Notfall
- Meldung neu eingesetzter Gefahrstoffe an die SIFA
- Verantwortung für die Aktualität des Gefahrstoffkatasters
- Durchsetzung allgemeiner Hygieneregeln im Umgang mit Gefahrstoffen
- jährliche Unterweisung der Beschäftigten
- Durchsetzung des Tragens von PSA

Überwachung der arbeitsmedizinischen Vorsorge bedeutet u. a.:

- Überwachung der Einhaltung der Pflichtuntersuchungen (fristgerecht, wiederkehrend)
- Hinweisen auf Angebotsuntersuchungen

Verpflichtung zur Dokumentation bedeutet u. a.:

- Einhaltung der Dokumentations- und Aufbewahrungspflichten bezüglich
  - Gebrauchsanweisungen, Maschinen- und Anlagendokumentationen
  - Prüf- und Überwachungsprotokollen
  - Gefährdungsbeurteilungen
  - Sicherheitsdatenblättern und Betriebsanweisungen
  - Unterweisungsnachweisen
  - Anweisungen
  - Vorfällen, Unfällen, kritischen Situationen

Vertretung des Unternehmens gegenüber Behörden, staatlichen Aufsichtsämtern, Zertifizierungsgesellschaften in Abstimmung mit der Werkleitung.

Entscheidungsbefugnis gemäß Eskalationsmatrix und Unterschriftenordnung im angegebenen Wert- und Arbeitsumfang, z. B.

- außer Betrieb nehmen von Anlagen, Beschaffung von PSA
- Sofort- und Kleinreparaturen im angegebenen Wert

Revision: Änderungsdatum: Seite 3 von 3

A3 Ergänzende Vorlagen und Beispiele zu Normabschnitt „6.1.2 Ermittlung von Gefährdungen und Bewertung von Risiken und Chancen“

Verfahrensanweisung: Ermittlung von Gefährdungen im Umgang mit Gefahrstoffen

Vorlage

1. Zweck

Diese Verfahrensanweisung betrifft die Ermittlung und Bewertung von Gefährdungen im Umgang mit Gefahrstoffen gemäß geltender Gefahrstoffverordnung.

2. Geltungsbereich

Der Geltungsbereich erstreckt sich auf alle Mitarbeiter, die an der Gefährdungsermittlung beteiligt werden, die SIFA, den Arbeitsmediziner und Beauftragte im Arbeits- und Gesundheitsschutz.

3. Beschreibung

Gefährdungen im Umgang mit Gefahrstoffen sollen über den EMKG-Leitfaden der Bundesanstalt für Arbeitsschutz und Arbeitsmedizin (BAuA) ermittelt werden. Der EMKG-Leitfaden (Einfaches Maßnahmenkonzept Gefahrstoffe) stellt eine Handlungsanleitung für die Gefährdungsbeurteilung von Gefahrstoffen dar.

Die Gefährdungsbeurteilung darf nur von fachkundigem Personal durchgeführt werden. Eine fachkundige Person ist mit den Tätigkeiten im Betrieb vertraut und verfügt über die erforderlichen Kenntnisse und Erfahrungen zu Tätigkeiten mit Gefahrstoffen und im Gefahrstoffrecht. Fachkundig sind z. B.: Arbeitsmediziner, Fachkräfte für Arbeitssicherheit.

Die Gefährdung wird systematisch in 8 Schritten ermittelt und einer Maßnahmestufe zugeordnet. Der daraus ermittelte Handlungsbedarf ist in allgemeine Schutzmaßnahmen nach § 8 GefStoffV und darauf aufbauend in zusätzliche Schutzmaßnahmen nach §§ 9 und 10 GefStoffV unterteilt.

Zum Schutz vor Gesundheitsgefährdungen durch **Einatmen von Gefahrstoffen** werden die Maßnahmen in 4 Maßnahmestufen unterteilt:

Maßnahmestufe 1: Mindeststandards (allgemeine Schutzmaßnahmen)

Maßnahmestufe 2: Technisches System zur Emissionsminderung

Maßnahmestufe 3: Geschlossenes System

Maßnahmestufe 4: Beratung

Zum Schutz vor Gesundheitsgefährdungen durch **Hautkontakt mit Gefahrstoffen** werden die Maßnahmen in 3 Maßnahmestufen unterteilt:

Maßnahmestufe 1: Organisations- und Hygienemaßnahmen

Maßnahmestufe 2: Technische Lösungen

Maßnahmestufe 3: Substitution, geschlossenes System

Die Anmeldung zum System erfolgt über www.baua.de/emkg.

Es entsteht ein Gefahrstoffverzeichnis en passant.

Das Konzept ist nicht anwendbar bei:

- Tätigkeiten mit Gefahrstoffen, die zu physikalisch-chemischen Gefährdungen (z. B. zu Brand- und Explosionsgefährdungen) führen könnten. Hier sind gesonderte Gefährdungsbeurteilungen zu erstellen. Die ergänzenden Schutzmaßnahmen des § 11 GefStoffV und die Vorgaben der Betriebssicherheitsverordnung sind zu beachten.

Revision: Änderungsdatum: Seite 1 von 2

- Tätigkeiten, bei denen Gefahrstoffe entstehen oder aus Erzeugnissen freigesetzt werden
- Tätigkeiten mit Gefahrstoffen, die besondere Maßnahmeansätze erfordern (Abbruch-, Sanierungsarbeiten, Recycling ...)
- die industrielle und gewerbliche Handhabung von Gasen
- stoffbedingte Umweltgefährdungen

Plausibilitätsprüfung von Sicherheitsdatenblättern

Inhalte gemäß Anhang II der REACH-VO (EG) Nr. 1907/2006 und CLP-VO

Abschnitt Sidabl	Prüfkriterium
2	Angaben zur Kennzeichnung übereinstimmend mit dem Etikett?
2 und 3	Gibt es in der GESTIS-Stoffdatenbank (oder vergleichbare Quelle) über den Stoff einen Eintrag? Angaben identisch?
2 und 15	Wird in der TRGS 907 der Stoff oder eine Komponente als sensibilisierend angegeben?
	Wird in der TRGS 905 der Stoff oder eine Komponente, die Tätigkeit damit oder das Verfahren als krebserzeugend oder erbgutverändernd angegeben?
3 und 8	Werden die national geltenden Arbeitsplatzgrenzwerte der in Abschnitt 3 genannten Komponenten benannt? (TRGS 900)
8 und 10	Werden Arbeitsplatzgrenzwerte für Zersetzungsprodukte genannt?
9	Liegen bei Flüssigkeiten Angaben zum Siedepunkt oder Dampfdruck vor?
11	Liegt eine Prüfung auf Toxizität oder Bewertung auf Reizung und Hautsensibilisierung vor?

Substitutionsprüfung

Vorrangig Prüfung auf Ersatz durchführen.

Geringe Gefährdung

Eine geringe Gefährdung liegt vor, wenn

1. die Arbeitsbedingungen
2. eine nur gering verwendete Stoffmenge
3. eine nach Art und Dauer niedrige Exposition vorhanden ist.

Empfehlung: Reihe 100 – Maßnahmen

Weitere Gefährdungsermittlung über die H-Sätze anhand des Systems und der Schutzleitfäden.

4. Mitgeltende Unterlagen

- Gefährdungsbeurteilungen
- Gefahrstoffkataster

Revision: Änderungsdatum: Seite 2 von 2

Beispiel

Gefährdungsbeurteilung nach dem Mutterschutzgesetz

Vorgehensweise:

1. **Bestimmen möglicher Folgen des Gefährdungszustandes, wenn dieser nicht geändert wird**

   Personenschäden

   1. keine Personenschäden
   2. Erste Hilfe
   3. Ausfall < 3 Monate
   4. Ausfall > 3 Monate
   5. Bleibender Schaden/Tod

2. **Bestimmen der Häufigkeit des möglichen Eintritts der Folgen**

   Wahrscheinlichkeit des Wirksamwerdens der Gefährdung

   1. 1 × in 10 Jahren (> jährlich)
   2. 1 × jährlich
   3. 1 × vierteljährlich
   4. 1 × monatlich
   5. mehrmals in der Woche

3. **Folgen mit Häufigkeit multiplizieren und den „Risiko-Wert“ aus der Matrix ermitteln**

   Folgen × Häufigkeit = Risiko

Folgen ↓ **Häufigkeit** →

	1	2	3	4	5
1	1	2	3	4	5
2	2	4	6	8	10
3	3	6	9	12	15
4	4	8	12	16	20
5	5	10	15	20	25

1 Eintritt einer Verletzung oder Erkrankung ist nur wenig wahrscheinlich. Maßnahmen organisatorisch und personenbezogen ausreichend.

⋮

3 Eintritt einer Verletzung oder Erkrankung ist wahrscheinlich. Handlungsbedarf mit normaler Schutzwirkung notwendig.

⋮

5 Eintritt einer Verletzung oder Erkrankung ist sehr wahrscheinlich. Handlungsbedarf mit erhöhter Schutzwirkung dringend notwendig.

G = geringes Risiko

M = mittleres Risiko

H = hohes Risiko

Gefährdungsbeurteilung

1.0 Beurteilungsablauf

Die Gefährdungsbeurteilung wurde in folgenden Schritten durchgeführt:

1. Festlegung der Betrachtungseinheiten (Arbeitsbereiche/Arbeitsplätze)
2. Zuordnung einer Schlüsselnummer (SN) zu den einzelnen Betrachtungseinheiten
3. Definition der einzelnen Tätigkeiten (siehe Organigramm)
4. Zuordnung bestimmter Gefährdungsgruppen zu den einzelnen Tätigkeiten

   Die Gefährdungsgruppen teilen sich auf in
   - 0. Gefährdung durch organisatorische Mängel
   - 1. Mechanische Gefährdungen
   - 2. Elektrische Gefährdungen
   - 3. Gefahrstoffe
   - 4. Biologische Gefährdungen
   - 5. Brand- und Explosionsgefährdungen
   - 6. Thermische Gefährdung
   - 7. Spezielle physikalische Einwirkungen
   - 8. Gefährdung durch Arbeitsumgebungsbedingungen
   - 9. Physische Belastung/Arbeitsschwere
   - 10. Wahrnehmung und Handhabbarkeit
   - 11. Psychische Belastungen und
   - 12. Sonstige Gefährdungen/Belastungen.
5. Beurteilung der einzelnen Arbeitsplätze im Rahmen einer Arbeitsplatzbegehung in Zusammenarbeit mit
   - Person xy
6. Dokumentation ermittelter Gefährdungen und zu ergreifender Maßnahmen in Maßnahmenlisten und gegebenenfalls weiteren Datenblättern

Gefährdungsbeurteilung												
4.0 Maßnahmenliste – Arbeitsbereich 1 Verwaltung: Mutterschutz												
B&M Pos.	Gefährdungen durch	Soll-Zustand Schutzziel/notwendige Schutzmaßnahme	Ist-Zustand vorhandene/fehlende Schutzmaßnahme	Ein-stufung[1]			Erforderliche Maßnahme	Einstufung nach Maß-nahme[1]			Verant-wortlicher	
				G	M	H		G	M	H	Ter-min	wer
0. Organisation/Rahmenbedingungen												
0.7 Organisation allgemein												
1	**Rauchen:** Tabakrauch- und Nikotineinwirkungen durch Passivrauchen 	Es müssen erforderliche Maßnahmen zur Vermeidung von Passivrauch getroffen sein. Rauchen darf nur in ausgewiesenen Bereichen erfolgen oder muss verboten werden. Personenbezogene Unterweisungen müssen zu diesem Thema durchgeführt werden.	Dieser Aspekt wird beachtet.	×			Zurzeit sind keine Maßnahmen erforderlich.					
0.8 Arbeitsablauf												
2	**Arbeitstempo:** Verbot von Akkordarbeit 	Es muss sichergestellt werden, dass keine Akkordarbeit, Fließarbeit mit vorgeschriebenem Arbeitstempo u. Ä. ausgeführt wird.	Die Beschäftigte wird zur keiner Akkordarbeit, Fließarbeit eingeteilt.	×			Zurzeit sind keine Maßnahmen erforderlich.					
3	**Einzelarbeitsplatz:** Verbot der Einzelarbeit 	Es muss sichergestellt werden, dass keine Alleinarbeit ausgeführt wird.	Die Beschäftigte wird derzeit zur Alleinarbeit eingeteilt.	×			Im Falle einer vorliegenden Schwangerschaft ist dieser Aspekt gemäß Sollzustand zu organisieren.					Personalabteilung Signatur:

1 G = gering, M = mittel, H = hoch

Gefährdungsbeurteilung												
4.0 Maßnahmenliste – Arbeitsbereich 1 Verwaltung: Mutterschutz												
B&M Pos.	Gefährdungen durch	Soll-Zustand Schutzziel/notwendige Schutzmaßnahme	Ist-Zustand vorhandene/fehlende Schutzmaßnahme	Ein-stufung			Erforderliche Maßnahme	Einstufung nach Maßnahme			Verant-wortlicher	
				G	M	H		G	M	H	Ter-min	wer
0.9 Arbeitszeit												
4	**Ruhe- und Pausenzeiten:** Liegeraum 	Damit sich eine werdende Mutter während der Pause oder, soweit es erforderlich ist, auch während der Arbeitszeit unter geeigneten Bedingungen hinlegen und ausruhen kann, muss eine Liegemöglichkeit/ein Liegeraum vorhanden sein.	Eine Liegemöglichkeit ist vorhanden.	×			Zurzeit sind keine Maßnahmen erforderlich.					
5	**Ruhe- und Pausenzeiten:** Fehlende Möglichkeit, die Arbeit zu unterbrechen 	Eine werdende Mutter muss ihren Arbeitsplatz jederzeit verlassen beziehungsweise ihre Tätigkeit unterbrechen können. Ansonsten besteht ein Beschäftigungsverbot für ständig zu besetzende Arbeitsplätze.	Dieser Aspekt ist bei ständig zu besetzenden Arbeitsplätzen noch nicht organisiert.		×		Im Falle einer vorliegenden Schwangerschaft ist dieser Aspekt gemäß Sollzustand zu organisieren.					Personalabteilung Signatur
6	**Ruhe- und Pausenzeiten:** Verlängerung der Arbeitszeit 	Mehrarbeit, d. h. mehr als 8,5 Stunden täglich oder 90 Stunden in der Doppelwoche muss verboten werden. (Frauen unter 18 Jahre: 8 Stunden täglich oder 80 Stunden in der Doppelwoche)	Dieser Aspekt kann organisiert werden.	×			Zurzeit sind keine Maßnahmen erforderlich.					
7	**Nachtarbeit:** Fehlende Prüfung oder Einsatz nach 22 Uhr 	Nachtarbeit (zwischen 20.00 und 06.00 Uhr) muss unterbleiben. Arbeitgeber müssen prüfen, ob Einsatz nach 20:00 Uhr nötig ist. Eine Beschäftigung bis 22:00 Uhr ist zulässig bei Einwilligung der Beschäftigten, ärztlicher Bescheinigung der Unbedenklichkeit einer werdenden Mutter, Einhaltung des Arbeitsschutzes und behördlicher Genehmigung.	Dieser Aspekt kann organisiert werden.	×			Zurzeit sind keine Maßnahmen erforderlich.					

Gefährdungsbeurteilung												
4.0 Maßnahmenliste – Arbeitsbereich 1 Verwaltung: Mutterschutz												
B&M Pos.	**Gefährdungen durch**	**Soll-Zustand Schutzziel/notwendige Schutzmaßnahme**	**Ist-Zustand vorhandene/fehlende Schutzmaßnahme**	**Ein-stufung**			**Erforderliche Maßnahme**	**Einstufung nach Maßnahme**			**Verant-wortlicher**	
				G	**M**	**H**		**G**	**M**	**H**	**Ter-min**	**wer**
8	**Sonn- und Feiertagsarbeit:** Fehlende Bereiterklärung 	Schwangere oder stillende Frauen aller Berufsgruppen können sich im Rahmen des ArbZG zur Arbeit an Sonn- und Feiertagen ausdrücklich bereit erklären. Ohne Bereiterklärung darf die Beschäftigte nicht an Sonn- und Feiertagen arbeiten.	Dieser Aspekt kann organisiert werden.	×			Zurzeit sind keine Maßnahmen erforderlich.					
1. Mechanische Gefährdung												
9	**Unfallgefahr:** Vorhandene Stolper- und Sturzgefahren 	Arbeiten mit erhöhten Unfallgefahren, insbesondere Ausgleiten, Abstürzen, Fallen müssen vermieden werden.	Am Arbeitsplatz sind keine erhöhten Gefahrenstellen bekannt.	×			Zurzeit sind keine Maßnahmen erforderlich.					
3. Gefährdung durch Gefahrstoffe												
10	**Gefahrstoffe:** Gesundheitsgefahr mit Signalwort „Gefahr“  	Im Arbeitsumfeld der Beschäftigten dürfen sich keine Gefahrstoffe mit der Einstufung als karzinogen, keimzellmutagen oder reproduktionstoxisch befinden.	Die Beschäftigte hat keinen Umgang mit Gefahrstoffen	×			Zurzeit sind keine Maßnahmen erforderlich.					

Gefährdungsbeurteilung

4.0 Maßnahmenliste – Arbeitsbereich 1 Verwaltung: Mutterschutz

B&M Pos.	Gefährdungen durch	Soll-Zustand Schutzziel/notwendige Schutzmaßnahme	Ist-Zustand vorhandene/fehlende Schutzmaßnahme	Einstufung			Erforderliche Maßnahme	Einstufung nach Maßnahme			Verantwortlicher	
				G	M	H		G	M	H	Termin	wer
6. Thermische Gefährdung												
11	**Heiße/kalte Temperaturen:** Gefährdung durch Wärme oder Hitze  	Der Höchstwert der Lufttemperatur soll regelmäßig +26 °C nicht überschreiten. Betriebstechnisch unvermeidbare Wärmestrahlung darf nicht in unzuträglichem Ausmaß auf die Beschäftigten einwirken.	Die Temperaturen werden beachtet.	×			Zurzeit sind keine Maßnahmen erforderlich.					
7. Gefährdung durch spezielle physikalische Einwirkungen												
7.1 Lärm												
12	**Lärm:** Gefährdung durch Lärm 	Lärm sollte nach Möglichkeit an der Quelle vermieden werden. Ist das nicht möglich, werden Maßnahmen ergriffen, den Lärmpegel zu senken. Beschäftigte dürfen Lärm mit einem Beurteilungspegel (Leq) < 80 dB (A) ausgesetzt werden.	Die Beschäftigte wird keinem Lärm> 80 dB (A) ausgesetzt.	×			Zurzeit sind keine Maßnahmen erforderlich.					
8. Gefährdung/Belastung durch Arbeitsumgebungsbedingungen												
8.1 Klima												
13	**Raumklima**: Nässe 	Nässe sollte in der Arbeitsumgebung vermieden werden.	Die Arbeitsumgebung entspricht den Anforderungen	×			Zurzeit sind keine Maßnahmen erforderlich.					

Gefährdungsbeurteilung

4.0 Maßnahmenliste – Arbeitsbereich 1 Verwaltung: Mutterschutz

B&M Pos.	Gefährdungen durch	Soll-Zustand Schutzziel/notwendige Schutzmaßnahme	Ist-Zustand vorhandene/fehlende Schutzmaßnahme	Einstufung			Erforderliche Maßnahme	Einstufung nach Maßnahme			Verantwortlicher	
				G	M	H		G	M	H	Termin	wer
9. Physische Belastung/Arbeitsschwere												
9.1 Schwere dynamische Arbeit												
14	**Gefährdungsbeurteilung:** Heben, Halten, Tragen von Lasten 	Beschäftigte dürfen ohne mechanische Hilfsmittel regelmäßig Lasten von nicht mehr als 5 Kilogramm Gewicht oder gelegentlich Lasten von mehr als 10 Kilogramm Gewicht von Hand heben, halten, bewegen oder mit mechanischen Hilfsmitteln Lasten von Hand heben, halten, bewegen oder befördern, wenn dabei ihre körperliche Beanspruchung der von solchen Arbeiten entspricht.	Dieser Aspekt kann nicht immer beachtet werden.		×		Im Falle einer vorliegenden Schwangerschaft ist dieser Aspekt gemäß Sollzustand zu organisieren.					Personalabteilung Signatur:
15	**Überbeanspruchung** durch bewegungsarmes Stehen 	Die Beschäftigte darf nicht ständig bewegungsarm stehen bzw. diese Tätigkeit darf nicht täglich vier Stunden überschreiten. Es ist eine Sitzgelegenheit zum kurzen Ausruhen bereitzustellen. Gemeint ist längeres bewegungsarmes Stehen an einem Platz sowie Stehen mit eingeschränkter Bewegungsmöglichkeit auf engem Raum, wie es z. B. in einer Wäscherei gegeben sein kann. Dies trifft dagegen nicht zu, wenn die Frau nur teilweise stehen muss und in Zusammenhang mit ihrer Tätigkeit auch gehen kann, wie z. B. eine Verkäuferin.	Ein ständiges Stehen ist gegebenenfalls erforderlich.		×		Im Falle einer vorliegenden Schwangerschaft ist dieser Aspekt gemäß Sollzustand zu organisieren.					Personalabteilung Signatur:

Gefährdungsbeurteilung

4.0 Maßnahmenliste – Arbeitsbereich 1 Verwaltung: Mutterschutz

B&M Pos.	Gefährdungen durch	Soll-Zustand Schutzziel/notwendige Schutzmaßnahme	Ist-Zustand vorhandene/fehlende Schutzmaßnahme	Einstufung G	Einstufung M	Einstufung H	Erforderliche Maßnahme	Einstufung nach Maßnahme G	Einstufung nach Maßnahme M	Einstufung nach Maßnahme H	Verantwortlicher Termin	Verantwortlicher wer
16	**Überbeanspruchung** durch Bewegung oder Zwangshaltung 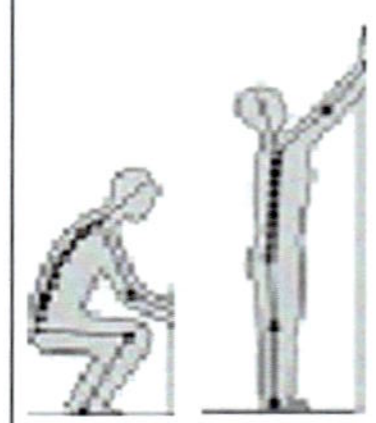	Die Beschäftigte darf nicht sich häufig erheblich strecken, beugen, dauernd hocken, sich gebückt halten oder sonstige Zwangshaltungen einnehmen müssen.	Dieser Aspekt wird beachtet.	×			Zurzeit sind keine Maßnahmen erforderlich.					
17	**Überbeanspruchung** durch langes Fahren 	Die Beschäftigte darf nicht länger als 4 Stunden täglich ein Fahrzeug führen.	Es sind keine solchen Fahrten zu tätigen.	×			Zurzeit sind keine Maßnahmen erforderlich.					
			11.2 durch Menschen									
18	**Unfallgefahr:** Gefahr durch aggressives Verhalten 	Ein Umgang mit Personen, die durch potenziell aggressives Verhalten eine Gefahr darstellen könnten (organisches Psychosyndrom, Psychosen, Alkoholiker), sollte vermieden werden. Eine Hilfeleistung in Notfallsituationen muss organisiert sein.	Es ist kein Umgang mit dieser Personengruppe zu erwarten.	×			Zurzeit sind keine Maßnahmen erforderlich.					

Gefährdungsbeurteilung													
4.0 Maßnahmenliste – Arbeitsbereich 1 Verwaltung: Mutterschutz													
B&M Pos.	Gefährdungen durch	Soll-Zustand Schutzziel/notwendige Schutzmaßnahme	Ist-Zustand vorhandene/fehlende Schutzmaßnahme	Ein-stufung			Erforderliche Maßnahme	Einstufung nach Maßnahme			Verant-wortlicher	
				G	M	H		G	M	H	Ter-min	wer
19	**Termindruck:** durch ständig zu besetzenden Arbeitsplatz	Die Beschäftigte kann ihren Arbeitsplatz jederzeit verlassen beziehungsweise ihre Tätigkeit unterbrechen. Ansonsten besteht ein Beschäftigungsverbot für ständig zu besetzende Arbeitsplätze.	Dieser Aspekt kann organisiert werden.	×			Zurzeit sind keine Maßnahmen erforderlich.					

Bemerkungen:

Einstufung

Bearbeitet durch: ____________ Verantwortlich: ____________

Bearbeitet am: ____________

Unterschrift: ____________ **Unterschrift:** ____________

M	Eine Gefährdung ist nicht mit Sicherheit auszuschließen: Beim Vorliegen einer Schwangerschaft sind umgehend entsprechende **Maßnahmen** zu veranlassen. Dies ist der Fall, sobald eine Frage mit „M" eingestuft wurde bzw. sich eine Gefährdung unter „Sonstiges" ergibt; Schutzmaßnahmen sind zu dokumentieren.

[Quelle: J. Mirau in Zusammenarbeit mit AWT GmbH]

Vorlage

Checkliste altersgerechte Gestaltung von Arbeitsplätzen

Definition „ältere Arbeitnehmer“: Mitarbeiter/innen, die das 45. Lebensjahr (interne Unternehmensfestlegung) überschritten haben

Bewertungskomplexe:

I Schulungsangebote

Kriterium	ja	nein	Handlungsbedarf	Erledigt
Ältere Arbeitnehmer nehmen genauso regelmäßig an Weiterbildungen teil wie jüngere.				
Ältere Arbeitnehmer können mit dem PC und den Windows-Programmen genauso gut umgehen wie jüngere.				
Bei betrieblichen Weiterbildungsveranstaltungen setzen wir altersgerechte und erwachsenengerechte Lernmethoden* ein.				
Zum Wissenserhalt nutzen wir generationsübergreifende Systeme und Methoden, z. B. Patensysteme, Mentoring, altersgemischte Projektteams.				
Weiterbildungen ermöglichen auch einen Einsatz über das Rentenalter hinaus.				

II Arbeitsorganisation

Kriterium	ja	nein	Handlungsbedarf	Erledigt
Wir delegieren Projekte an alle Altersstufen und schließen niemanden aus.				
Wir wechseln Arbeiten oder Arbeitsplätze auf jeder Altersstufe, um die Flexibilität und Lernfähigkeit zu trainieren.				
Wir achten darauf, dass ältere Arbeitnehmer/innen genauso in Projekten mit neuen Technologien, Arbeitsverfahren und IT-Lösungen involviert sind wie jüngere.				
Wir fördern gegenseitigen Erfahrungsaustausch und Kompensation von Stärken und Schwächen durch Teamarbeit.				
Das individuelle Leistungsniveau wird bei Übertragung von Funktionen, Aufgaben und Projekten berücksichtigt.				

Revision: Änderungsdatum: Seite 1 von 4

III Personalentwicklungsplanung

Kriterium	ja	nein	Handlungsbedarf	Erledigt
Mitarbeitergespräche werden altersunabhängig geführt, um Qualifizierungsbedarfe zu ermitteln und die Weiterentwicklung zu fördern.				
Auch Mitarbeitern über 50 Jahre ermöglichen wir weitere Entwicklungs- und Karrierechancen.				
Wir achten darauf, dass körperlich belastende Arbeiten nicht auf ältere Mitarbeiter verteilt werden oder die berufliche Exposition gering gehalten wird.				
Wir definieren, soweit möglich, altersgerechte Arbeitsplätze und nutzen diese gezielt.				
Das Alter spielt bei Förder- und Karriereplanungen keine Rolle.				

IV Arbeitsplatzgestaltung

Kriterium	ja	nein	Handlungsbedarf	Erledigt
Wird älteren Arbeitnehmern erlaubt, altersgerechte Arbeitsmittel zu beschaffen? (Zweiter Bildschirm, ergonomische Tastaturen und Eingabemedien, größere Tasten, stärkere Kontraste, größere Schrift usw.)				
Können ältere Arbeitnehmer ergonomisch gestaltete Stühle und Tische (höhenverstellbar) nutzen?				
Sind Fußstützen unter den Bildschirmarbeitsplätzen angeboten worden?				
Werden Mittel zur Lautstärkedämmung eingesetzt? (Trennwände, Brunnen, Hintergrundmusik)				
Wird dem Arbeitnehmer im Verwaltungsbereich die Möglichkeit der individuellen Arbeitsplatzgestaltung belassen?				

Revision: Änderungsdatum: Seite 2 von 4

V Betriebliche Gesundheitsförderung

Kriterium	ja	nein	Handlungsbedarf	Erledigt
Werden sportliche Aktivitäten im Unternehmen unterstützt?				
Werden generationsübergreifende soziale/sportliche Events angeboten?				
Wird älteren Arbeitnehmern die Möglichkeit der Physiotherapie/des Coachings/der Psychotherapie/der Entspannung durch Yoga, Meditation auf dem Gelände des Arbeitgebers angeboten?				
Werden Möglichkeiten der ergonomischen Arbeitsplatzgestaltung regelmäßig beleuchtet/genutzt/umgesetzt?				
Werden spezielle Angebote für Rückenschule, Gesundheitsmanagement, Stressabbau unterbreitet?				
Können ältere Mitarbeiter von flexiblen Arbeitszeiten profitieren? (z. B. aufgrund der häuslichen Pflege, Arztterminen usw.)				
Können ältere Beschäftigte individuelle Pausen einlegen? (Kurzpausen zur Regeneration)				
Ermöglichen wir älteren Arbeitnehmern/innen wo möglich eine individuelle Gestaltung des Arbeitsrhythmus?				
Existiert ein systematisches Wiedereingliederungsmanagement?				

VI Arbeitszeitgestaltung

Kriterium	ja	nein	Handlungsbedarf	Erledigt
Wir fördern Modelle des gleitenden Übergangs in den Ruhestand.				
Wir gestalten Schichtarbeit gesundheitsschonend.				

Revision: Änderungsdatum: Seite 3 von 4

VII Unternehmenskultur

Kriterium	ja	nein	Handlungsbedarf	Erledigt
Ältere Arbeitnehmer erhalten die gleiche Aufmerksamkeit und Wertschätzung wie jüngere.				
Wir begegnen Auffassungen, dass ältere Arbeitnehmer weniger leisten, mit Entschlossenheit.				
Wir verfolgen eine intergenerative Personalpolitik.				

*erwachsenengerechte Lernmethoden, z. B.: E-Learning, Vermeidung von Prüfungssituationen, Nutzung von Mehrfach-Auswahl-Antwortverfahren, Teamarbeit, problemlösungsorientiertes Lernen, Coaching

Revision: Änderungsdatum: Seite 4 von 4

A4 Ergänzende Vorlagen zu Normabschnitt „8.1.4 Beschaffung“

Vorlage

Verfahrensanweisung: Beschaffung aus umwelt- und sicherheitstechnischer Sicht

1. Zweck

Diese Verfahrensanweisung betrifft die Beschaffung von

- Geräten und Anlagen
- Gefahrstoffen
- PSA
- Fremdfirmen.

2. Geltungsbereich

Der Geltungsbereich erstreckt sich auf alle Führungskräfte, an die die Unternehmerpflichten übertragen werden.

3. Beschreibung

Beschaffung von Maschinen und Ausrüstungen

Die Beschaffung von Maschinen, Geräten, Ausrüstungen und Arbeitsstoffen folgt den üblichen gesetzlichen Regelungen.

Im Beschaffungsprozess für Maschinen und Geräte spielen Maschinen-, Anlagen- oder Gerätedokumentationen eine große Rolle und müssen daher in der Abteilung gesammelt und im Rahmen des Lebenszyklus des Geräts aufbewahrt werden. Sie geben insbesondere Aufschluss darüber, inwiefern es sich um Maschinen oder Geräte für den privaten oder gewerblichen Bereich handelt. Für Unternehmen dürfen nur gewerbliche Geräte angeschafft werden. Für den privaten Bereich zugelassene Arbeitsmittel bedürfen der Gefährdungsbeurteilung, inwiefern haushaltsähnliche Bedingungen vorherrschen. Die Gefährdungsbeurteilung ist als dokumentierte Information von der SIFA zu halten.

Herstellerseitig werden viele Sicherheitshinweise gegeben, z. B.

- zur sicheren Aufstellung und Inbetriebnahme
- zum sicheren Umgang
- zu Reparaturen
- zu auszuführenden Wartungen und Reinigungen
- zu Prüf- und Überwachungsintervallen

Die Angaben des Herstellers dienen auch der Planung wiederkehrender Prüfungen, Instandhaltungen und von Reinigungen, die von der Standortleitung entsprechend zu interpretieren sind.

Es sollte für die CE-Konformitätserklärungen ein zentraler Platz definiert werden, z. B. in einem elektronischen Verzeichnis.

Bei der Beschaffung von Maschinen ist die CE-Konformitätserklärung abzufordern, sofern die zu beschaffende Maschine der Maschinenrichtlinie unterliegt. Im Fall von verketteten Anlagen ist vor Auslösung der Bestellung sicherzustellen, dass später von einem der Lieferanten die Gesamtkonformitätserklärung erstellt wird.

Revision: Änderungsdatum: Seite 1 von 2

Vor Erstinbetriebnahme sind die Geräte zu überprüfen (Sicht-, Funktions- und elektrische Prüfung).

Für den Umgang mit Maschinen sind aus den Herstellerempfehlungen abgeleitet Maschinenanweisungen zu erstellen, auszuhängen und zu unterweisen. Verantwortlich für die Erstellung der Maschinenanweisungen ist die Standortleitung.

Beschaffung von Gefahrstoffen

Für die Beschaffung von Gefahrstoffen ist festzulegen:

1. Prüfung, inwiefern es sich um einen neuen Gefahrstoff handelt
2. Zulassungsverfahren für diesen Gefahrstoff einleiten, Substitution prüfen
3. Sicherheitsdatenblatt im Vorfeld abfordern
4. Plausibilitätsprüfung des Sicherheitsdatenblatts durchführen
5. Aufnahme in Gefahrstoffliste
6. Gefährdungsbeurteilung für den Umgang mit diesem Stoff durchführen
7. Betriebsanweisung für Gefahrstoffe erstellen
8. Unterweisung der Beschäftigten

Für die Erfüllung o. g. Schritte zeichnet die Laborleitung verantwortlich.

Beschaffung von PSA

Bei der Beschaffung von PSA sind die Empfehlungen des Arbeitsmediziners einzubeziehen, insbesondere, wenn es um die Auswahl geeigneter Handschuhe geht. Auf die individuelle Sehstärke angepasste Schutzbrillen werden unentgeltlich zur Verfügung gestellt. Angepasster Gehörschutz ebenso.

In der Praxis wird „alt“ gegen „neu“ an PSA getauscht.

Die Ausgabe von PSA ist stets kostenfrei für den Arbeitnehmer.

Die mitgelieferten Hinweise des Herstellers für die Pflege und Reinigung der PSA werden beachtet und in den Anweisungen für PSA widergespiegelt.

Beschaffung von Fremdfirmen

Die Beschaffung von Fremdfirmen ist in der VA Überwachung von Prüfpflichten geregelt.

4. Mitgeltende Unterlagen

- BA für Gefahrstoffe
- MA für Maschinen und Geräte
- BA für PSA

Revision: Änderungsdatum: Seite 2 von 2

A5 Ergänzende Vorlagen zu Normabschnitt „9.1 Überwachung, Messung, Analyse und Leistungsbewertung“

Vorlage

Jahresbericht des Arbeitsmediziners 20..

1. Jahreseinschätzung
2. Beteiligung des obersten und mittleren Managements an SGA (Sicherheit, Gesundheitsschutz, Arbeitsschutz)
3. Auswertung des SGA-Jahresplans
4. Auswertung der Arbeitsplatzbegehungen und ASA-Sitzungen
5. Auswertung der Unfalluntersuchungen und Beinahe-Unfälle sowie der eingeleiteten Präventionsmaßnahmen
6. Statement zum Stand der arbeitsmedizinischen Untersuchungen
7. Stand der freiwilligen Untersuchungen
8. Stand der Weiterbildung des Arbeitsmediziners
9. Stand BEM (Betriebliches Wiedereingliederungsmanagement)
10. Stand Hautschutz
11. Stand Eignung PSA
12. Betriebliches Gesundheitsmanagement
13. Vorschläge für weitere Prävention
14. Spezialthemen (psychische Belastung am Arbeitsplatz, Mutterschutzgesetz ...)
15. Möglichkeiten der Verbesserung der SGA-Leistung

Datum	Unterschrift Arbeitsmediziner

Revision: Änderungsdatum: Seite 1 von 1

Jahresbericht der SIFA 20..

Vorlage

1. Jahreseinschätzung
2. Beteiligung des obersten und mittleren Managements an SGA (Sicherheit, Gesundheitsschutz, Arbeitsschutz)
3. Auswertung des SGA-Aktions-/Jahresplans
4. Auswertung der Arbeitsplatzbegehungen und ASA-Sitzungen
5. Auswertung der Unfalluntersuchungen und Beinahe-Unfälle sowie der eingeleiteten Präventionsmaßnahmen
6. Statement zu Rückmeldungen und Beschwerden bezüglich SGA von Auftraggebern
7. Stand der Ausbildung von Ersthelfern, Brandschutzhelfern und Sicherheitsbeauftragten
8. Stand der Weiterbildung der SIFA
9. Stand der arbeitsmedizinischen Untersuchungen
10. Stand des Gefahrstoffmanagements
11. Stand der Unterweisungen
12. Stand der Sicherheits- und Maschinenanweisungen
13. CE-Konformität
14. Erprobung Notfallsituationen/Aussagen zum Brandschutz
15. Explosionsschutz
16. Stand der Gefährdungsbeurteilungen
17. Spezialthemen (psychische Belastung am Arbeitsplatz, Mutterschutzgesetz ...)
18. Compliance-Einschätzung
19. Möglichkeiten der Verbesserung der SGA-Leistung

______________________ ______________________

Datum Unterschrift SIFA

Revision: Änderungsdatum: Seite 1 von 1

Vorlage

Jahresbericht des Röntgenstrahlenbeauftragten

Bericht vom __________ für das Jahr __________

1. Durchgeführte Begehungen und Inspektionen einschließlich Feststellungen
2. Bestätigung der Unversehrtheit der Anlagen oder festgestellte Mängel
3. Bestätigung der Compliance (Übereinstimmung der Ist-Situation mit den Genehmigungsforderungen)
4. Änderung von Genehmigungen
5. Erweiterung Versicherungsschutz
6. Planung von Änderungen
7. Durchgeführte Unterweisungen bei Beschäftigten
8. Stand der Anweisungen an die Belegschaft
9. Stand der Notfallszenarien
10. Durchgeführte Wartungen und Reparaturen durch Fachfirmen
11. Durchgeführte Schulungen und Unterweisungen der Beschäftigten
12. Rechtliche Änderungen im Strahlenschutz und Handlungsbedarf
13. Änderung der Strahlenschutzbeauftragten oder des -verantwortlichen
14. Ausbildungs- und Qualifizierungsstand des Strahlenschutzbeauftragten
15. Hinweise und offene Punkte

Ort, Datum:

Unterschrift: Zur Kenntnis genommen:

Revision: Änderungsdatum: Seite 1 von 1

Vorlage

Verfahrensanweisung: Überwachung von Prüfpflichten

1. Zweck

Diese Verfahrensanweisung betrifft die Überwachung und Erfüllung von Prüfpflichten bei überwachungspflichtigen Geräten und Anlagen.

2. Geltungsbereich

Der Geltungsbereich erstreckt sich auf alle Führungskräfte, an die die Unternehmerpflichten übertragen werden.

3. Beschreibung

Überwachungskataster:

Jeder Standort führt eine Liste der überwachungspflichtigen Arbeitsmittel und Einrichtungen, das sogenannte Überwachungskataster. Das Überwachungskataster enthält mindestens folgende Angaben:

- Prüfobjekt,
- Prüffrist,

Revision: Änderungsdatum: Seite 1 von 3

- interne oder externe Prüfung,
- letzte Prüfung,
- nächster Prüftermin,
- Angabe des mit der Prüfung beauftragten Unternehmens oder der befähigten Person.

Neben Arbeitsmitteln unterliegen auch infrastrukturelle Einrichtungen, wie z. B. die Heizungsanlage, die Elektroinstallation des Gebäudes, Blitzschutzeinrichtungen, Druckbehälter usw. der regelmäßigen Überprüfung, soweit diese Pflichten nicht vertraglich beim Vermieter angesiedelt sind.

Prüfpflichten:

Die Prüfpflichten ergeben sich entweder aus rechtlichen Vorschriften oder aus der Ermittlung der mit dem Arbeitsmittel verbundenen Gefährdungen, vgl. hierzu Gefährdungsbeurteilungen. Neben weiteren rechtlichen Anforderungen sind insbesondere die Anforderungen der Betriebssicherheitsverordnung, Druckbehälterverordnung und der DGUV V3 zu beachten.

Die Prüffrist wird durch den Leiter Labor am Standort überwacht. Führungskräfte sind in ihrem Obliegenheitsbereich gemäß Übertragung von Unternehmerpflichten verpflichtet, den Ablauf der Prüffrist zu kontrollieren und die Prüfungen zu veranlassen. Es gilt zu beachten, dass gemäß neuer Betriebssicherheitsverordnung das Ablaufdatum der Prüffrist nicht überschritten werden darf. Unfälle mit ungeprüften Arbeitsmitteln gehen zulasten des Arbeitgebers bzw. zulasten dessen Vertreter (Führungskräfte).

Kennzeichnung:

Die Prüfung der Arbeitsmittel und infrastrukturellen Einrichtungen ist mit dem Ablaufdatum der Prüffrist zu kennzeichnen.

Auch interne Prüfungen sind mit einer Plakette zu dokumentieren. Die Verantwortung hierfür liegt beim Leiter Labor.

Befähigte Personen:

Im Unternehmen wird eine Übersicht mit den Zusatzqualifikationen der Mitarbeiter geführt. Diese umfasst auch die „befähigten Personen". Es ist Aufgabe des Leiters am Standort zu melden, inwieweit befähigte Personen aus dem Unternehmen ausgeschieden sind und ggf. ersetzt werden müssen oder ob Notwendigkeiten für eine höhere Anzahl oder andere Art von befähigten Personen besteht. Befähigte Personen müssen schriftlich innerbetrieblich bestellt werden. Dabei ist zu berücksichtigen, dass befähigte Personen neben ihrer Qualifikation sowohl eine geistige Reife als auch praktische Erfahrung mitbringen müssen. Nur dann können sie Prüfungen vornehmen.

Die Befähigungsnachweise sind vom Leiter des Standorts zu prüfen und an die Personalabteilung weiterzuleiten.

Befähigte Personen bedürfen einer regelmäßigen Weiterbildung. Die Voraussetzungen zum regelmäßigen Aufrechterhalten der Befähigung sind über Schulungspläne sicherzustellen.

Beauftragung von Fremdfirmen:

Werden Fremdfirmen für die Überprüfung prüfpflichtiger Arbeitsmittel und Einrichtungen eingesetzt, so ist vom Leiter Labor vor Beauftragung die fachliche Eignung schriftlich einzuholen. Der Leiter Labor überprüft ggf. gemeinsam mit der Sicherheitsfachkraft die Qualifikation der Fremdfirma. Dabei ist zwischen

- Befähigung der Fremdfirma, z. B. Fachbetrieb nach WHG und
- Befähigung der vor Ort handelnden Personen

zu unterscheiden.

Revision: Änderungsdatum: Seite 2 von 3

Die Überwachung der Qualifikation obliegt dem Leiter Labor, der gleichzeitig Fremdfirmenkoordinator ist.

Die Nachweise über die Befähigung beauftragter Fremdfirmen sind beim Leiter Labor zu sammeln und mindestens 10 Jahre zu archivieren.

Nachweisführung:

Sämtliche Prüfnachweise sind vom Leiter Labor ggf. gemeinsam mit der Sicherheitsfachkraft auf Vollständigkeit und Compliance mit den rechtlichen Anforderungen zu prüfen. Ggf. sind Prüfnachweise an die beauftragte Fremdfirma oder die befähigte Person mit Bitte um Korrektur zurückzugeben.

Prüfmerkmale für die Überprüfung von Prüfprotokollen sind mindestens:

- Datum
- korrekte Firmenanschrift
- Name des Prüfers
- Unterschrift des Prüfers unter Prüfnachweis
- Ausweis der konkreten Prüfvorschrift
- Prüfergebnis und Schlussfolgerung, z. B. „Das Ergebnis entspricht der Verordnung."
- konkrete Messwerte (nicht nur Sicht- und Funktionsprüfung)
- bei Abzügen: Volumenstrommessungen
- bei der Überprüfung ortsveränderlicher elektrischer Geräte: Bestehensquote in %, Ausfallquote in %
- Beachte: Bei Ausfällen über 2 % muss eine Gefährdungsbeurteilung durchgeführt werden, die darüber Aufschluss gibt, inwiefern für welche Gerätegruppen sich die Prüffristen verändern müssen.
- bei der Überprüfung ortsfester Anlagen: Aussage über den Zustand der elektrischen Anlagen
- im Fall von elektrisch betriebenen Arbeitsmitteln: Prüfung nach DGUV V3 (elektrische Überprüfung) und mechanische Überprüfung (Beispiel: Torprüfung mechanisch und elektrisch)
- Nachweis der Überprüfung der Sicherheitseinrichtung (z. B. Not-Aus)

Die Prüfnachweise sind 10 Jahre durch den Leiter Labor aufzubewahren.

4. Mitgeltende Unterlagen

- Übertragung von Unternehmerpflichten
- Qualifikationsnachweise Fremdfirma
- Einweisungen, Unterweisungen.
- Prüfnachweise

Revision: Änderungsdatum: Seite 3 von 3

A6 Ergänzende Vorlagen zu Normabschnitt „9.2 Internes Audit“

Auditbericht zum GAP-Audit mit dem Schwerpunkt DIN ISO 45001

Vorlage

Ort:

Datum:

Anwesende:

Auditor:

Ziel des Audits/Auditkriterien

Ziel des Audits war es zu eruieren, inwieweit die Forderungen der DIN ISO 45001 im Unternehmen umgesetzt sind. Hierzu wurden alle Normabschnitte gemäß Anlage überprüft. Es konnten folgende Feststellungen getroffen werden:

Feststellungen

4 Kontext der Unternehmung

4.1 Verstehen der Organisation und ihres Kontextes

Der Kontext der Unternehmung einschließlich der internen und externen Themen wurde noch nicht analysiert und dargestellt.

4.2 Verstehen der Erfordernisse und Erwartungen interessierter Parteien

Die interessierten Parteien (außer Mitarbeiter) wurden noch nicht identifiziert, ihre Erwartungen und Erfordernisse nicht eruiert. Die daraus eventuell resultierenden rechtlichen und anderen Verpflichtungen wurden noch nicht dargestellt.

Eine Festlegung, in welchen Zeitabständen die internen und externen Themen, interessierten Parteien und ihre Erfordernisse sowie Erwartungen und die rechtlichen und anderen Verpflichtungen überprüft werden, ist noch zu dokumentieren.

4.3 Festlegen des Anwendungsbereichs des SGA-Managementsystems

Der Anwendungsbereich wurde noch nicht unter Nennung der externen und internen Themen sowie der unter 4.2 genannten Anforderungen und der geplanten oder durchgeführten arbeitsbezogenen Tätigkeiten festgelegt. Der Anwendungsbereich muss die Tätigkeiten, Produkte und Dienstleistungen einschließen, die der Zuständigkeit und dem Einfluss der Gesellschaft unterliegen.

Der Anwendungsbereich muss als dokumentierte Information verfügbar sein.

4.4 SGA-Managementsystem

Benötigte Prozesse und ihre Wechselwirkungen im Rahmen des SGA-Managementsystems sind noch darzustellen.

5 Führung und Beteiligung der Beschäftigten

5.1 Führung und Verpflichtung

Die Führungsaufgaben und Verpflichtungen der obersten Leitung gemäß 5.1 sind umzusetzen und sollten zur Klarheit und Transparenz dokumentiert werden.

Revision: Änderungsdatum: Seite 1 von 10

5.2 SGA-Politik

Die SGA-Politik muss die unter 5.2 genannten Anforderungen erfüllen, dokumentiert, bekanntgemacht und den interessierten Parteien verfügbar gemacht werden. Sie muss relevant und der Organisation angemessen sein.

5.3 Rollen, Verantwortlichkeiten und Befugnisse in der Organisation

Verantwortlichkeiten und Befugnisse sind im Organigramm, in den Stellenbeschreibungen, in Übertragungen von Unternehmerpflichten, Verträgen und Bestellurkunden für alle relevanten Rollen im SGA-Managementsystem darzustellen. Die Aufgabenzuweisungen und Verantwortlichkeiten müssen innerhalb der Organisation bekanntgemacht werden.

Beschäftigte aller Ebenen müssen die Verantwortung für die Aspekte des SGA-Managementsystems übernehmen, die sich unter ihrer Kontrolle befinden.

Einen AMB gibt es explizit nicht. Die Verantwortung für den Erfolg des Managementsystems trägt die Geschäftsleitung.

Die oberste Leitung muss die Verantwortlichkeit und Befugnis zuweisen, dass

- die Anforderungen der Norm erfüllt werden und
- an die oberste Leitung berichtet wird.

5.4 Konsultation und Beteiligung von Beschäftigten

Der Prozess für die Konsultation und Beteiligung der Beschäftigten sämtlicher zutreffender Ebenen und Funktionen muss festgelegt werden im Hinblick auf die

- Entwicklung,
- Planung,
- Verwirklichung,
- Leistungsbewertung und
- Verbesserung.

Die hierzu erforderlichen Instrumente sind zu bestimmen (i. d. R. Betriebsrat).

Der rechtzeitige Zugang zu Informationen ist sicherzustellen.

Hindernisse und Barrieren sind zu ermitteln und zu beseitigen.

Beschäftigte, die nicht der Leitungsebene angehören, sind zu involvieren in Bezug auf folgende Punkte der Norm: 4.2, 5.2, 5.3, 6.1.3, 6.2, 8.1.4, 9.1, 9.2.2, 10.3.

Die Verfahren sollten schriftlich niedergelegt werden, damit sie nachvollziehbar sind.

Weiterhin müssen Beschäftigte, die nicht der Leitungsebene angehören, bei

- der Bestimmung der Instrumente für Konsultation und Beteiligung,
- der Identifizierung von Gefährdungen und der Risiko- und Chancenbewertung,
- der Bestimmung der Maßnahmen zur Beseitigung oder der Minimierung von Gefährdungen,
- der Bestimmung der Kompetenzanforderungen,
- der Festlegung der Art und Weise der Kommunikation,
- der Bestimmung von Kontroll- und Überwachungsmaßnahmen,
- der Untersuchung von Vorfällen und Unfällen sowie der Ableitung von Korrekturmaßnahmen

beteiligt werden.

Revision: Änderungsdatum: Seite 2 von 10

6 Planung

6.1 Maßnahmen zum Umgang mit Chancen und Risiken

6.1.1 Allgemeines

Das Unternehmen hat im Fall von Planungen die externen und internen Themen, die interessierten Parteien und die Risiken und Chancen zu bestimmen, um sicherzustellen, dass die

- beabsichtigten Ergebnisse des Managementsystems erzielt werden können,
- unerwünschte Auswirkungen verhindert werden können,
- Verbesserungen erzielt werden können.

Risiken und Chancen müssen Gefahren, Gefährdungen und Chancen sowie rechtliche Anforderungen berücksichtigen.

Dokumentierte Informationen sind notwendig für:

- Gefährdungen und Chancen
- Prozesse und Maßnahmen zur Behandlung der Risiken und Chancen

6.1.2 Identifizierung von Gefährdungen und Bewertung von Risiken und Chancen

6.1.2.1 Identifizierung von Gefährdungen

- Einführung eines fortlaufenden Prozesses der Gefährdungsermittlung (Festlegung der Abstände der Überprüfung)
- Einbeziehen der Arbeitsorganisation und sozialer Faktoren (Arbeitszeiten, ungerechte Entlohnung, Mobbing ...)
- Gefährdungsermittlung für routine- und nicht routinemäßige Tätigkeiten
- Erweiterung der Gefährdungsbeurteilung um die unter 6.1.2.1 geforderten Punkte
- insbesondere Berücksichtigung von Auftragnehmern, Besuchern, nicht direkt unter Kontrolle stehenden Mitarbeitern (Homeoffices)

6.1.2.2 Bewertung von SGA-Gefährdungen und anderen Risiken für ein SGA-Managementsystem

- identifizierte Gefährdungen sind zu bewerten
- Ermittlung von Risiken in Verbindung mit dem Aufbau und der Umsetzung des SGA-Managementsystems
- dokumentierte Information der Vorgehensweise gefordert
- proaktive Handlungsweise gefordert

6.1.2.3 Bewertung von SGA-Chancen und anderen Möglichkeiten des SGA-Managementsystems

Prozess festlegen für die Bewertung der Chancen im Hinblick auf

- die Anpassung der Arbeit, Arbeitsorganisation an die Beschäftigten,
- die Chancen zur Beseitigung oder Minimierung von Gefährdungen.

6.1.3 Bestimmung gesetzlicher Vorschriften und sonstiger Anforderungen

- Ermittlung der gesetzlichen und anderen Anforderungen
- Festlegung, wie die Anforderungen umgesetzt werden sollen
- Festlegung, was davon kommuniziert werden soll

Revision: Änderungsdatum: Seite 3 von 10

- Berücksichtigung gesetzlicher und sonstiger Anforderungen bei der Umsetzung des SGA-Managementsystems
- dokumentierte Information über rechtliche und sonstige Anforderungen und deren Aktualisierung (auch Aufbewahrungsfrist)

6.1.4 Planung von Maßnahmen

Maßnahmen müssen geplant werden zur Umsetzung der identifizierten Risiken und Chancen, zur Erfüllung der gesetzlichen und anderen Forderungen und für Notfallsituationen.

Eine Wirksamkeitsbewertung muss durchgeführt werden.

Die Maßnahmenplanung muss die Hierarchie berücksichtigen und den Ergebnissen des SGA-Managementsystems Rechnung tragen.

Berücksichtigung von technologischen Möglichkeiten, finanziellen und betrieblichen Anforderungen.

6.2 SGA-Ziele und Planung zu deren Erreichung

6.2.1 SGA-Ziele

Ziele aufstellen

- messbar
- überwacht
- vermittelt
- ggf. aktualisiert
- unter Berücksichtigung von:
  - zutreffenden Anforderungen
  - Ergebnissen der Konsultation der Beschäftigten
  - Ergebnissen der Risiko- und Chancenbetrachtung

6.2.2 Planung zum Erreichen der SGA-Ziele

- was getan wird
- welche Ressourcen erforderlich sind
- wer verantwortlich ist
- wann es abgeschlossen wird
- wie die Ergebnisse bewertet werden, einschließlich Kennzahlen zur Überwachung
- wie die Maßnahmen zum Erreichen der SGA-Ziele in die Geschäftsprozesse der Organisation integriert werden
- dokumentierte Information erstellen, bekannt geben

7 Unterstützung

7.1 Ressourcen

Die Bereitstellung der erforderlichen Ressourcen für die Implementierung des UMS ist vollzogen.

7.2 Kompetenz

- notwendige Kompetenzen sind zu ermitteln und sicherzustellen
- Schulungsplanung vornehmen
- Schulungsnachweise als dokumentierte Information bereithalten

Revision: Änderungsdatum: Seite 4 von 10

7.3 Bewusstsein

Bewusstseinsbildung bezüglich:

- Politik und Zielen
- A&G-Leistung
- Folgen der Nichterfüllung von Anforderungen
- relevanten Gefährdungen
- Einstellen von Tätigkeiten bei offenbarer Gefährdung

7.4 Kommunikation

7.4.1 Allgemeines

- Festlegungen zur Kommunikation wurden durch die oberste Leitung erlassen (wer mit wem, wann und wie oft).
- Kommunikation berücksichtigen zwischen Ebenen und Funktionen, zu Auftragnehmern und interessierten Parteien. Ansichten von externen interessierten Parteien inkludieren.
- Bei der Aufstellung der Kommunikationsprozesse Diversitätsaspekten Rechnung tragen.
- Angemessene Reaktion auf relevante Äußerungen zum SGA-Managementsystem sicherstellen.
- Nachweise für Kommunikation als dokumentierte Information aufbewahren.

7.4.2 Interne Kommunikation

Das Verfahren für die interne Kommunikation sollte beschrieben werden. Voraussetzungen für Kommunikationsprozess schaffen und den Austausch relevanter Informationen sicherstellen.

7.4.3 Externe Kommunikation

Das Verfahren der Kommunikation relevanter Informationen sollte beschrieben werden.

7.5 Dokumentierte Information

7.5.1 Allgemeines

Die in der Norm geforderten notwendigen dokumentierten Informationen erstellen und jene, die die Organisation für wichtig hält.

7.5.2 Erstellen und Aktualisieren

Festlegungen zum Umgang mit dokumentierten Informationen (Kennzeichnung, Beschreibung, angemessenes Format, Überprüfung und Genehmigung) treffen.

7.5.3 Lenkung dokumentierter Information

Festlegungen zum Umgang mit dokumentierten Informationen treffen. Dokumentierte Informationen externer Herkunft einbeziehen.

8 Betrieb

8.1 Betriebliche Planung und Steuerung

8.1.1 Allgemeines

- Prozesse des SGA-Managementsystems planen sowie der unter Abschnitt 6 getroffenen Maßnahmen.
- Kriterien für Prozesse festlegen und die Steuerung der Prozesse anhand der Kriterien.

– Dokumentierte Informationen im geforderten Umfang halten.
– Übereinstimmung zwischen Beschäftigten und Arbeit herstellen.

8.1.2 Gefährdungen beseitigen und SGA-Gefährdungen verringern

Prozess einführen zur Beseitigung oder Verminderung von Gefährdungen mit Maßnahmehierarchie

8.1.3 Änderungsmanagement

Prozess festlegen zur vorübergehenden oder dauerhaften Änderung mit Auswirkung auf das SGA-Managementsystem

Das betrifft:

- Produkte, Dienstleistungen, Prozesse
  - Arbeitsorte und -umgebungen
  - Arbeitsorganisation
  - Betriebsbedingungen
  - Arbeitskräfte
- Änderungen gesetzlicher und anderer Vorschriften
- Änderung der Gefährdungen
- Änderungen des Kenntnisstands und der Technologie

8.1.4 Beschaffung
8.1.4.1 Allgemeines

Prozess zur Kontrolle der Beschaffung festlegen

8.1.4.2 Auftragnehmer

Koordination des Beschaffungsprozesses mit den Auftragnehmern, um Gefährdungen auszuschließen oder zu minimieren bei Tätigkeiten und Betriebsabläufen, die sich auf

- die Organisation,
- die Beschäftigten,
- die interessierten Parteien auswirken können.

8.1.4.3 Ausgliederung

- Steuerung ausgegliederter Prozesse
- Festlegung der Art und des Grads der Steuerung ausgelagerter Prozesse

8.2 Notfallplanung und Reaktion

- Prozess einführen zur Vorbereitung auf Notfallsituationen
- Bereitstellung von Schulungen
- Test der Notfallsituationen (Wie oft? Welche?)
- ggf. Überarbeitung der Reaktionsszenarien
- Kommunikation der Pflichten und Verantwortlichkeiten an alle Beschäftigten
- Kommunikation der Pflichten und Verantwortlichkeiten an Auftragnehmer, Besucher, Notfalldienste, staatliche Behörden
- Kommunikation ggf. an interessierte Parteien

Revision: Änderungsdatum: Seite 6 von 10

Relevante Informationen liegen in dokumentierter Form vor und sind den Beschäftigten sowie der Feuerwehr bekannt.

9 Bewertung der Leistung

9.1 Überwachung und Messung

9.1.1 Allgemeines

Einführung eines Prozesses zur Überwachung, Messung, Analyse, Leistungsbewertung:

- Was? (Umfang der gesetzlichen Vorschriften, Gefährdungen, Risiken und Chancen, Fortschritte des SGA-Managementsystems, Wirksamkeit der betrieblichen Kontrollen)
- Wie? (Methoden)
- Kriterien der Bewertung
- Zeitpunkt/Intervall der Überwachung
- Zeitpunkt der Analyse, Bewertung und Kommunikation

SGA-Managementsystem bewerten und Wirksamkeit bestimmen

Ausrüstungen sind zu kalibrieren, verifizieren

Aufbewahrung angemessener dokumentierter Information

- zu Nachweisen der Leistungsbewertung
- zu Kalibrierungen der Messtechnik

9.1.2 Bewertung der Einhaltung von Verpflichtungen

Eine explizite Betrachtung der Einhaltung der rechtlichen, behördlichen und sonstigen Verpflichtungen ist durchzuführen.

- Bestimmung der Häufigkeit des Verfahrens
- mit angeschlossenem Maßnahmenplan
- Aktualisierung des Rechtskatasters
- dokumentierte Information verfügbar halten

9.2 Internes Audit

9.2.1 Allgemeines

Durchführung von internen Audits in geplanten regelmäßigen Abständen

9.2.2 Internes Auditprogramm

Aufstellung von einem oder mehreren Auditprogrammen mit folgenden Bestandteilen:

- Häufigkeit, Methoden, Verantwortlichkeiten, Konsultation, Anforderungen an Berichterstattung und Planung
- Berichterstattung an Führungskräfte sicherstellen
- Auditoren auswählen (Objektivität und Unparteilichkeit)
- Maßnahmen zum Umgang mit Nichtkonformitäten ableiten
- dokumentierte Information aufbewahren

Revision: Änderungsdatum: Seite 7 von 10

9.3 Managementbewertung

Das Management-Review nach den neuen Anforderungen der DIN ISO 45001 aufstellen.

- relevante Informationen über Ergebnisses der Managementbewertung Beschäftigten zur Verfügung stellen
- dokumentierte Information erstellen

10 Verbesserung

10.1 Allgemeines

Verbesserungsprozesse im Unternehmen aufstellen

10.2 Vorfall, Nichtkonformität und Korrekturmaßnahme

Prozess festlegen für Berichterstattung, Untersuchung, Ergreifen von Maßnahmen zum Ermitteln und Verwalten von Vorfällen und Nichtkonformitäten

Wenn ein Vorfall auftritt,

- rechtzeitige Reaktion ggf. mit Maßnahmen
- Beteiligung der Beschäftigten und interessierten Parteien bei Korrekturmaßnahmen und Beseitigung der Ursachen
- Überprüfung der Gefährdungen
- Maßnahmeableitung in Kongruenz mit Maßnahmehierarchie im Änderungsmanagement
- Bewertung der Gefährdung nach ergriffener Maßnahme
- ggf. SGA-Managementsystem ändern

Angemessenheit der Korrekturmaßnahmen beachten

Erstellung dokumentierter Informationen über

- Vorfälle und
- Maßnahmen

Dokumentierte Informationen Beschäftigten und interessierten Parteien zugänglich machen

10.3 Fortlaufende Verbesserung

Überprüfung Eignung, Angemessenheit und Wirksamkeit des SGA-Managementsystems durch

- messbare Verbesserung
- Fördern der Kultur
- Fördern der Beteiligung von Beschäftigten
- Mitteilen der relevanten Ergebnisse
- Führen der dokumentierten Information

Gez. ______________________________

Revision: Änderungsdatum: Seite 8 von 10

Anlage

DIN ISO 45001

DIN ISO 45001		
Abschnittsüberschrift	**Abschnittsnummer**	**Auditiert**
Kontext der Organisation	4	x
Verstehen der Organisation und ihres Kontextes	4.1	x
Verstehen der Erfordernisse und Erwartungen von Beschäftigten und anderen interessierten Parteien	4.2	x
Festlegen des Anwendungsbereichs des SGA-Managementsystems	4.3	x
SGA-Managementsystem	4.4	x
Führung und Beteiligung der Beschäftigten	5	x
Führung und Verpflichtung	5.1	x
SGA-Politik	5.2	x
Rollen, Verantwortlichkeiten und Befugnisse in der Organisation	5.3	x
Konsultation und Beteiligung von Beschäftigten	5.4	x
Planung	6	x
Maßnahmen zum Umgang mit Risiken und Chancen	6.1	x
Allgemeines	6.1.1	x
Identifizierung von Gefährdungen und Bewertung von Risiken und Chancen	6.1.2	x
Bestimmung gesetzlicher Vorschriften und sonstiger Anforderungen	6.1.3	x
Planung von Maßnahmen	6.1.4	x
SGA-Ziele und Planung zu deren Erreichung	6.2	x
SGA-Ziele	6.2.1	x
Planung zum Erreichen der SGA-Ziele	6.2.2	x
Unterstützung	7	x
Ressourcen	7.1	x
Kompetenz	7.2	x
Bewusstsein	7.3	x
Kommunikation	7.4	x
Allgemeines	7.4.1	x
interne Kommunikation	7.4.2	x
externe Kommunikation	7.4.3	x
dokumentierte Information	7.5	x
Allgemeines	7.5.1	x
Erstellen und Aktualisieren	7.5.2	x

Revision: Änderungsdatum: Seite 9 von 10

DIN ISO 45001		
Abschnittsüberschrift	**Abschnittsnummer**	**Auditiert**
Lenkung dokumentierter Information	7.5.3	x
Betrieb	8	x
betriebliche Planung und Steuerung	8.1	x
Allgemeines	8.1.1	x
Gefährdungen beseitigen und SGA-Gefährdungen verringern	8.1.2	x
Änderungsmanagement	8.1.3	x
Beschaffung	8.1.4	x
Allgemeines	8.1.4.1	x
Auftragnehmer	8.1.4.2	x
Ausgliederung	8.1.4.3	x
Notfallplanung und Reaktion	8.2	x
Bewertung der Leistung	9	x
Überwachung, Messung, Analyse und Leistungsbewertung	9.1	x
Allgemeines	9.1.1	x
Bewertung der Einhaltung von Verpflichtungen	9.1.2	x
Internes Audit	9.2.	x
Allgemeines	9.2.1	x
Programm des internen Audits	9.2.2	x
Managementbewertung	9.3	x
Verbesserung	10	x
Allgemeines	10.1	x
Vorfall, Nichtkonformität und Korrekturmaßnahme	10.2	x
fortlaufende Verbesserung	10.3	x

Revision: Änderungsdatum: Seite 10 von 10

B Weitere ergänzende Übersichten

Übersicht: von DIN ISO 45001 geforderte dokumentierte Information

Vorlage

Normabschnitt	Geforderte dokumentierte Information
4.3	Definition des Anwendungsbereichs des SGA-Managementsystems
5.2	Dokumentierte SGA-Politik
6.1.1	dokumentierte Informationen zu Gefährdungen und Chancen, zu Prozessen und Maßnahmen zum Umgang mit Chancen und Risiken
6.1.2.2	dokumentierte Information zur Verfahrensweise zur Ermittlung und Bewertung der Gefährdungen und den Kriterien dafür
6.1.3	dokumentierte Information zu gesetzlichen und sonstigen Anforderungen, deren Aktualisierung und Änderung
6.2.2	SGA-Ziele und Pläne zu deren Erreichung
7.2	Nachweise der Kompetenz
7.4.1	Nachweise der internen und externen Kommunikation
7.5	dokumentierte Informationen, die von der Norm gefordert werden und solche, die die Organisation für notwendig erachtet, auch externer Herkunft, die dazu dienen, die Wirksamkeit des SGA-Managementsystems zu bestimmen
8.2	dokumentierte Informationen zum Prozess der Notfallplanung, zu Reaktionsplänen auf mögliche Notfallsituationen
9.1.1	Nachweise zu Ergebnissen der Überwachung, Messung, Analyse und Leistungsbewertung der SGA-Leistung sowie über Wartung, Kalibrierung und Verifizierung der Messausrüstung
9.1.2	dokumentierte Information zur Bewertung der Einhaltung von rechtlichen und anderen Verpflichtungen
9.2	dokumentierte Informationen als Nachweis der Umsetzung des Auditprogramms und zu Auditergebnissen
9.3	dokumentierte Information zu Ergebnissen des Management Reviews
10.2	Nachweis über Art der Vorkommnisse und getroffener Maßnahmen, zu Ergebnissen jeder Maßnahme inklusive der Wirksamkeitsüberprüfung dokumentierte Informationen sind den betroffenen Beschäftigten und relevanten interessierten Parteien zur Verfügung zu stellen
10.3	Führen dokumentierter Informationen zum Nachweis der fortlaufenden Verbesserung

Revision: Änderungsdatum: Seite 1 von 1

Vorlage

Änderungen der DIN ISO 45001 im Vergleich zum BS OHSAS:18001

Kapitel	Normforderung	Maßnahme
4	**Kontext der Organisation**	
4.1	Bestimmung der internen und externen Themen	Kontext mit den externen und internen Themen bestimmen
4.2	Erfordernisse und Erwartungen der Beschäftigten und interessierten Parteien	Erwartungen der Beschäftigten listen interessierte Parteien identifizieren Erwartungen der interessierten Parteien bestimmen
4.3	Anwendungsbereich des MS	Anwendungsbereich festlegen unter Berücksichtigung von 4.1, 4.2, Tätigkeiten Rechnung tragen Anwendungsbereich mit den zu beeinflussenden Tätigkeiten, Produkten und Dienstleistungen definieren oder mit Auswirkung auf die Organisation
4.4	Managementsystem	Aufbau, Verwirklichung, Aufrechterhaltung und fortlaufende Verbesserung des A&G-MS mit Prozessen und deren Wechselwirkungen
5	**Führung und Beteiligung der Beschäftigten**	
5.1	Verantwortlichkeit des obersten Managements und Rechenschaftspflicht für Bereitstellung sicherer Arbeitsplätze, Vermeidung von arbeitsbezogenen Verletzungen und Erkrankungen	A&G-MS aufstellen, welches die Forderungen von 5.1 berücksichtigt
	Sicherstellung der Übereinstimmung von A&G-Politik mit den Zielen	
	Integration von A&G-MS in die Geschäftsprozesse	A&G wird Bestandteil der Geschäftsbesprechungen
	erforderliche Ressourcen bereitstellen	in Investitionsplänen und Personalplänen berücksichtigen, Weiterbildung sicherstellen
	Bedeutsamkeit dieses Vorgehens an Beschäftigte vermitteln	Politik aufstellen zielgerichtete Kommunikation betreiben, z. B. über Schutzfibeln, Broschüren, Statements der obersten Leitung
	Sicherstellung des Erfolgs des A&G-MS	
	Unterstützung der beteiligten Personen und Führungskräfte	A&G-Management wird zur Führungsaufgabe, Teil der Zielvereinbarungen
	fortlaufende Verbesserung des A&G-MS	Messung der A&G-Leistung
	Entwicklung einer A&G-Kultur	Vorbildrolle der obersten Leitung
	Schutz der Unabhängigkeit in der Berichterstattung beteiligter Verantwortungsträger im Arbeits- und Gesundheitsschutz	offene Kommunikation pflegen, direktes Berichten an die oberste Leitung ermöglichen
	Prozesse der Beteiligung von Mitarbeitern fördern	z. B. ASA-Sitzungen durchführen
	Notwendigkeit eines ASA erwägen	womöglich freiwilliges Gremium benennen auch unter 20 Beschäftigten

Kapitel	Normforderung	Maßnahme
5.2	A&G-Politik mit neuen Forderungen nach Verpflichtung zur Konsultation und Beteiligung der Beschäftigten	Politik erweitern
5.3	Rollen, Verantwortlichkeiten und Befugnisse: Übernahme von Verantwortung für den Arbeitsschutz auf allen Ebenen der Organisation	Organigramm für A&G-Verantwortungen aufstellen Zusammenstellung, wer an wen wie berichtet
5.4	Konsultation und Beteiligung der Beschäftigten: Prozessfestlegung, Zugang zu Informationen sicherstellen, Hindernisse und Barrieren identifizieren	Prozess festlegen und dokumentieren Identifikation der Hindernisse und Barrieren Berücksichtigen von Kompensationen der Hindernisse
	unter 5.4. d, e benannte Schwerpunkte berücksichtigen bei Beschäftigten, die nicht der Leitungsebene angehören	Schwerpunkte in den Prozess integrieren
	Untersuchung von Vorfällen und Nichtkonformitäten	im Prozess Umgang mit Vorfällen und Nichtkonformitäten berücksichtigen
6	**Planung**	
6.1	Maßnahmen zum Umgang mit Risiken und Chancen: 6.1.1 Sicherstellung der Ergebniserzielung Verhinderung oder Verminderung unerwünschter Auswirkungen fortlaufende Verbesserung 6.1.2.1 Identifizierung von Gefährdungen	Planungsprozess beschreiben, installieren und kontrollieren bzw. verbessern
		Gefährdungsermittlung durchführen:
		Vorkommnisse der Vergangenheit berücksichtigen (z. B. in der Eintrittswahrscheinlichkeit oder Prävention)
		Eingehen auf soziale Faktoren (Mobbing, Arbeitszeiten, Arbeitsbelastung ...)
		routinemäßige und nicht routinemäßige Tätigkeiten berücksichtigen
		Notfälle inkludieren
		Auswirkungen auf Dritte berücksichtigen (Fremdfirmen, Nachbarn, Besucher ...)
		andere Themen berücksichtigen, z. B. Auswirkung auf Umgebung
		Prognostizieren der Veränderung von Gefährdungen bei Veränderungsprozessen
		einschließlich der Betrachtung geänderter Erkenntnisse über Gefährdungen

Kapitel	Normforderung	Maßnahme
	6.1.2.2 Bewertung der A&G-Risiken	Risikobewertung bzgl. der Gefährdungen, Methodik dazu beschreiben Risikobewertung der Risiken in Verbindung mit dem Aufbau des A&G-Systems
	6.1.2.3 Bewertung von Chancen	Beschreibung der Chancen zur Anpassung von Arbeitsplätzen, der Arbeitsorganisation oder Umgebungsbedingungen Beschreibung der Chancen zur Beseitigung oder Verringerung von Gefährdungen Chancen in Verbindung mit geplanten Veränderungen
		Darstellung von Möglichkeiten zur Verbesserung des A&G-MS
	6.1.3 Bestimmung rechtlicher Anforderungen	rechtliche und sonstige Anforderungen identifizieren, aktuell halten Verfahren beschreiben
	6.1.4 Planung von Maßnahmen	Planungsprozess darstellen zum Umgang mit Risiken und Chancen, zum Umgang mit rechtlichen und sonstigen Anforderungen, für die Vorbereitung und Reaktion auf Notfallsituationen
6.2	Ziele und Planung der Zielerreichung	Ziele mit Maßnahmen, Methode der Überwachung, Kennzahlen der Überwachung, Verantwortlichkeiten, Terminen darstellen Frage beantworten, wie die Maßnahmen in die Geschäftsprozesse integriert werden sollen
7	**Unterstützung**	
7.1	Ressourcen benennen, sicherstellen	
7.2	Kompetenz entwickeln	wie zuvor in der OHSAS auch die Kompetenz zur Identifizierung von Gefährdungen entwickeln
7.3	Bewusstsein	Bewusstsein entwickeln für mögliche Auswirkungen einer Nichterfüllung des A&G MS, für die spezifischen Gefährdungen an deren Arbeitsplätzen, Vereinbarungen ermöglichen zum Ausscheiden aus Arbeitssituationen, die unmittelbar gefährdend für die Beschäftigten sind
7.4	Kommunikation	Kommunikationsprozess darstellen (auch bei eingeschränkter Schreibfähigkeit): worüber, wann, mit wem, zwischen den Ebenen, mit Dritten (Fremdfirmen, Besuchern), interessierten Parteien Aufbewahrung dokumentierter Informationen

Revision: Änderungsdatum: Seite 3 von 5

Kapitel	Normforderung	Maßnahme
	externe Kommunikation	Organisation muss relevante Informationen extern kommunizieren (gesetzlich erforderlich oder durch andere Anforderungen oder notwendig)
7.5	dokumentierte Information	Prozess beschreiben Zugriff sicherstellen
8	**Betrieb**	
8.1	betriebliche Planung und Steuerung	Festlegung der Kriterien für die Prozesse Halten dokumentierter Informationen Koordination der Aspekte des A&G-MS, wenn mehrere Organisationen am Arbeitsort tätig sind
	Gefährdungen beseitigen, verringern	Anforderungen aus der Gefährdungsermittlung umsetzen
	Änderungsmanagement	Prozess des Umgangs mit Veränderungen beschreiben, die Auswirkungen auf das MS haben könnten
	Ausgliedern	Steuerungsprozess für ausgegliederten Prozess beschreiben
	Beschaffung	Prozessbeschreibung wie bei OHSAS
	Auftragnehmer	Umgang mit Fremdfirmen beschreiben (Einweisung, Kontrolle, Überwachung der Befähigungen, Koordination)
8.2	Notfallplanung	Notfallsituationen beschreiben, Prävention und Korrekturmaßnahmen Notfallübungen durchführen Schulungen nachweisen Berücksichtigung der Bedürfnisse interessierter Parteien im Fall von Notfallsituationen
9	**Bewertung der Leistung**	
9.1	Überwachung, Messung, Analyse, Leistungsbewertung	Messung des Leistungsfortschritts anhand formulierter Kriterien Complianceermittlung
9.2	internes Audit	Auditplanungsprozess beschreiben Auditdurchführung dokumentieren Auswahl der internen Auditoren begründen Wie erfolgt die Berichterstattung über Auditfeststellungen an das obere Management? Nachverfolgung getroffener Maßnahmen beschreiben
9.3	Managementbewertung	geänderte Inputs beachten Prozessbeschreibung aktualisieren und Formblatt adaptieren

Revision: Änderungsdatum: Seite 4 von 5

Kapitel	Normforderung	Maßnahme
10	**Verbesserung**	
10.2	Vorfall, Nichtkonformität und Korrekturmaßnahme	Interpretation, Ursachenanalyse bei Vorfällen und Nichtkonformitäten Umgang damit beschreiben vergleichbare Vorfälle einbeziehen in die Auswertungen Bewertung der ergriffenen Korrekturen hinsichtlich der Wirksamkeit Auswirkungen auf A&G-MS berücksichtigen dokumentierte Informationen bereithalten
10.3	fortlaufende Verbesserung	Kommunikation der Ergebnisse
		Fördern der Kultur des A&G Fördern der Beteiligung der Beschäftigten

Revision: Änderungsdatum: Seite 5 von 5

Vorlage

Entsprechung DIN ISO 45001:2018, OHSAS 18001:2007 und SCC:2011

Nr.	DIN ISO 45001:2018	Nr.	OHSAS 18001:2007	Nr.	SCC:2011
	Einführung		Einführung		
1	Anwendungsbereich	1	Anwendungsbereich		
2	Normative Verweisungen	2	Normative Verweisungen		
3	Begriffe und Definitionen	3	Begriffe und Definitionen		
4	Kontext der Organisation	4	A&G-Managementsystem-Elemente (nur Titel)		
4.1	Verstehen der Organisation und ihres Kontextes				
4.2	Verstehen der Erfordernisse und Erwartungen von Beschäftigten und anderen interessierten Parteien				
4.3	Festlegen des Anwendungsbereichs des SGA-Managementsystems				
4.4	SGA-Managementsystem	4.1	Allgemeine Forderungen		
5	Führung und Beteiligung von Beschäftigten				
5.1	Führung und Verpflichtung	4.4.1	Ressourcen, Aufgaben, Verantwortlichkeit und Befugnis	1.5	Aktive SGU-Beteiligung Management
5.2	SGA-Politik	4.2	A&G-Politik	1.1	Grundsatzerklärung SGU-Politik
5.3	Rollen, Verantwortlichkeiten und Befugnisse in der Organisation	4.4.1	Ressourcen, Aufgaben, Verantwortlichkeit und Befugnis	1.2 1.3 5.5 6.2	Betriebsärztliche und sicherheitstechnische Betreuung SGU-Organisation, Aufgaben Führungskräfte Einsatz SGU-Koordinator pro Projekt Einsatz Umweltschutzbeauftragter
5.4	Konsultation und Beteiligung der Beschäftigten	4.4.3	Kommunikation, Mitbestimmung und Beratung	4.1	SGU-Besprechungen, ASA, Toolbox-Meetings
6	Planung	4.3	Planung (nur Titel)		
6.1	Maßnahmen zum Umgang mit Risiken und Chancen				
6.1.1	Allgemeines				

Nr.	DIN ISO 45001:2018	Nr.	OHSAS 18001:2007	Nr.	SCC:2011
6.1.2	Ermittlung von Gefährdungen und Bewertung von Risiken und Chancen	4.3.1	Gefährdungserkennung, Risikobewertung und Festlegung der Lenkungsmaßnahmen	2.1	Betriebliche Gefährdungsbeurteilung
				2.2	Arbeitsplatzbezogene Gefährdungsbeurteilung
				3.9	Bereitstellung von SGU-Betriebsanweisungen
				9.1	Ermittlung arbeitsmedizinische Untersuchungen
6.1.3	Bestimmung rechtlicher Verpflichtungen und anderer Anforderungen	4.3.2	Gesetzliche und andere Forderungen	3.8	Unterweisung spezielle SGU-Vorgaben des Auftraggebers
6.1.4	Planung von Maßnahmen				
6.2	SGA-Ziele und Planung zu deren Erreichung				
6.2.1	SGA-Ziele	4.3.3	Zielsetzungen und Programm(e)	1.4	Jährliche SGU-Beurteilung der Führungskräfte
				1.7	SGU-Unternehmensziele und maßnahmen
				1.8	Unternehmensziele zur Verbesserung des SGU-Managementsystems
6.2.2	Planung zum Erreichen der SGA-Ziele				
7	Unterstützung				
7.1	Ressourcen				
7.2	Kompetenz	4.4.2	Fähigkeit, Schulung und Bewusstsein	3.1	Fachliche Qualifikation der Beschäftigten
				3.2	SGU-Schulung und -Prüfung Mitarbeiter
				3.3	SGU-Prüfung Führungskräfte
				3.4	Schulung für besonders gefährliche Arbeiten
				3.5	SGU-Unterweisungen
				3.6	Verfahrensanweisung Ausfüllen Sicherheitspass
				7.2	Schulung Erste Hilfe, Brandschutz
7.3	Bewusstsein			2.3	LMRA
				4.2	Stärkung SGU-Bewusstsein

Revision: Änderungsdatum: Seite 2 von 4

Nr.	DIN ISO 45001:2018	Nr.	OHSAS 18001:2007	Nr.	SCC:2011
7.4	Kommunikation	4.4.3	Kommunikation, Mitbestimmung und Beratung	3.7	Sprachverständigung fremdsprachiger Mitarbeiter
				4.1	SGU-Besprechungen, ASA, Toolbox-Meetings
7.4.1	Allgemeines			5.1	Verwendung von SGU-Projektplänen
7.4.2	Interne Kommunikation			5.2	Einweisung in SGU-Projektplan
7.4.3	Externe Kommunikation			5.3	Einweisung der Subunternehmer in SGU-Projektplan
				5.4	Abstimmung SGU-Projektplan mit Auftraggeber
7.5	Dokumentierte Information				
7.5.1	Allgemeines				
7.5.2	Erstellen und Aktualisieren	4.4.4	Dokumentation		
7.5.3	Lenkung dokumentierter Information	4.4.5	Lenkung der Dokumente		
		4.5.4	Lenkung von Aufzeichnungen		
8	Betrieb	4.4	Implementierung und Durchführung (nur Titel)		
8.1	Betriebliche Planung und Steuerung				
8.1.1	Allgemeines				
8.1.2	Gefährdungen beseitigen und SGA-Gefährdungen verringern	4.4.6	Ablauflenkung	2.4	PSA: Bereitstellung, Instandhaltung, Ersatz
				6.1	Umweltschutz und Umgang mit Abfällen
				10.2	Prüfung Maschinen, Geräte, Ausrüstungen
8.1.3	Änderungsmanagement				
8.1.4	Beschaffung			10.1	Beschaffung Maschinen, Geräte, Arbeitsstoffe
				11.1	Einsatz SGU-geeigneter Subunternehmer
				11.3	Einsatz SGU-geeigneter Personaldienstleister
8.2	Notfallplanung und Reaktion	4.4.7	Notfallvorsorge und Gefahrenabwehr	7.1	Vorbereitung auf Notfälle, Bereitstellung Notfallmittel
9	Bewertung der Leistung	4.5	Kontroll- und Korrekturmaßnahmen (nur Titel)		

Nr.	DIN ISO 45001:2018	Nr.	OHSAS 18001:2007	Nr.	SCC:2011
9.1	Überwachung, Messung, Analyse und Leistungsbewertung	4.5.1	Überwachung und Messung	1.4 9.2 9.3 11.2	Jährliche SGU-Beurteilung der Führungskräfte Arbeitsmedizinische Vorsorgeuntersuchungen Freiwillige arbeitsmedizinische Untersuchungen Bewertung Subunternehmer
9.1.1	Allgemeines				
9.1.2	Bewertung der Einhaltung von Verpflichtungen	4.5.2	Bewertung der Einhaltung von Rechtsvorschriften		
9.2	Internes Audit	4.5.5	Internes Audit	1.6	SCC-Compliance-Audits und Bewertung
9.2.1	Allgemeines				
9.2.2	Programm des internen Audits			1.5 8.1 8.2	Aktive Beteiligung des Managements im Hinblick auf SGU Regelmäßige Inspektionen durch Führungskräfte Auswertungen der Inspektionsprotokolle
9.3	Managementbewertung	4.6	Managementbewertung	1.6	Bewertung der SGU-Leistungen durch oberstes Management
10	Verbesserung				
10.1	Allgemeines				
10.2	Vorfall, Nichtkonformität und Korrekturmaßnahme	4.5.3	Nichtkonformität, Korrektur- und Vorbeugungsmaßnahmen	12.1 12.2 12.3 12.4 12.5 12.6 9.4	Erfassung von Unfällen Untersuchung von Unfällen Unfalluntersuchungsmethoden Erfassung Beinahe-Unfälle, unsichere Situationen Untersuchung Beinahe-Unfälle, unsichere Situationen Unfallhäufigkeitsquote unter Schwellenwert Bei Leichtverunfallten Angebot Ersatzarbeitsplatz
10.3	Fortlaufende Verbesserung				

Revision: Änderungsdatum: Seite 4 von 4

Vorlage

Gemeinsamkeiten und Unterschiede zwischen Arbeitsschutz-Managementsystemen – eine Entscheidungshilfe

DIN ISO 45001	Bewertung	SCC	Bewertung
Zertifizierungsfähigkeit:		**Zertifizierungsfähigkeit:**	
– für jede Organisation anwendbar, die Anforderung unter Normabschnitt 1 erfüllt		– Zertifizierungsfähig sind Unternehmen.	+
– Zertifizierungsfähig sind Unternehmen.	+	– Unter bestimmten Bedingungen sind Niederlassungen von Unternehmen sowie organisatorische Einheiten zertifizierungsfähig.	+
– Unter bestimmten Umständen sind Niederlassungen von Unternehmen sowie organisatorische Einheiten zertifizierungsfähig.	+		
– Zertifizierung erst drei Monate nach Einführung des Arbeitsschutz-Managementsystems möglich	+	– Zertifizierung erst drei Monate nach Einführung des Arbeitsschutz-Managementsystems möglich	+
Motivation zur Implementierung der Norm:		**Motivation zur Implementierung der Norm:**	
– in der Regel freiwillige Unternehmensentscheidung – Verschiedentlich ist es eine Konzernentscheidung zur Minimierung von Haftungsrisiken, zur Erhöhung der Arbeitssicherheit, zur Stützung des Images.	+	– Chemische und petrochemische Industrie fordern zumeist die Einführung von SCC bei Kontraktoren. Andere Branchen, z. B. Bauindustrie und Energieversorger, verpflichten zunehmend ihre Dienstleister und Nachunternehmer auf SCC.	–
Diversifizierung:		**Diversifizierung**	
– keine Unterscheidung in weitere Standards	+	– Unterscheidung in Unternehmensgrößen: mehr als 35 Beschäftigte – Zertifizierung nach SCC*, SCC** oder SCC^{P}	–
– keine Diversifizierung – Keine Unterscheidung erfordert stärkere Interpretation des Standards auf eigene Organisation.	–	– SCC* kleiner als 35 MA und wenn keine Subunternehmer eingesetzt werden. Die zu zertifizierende Einheit darf nicht Teil eines größeren Unternehmens sein, sonst muss sich das Unternehmen nach SCC** zertifizieren lassen.	–
– ein Standard für alle	+	– Personaldienstleister müssen sich nach SCP zertifizieren lassen.	–
		– Unternehmen, die sowohl ihre Dienstleistungen in Form eines Werkvertrags als auch in der Form einer Arbeitnehmerüberlassung anbieten wollen, benötigen beide Zertifikate. Das heißt, im Geltungsbereich des SCC-Zertifikats ist der Begriff Arbeitnehmerüberlassung nicht zulässig. Hierfür muss ein separates SCP-Zertifikat ausgestellt werden.	–

Revision: Änderungsdatum: Seite 1 von 3

DIN ISO 45001	Bewertung	SCC	Bewertung
		– Unterscheidung in Pflicht- und Ergänzungsfragen – komplizierter als OHSAS	–
Anerkennungsradius: – ISO-Norm – International anerkannt, – internationale Anerkennung des Systems	 + +	**Anerkennungsradius:** – nationales Regelwerk (z. B. deutsches Normatives SCC-Regelwerk) – Jedoch ist eine Zertifizierung nach dem deutschen Normativen SCC-Regelwerk auch für Unternehmen mit einem Sitz außerhalb Deutschlands möglich, wenn das vorwiegende Zielland der Dienstleistungserbringung Deutschland ist. – Das deutsche SCC-Zertifikat wird in den Niederlanden, Belgien, Schweiz und Österreich anerkannt.	 – + – +
Aufbau und Struktur: – Normtext – Integration durch vergleichbare Struktur mit anderen Managementsystemen leicht möglich (HLS) – keine konkreten Nachweise erwähnt (z. B. Dokumente oder Aufzeichnungen) – Normtext nicht immer klar in der Forderung verständlich, Definitionen und Anhang sind wichtig zum Verstehen der Anforderungen	 + + – +	**Aufbau und Struktur:** – Checkliste und Fragen – Integration mit anderen Managementsystemen schwieriger – vorzuweisende Dokumente und Aufzeichnungen zu den einzelnen Fragen werden aufgelistet – Fragen sind konkreter ausgeführt	 + – + +
Zertifikatsgültigkeit: – Gültigkeit der Zertifikate: drei Jahre mit jährlicher Überprüfung	 +	**Zertifikatsgültigkeit:** – Gültigkeit der Zertifikate: drei Jahre mit jährlicher Überprüfung	 +
Akkreditierung: – akkreditiertes Zertifizierungsverfahren	 +	**Akkreditierung:** – akkreditiertes Zertifizierungsverfahren	 +
Dokumentation: – Forderung nach einer Dokumentation – Normabschnitt 4.4 regelt Mindestbestandteile der Dokumentation – Hinweis auf Effektivität und Effizienz gegeben	 +	**Dokumentation:** – Es werden dokumentierte Verfahren gefordert, jedoch sind allgemeine Anforderungen an eine Dokumentation sowie die Lenkung von Dokumenten und Aufzeichnungen nicht gefordert.	 ±
Zertifizierungsumfang: – Aus den DAkkS- bzw. TGA-Dokumenten geht hervor, dass das Audit überwiegend in der „Produktion" zu erfolgen hat.	 +	**Zertifizierungsumfang:** – In der Regel haben Kontraktoren Projekte bei ihren Auftraggebern, daher sind Projektbesuche ein Muss.	 +

Revision: Änderungsdatum: Seite 2 von 3

DIN ISO 45001	Bewertung	SCC	Bewertung
		– Gelegentlich wird von Unternehmen SCC gefordert, obwohl sie keine Dienstleistungen direkt beim Auftraggeber, sondern im eigenen Betrieb erbringen. In diesem Fall können anstelle von Projekten auch Werkstätten auditiert werden. – Ingenieurbüros, von denen als Kontraktor oft auch SCC gefordert wird, tun sich bei der Auswahl von Projekten schwer, da deren Aufgabe oftmals die Bauleitung oder Koordinationstätigkeiten sind. Hier empfiehlt es sich, die „Vorgesetztenfunktion“ bzw. die „Koordinationstätigkeit“ zu auditieren.	
Anwendung nationalen Rechts: – Internationaler Standard fordert die Anwendung nationalen Rechts.	+	**Anwendung nationalen Rechts:** – Nationale Ausgabe des Normativen SCC-Regelwerks	–

Revision: Änderungsdatum: Seite 3 von 3